西门子

WinCC V7.3 组态软件完全精通教程

向晓汉 主编

化学工业出版社

·北京·

本书从西门子 WinCC V7.3 组态软件的基础和实用出发，详细介绍了西门子 WinCC 组态软件的基础知识、功能介绍、组态方法以及项目应用。本书共分两大部分，第一部分为基础入门篇，包括西门子 WinCC 的安装和卸载、项目的创建、组态画面、变量组态等内容；第二部分为应用提高篇，包括西门子 WinCC 的通信、报警记录、变量记录、报表、脚本、访问数据库、用户管理、用户归档、全集成自动化和选件等内容。

本书内容全面系统、新颖实用、重点突出，而且有案例讲解，非常方便读者学习，同时每章后都配有习题供读者训练之用，提高读者解决实际问题的能力。本书所附的学习资源中有重点内容的程序和操作视频资料，读者用手机扫描前言中的二维码即可下载学习，也可以到出版社网站上下载（网址见本书前言）。

本书可供从事西门子 WinCC 组态软件学习与应用的工程技术人员使用，也可以作为大中专院校相关专业的教材或参考书。

图书在版编目（CIP）数据

西门子 WinCC V7.3 组态软件完全精通教程 / 向晓汉主编. —北京：化学工业出版社，2017.9（2023.7重印）
ISBN 978-7-122-30073-7

Ⅰ. ①西…　Ⅱ. ①向…　Ⅲ. ①可编程序控制器
Ⅳ. ①TM571.6

中国版本图书馆 CIP 数据核字（2017）第 159354 号

责任编辑：李军亮　　文字编辑：吴开亮
责任校对：边　涛　　装帧设计：刘丽华

出版发行：化学工业出版社（北京市东城区青年湖南街 13 号　邮政编码 100011）
印　　装：北京盛通数码印刷有限公司
787mm×1092mm　1/16　印张 21¼　字数 549 千字　2023年 7 月北京第 1 版第 9 次印刷

购书咨询：010-64518888　　售后服务：010-64518899
网　　址：http: // www. cip. com. cn
凡购买本书，如有缺损质量问题，本社销售中心负责调换。

定　　价：68.00 元

前言

随着计算机技术的发展和普及，软件技术得到了迅速发展，组态软件是数据采集监控系统 SCADA（Supervisory Control and Data Acquisition）的软件平台，是工业应用软件的重要组成部分，得到了广泛的应用，特别在石油、化工、水处理和电力等行业应用更加广泛。

西门子 WinCC 组态软件是 HMI/SCADA 的后起之秀，诞生于 1996 年，当年就被美国 Control Engineering 杂志评为全球最优 HMI，是世界三大 HMI/SCADA 软件之一，传承了西门子公司的企业文化，是一款性能卓越的产品，因此在工控市场占有非常大的份额，应用十分广泛。

本书是在总结编者长期的教学经验和工程实践的基础上，联合相关企业人员共同编写而成，内容从西门子 WinCC V7.3 组态软件的基础和实用出发，详细介绍了西门子 WinCC 组态软件的基础知识、功能介绍、组态方法以及项目应用，目的是使读者通过学习本书内容就能学会西门子 WinCC 组态软件的应用。

本书在编写过程中，将一些生动的操作实例融入其中，以提高读者的学习兴趣和效率。本书内容具有以下特点。

（1）内容由浅入深、由基础到应用，理论联系实际，既适合初学者学习使用，也可以供有一定基础的人结合书中大量的实例，深入学习西门子 WinCC 组态软件的工程应用。

（2）用实例引导读者学习。本书大部分章节都精选了有代表性的案例讲解，例如，用案例说明报警组态实现的全过程。如第 4~9 章、第 12 章最后一节是应用实例，这些实例合并在一起，就是一个完整的工程实例。

（3）所有项目实例已经经过运行调试，且有正确结果，这些实例容易被读者复制在工程中进行实际应用。

对于比较复杂的例子，本书还配有操作视频和程序源文件，读者用手机扫描二维码即可下载学习，也可以到出版社网站 http://download.cip.com.cn“配书资源”一栏中下载。

本书由向晓汉主编，第 1、6、7、9、10 章由无锡职业技术学院的向晓汉编写；第 2、11 章由无锡小天鹅股份有限公司的苏高峰编写；第 3、4 章由无锡雷华科技有限公司的陆彬编写；第 5 章由无锡雷华科技有限公司的欧阳思惠编写；第 8、12 章由无锡雪浪环境科技股份有限公司的刘摇摇编写；第 13 章由无锡小天鹅股份有限公司的李润海编写；第 14 章由无锡雪浪环境科技股份有限公司的曹英强编写；第 15 章由无锡雪浪环境科技股份有限公司的王飞飞编写；第 16 章由桂林电子科技大学的向定汉编写；全书内容由陆金荣高级工程师审阅。

由于编者水平有限，书中不足之处在所难免，敬请读者批评指正，我们将万分感激！

编　者

手机扫描二维码下载操作视频和程序源文件

目 录

第 1 篇　基础入门篇

第1篇

基础入门篇

第1章

西门子 WinCC V7.3 组态软件概述

本章介绍组态软件的功能、特点、构成、发展趋势和在我国的使用情况，并介绍了 WinCC 的结构特点、安装此软件的软硬件条件，安装和卸载的过程以及安装和卸载要注意的事项，使读者初步了解 WinCC。

1.1 概述

在使用工控软件时，人们经常提到“组态”一词，组态的英文是“Configuration”，简而言之，组态就是利用应用软件中提供的工具、方法，完成工程中某一具体任务的过程。组态软件是数据采集监控系统 SCADA（Supervisory Control And Data Acquisition）的软件平台工具，是工业应用软件的一个组成部分。它具有丰富的设置项目，使用方式灵活，功能强大。组态软件由早先的单一的人机界面向数据处理方向发展，管理的数据量越来越大。随着组态软件自身以及控制系统的发展，监控组态软件部分与硬件分离，为自动化软件的发展提供了充分发挥作用的舞台。OPC（OLE for Process Control）的出现，以及现场总线和工业以太网的快速发展，大大简化了不同厂家设备之间的互联，降低了开发 I/O 设备驱动软件的工作量。

实时数据库的作用进一步加强。实时数据库是 SCADA 系统的核心技术。从软件技术上讲，SCADA 系统的实时数据库，实际上就是一个可统一管理、支持变结构、支持实时计算的数据结构模型。

社会信息化的加速发展是组态软件市场增长的强大推动力。在最终用户眼里，组态软件在自动化系统中发挥的作用逐渐增大，有时甚至到了非用不可的地步。主要原因在于：组态软件的功能强大、用户普遍需求，而且逐渐认识其价值。

1.1.1 组态软件的功能

组态软件采用类似资源浏览器的窗口结构，并对工业控制系统中的各种资源（设备、标签量和画面等）进行配置和编辑；处理数据报警和系统报警；提供多种数据驱动程序；各类报表的生成和打印输出；使用脚本语言提供二次开发功能；存储历史数据，并支持历史数据的查询等。

1.1.2 组态软件的系统构成

在组态软件中，通过组态生成的一个目标应用项目在计算机硬盘中占据唯一的物理空间（逻辑空间），可以用唯一的名称来标识，称为应用程序。在同一计算机中可以存储多个应用程序，组态软件通过应用程序的名称来访问其组态内容，打开其组态内容进行修改或将其应用程序装入计算机内存投入实时运行。

组态软件的结构划分有多种标准，下面按照软件的系统环境和软件体系组成两种标准讨论其体系结构。

（1）以使用软件的系统环境划分

按照使用软件的系统环境划分，组态软件包括系统开发环境和系统运行环境两大部分。

① 系统开发环境　设计人员为实施其控制方案，在组态软件的支持下，进行应用程序的系统生成工作所必须依赖的工作环境。通过建立一系列用户数据文件，生成最终的图形目标应用系统，供系统运行环境运行时使用。

系统开发环境由若干个组态程序组成，如图形界面组态程序、实时数据库组态程序等。

② 系统运行环境　在系统运行环境下，目标应用程序装入计算机内存并投入实时运行。系统运行环境由若干个运行程序组成，如图形界面运行程序、实时数据库运行程序等。

设计人员最先接触的一定是系统开发环境，通过系统组态和调试，最终将目标应用程序在系统运行环境投入实时运行，完成工程项目。

（2）按照软件组成划分

组态软件因为其功能强大，而每个功能相对来说又具有一定的独立性，因此其组成形式是一个集成软件平台，由若干程序组件构成。

其中必备的典型组件有以下几种。

① 应用程序管理器　应用程序管理器是提供应用程序的搜索、备份、解压缩、建立新应用等功能的专用管理工具。设计人员应用组态软件进行工程设计时，经常要进行组态数据的备份；需要引用以往成功应用项目中的部分组态成果（如画面）；需要迅速了解计算机中保存了哪些应用项目。虽然这些要求可以用手工方式实现，但效率较低，极易出错。有了应用程序管理器，这些操作就变得非常简单。

② 图形界面开发程序　这是设计人员为实施其控制方案，在图形编辑工具的支持下进行图形系统生成工作所依赖的开发环境。通过建立一系列用户数据文件，生成最终的图形目标应用系统，供图形运行环境运行时使用。

③ 图形界面运行程序　在系统运行环境下，图形界面运行程序将图形目标应用系统装入计算机内存并投入实时运行。

④ 实时数据库系统组态程序　目前比较先进的组态软件都有独立的实时数据库组件，以提高系统的实时性，增强处理能力。实时数据库系统组态程序是建立实时数据库的组态工具，可以定义实时数据库的结构、数据来源、数据连接、数据类型及相关的各种参数。

⑤ 实时数据库系统运行程序　在系统运行环境下，实时数据库系统运行程序将目标实时数据库及其应用系统装入计算机内存并执行预定的各种数据计算、数据处理任务。历史数据的查询、检索、报警的管理都是在实时数据库系统运行程序中完成的。

⑥ I/O 驱动程序　I/O 驱动程序是组态软件中必不可少的组成部分，用于系统与 I/O 设备通信、互相交换数据。DDE 和 OPC Client 是两个通用的标准 I/O 驱动程序，用来与支持 DDE 标准和 OPC 标准的 I/O 设备通信。多数组态软件的 DDE 驱动程序整合在实时数据库系统或图形系统中，而 OPC Client 则单独存在。

除了必备的典型组件外，组态软件还可能包括如下扩展可选组件。

① 通用数据库接口（ODBC 接口）组态程序　通用数据库接口组件用来完成组态软件的实时数据库与通用数据库（如 Oracle、Sybase、Foxpro、DB2、Informix、SQL Server 等）的互联，实现双向数据交换。通用数据库既可以读取实时数据，也可以读取历史数据；实时数据库也可以从通用数据库实时地读入数据。通用数据库接口（ODBC 接口）组态环境用于指定要交换的通用数据库的数据库结构、字段名称及属性、时间区段、采样周期、字段与实时数据库数据的对应关系等。

② 通用数据库接口（ODBC 接口）运行程序 已组态的通用数据库链接装入计算机内存，按照预先指定的采样周期，在规定时间区段内，按照组态的数据库结构建立起通用数据库和实时数据库间的数据连接。

③ 策略（控制方案）编辑组态程序 策略编辑/生成组件是以 PC 为中心实现低成本监控的核心软件，具有很强的逻辑、算术运算能力和丰富的控制算法。策略编辑/生成组件以 IEC 1131-3 标准为用户提供标准的编程环境，共有 4 种编程方式：梯形图、结构化编程语言、指令助记符、模块化功能块。用户一般都习惯于使用模块化功能块，根据控制方案进行组态，结束后系统将保存组态内容并对组态内容进行语法检查、编译。

编译生成的目标策略代码既可以与图形界面同在一台计算机上运行，也可以下载到目标设备上运行。

④ 策略运行程序 组态的策略目标系统装入计算机内存并执行预定的各种数据计算、数据处理任务，同时完成与实时数据库的数据交换。

⑤ 实用通信程序组件 实用通信程序极大地增强了组态软件的功能，可以实现与第三方程序的数据交换，是组态软件价值的主要表视之一。实用通信程序具有以下功能：

a. 实现操作站的双机冗余热备用。

b. 实现数据的远程访问和传送。

c. 实用通信程序可以使用以太网、RS-485、RS-232 等多种通信介质或网络实现其功能。实用通信程序组件可以划分为 Server 和 Client 两种类型，Server 是数据提供方，Client 是数据访问方，一旦 Server 和 Client 建立起了连接，二者间就可以实现数据的双向传送。

1.1.3 组态软件的发展趋势

新技术在组态软件中的应用，使得组态软件呈现如下发展趋势：

① 多数组态软件提供多种数据采集驱动程序（Driver），用户可以进行配置。驱动程序通常由组态软件开发商提供，并按照某种规范编写。

② 脚本语言是扩充组态系统功能的重要手段。脚本语言大体有两种形式，一是 C/Basic 语言，二是微软的 VBA 编程语言。

③ 具备二次开发的能力。在不改变原来系统的情况下，向系统增加新功能的能力。增加新功能最常用的就是 ActiveX 组件的应用。

④ 组态软件的应用具有高度的开放性

⑤ 与 MES（Manufacturing Execution System）和 ERP（Enterprise Resource Planning）系统紧密集成。

⑥ 现代企业的生产已经趋向国际化、分布式的生产方式。互联网是实现分布式生产的基础。组态软件将原来的局域网运行方式跨越到支持 Internet。

1.1.4 常用的组态软件简介

① InTouch。它是最早进入我国的组态软件。早期的版本采用 DDE（动态数据交换）方式与驱动程序通信，性能较差。新的版本采用了 32 位 Windows 平台，并提供 OPC 支持。

② iFIX。它是 Intellution 公司起家时开发的软件，后被爱默生公司，现在又被 GE 公司收购。iFIX 的功能强大，使用比较复杂。iFIX 驱动程序和 OPC 组件需要单独购买。iFIX 的价格也比较贵。

③ Citech。澳大利亚 CiT 公司的 Citech 是较早进入中国市场的产品。Citech 的优点是操作方式简洁，但脚本语言比较麻烦，不易掌握。

④ 三维力控。三维力控是国内较早开发成功的组态软件，其最大的特点就是基于真正意义的分布式实时数据库的三层结构，而且实时数据库是可组态的。三维力控组态软件也提供了丰富的国内外硬件设备驱动程序。

⑤ 组态王。组态王是北京亚控公司的产品，是国产组态软件的代表，在国内有一定的市场。组态王提供了资源管理器式的操作界面，并且提供以汉字为关键字的脚本语言支持，这点是国外组态软件很难做到的。另外，组态王提供了丰富的国内外硬件设备驱动程序，这点国外知名组态软件也很难做到。

⑥ WinCC。SIEMENS 公司的 WinCC 是后起之秀，1996 年才进入市场，当年就被美国的 Control Engineering 杂志评为当年的最佳 HMI 软件。它是一套完备的组态开发环境，内嵌 OPC。WinCC V7.3 采用 Microsoft SQL Server 2008 数据库进行生产数据存档，同时它具有 Web 服务器功能。

另外，国内外的组态软件比较多，仅国产的就有几十个之多。比较有名的国内外组态软件还有 GE 的 Cimplicity、华富计算机公司的开物和北京昆仑通态的 MCGS 等。总之，在国内，一般比较大型的控制系统多用国外的组态软件，而在中低端市场，国产组态软件则有一定的优势。

1.2 WinCC 组态软件简介

WinCC（Windows Control Center，视窗控制中心）是 SIEMENS 与 Microsoft 公司合作开发的、开放的过程可视化系统。无论是简单的工业应用，还是复杂的多客户应用领域，甚至在有若干服务器和客户机的分布式控制系统中，都可以应用 WinCC 系统。

WinCC 是在 PC（Personal Computer）基础上的操作员监控系统软件，WinCC V7.3 是运行在 Windows 标准环境下的 HMI（Human Machine Interface，人机界面），具有控制自动化过程的强大功能和极高性能价格比的 SCADA（Supervisory Control and Data Acquisition，监视控制与数据采集）级的操作监视系统。WinCC 的显著特性就是全面开放，它很容易将标准的用户程序结合起来，建立人机界面，精确地满足生产实际要求。通过系统集成，可将 WinCC 作为其系统扩展的基础，通过开放接口开发自己的应用软件。

WinCC V6.X 和 WinCC V7.0 版本目前在工控现场仍然在使用，这些早期版本的图形界面和使用方法比较相似，但 WinCC V7.3 版本的界面与以前版本的界面有很大差别。

本书将主要以 WinCC V7.3 版本讲解，少部分地方兼顾 WinCC V7.2 版本，早期的版本不再讲解。

1.2.1 WinCC 软件的性能特点

WinCC 是一款功能强大的操作监控组态软件，其主要性能特点如下。

（1）多功能

通用的应用程序，适合所有工业领域的解决方案；多语言支持，全球通用；可以集成到所有自动化解决方案内；内置所有操作和管理功能，可简单、有效地进行组态；可基于 Web 持续延展，采用开放性标准，集成简便；集成的 Historian 系统作为 IT 和商务集成的平台；可用选件和附加件进行扩展；“全集成自动化”的组成部分，适用于所有工业和技术领域的解决方案。

（2）包括所有 SCADA 功能在内的客户-服务器系统

WinCC 是世界上 3 个（WinCC，iFIX，inTouch）最成功的 SCADA 系统之一，由 WinCC

系统组件建立的各种编辑器可以生成画面、脚本、报警、趋势和报告，即使是最基本的WinCC系统，也能提供生成复杂可视化任务的组件和函数。

（3）可灵活裁剪，由简单任务扩展到复杂任务

WinCC是一个模块化的自动化软件，可以灵活地进行扩展，可应用在办公室和机械制造系统中。从简单的工程应用到复杂的多用户应用，从直接表示机械到高度复杂的工业过程图像的可视化监控和操作。

（4）可由专用工业和专用工艺的选件和附件进行扩展

WinCC在开放式编程接口的基础上开发了范围广泛的选件和附件，使之能够适应各个工业领域不同工业分支的不同需求。

（5）集成ODBC/SQL数据库

WinCC V7.3集成了Microsoft SQL Server 2008 R2标准数据库，使得所有面向列表的组态数据和过程数据均存储在WinCC数据库中，可以容易地使用标准查询语言（SQL）或使用ODBC（Open Data Base Connectivity）驱动访问WinCC数据库。这些访问选项允许WinCC对其他的Windows程序和数据库开放其数据，例如，将其自身集成到工厂级或公司级的应用系统中。

（6）具有强大的标准接口

WinCC建立了DDE（Dynamic Data Exchange）、OLE（Object Link and Embed）、OPC（OLE for Process Control）等在Windows程序间交换数据的标准接口，因此，能够毫无困难地集成ActiveX控制和OPC服务器、客户端功能。

（7）实例证明

WinCC集生产自动化和过程自动化于一体，实现了相互之间的整合，这在大量应用和各种工业领域的应用实例中业已证明，包括：汽车工业、化工和制药行业、印刷行业、能源供应和分配、贸易和服务行业、塑料和橡胶行业、机械和设备成套工程、金属加工业、食品、饮料和烟草行业、造纸和纸品加工、钢铁行业、运输行业、水处理和污水净化。

（8）开放API编程接口可以访问WinCC的模块

所有的WinCC模块都有一个开放的C编程接口（C-API），可以在用户程序中集成WinCC组态和运行时的功能。

（9）通过向导进行简易的（在线）组态

组态工程师除了可利用综合库在一个WYSIWYG（What You See Is What You Get，所见即所得）环境中进行简单的对话和向导外，在调试阶段同样可进行在线修改。

（10）编辑本段多语言支持，全球通用

欧洲版 WinCC 的组态界面完全是为国际化部署而设计的：只需在项目管理器下，单击“工具”→“语言”，就可在德文、英文、法文、西班牙文和意大利文之间进行切换。

亚洲版还支持中文、韩文和日文。自然可以在项目中设计多种运行时目标语言，即同时可使用几种欧洲和亚洲语言。这意味着可在几个目标市场使用相同的可视化解决方案。如果要翻译文本，只需一种标准的ASCⅡ文本编辑器即可。

（11）可集成到任何公司内的任何自动化解决方案中

WinCC提供了所有最重要的通信通道，用于连接到SIMATIC S5/S7/505控制器（例如通过S7协议集）的通信，以及如PROFIBUS-DP/ FMS、DDE（动态数据交换）和OPC（用于过程控制的OLE）等非专用通道；也能以附加件的形式获得其他通信通道。由于所有的控制器制造商都为其硬件提供了相应的OPC服务器，因而事实上可以不受限制地将各种硬件连接到WinCC。

（12）具有与基于 PC 的控制器的 SIMATIC WinAC 的紧密接口

将软/插槽 PLC 集成在 PC 上，在 PC 上实现 PLC 的操作和监控，WinCC 提供了与 WinAC 连接的接口。

（13）是全集成自动化工 TIA 的部件

TIA（Total Integrated Automation）集成了包括 WinCC 在内的所有 SIEMENS 产品，WinCC 是所有过程控制的窗口，是 TIA 的中心部件。TIA 意味着在组态、编程、数据存储和通信等方面的一致性。

（14）作为 SIMATIC PCS 过程控制系统中的操作员站

SIMATIC PCS 是 TIA 中的过程控制系统。PCS 是结合了基于控制器的制造业自动化的优点和基于 PC 的过程工业自动化的优点的过程处理系统（PCS），它包括 WinCC 中的标准 SIMATIC 部件。

（15）可集成到 MES 和 ERP 中

WinCC 的标准接口使 WinCC 成为全公司范围 IT 环境下的一个完整部件。这超越了自动控制过程，将范围扩展到工厂监控级，以及为公司管理系统提供管理数据。

1.2.2　WinCC 的系统结构及选件

WinCC 具有模块化的结构，其基本组件是组态软件（CS）和运行软件（RT），并有许多 WinCC 选件和 WinCC 附加软件。

（1）组态软件

启动 WinCC 后，WinCC 资源管理器随即打开。WinCC 资源管理器是组态软件的核心，整个项目结构都显示在 WinCC 资源管理器中。从 WinCC 资源管理器中调用特定的编辑器，既可用于组态，也可对项目进行管理，每个编辑器分别形成特定的 WinCC 子系统。WinCC 子系统主要包括：

① 图形系统，用于创建画面的编辑器，也称作图形编辑器。

② 报警系统，对报警信号进行组态的过程，也称报警记录。

③ 归档系统，变量记录编辑器，用于确定对何种数据进行归档。

④ 报表系统，用于创建报表布局的编辑器，也称作报表编辑器。

⑤ 用户管理器，用于对用户进行管理的编辑器。

⑥ 通信，提供 WinCC 与 SIMATIC 各系列可编程控制器的连接。

（2）运行软件

用户通过运行软件对过程进行操作和监控，主要执行下列任务：

① 读出已经保存在 CS 数据库中的数据。

② 显示屏幕中的画面。

③ 与自动化系统通信。

④ 对当前的运行系统数据进行归档。

⑤ 对过程进行控制。

（3）WinCC 选件

用户通过 WinCC 选件扩展基本的 WinCC 系统功能，每个选件均需要一个专门的许可证，这些选件是 WinCC/Server（服务器系统）、WinCC/Redundancy（冗余）、WinCC/CAS（中央归档服务器）、WinCC/UseArchives（用户归档）、WinCC/ODK（开放式工具包）、WinCC/IndustialX（系统扩展）、WinCC/ProAgent（过程诊断）、WinCC/Basic Process Control（基本过程控制）、WinCC/WebNavigator（Web 浏览器）、WinCC/DataMonitor、WinCC/

Connectivity Pack、WinCC/Industrial Data Bridge（工业数据桥）。

1.2.3 WinCC V7.3 的新特点

① 支持 Windows 8.1 和 Windows Server 2012 操作系统。

② 增强了通信安全，采用 SSL 加密。

③ 组态更加高效。

- 初步实现多用户组态。
- 新增 Configuration Studio，主要用于对变量的管理，便于对大数据量的管理，增加了类似 Excel 的功能。
- 功能扩展-扩展了图形编辑器的功能。

④ 新增通信驱动 S7-1200 和 S7-1500。在 WinCC V7.3 之前的版本，WinCC 与 S7-1200/S7-1500 通信需要使用 OPC 软件（如 SIMATIC Net）。

⑤ 更好的开放性。

- 支持 OPC UA Server。
- 新增选件 WinCC/WebUX。
- 支持多达 18 个 WinCC Server，以前版本最多为 12 个。

⑥ 独立于语言的灵活应用。

支持 UNICODE，使得语言的显示独立于操作系统。

⑦ 操作直观。

- 支持多点触控手势，这样现场就可以使用多点触控的显示器了。
- 增加系统对话框，使得画面的切换更加简单。

⑧ 中央管理虚拟化。

1.3 WinCC V7.3 的安装与卸载

在安装 WinCC 之前，先要检查计算机系统的软硬件是否满足 WinCC 的必要的安装条件。需要检查以下条件：

- 操作系统；
- 用户权限；
- 图形分辨率；
- Internet Explorer；
- MS 消息队列；
- SQL Server；
- 预定的完全重启（冷重启）。

1.3.1 安装 WinCC 的硬件要求

完整 WinCC V7.3 软件比 WinCC V6.X 的容量要大得多，所以其对软硬件的要求比较高，其对硬件的要求见表 1-1。

表 1-1 的硬件推荐是西门子公司给出的，总体来说硬件推荐值比较保守，建议硬件配置为：CPU 应不低于 i5，工作内存 RAM 应不低于 4GB，否则在设计过程中计算机反应速度会很慢。

表 1-1　硬件的要求

硬　件	操作系统	最小值	推荐值
CPU	Windows 7	客户端：Intel Pentium 4；2.5 GHz 单用户系统：Intel Pentium 4；2.5 GHz	客户端：Intel Pentium 4；3 GHz/双核 单用户系统：Intel Pentium 4；3.5 GHz/双核
	Windows 8.1	客户端：Intel Pentium 4；2.5 GHz 单用户系统：Intel Pentium 4；2.5 GHz	客户端：Intel Pentium 4；3 GHz/双核 单用户系统：Intel Pentium 4；3.5 GHz/双核
	Windows Server 2008 R2 SP1	单用户系统：双核 CPU；2 GHz 服务器：双核 CPU；2 GHz 中央归档服务器：双核 CPU；2 GHz	单用户系统：多核 CPU；2.4 GHz 服务器：多核 CPU；2.4 GHz 中央归档服务器：多核 CPU；2.4 GHz
	Windows Server 2012 R2	单用户系统：双核 CPU；2 GHz 服务器：双核 CPU；2 GHz 中央归档服务器：双核 CPU；2 GHz	单用户系统：多核 CPU；2.4 GHz 服务器：多核 CPU；2.4 GHz 中央归档服务器：多核 CPU；2.4 GHz
工作内存	Windows 7	客户端：1 GB 单用户系统：2 GB	客户端：2 GB 单用户系统：2 GB
	Windows 8.1	客户端：1 GB 单用户系统：2 GB	客户端：2 GB 单用户系统：2 GB
	Windows Server 2008 R2 SP1	单用户系统：2 GB 服务器：2 GB 中央归档服务器：>2 GB	单用户系统：4 GB 服务器：4 GB 中央归档服务器：>4 GB
	Windows Server 2012 R2	单用户系统：2 GB 服务器：2 GB 中央归档服务器：>2 GB	单用户系统：4 GB 服务器：4 GB 中央归档服务器：>4 GB
硬盘上的可用内存-用于安装 WinCC-用于使用 WinCC		客户端：1.5 GB/服务器：>1.5 GB 客户端：1.5 GB/服务器：2 GB/中央归档服务器：40 GB	客户端：>1.5 GB/服务器：2 GB 客户端：>1.5 GB/服务器：10 GB/中央归档服务器：2 块 80 GB 可用空间的硬盘
虚拟内存		1.5 倍工作内存	1.5 倍工作内存
Windows 打印机假脱机程序内存		100 MB	>100 MB
图形卡		16 MB	32 MB
颜色深度/颜色质量		256	最高（32 位）
分辨率		800×600	1024×768

1.3.2 安装 WinCC 的软件要求

（1）操作系统

① 支持语言

- WinCC 的欧洲版支持德语、英语、法语、意大利语和西班牙语；

• WinCC 的亚洲版支持简体中文（中国）、繁体中文（中国台湾）、日语和朝鲜语。

② 单用户系统和客户机

• Windows 7 Professional Service Pack 1、Windows 7 Enterprise Service Pack 1 和 Windows 7 Ultimate Service Pack 1，32 位和 64 位系统均可；

• Windows 8.1 Professional 和 Windows 8.1 Enterprise，32 位和 64 位系统均可。

③ WinCC 服务器

• 可在 Windows Server 2008/2012 标准版/企业版或 Windows Server 2008 R2 上运行 WinCC 服务器。

• 使用 Windows 7 或 Windows 8.1 系统时，WinCC 服务器的 WinCC 客户端不能超过 3 个，如果正在运行的客户端不超过三个，也可以在 Windows 7 上运行 WinCC Runtime 服务器。针对此组态的 WinCC Service Mode 尚未发布。

（2）Microsoft 消息队列服务

WinCC 需要 Microsoft 消息队列服务。

（3）Microsoft SQL Server 2008

WinCC 需要 32 位版 Microsoft SQL Server 2008 R2 Service Pack 2。SQL Server 自动包括在 WinCC 安装文件中。必需的连通性组件会随着 Microsoft SQL Server 一并安装。

（4）Internet Explorer 的要求

安装 Microsoft Internet Explorer V9.0 以上版本，也可以安装 Microsoft Internet Explorer V10.0 和 Microsoft Internet Explorer V11.0。

（5）Microsoft .NET Framework 的要求

Windows 8.1 和 Windows Server 2012 R2 操作系统必须安装 Microsoft .NET Framework 3.5 和 4.5。因此，在安装 WinCC 前确保.Net Framework 已安装。

1.3.3 WinCC 的安装步骤

在前面的讲述中提到能被 WinCC V7.3 支持的操作系统有 Windows 7、Windows 8.1 和 Windows Server 2008/2012，本书仅以 Windows 7 Ultimate Service Pack 1，64 位操作系统为例讲述。

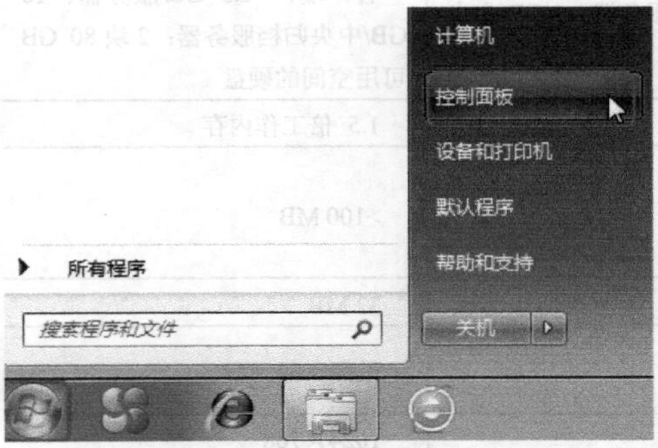

图 1-1 打开“控制面板”

安装 WinCC V7.3 的基本步骤是先安装消息队列，再安装 Microsoft SQL Server，最后安装 WinCC。以下详细介绍安装过程。

（1）消息队列的安装

① 在 Windows 7 Ultimate Service Pack 1 操作系统的“开始”菜单中，打开“控制面板”，如图 1-1 所示，弹出“控制面板”界面，双击“程序和功能”按钮，弹出“卸载或更改程序”界面，如图 1-2 所示，在左侧菜单栏中，单击“打开或关闭 Windows 功能”按钮，将打开“Windows 功能”。

② 打开“Windows 功能”对话框，勾选“Microsoft Message Queue(MSMQ)服务器”选项（就是消息队列），如图 1-3 所示，再单击“确定”按钮。安装完成消息队列后，重新启动计算机即可。

（2）安装 Microsoft SQL Server 和 WinCC

WinCC V6.0 软件的 Microsoft SQL Server 和 WinCC 是两个软件包，而 WinCC V7.0 之后

软件则变成一个软件包，但安装顺序不变，仍然是先安装 Microsoft SQL Server，再安装 WinCC，以下详述安装过程。

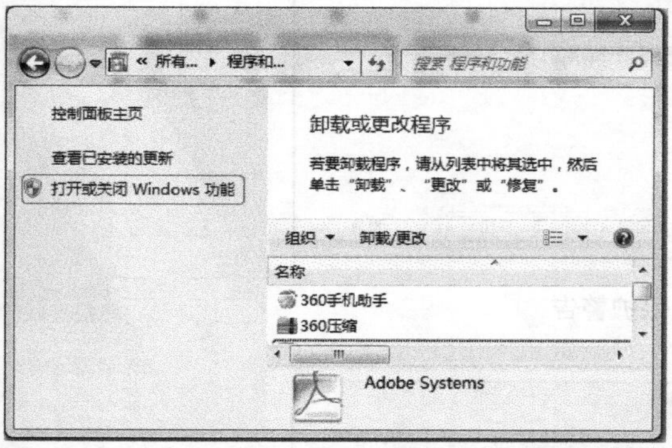

图 1-2　打开或关闭 Windows 功能

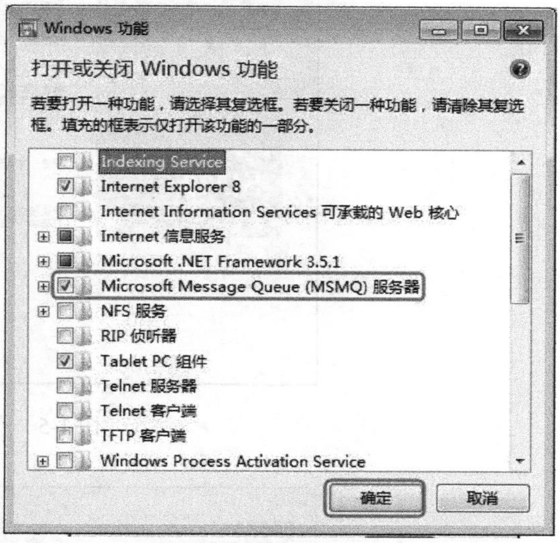

图 1-3　“Windows 功能”对话框

① 把安装光盘插入光驱中，双击“Setup.exe”文件，弹出如图 1-4 所示的界面，选择要安装的语言（本例选择“简体中文”），单击“下一步”按钮，弹出如图 1-5 所示的界面，单击“下一步”按钮。

②“产品注意事项”界面如图 1-6 所示，单击“是，我要阅读注意事项”按钮，则弹出注意事项文本，也可以不单击这个按钮（本例没有单击此按钮），再单击“下一步”按钮，弹出“许可证协议”界面，如图 1-7 所示。单击“下一步”按钮，弹出“安装类型”界面，如图 1-8 所示。

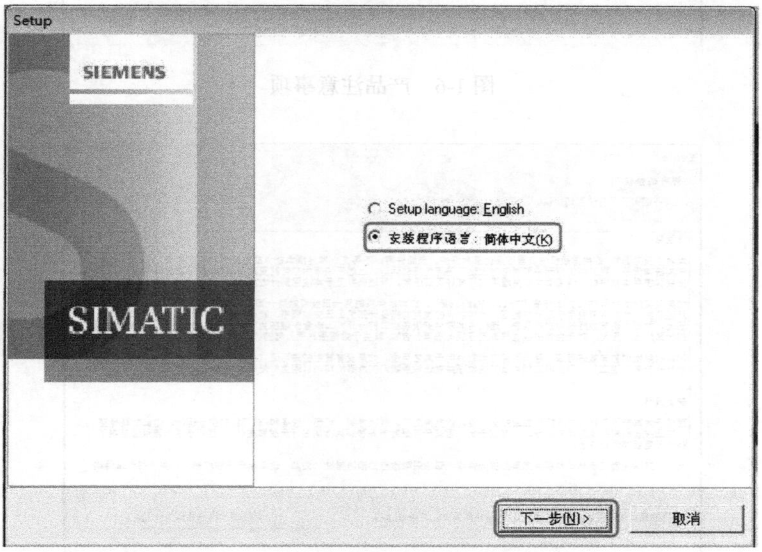

图 1-4　语言选择

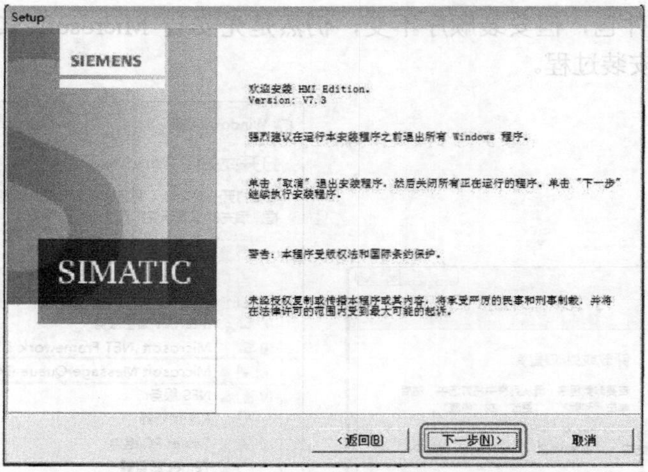

图 1-5 产权保护警告

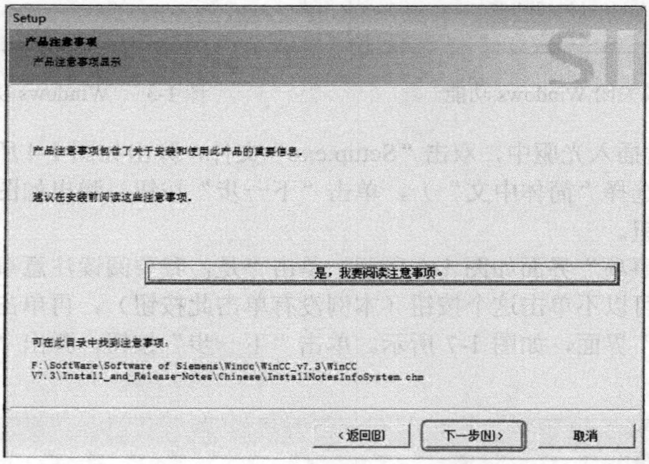

图 1-6 产品注意事项

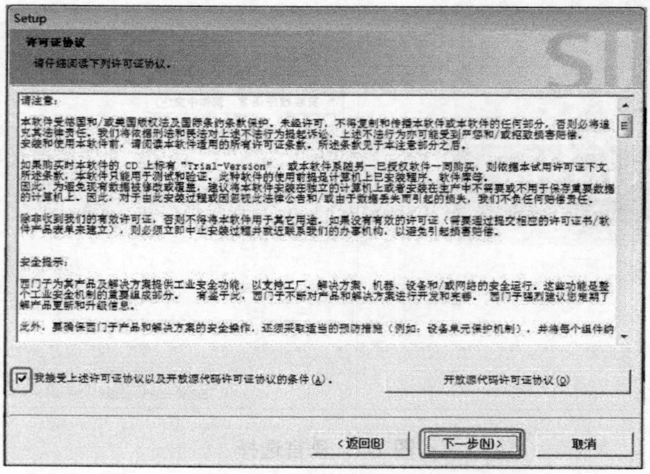

图 1-7 许可证协议

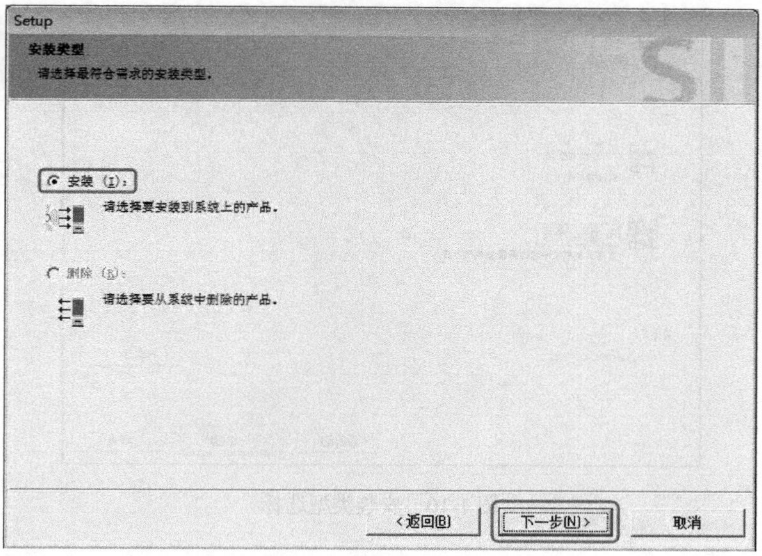

图 1-8　安装类型

③ 选择安装类型。选择“安装”或者“删除”WinCC 产品，本例选择“安装”，再单击“下一步”按钮，弹出如图 1-9 所示的“产品语言选择”界面，选择“中文”，再单击“下一步”按钮。

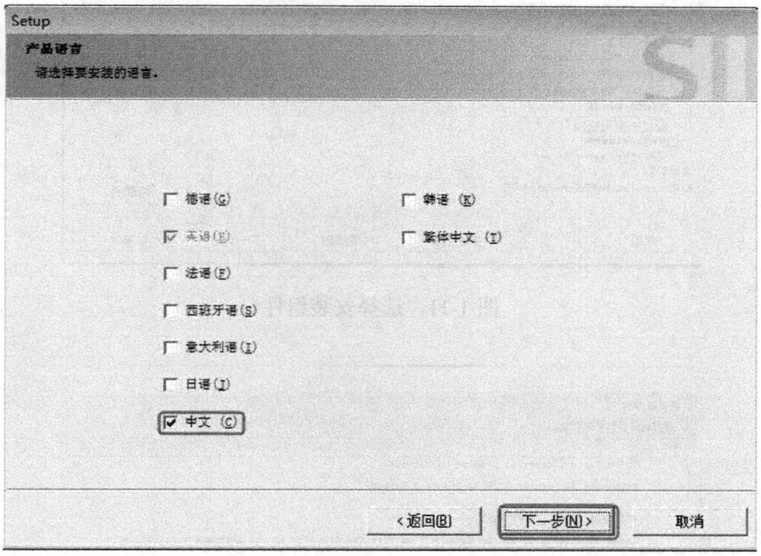

图 1-9　产品语言选择

如图 1-10 所示，有两种安装类型，即数据包安装和自定义安装（本例选择自定义安装），数据包安装是基本的安装，单击“下一步”按钮，如图 1-11 所示。

④ 选择安装组件。如图 1-11 所示，勾选“WinCC V7.3 Complete”组件，只要可以勾选的选项，建议都勾选（如 WinCC WebUX），单击“下一步”按钮，如图 1-12 所示，勾选“我接受许可协议的条件”，单击“下一步”按钮。

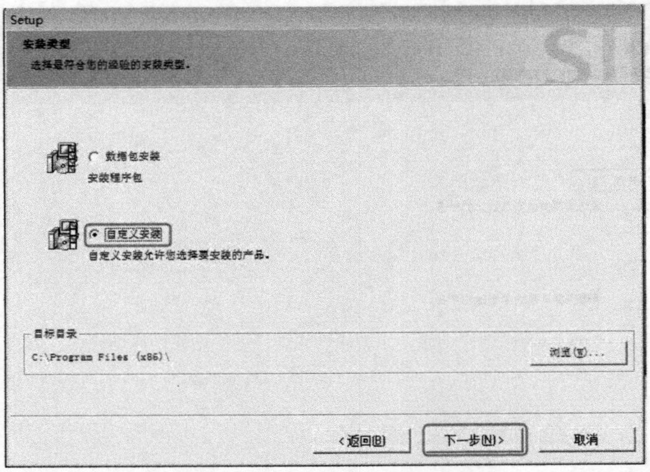

图 1-10 安装类型选择

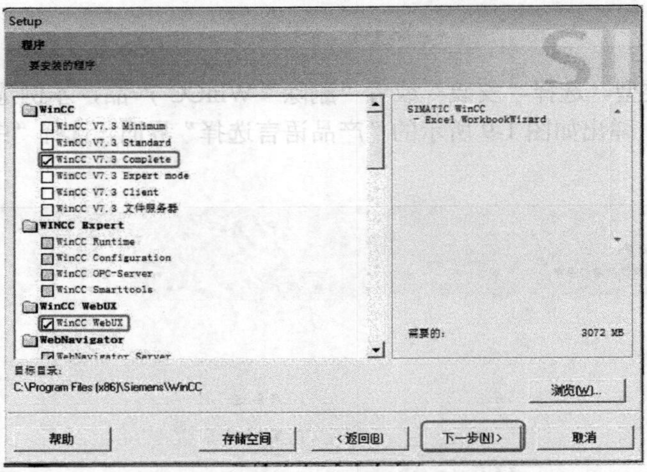

图 1-11 选择安装组件

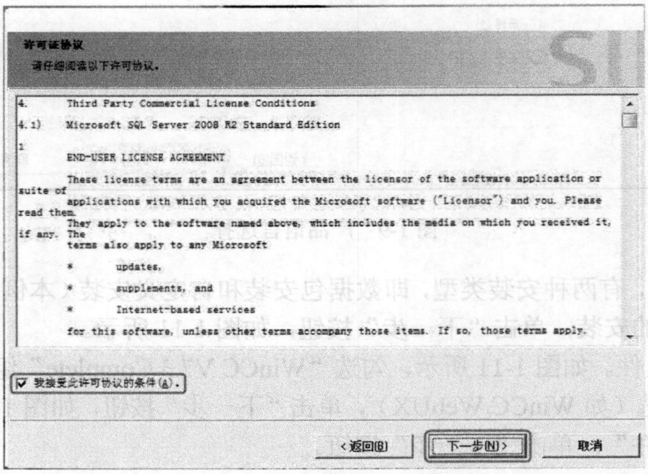

图 1-12 许可证协议

⑤ 安装软件。在安装软件前，需要对系统设置的更改，如图 1-13 所示，勾选“我接受对系统设置的更改”选项，单击“下一步”按钮，弹出如图 1-14 所示的界面。

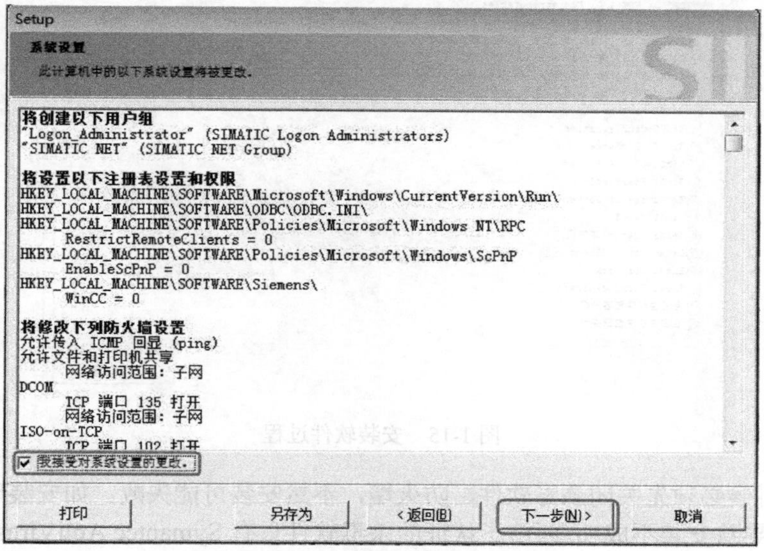

图 1-13　对系统设置的更改

单击“安装”按钮，开始安装软件，如图 1-14 所示。安装的时间长短与计算机的配置是有关系的，安装完成后要重启电脑。软件的安装过程如图 1-15 所示。

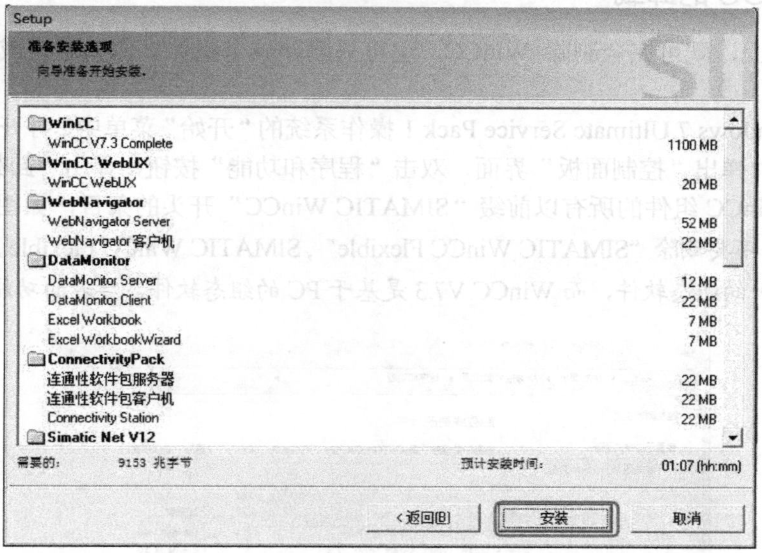

图 1-14　安装软件

（3）安装 WinCC 的注意事项

① Windows 操作系统的 Home 版（家庭版）不能安装 WinCC 软件，大部分西门子的软件都不支持 Windows 操作系统的 Home 版。

② 文件名和存盘路径请不要出现中文，否则安装会出错，这个规律适合大多数西门子软件。

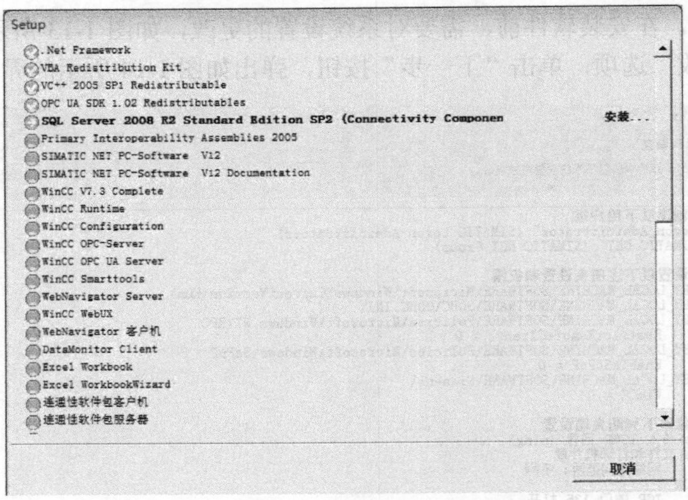

图 1-15 安装软件过程

③ 安装时候必须先关闭杀毒软件、防火墙，不然安装可能失败。如安装瑞星杀毒软件、防火墙可能会导致安装不成功。西门子认证的杀毒软件只有 Symantec AntiVirus、Trend Micro Office Scan 和 McAfee VirusScan 等少数软件。

④ 如果第一次安装 WinCC 不成功，下次安装前，必须将上次安装的 WinCC 完全卸载，不要留下残余文件，否则很容易导致安装失败。极端情况下，只能通过重装操作系统解决问题。

1.3.4 WinCC 的卸载

在计算机上，既可完全删除 WinCC，也可只删除单个组件，例如语言或组件。具体步骤如下：

① 在 Windows 7 Ultimate Service Pack 1 操作系统的“开始”菜单中，打开“控制面板”，如图 1-1 所示，弹出“控制面板”界面，双击“程序和功能”按钮，弹出“卸载或更改程序”界面，删除 WinCC 组件的所有以前缀“SIMATIC WinCC”开头的条目，如图 1-16 所示。

【关键点】不要删除“SIMATIC WinCC Flexible”，SIMATIC WinCC Flexible 是基于触摸屏（嵌入式系统）的组态软件，而 WinCC V7.3 是基于 PC 的组态软件，后者的功能更加强大。

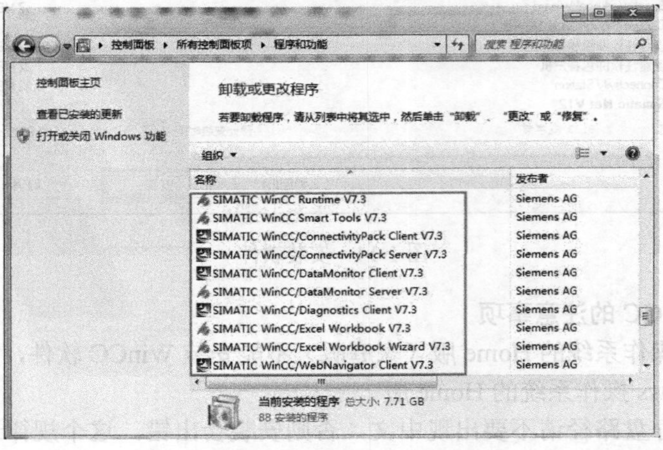

图 1-16 “添加/删除软件”（1）

② 卸载了 WinCC V7.3，卸载以“Microsoft SQL Server”开头的软件，如图 1-17 所示。

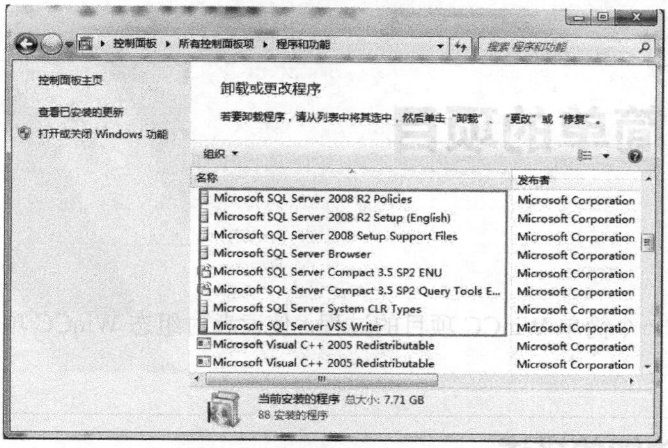

图 1-17 “添加/删除软件”（2）

【关键点】① 如果读者的计算机中安装了“SIMATIC WinCC Flexible”，那么卸载完了 WinCC V7.3，不能卸载“Microsoft SQL Server”，因为“SIMATIC WinCC Flexible”软件的正常运行也需要“Microsoft SQL Server”。

② Windows 自带的卸载工具在卸载 WinCC 时，可能会留下残留文件，导致下次不能成功安装 WinCC，所以推荐使用“360 安全卫士”软件中的“强力卸载”工具卸载 WinCC 软件，卸载效果要明显好些。

小结

重点难点总结

① WinCC V7.3 安装的软硬件条件。

② WinCC V7.3 的安装和卸载。

习题

① 组态软件的功能和发展趋势是什么？

② 国内外还有哪些知名的组态软件？这些知名的组态软件有何特点？

③ WinCC 的性能特点有哪些？

④ WinCC V7.3 有哪些新功能？

⑤ WinCC V7.3 安装的软硬件条件有哪些？

⑥ 安装和卸载 WinCC V7.3 软件时，要注意哪些问题？

⑦ WinCC Flexible 软件和 WinCC V7.3 软件的区别是什么？

⑧ 简述 WinCC 的系统结构。

第2章 组态一个简单的项目

本章介绍组态一个简单 WinCC 项目的过程，使读者对组态 WinCC 项目过程有一个初步的了解。

2.1 对实现功能的描述

创建一个 WinCC 项目，实现对 S7-300 PLC 的 Q0.0 的启停监控。程序已经下载到 S7-300 PLC 中，程序如图 2-1 所示。

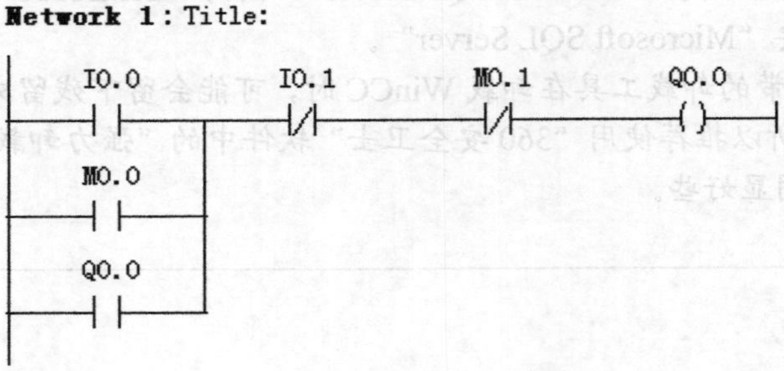

图 2-1 S7-300 PLC 中的程序

2.2 建立项目

2.2.1 启动 WinCC

启动 WinCC。单击“开始”按钮，再展开“所有程序”菜单，单击“Automation License Manager”→“SIMATIC”→“WinCC”→“WinCC Explorer”，如图 2-2 所示，便可启动 WinCC。启动 WinCC 最简单的方法是直接双击桌面上的快捷图标“”，当然启动 WinCC 还有其他的方法，将在后续章节讲述。

图 2-2 启动 WinCC

2.2.2 建立一个新项目

如果以前已经创建了 WinCC 项目，则启动 WinCC 软件时，一般打开的是上一次组态的项目，而且显示的是项目管理器界面。如果是新安装的软件，则弹出如图 2-3 所示界面，选择“单用户项目”（首次创建项目，单用户项目比较简单），再单击“确定”按钮，弹出“创建新项目”界面，如图 2-4 所示，在“项目名称”中输入项目名称，本例为“启停控制”，最后单击“创建”按钮，弹出一个新的项目，如图 2-5 所示。

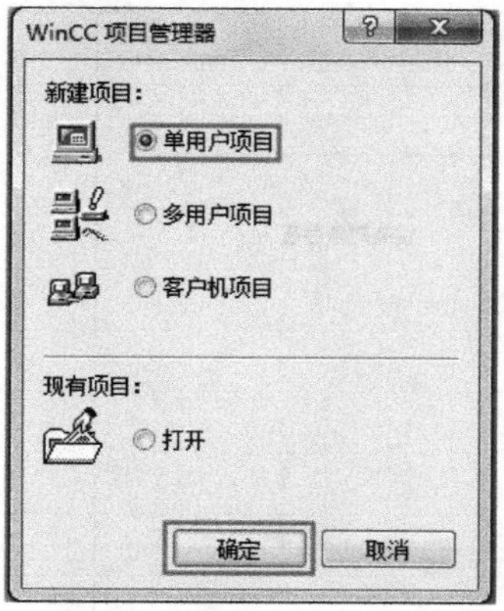

图 2-3　WinCC 项目管理器（1）

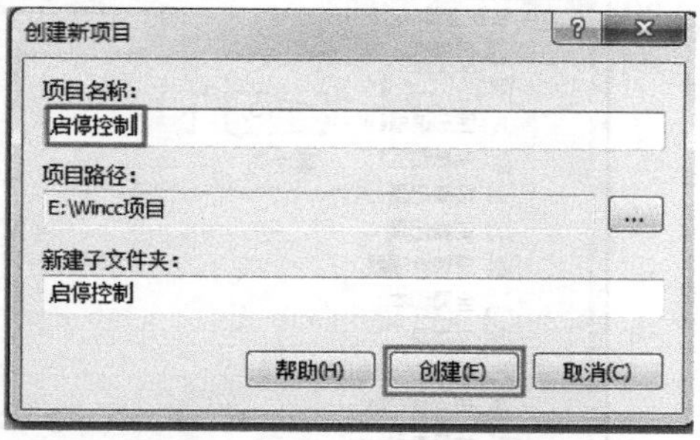

图 2-4　创建新项目

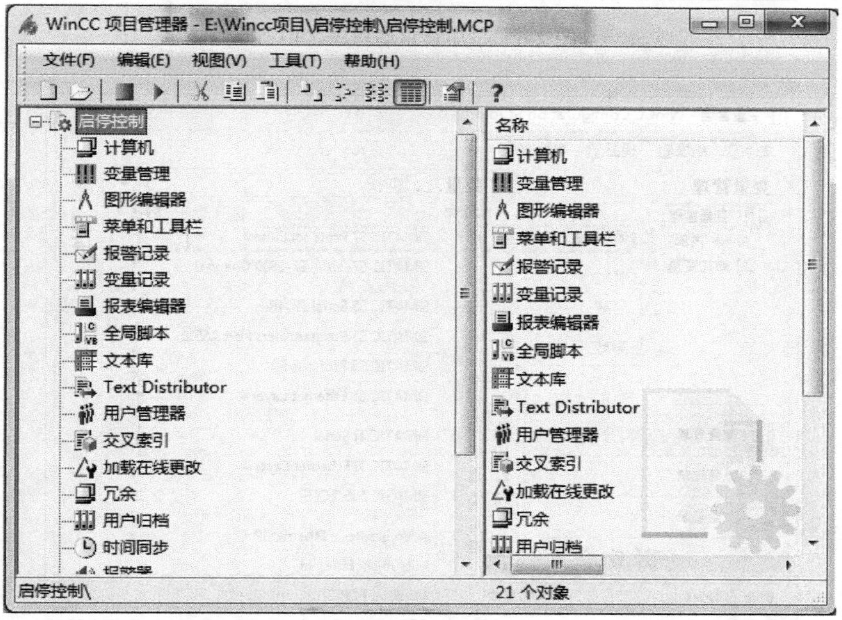

图 2-5　WinCC 项目管理器（2）

2.3　组态项目

2.3.1　组态变量

组态变量分三个步骤，即新建驱动、新建连接和新建变量，具体做法如下。

（1）新建驱动

选中“变量管理器”，右击鼠标，单击“打开”子菜单，如图 2-6 所示，然后在如图 2-7

所示的界面，选中“变量管理器”，右击鼠标，单击“打开”→“添加新的驱动程序”→“SIMATIC S7 Protocol Suite”。由于组态软件 WinCC 监控的 PLC 是 S7-300，因此选定的驱动程序是“SIMATIC S7 Protocol Suite”，如图 2-8 所示。

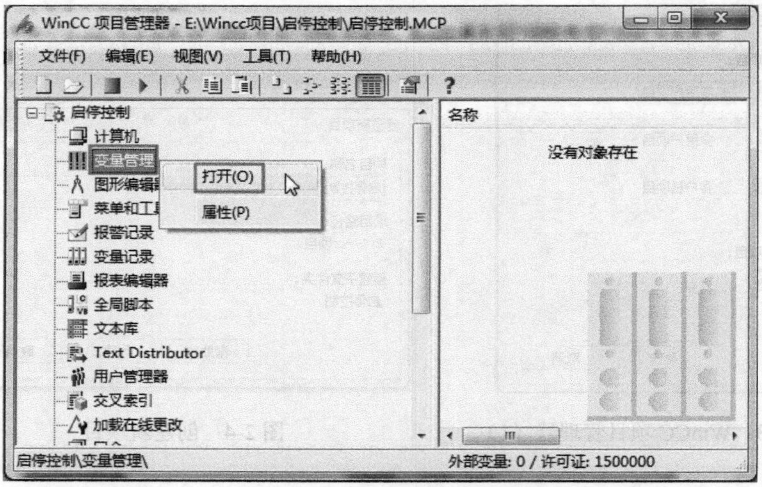

图 2-6 添加新驱动程序（1）

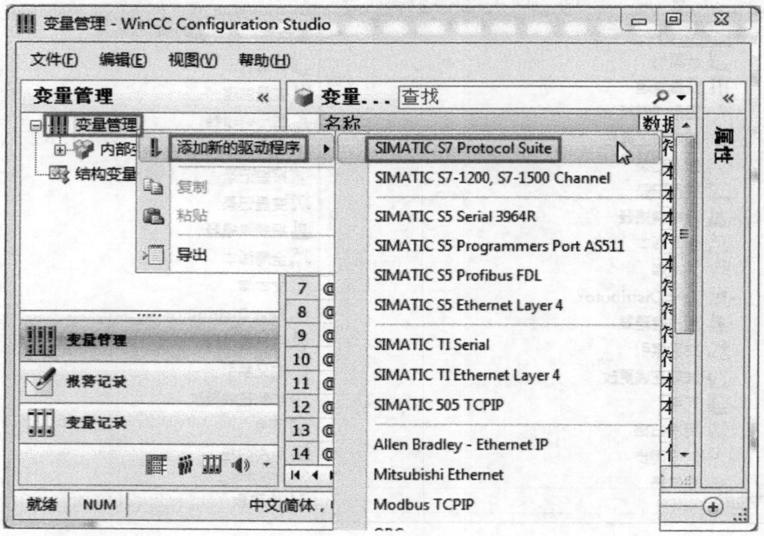

图 2-7 添加新驱动程序（2）

【关键点】 在安装 WinCC 软件时，西门子的 S7-300/400 系列 PLC 的驱动程序已经安装完成，并不需要另外安装，但与 S7-200/S7-200 SAMRT 通信需要通过 OPC 方式进行（一般使用 S7-200 PC ACCESS/S7-200 SAMRT PC ACCESS 软件，将在后续章节介绍），因为 S7-200/S7-200 SAMRT 系列 PLC 是西门子家族中的特殊成员。

早期的 WinCC 版本没有 S7-1200 和 S7-1500 的驱动，WinCC 要与 S7-1200 和 S7-1500 通信需要借助 OPC 软件，但从 WinCC V7.2 起，WinCC 就有 S7-1200 和 S7-1500 驱动了，不需要借助于 OPC 了。

此外，要用 WinCC 监控其他 PLC，如三菱 FX 系列 PLC，也需要用 OPC 通信。

（2）新建连接

展开“SIMATIC S7 Protocol Suite”，选定“MPI”（假设 WinCC 监控 PLC 是采用 MPI 适配器，当然也可以用其他方式，如 PROFIBUS），右击它，单击“新建连接”，在“名称中”输入“S7300”，如图 2-9 所示，再选定“MPI”右击它，单击“系统参数”，选中“单位”选项卡，选择对应的“逻辑设备”，如读者使用的是 PC/Adapter 适配器通信，就选择“PC Adapter（MPI）”，如读者使用的仿真器 PLCSIM 通信，则选择“PLCSIM（MPI）”选项，之后单击“确定”按钮。

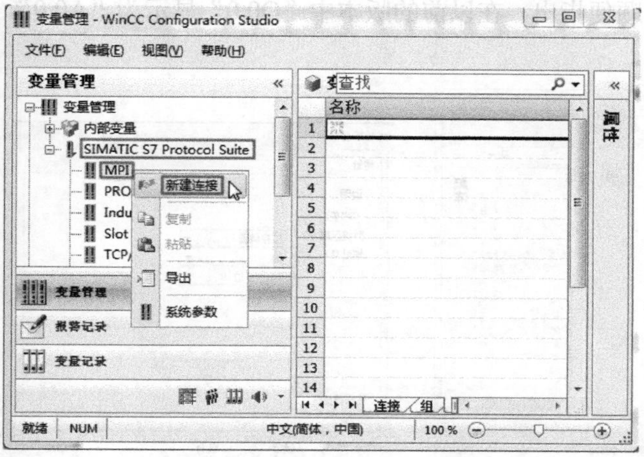

图 2-8　新建连接

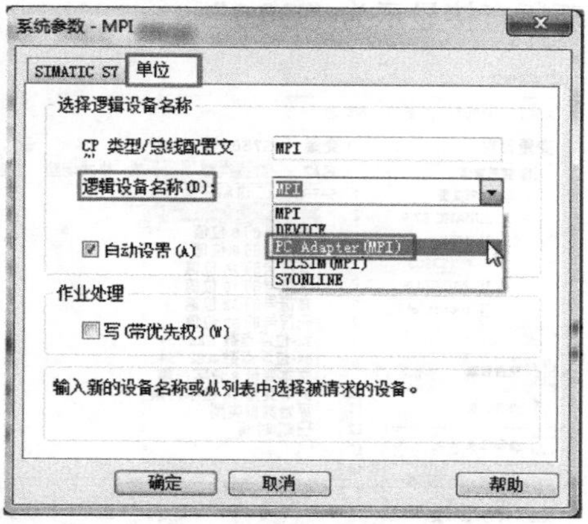

图 2-9　系统参数

选中“S7300”，右击鼠标，单击“连接参数”菜单，如图 2-10 所示，弹出“连接参数”界面，如图 2-11 所示，站地址就是 PLC 的 MPI 地址，如果读者没有修改过 PLC 的 MPI 地址，默认地址值就是 2，插槽号是指 CPU 的占位，一般是 2，单击“确定”按钮，回到图 2-10 界面，连接建立完成。

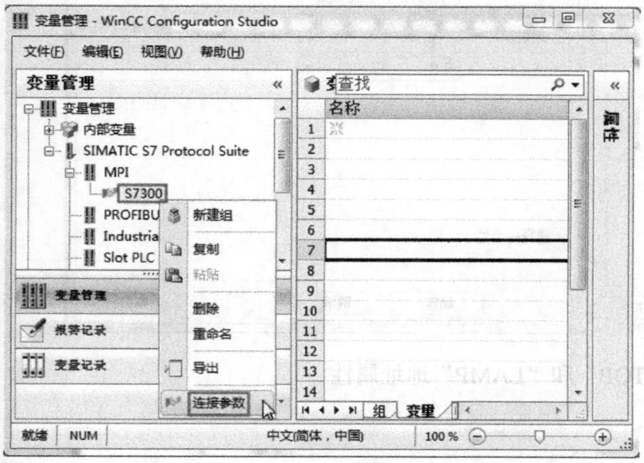

图 2-10　打开连接参数

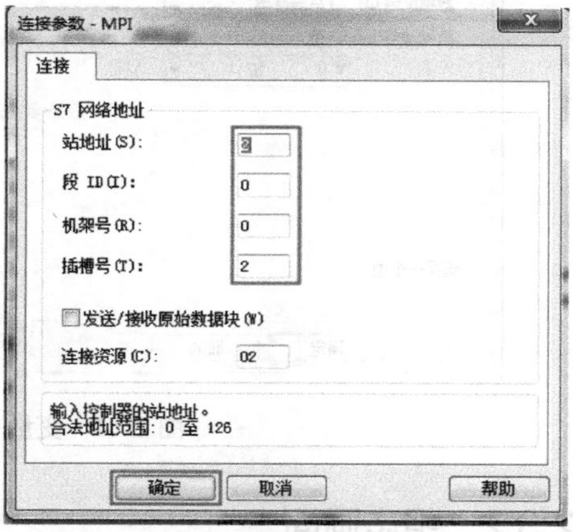

图 2-11　连接参数

▶【关键点】在图 2-11 中，默认的 CPU 的槽号是 0，而西门子的 CPU 的槽号一般是 2，初学者特别是对西门子 S7-300/400 不太熟悉的读者一般不注意这点，如果忽略这点，通信是不能成功建立的。

（3）新建变量

在变量管理器中，展开“MPI”，选中“S7300”，界面的右侧有一个类似于 Excel 的表格，如图 2-12 所示，在“名称”栏中，输入变量“START”（当然也可以是其他合法名称），接着单击“数据类型”栏的右侧的“下三角”，选择其数据类型为“二进制变量”。

再单击如图 2-12 所示“地址”栏右侧的 … 图标，弹出“地址属性”界面，作如图 2-13 所示的更改，单击“确定”按钮，“START”变量创建完成。

用同样的方法创建变量“STOP”和“LAMP”，其地址属性如图 2-14 所示。三个外部变量创建完成后的变量表如图 2-15 所示。顺便指出，在以前的版本中“Q0.0”显示为“A0.0”，新版直接显示为“Q0.0”。

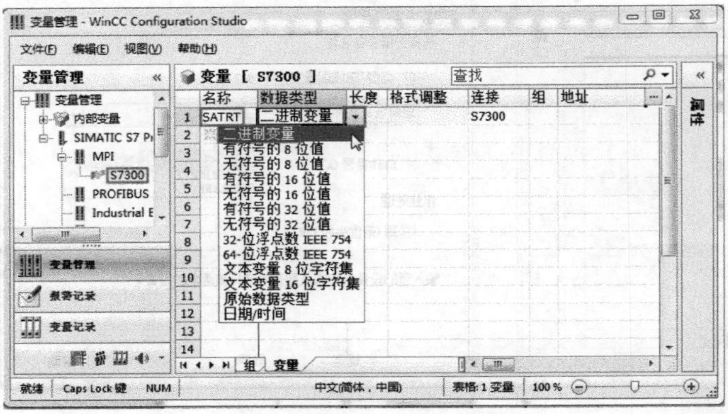

图 2-12 新建变量-数据类型

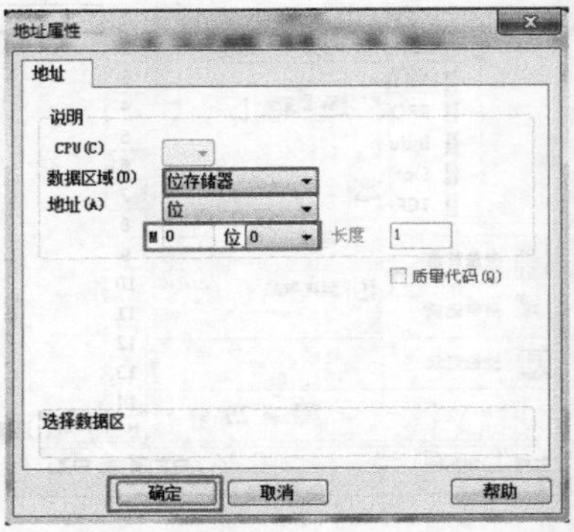

图 2-13 “START”地址属性

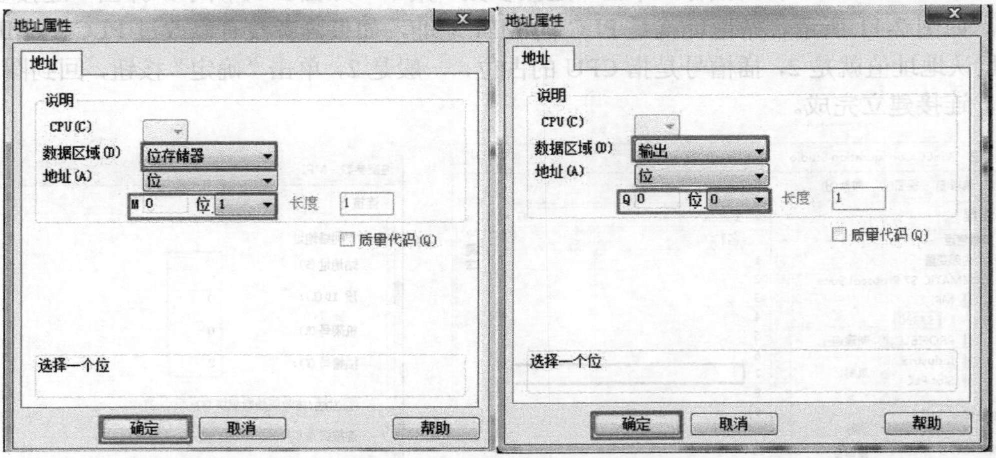

图 2-14 变量“STOP”和“LAMP”地址属性

2.3.2 组态画面

选中“图形编辑器”，右击鼠标，弹出快捷菜单，单击“新建画面”如图 2-16 所示，选中“NewPdl0.Pdl”，右击鼠标，弹出快捷菜单，单击“设置为启动画面”；选中“NewPdl0.Pdl”，右击鼠标，弹出快捷菜单，单击“打开画面”，如图 2-17 所示。

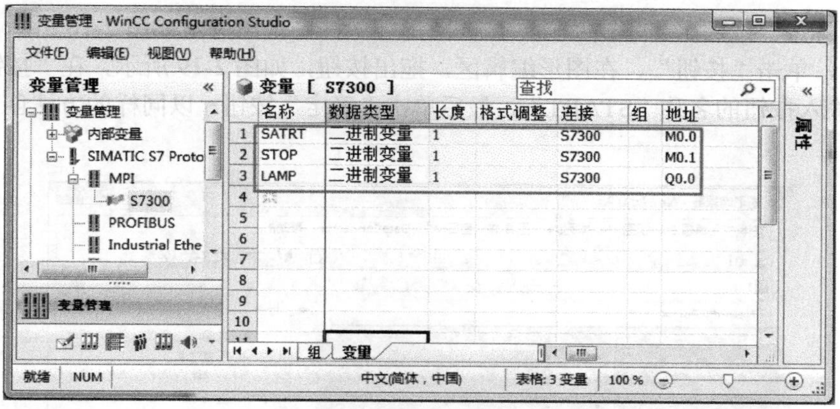

图 2-15　创建完成变量的表格

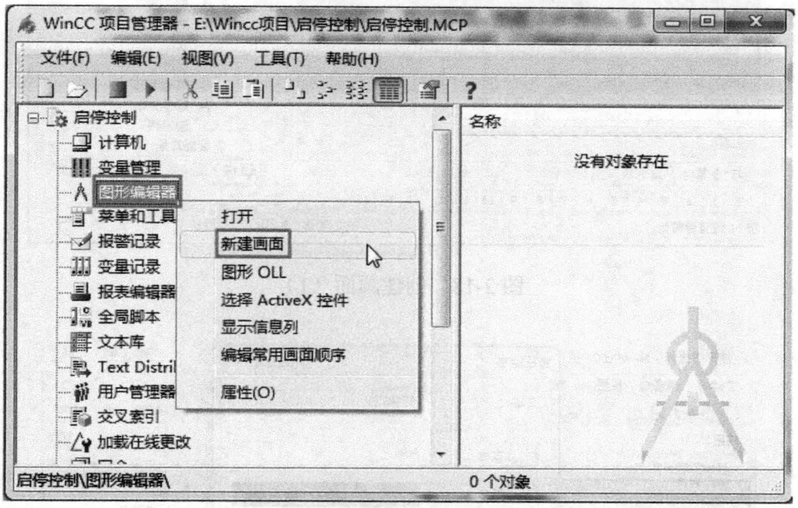

图 2-16　新建画面

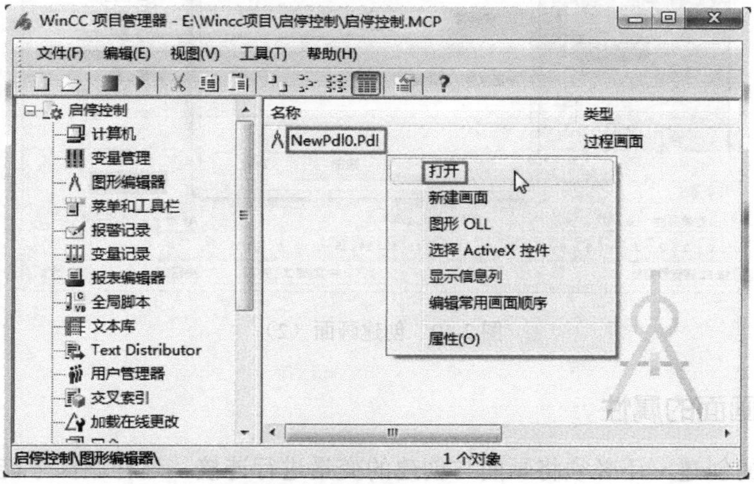

图 2-17　打开画面

选中“标准”选项卡，单击“圆”，在图形编辑区，拖出圆，如图 2-18 所示，选中“标准”选项卡，单击“按钮”，在图形编辑区，拖出按钮，如图 2-19 所示，在“按钮组态”的“文本”中输入按钮的名称“START”，最后单击“确定”按钮。以同样的方法创建“STOP”按钮。

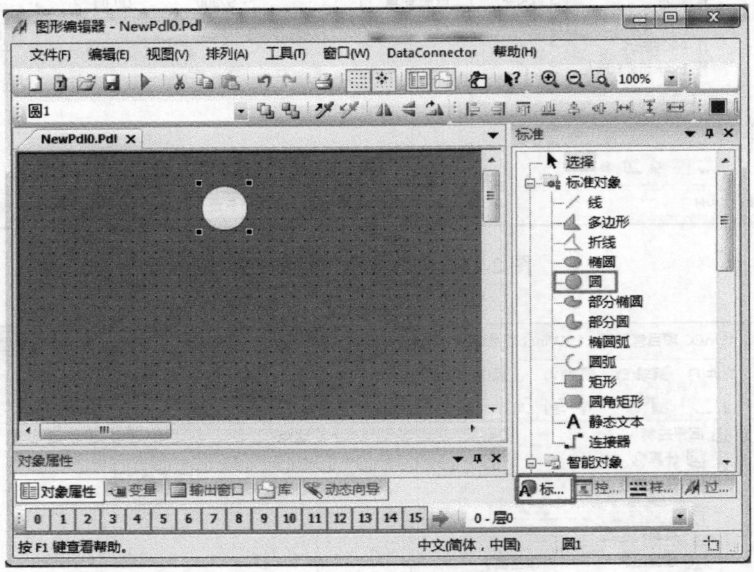

图 2-18　创建画面（1）

图 2-19　创建画面（2）

2.3.3　改变画面的属性

完成画面的创建，还必须将画面与创建的变量进行连接，这样画面才能通过变量监控 PLC 的状态。

① 将变量“LAMP”与圆的背景颜色连接在一起。选中图形“圆”，在“对象属性”，选中“属性”选项卡，接着选中“效果”→“全局颜色方案”，把选项“是”改为“否”（双击“是”即可），如图 2-20 所示。

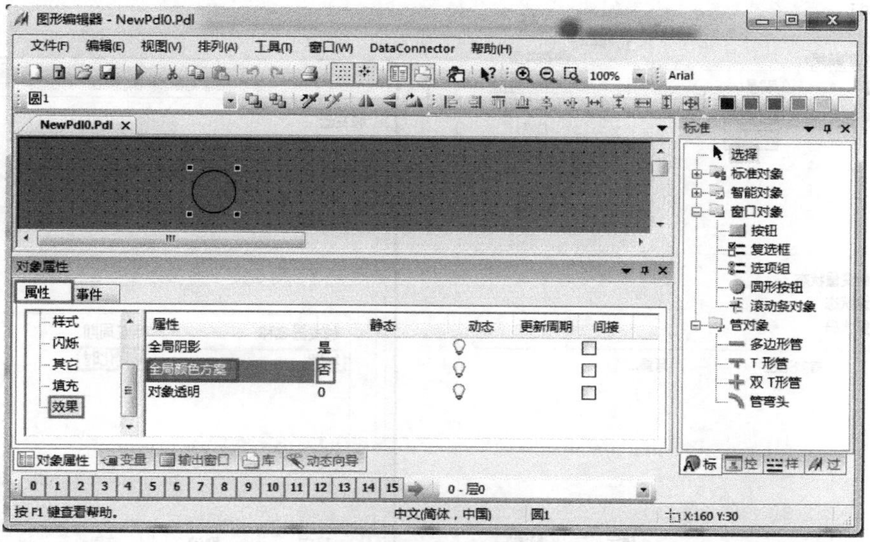

图 2-20　对象属性-全局颜色方案更改

再选中“颜色”→“背景颜色”→（动态的图形），右击鼠标，弹出快捷菜单，如图 2-21 所示，单击“动态对话框”，弹出动态“值域”界面，如图 2-22 所示，在表达式中与“LAMP”连接，数据类型选择为“布尔型”，将“是/真”后的背景颜色设定为红色。单击“触发器”按钮，弹出“改变触发器类型”的界面，如图 2-23 所示，将其触发器类型改为“有变化时”。

【关键点】将“效果”→“全局颜色方案”中的选项“是”改为“否”是至关重要的，而且容易忽略，否则灯的颜色不会改变。

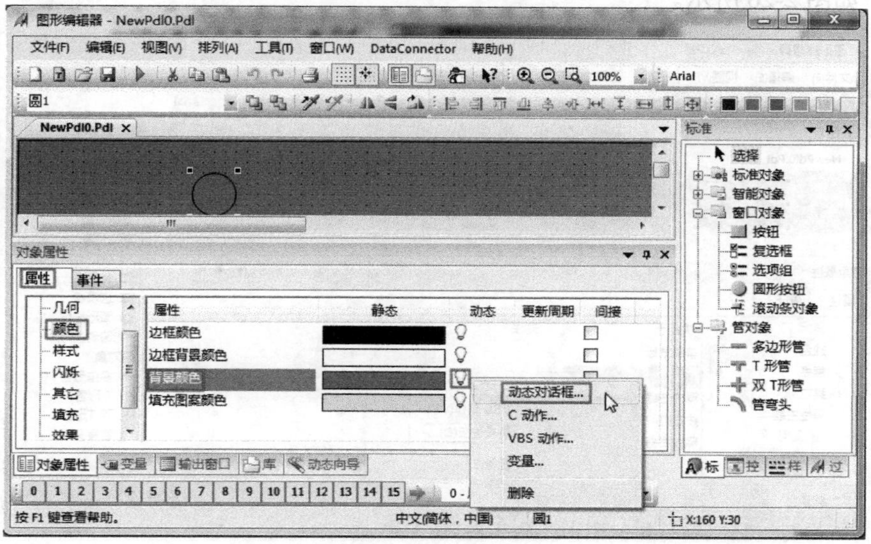

图 2-21　对象属性

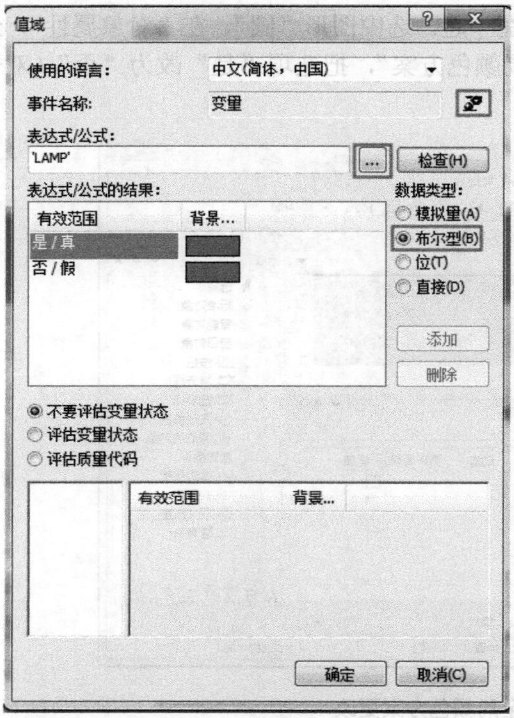

图 2-22 值域

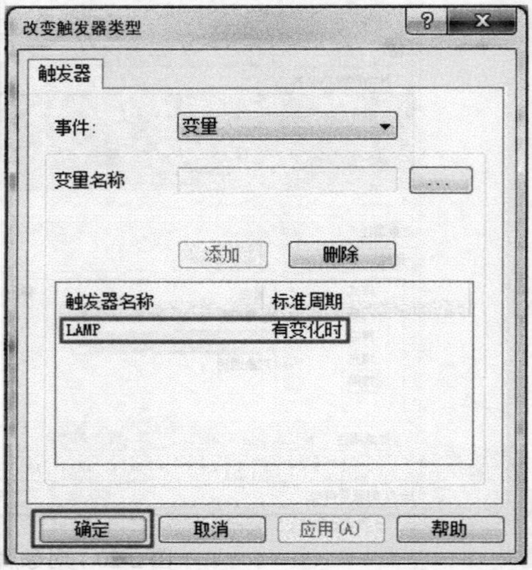

图 2-23 改变触发器的类型

② 将变量“START”与启动按钮连接在一起。选中画面上的“START”按钮，选中“对象属性”的“事件”选项卡，如图 2-24 所示，再选中“鼠标”→“按左键”→⚡（动作），右击鼠标，弹出快捷菜单，单击“直接连接”，弹出“直接连接”界面，如图 2-25 所示，在“常数”中输入“1”，在“变量”中选定参数“START”，这样操作的含义是将用鼠标左键单击“START”按钮时，将变量“START”赋值为 1。同样释放鼠标左键时，将变量“START”赋值为 0，如图 2-26 所示。

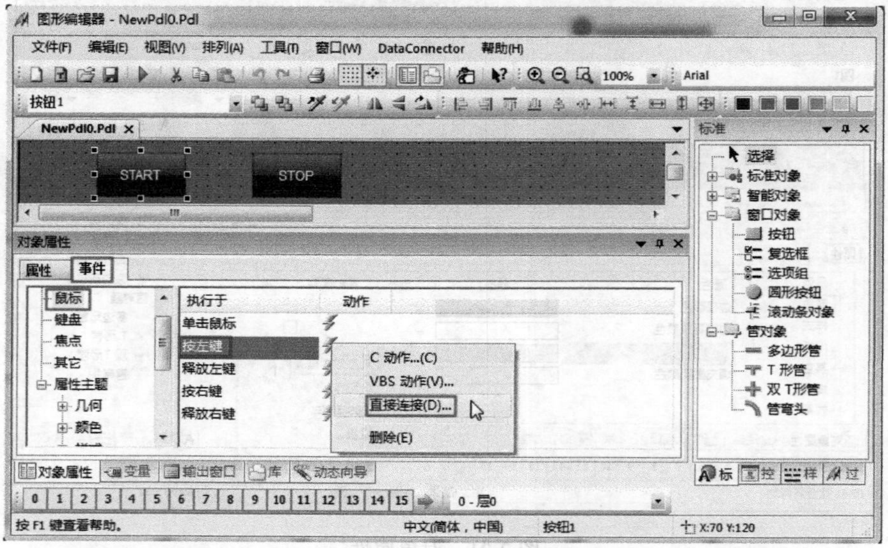

图 2-24 对象属性

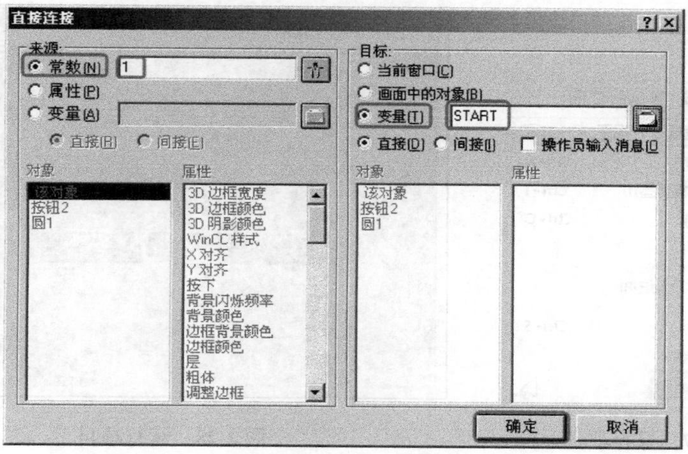

图 2-25　直接连接（1）

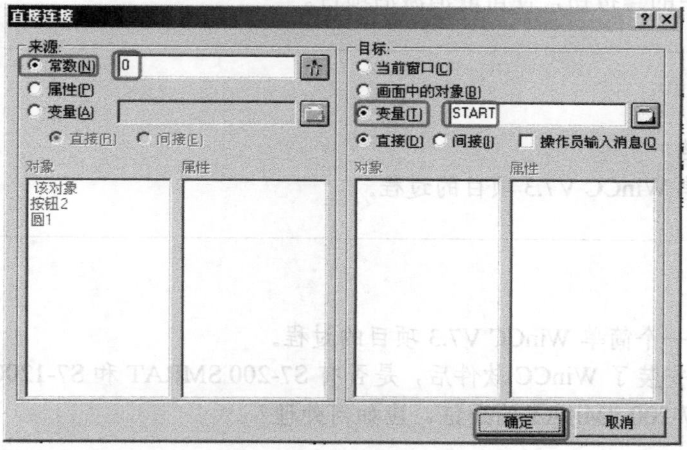

图 2-26　直接连接（2）

③ 将变量“STOP”与停止按钮连接在一起，方法与前述类似，在此不再赘述。

2.4　运行项目

运行项目前，先要保存项目，再运行项目。

2.4.1　保存项目

单击菜单栏的“文件”→“全部保存”，便可保存整个项目，如图 2-27 所示。当单击“START”按钮时，圆变为红色，表明灯已经亮了；当单击“STOP”按钮时，圆变为灰色，表明灯已经灭了。

2.4.2　运行项目

（1）激活项目

单击工具栏中的▶按钮，便可激活项目，运行的项目如图 2-28 所示。

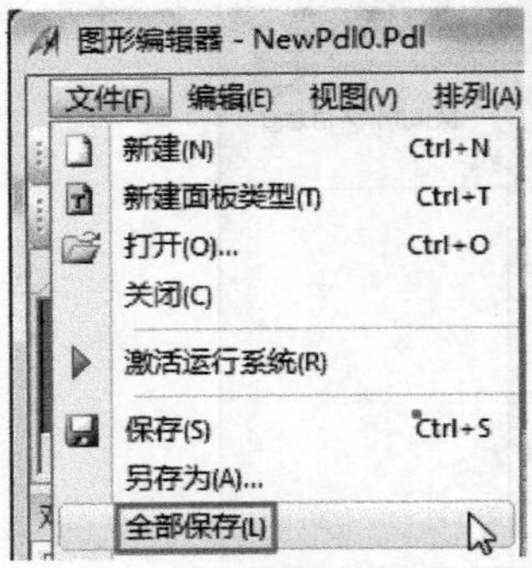

图 2-27 保存项目

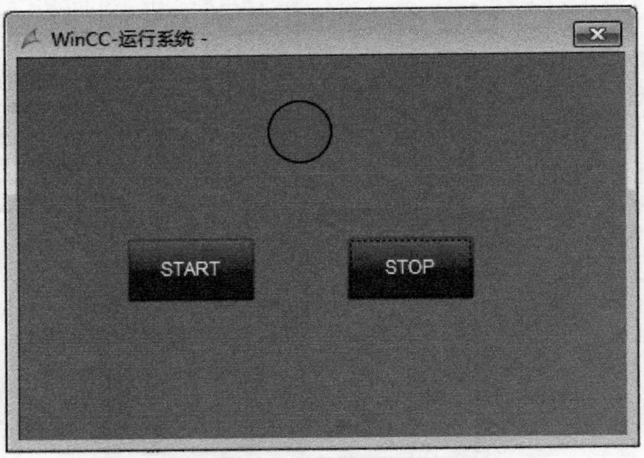

图 2-28 运行项目

（2）取消激活项目

单击工具栏中的■按钮，便可取消激活项目。

小结

重点难点总结

创建一个简单 WinCC V7.3 项目的过程。

习题

① 简述创建一个简单 WinCC V7.3 项目的过程。

② 计算机中安装了 WinCC 软件后，是否有 S7-200 SMRAT 和 S7-1200 的驱动程序？要建立 WinCC 与 S7-200 SMRAT 的通信，应如何处理？

第3章 项目管理器

当启动 WinCC 时，WinCC 项目管理器自动打开。在 WinCC 项目管理器中可以组态和运行项目。使用 WinCC 项目管理器，可以完成的操作有：创建项目、打开项目、管理项目数据和归档、打开编辑器、激活或取消项目。

3.1 WinCC 项目管理器介绍

WinCC 项目管理器代表最高层，所有的模块都从这里启动，启动 WinCC 时，软件就进入 WinCC 项目管理器的界面。使用 WinCC 项目管理器，可以完成创建项目、编辑项目、打开编辑器、激活和取消项目、管理项目数据和归档等任务。

3.1.1 启动项目管理器

启动 WinCC 项目管理器通常有 3 种方法，具体如下：

① 双击桌面上的“WinCC Explorer”的快捷图标，可以打开 WinCC 项目管理器。

② 单击“开始”按钮，再展开“所有程序”菜单，单击“Automation License Manager”→“SIMATIC”→“WinCC”→“WinCC Explorer”，如图 3-1 所示，便可启动 WinCC 项目管理器。

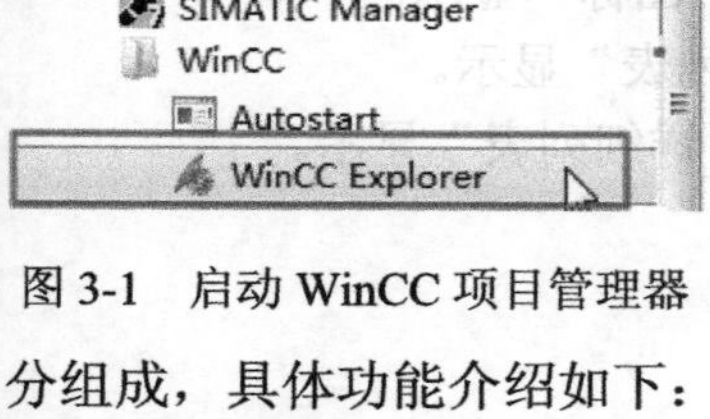

图 3-1　启动 WinCC 项目管理器

③ 在保存 WinCC 项目的目录下，双击“*.MCP”文件（如双击第 2 章在“E:\Wincc 项目\启停控制\启停控制.MCP”目录下创建的项目），可打开 WinCC 项目管理器。

每次启动 WinCC 项目时，上次最后被编辑的项目将再次打开。如果想要启动 WinCC 项目时不打开上一次的项目，可以在启动 WinCC 项目时，同时按下键盘的“Shift”和“Alt”按钮，并保持此状态，直到已经启动 WinCC 项目管理器为止。

3.1.2 WinCC 项目管理器的结构

WinCC 项目管理器的窗体结构如图 3-2 所示，主要由标题栏、菜单栏、工具栏、数据窗口、浏览窗口和状态栏几个部分组成，具体功能介绍如下：

（1）标题栏

标题栏显示的是当前打开的用户界面打开项目的详细路径和项目是否激活。

（2）菜单栏

菜单栏上的大部分菜单的功能与 Windows 的功能相同（如新建、复制、粘贴等），在此不做介绍。“激活”和“取消激活”项目功能在“文件”菜单下。

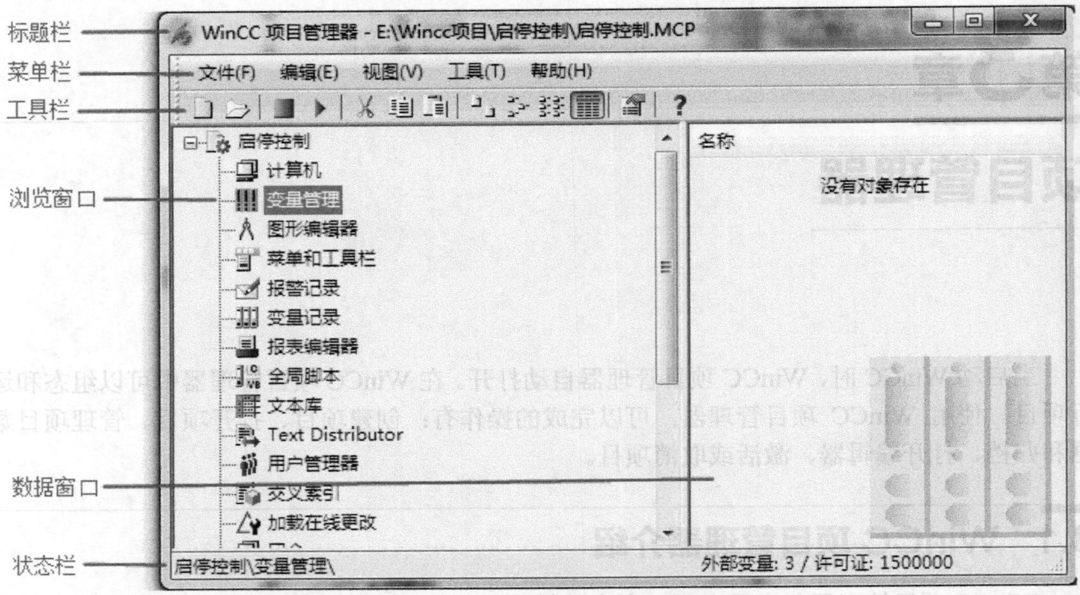

图 3-2 “WinCC 项目管理器”窗口

（3）工具栏

工具栏的图标如图 3-3 所示，以下分别介绍。

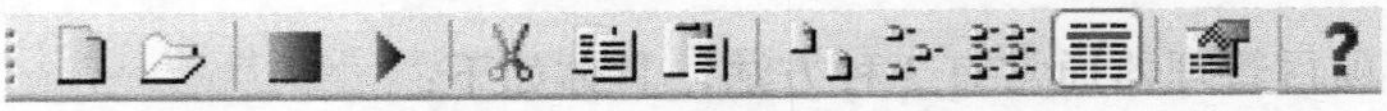

图 3-3　工具栏的图标

① ，新建 WinCC 项目。

② ，打开 WinCC 项目。

③ ，激活 WinCC 项目。

④ ，取消激活 WinCC 项目。

⑤ ，剪切功能，与 Windows 的功能相同。

⑥ ，复制功能，与 Windows 的功能相同。

⑦ ，粘贴功能，与 Windows 的功能相同。

⑧ ，将“浏览窗口”中选中的项目在数据窗口中以“大图标”显示。

⑨ ，将“浏览窗口”中选中的项目在数据窗口中以“小图标”显示。

⑩ ，将“浏览窗口”中选中的项目在数据窗口中以“列表”显示。

⑪ ，将“浏览窗口”中选中的项目在数据窗口中以“详细列表”显示。

⑫ ，显示“属性”。

⑬ ，“帮助”按钮。

（4）浏览窗口

浏览窗口是很重要的，包含 WinCC 项目管理器的编辑器和功能列表。双击列表或使用相应快捷键即可打开相应的编辑器。例如选中“图形编辑器”并双击它，就可打开图形编辑器，如图 3-4 所示。

（5）数据窗口

数据窗口位于浏览窗口的右侧，数据窗口显示编辑器或者文件夹的元素。所显示的信息随浏览器窗口中选中的编辑器的不同而变化。

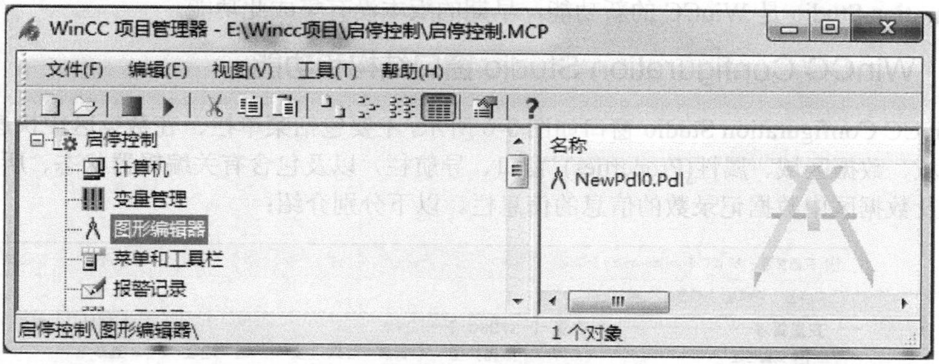

图 3-4　打开“图形编辑器”

（6）状态栏

状态栏显示与编辑有关的一些提示，还显示文件的当前路径、已组态外部变量数目和授权范围内的变量数目，如图 3-2 所示，有 3 个外部变量，可用 1500000 个授权变量。

3.2 WinCC Configuration Studio

3.2.1 WinCC Configuration Studio 简介

WinCC Configuration Studio 为 WinCC 项目批量数据组态提供了一种简单且高效的方法。用户界面划分为两个区域：一个类似于 Microsoft Outlook 的导航区域以及一个类似于 Microsoft Excel 的数据区域。凭借此设置，读者既可为 WinCC 项目组态批量数据，同时也可保留电子表格程序的操作优势。WinCC Configuration Studio 将取代下叙编辑器和功能的先前流程，即变量管理、变量记录、报警记录、文本库、用户管理器、报警器和用户归档。打开变量管理器等就可打开 WinCC Configuration Studio，如图 3-5 所示。

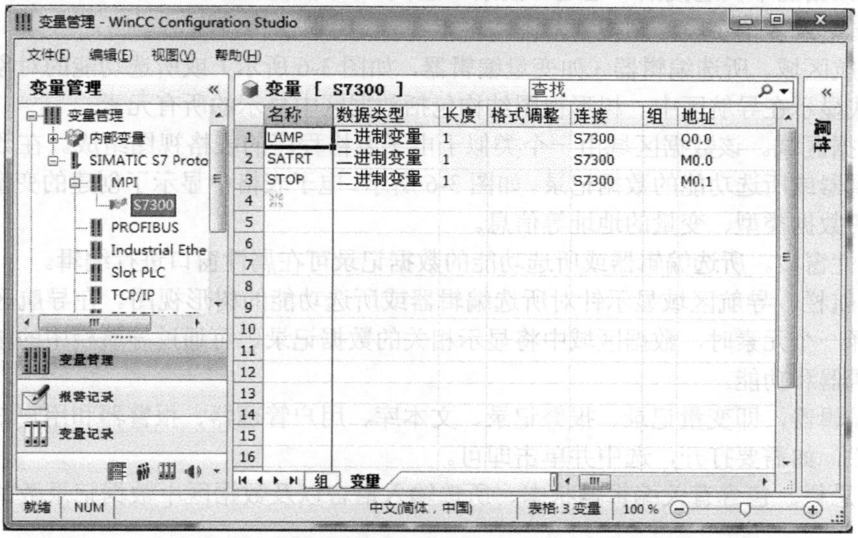

图 3-5　变量管理-WinCC Configuration Studio

WinCC Configuration Studio 是 WinCC 组态系统之下的组件，无法单独安装。WinCC Configuration Studio 是 WinCC 的新功能，早期的版本没有集成此功能。

3.2.2 WinCC Configuration Studio 窗口结构和功能

WinCC Configuration Studio 窗口如图 3-6 所示，主要包括菜单栏、在数据区中快速搜索、导航区域、数据区域、属性(Properties) 窗口、导航栏，以及包含有关编辑器状态、所选输入语言以及数据区中数据记录数的信息的信息栏。以下分别介绍：

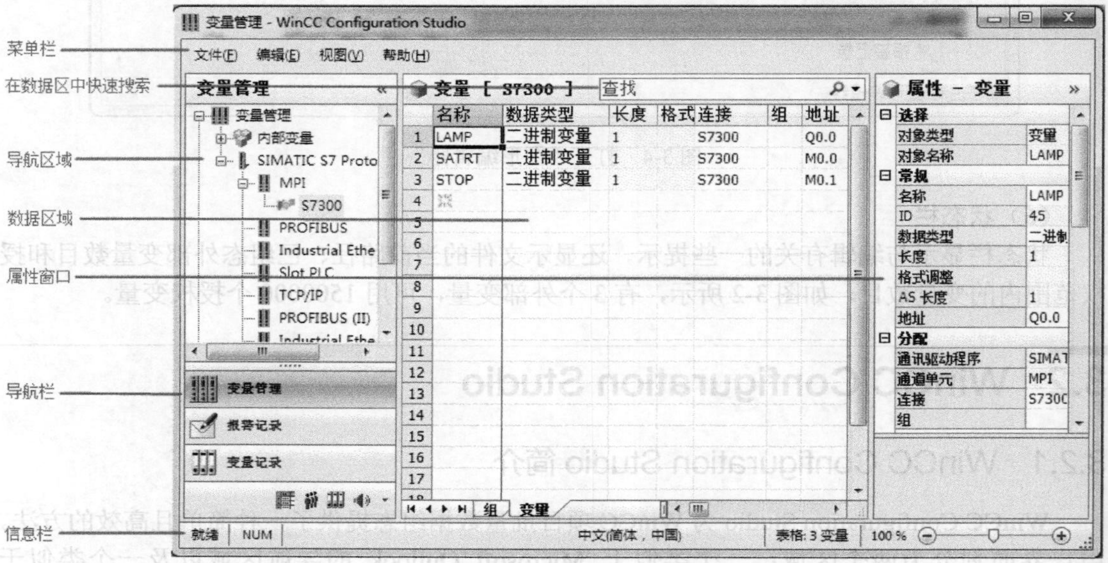

图 3-6 WinCC Configuration Studio 窗口

① 菜单栏。菜单栏包含文件、编辑、视图和帮助菜单，菜单的用法比较简单，与一般的软件类似，在此不再赘述。

② 在数据区中快速搜索。通过“搜索（查找）”字段查找数据区中的条目。如果在数据区内选定一个或多个字段，则搜索范围将限定在选定字段。

③ 导航区域。所选编辑器（如变量编辑器，如图 3-6 所示）或所选功能的对象将以树形视图的形式显示在导航区中。树形视图结构包括数据区中显示的所有元素。

④ 数据区域。该数据区域由一个类似于电子表格程序的表格视图组成。在数据区中组态所选编辑器或所选功能的数据记录。如图 3-6 所示，电子表格中显示了创建的变量“LAMP”等、变量的数据类型、变量的地址等信息。

⑤ 属性窗口。所选编辑器或所选功能的数据记录可在属性窗口进行编辑。

⑥ 导航栏。导航区域显示针对所选编辑器或所选功能的树形视图。在导航区域的树形视图中选择一个元素时，数据区域中将显示相关的数据记录。可通过导航栏中的按钮访问所有可用编辑器和功能。

所有编辑器，即变量记录、报警记录、文本库、用户管理器、报警器和用户归档，都显示在导航栏，如需要打开，选中并单击即可。

⑦ 信息栏。包含有关编辑器状态、所选输入语言以及数据区中数据记录数的信息的信息栏。

3.2.3 WinCC Configuration Studio 使用简介

WinCC Configuration Studio 的功能强大，但使用比较简单，以下简介几个常用的功能。

（1）编辑器的打开

编辑器的打开很容易，选中并单击即可打开。例如，在图 3-6 中，选中“变量记录”并单击即可打开，打开变量记录编辑器如图 3-7 所示。变量记录编辑器的具体使用在后续章节介绍。

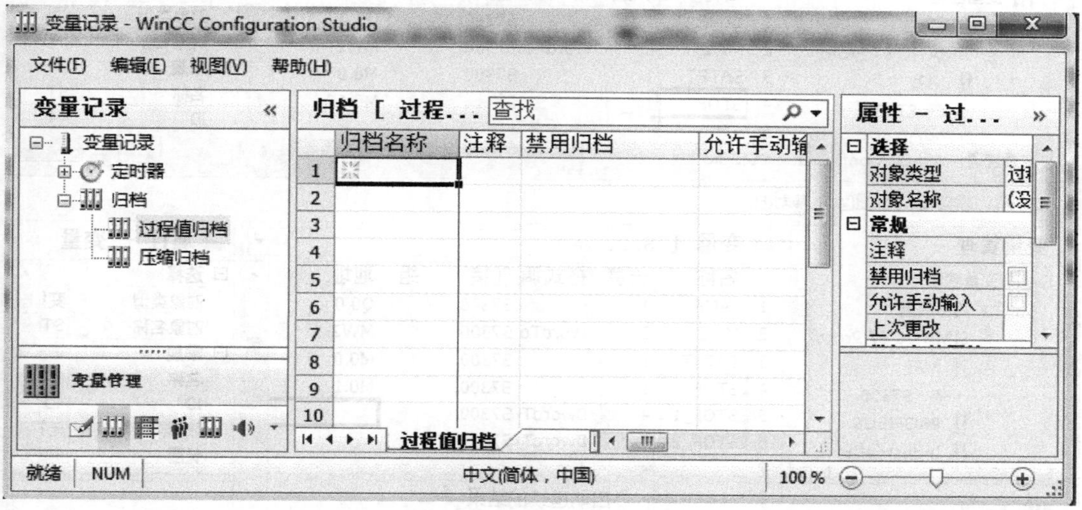

图 3-7　打开的变量记录编辑器

（2）数据区中的输入数据

数据区的输入与 Excel 类似，例如要在“变量管理器”中创建一个新变量“MW0”，只要在“名称”栏下的空白单元格中输入“MW0”即可，如图 3-8 所示。

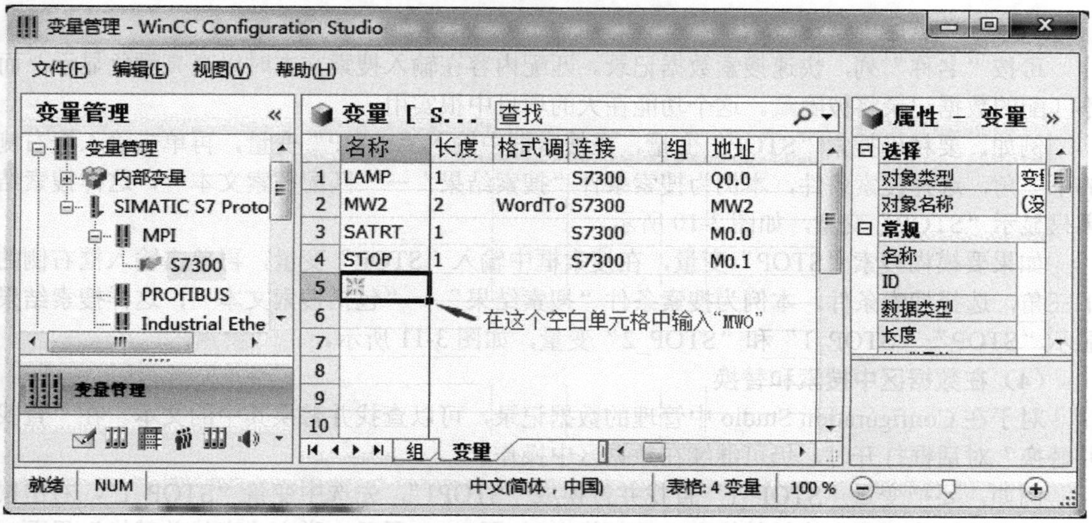

图 3-8　在变量管理器中输入数据

如果创建完了 STOP 变量，还有 STOP_1、STOP_2 等变量需要创建，可以用复制和粘贴的方法，也可以用自动延续（“向下拖动”）方法完成。如图 3-9 所示，选中 STOP 变量，出现“十字”标识后，按住鼠标左键不放松，向下拖动即可。

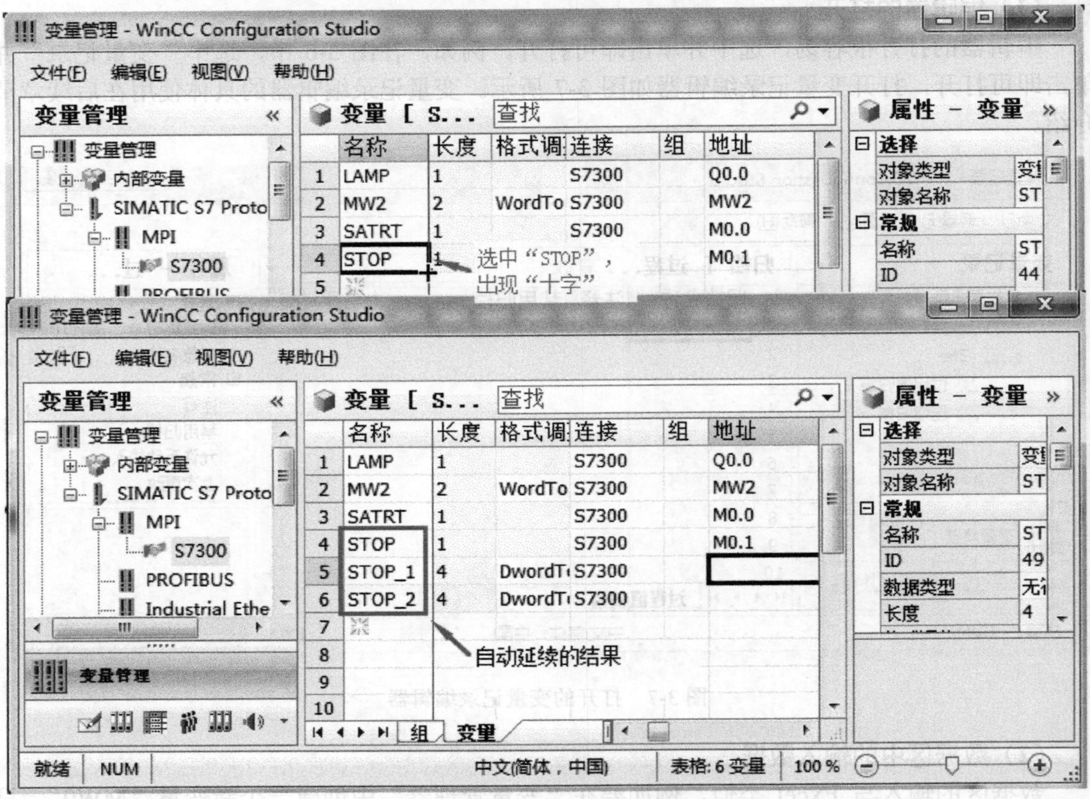

图 3-9 用“自动延续”法输入数据

（3）在数据区中快速搜索

可按“名称”列，快速搜索数据记录。匹配内容在输入搜索文本时以高亮颜色显示，而不匹配的数据记录将被隐藏。这个功能在大的项目中很实用。

例如，要精确搜索“STOP”变量，在搜索框中输入“STOP”变量，再单击输入框右侧的下三角，选择搜索条件，本例为搜索条件“搜索结果”→“匹配搜索文本”，这样搜索结果只显示“STOP”变量，如图 3-10 所示。

如果要模糊搜索“STOP”变量，在搜索框中输入“STOP”变量，再单击输入框右侧的下三角，选择搜索条件，本例为搜索条件“搜索结果”→“包括搜索文本”，这样搜索结果显示“STOP”“STOP_1”和“STOP_2”变量，如图 3-11 所示。

（4）在数据区中搜索和替换

对于在 Configuration Studio 中管理的数据记录，可以查找并替换其中的文本。在“查找并替换”对话框打开时，仍可继续在数据区中操作。

例如，要把变量“STOP_1”查找并替换成“STOP1”，先选中变量“STOP_1”，右击鼠标，单击快捷菜单“查找并替换”→“替换”，如图 3-12 所示，弹出“查找并替换”界面，如图 3-13 所示，选择“替换”选项卡，勾选“区分大小写”选项，单击“全部替换”按钮即可。

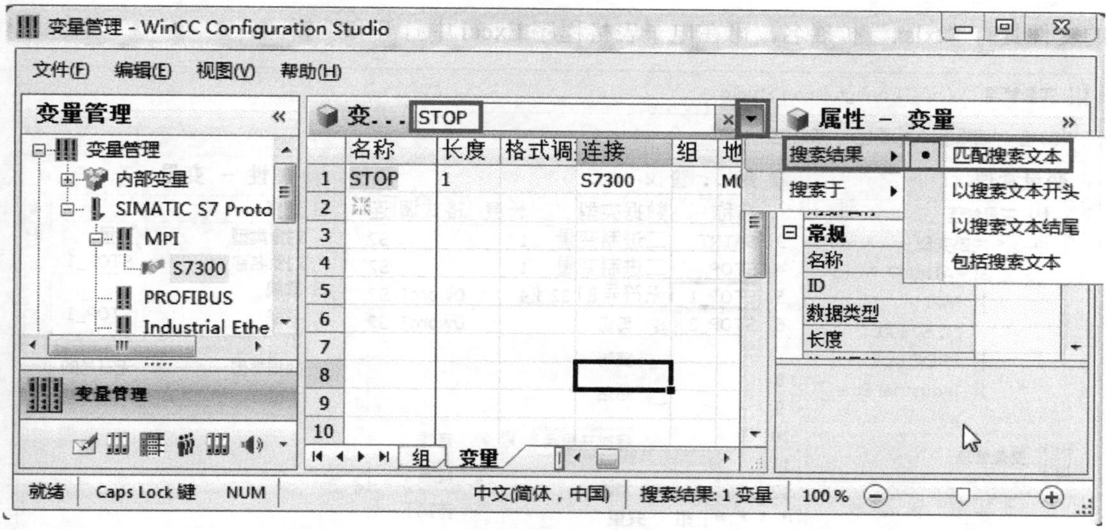

图 3-10 “精确”快速搜索

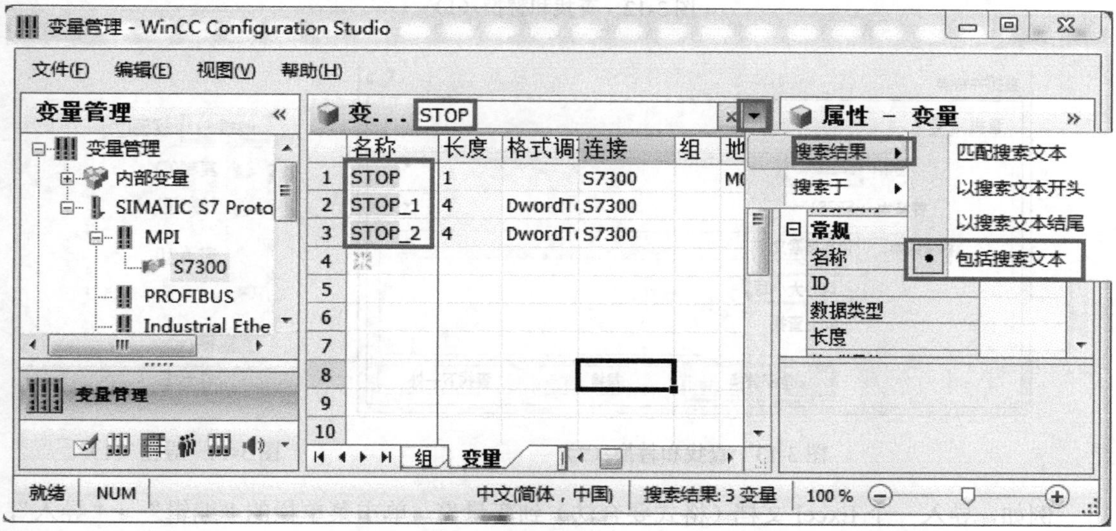

图 3-11 “模糊”快速搜索

（5）导入/导出数据记录

导入/导出数据记录是比较有用的功能，特别是在做类似项目时，变量表就没有必要全部新建，可以导入以前的项目。

① 导出数据记录　进行导出时，既可以导出导航区域中所选节点的所有数据记录，也可以仅导出数据区中选定的数据记录。

例如，导出变量表到一个 Excel 文档。单击菜单栏的“编辑”→“导出”，如图 3-14 所示，弹出如图 3-15 所示的界面，选择导出文件的名称和路径，单击“导出”按钮即可，本例导出的 Excel 文件存在电脑桌面上。

② 导入数据记录　可以导入第三方应用程序或 WinCC Configuration Studio 中其他 WinCC 项目的数据记录。这些数据记录必须为“Office Open XML Workbook”格式。该格式

的文件具有“.xlsx”扩展名，可在电子表格程序 Excel 中打开和编辑。

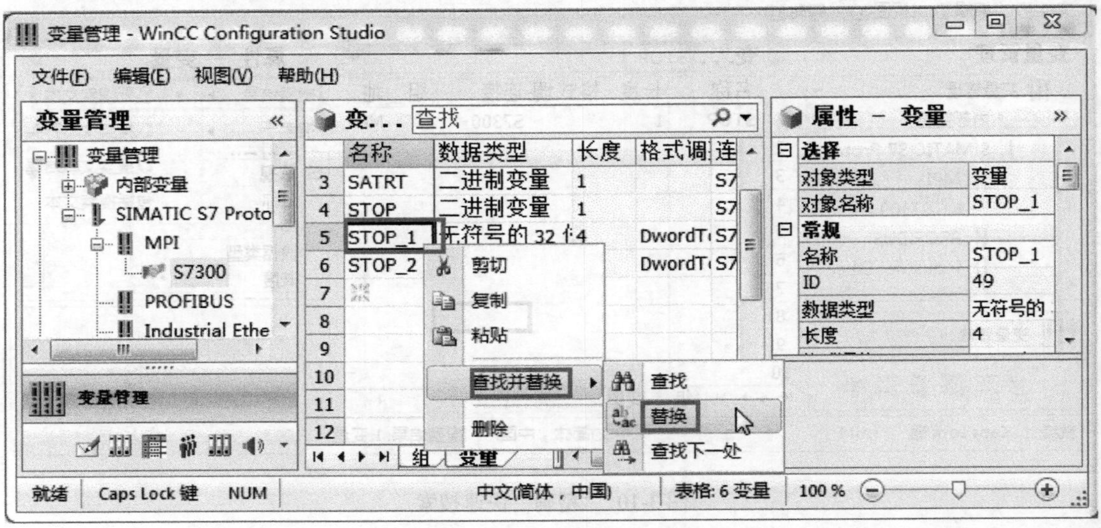

图 3-12　查找和替换（1）

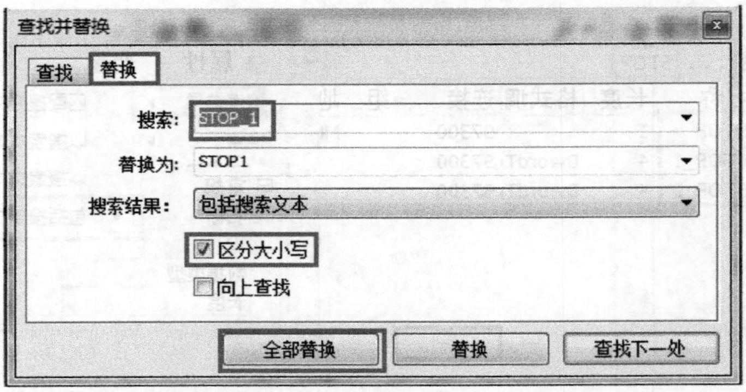

图 3-13　查找和替换（2）

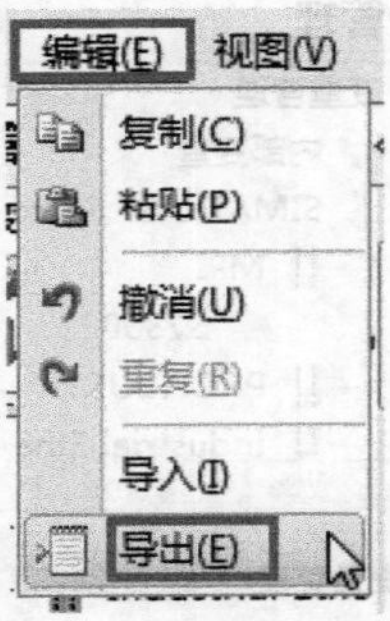

图 3-14　导出（1）

例如，导入一个 Excel 文档（格式要合法）到变量表。单击菜单栏的“编辑”→“导入”，如图 3-16 所示，弹出如图 3-17 所示的界面，选择导入文件的名称和路径，单击“导入”按钮即可，本例导入的 Excel 文件存在电脑桌面上。

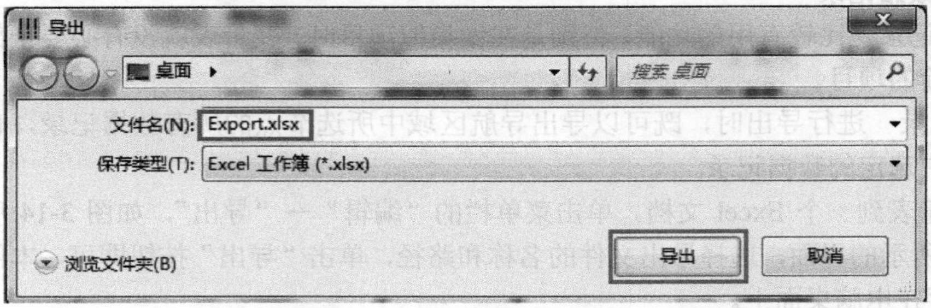

图 3-15　导出（2）

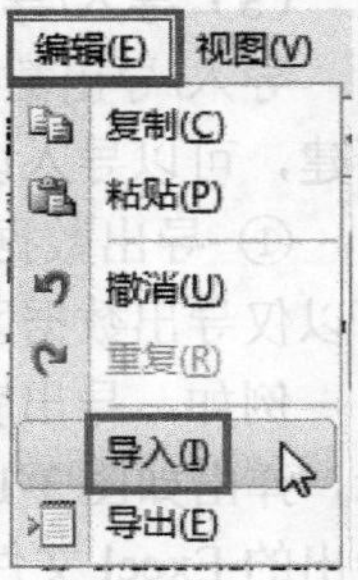

图 3-16　导入（1）

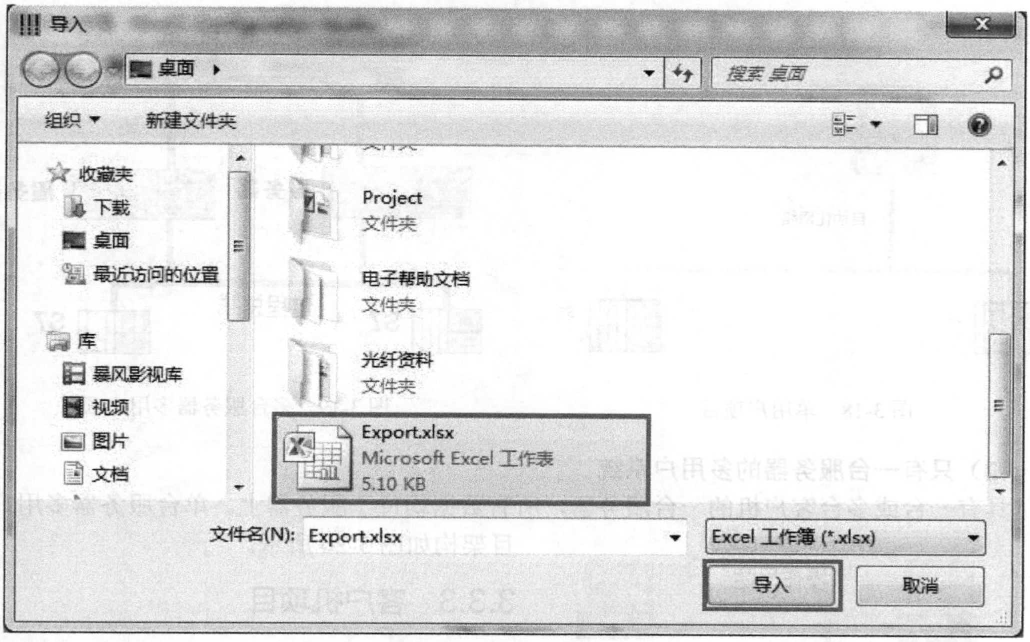

图 3-17　导入（2）

3.3 项目类型

WinCC 工程项目分为三种类型：单用户项目、多用户项目和客户机项目。

用户在创建项目时，根据项目的实际情况，选择项目类型，也可以在创建项目后在“项目属性”中更改项目类型。

3.3.1　单用户项目

如果只希望在 WinCC 项目中使用一台计算机进行工作，可创建单用户项目。

运行 WinCC 项目的计算机将用作进行数据处理的服务器和操作员输入站。其他计算机不能访问该项目。

在其上创建单用户项目的计算机将组态为服务器。

也可将单用户项目创建为冗余系统。此时，可组态具有第二个冗余服务器的单用户项目。

还可创建一个用于单用户项目的归档服务器。此时，可组态单用户项目和将在其上对单用户项目的数据进行归档的第二个服务器。典型单用户项目如图 3-18 所示。

3.3.2　多用户项目

如果只希望在 WinCC 项目中使用多台计算机进行工作，可创建多用户项目。

对于多用户系统，存在两种基本类型。

（1）具有多台服务器的多用户系统

具有一台或多台客户机的多个服务器，一台客户机将访问多台服务器。运行系统数据分布于不同服务器上，组态数据位于服务器和客户机上。多用户项目架构如图 3-19 所示。

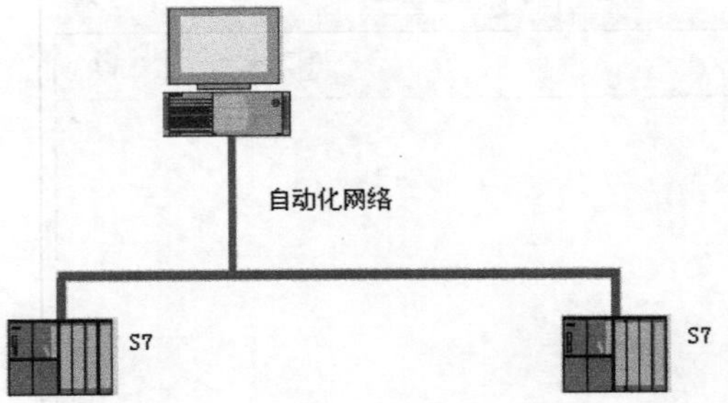

图 3-18 单用户项目

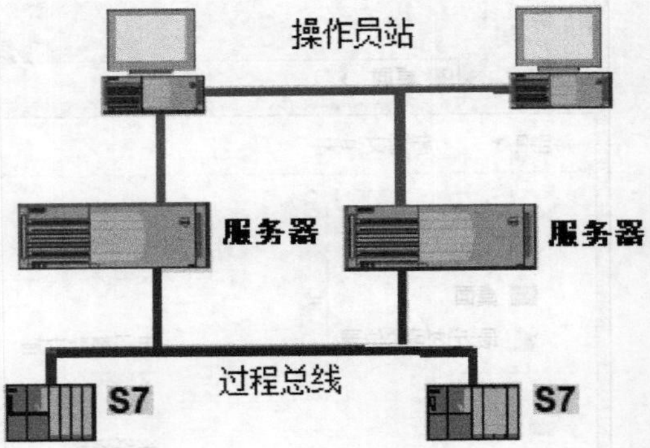

图 3-19 多台服务器多用户项目

（2）只有一台服务器的多用户系统

具有一台或多台客户机的一台服务器，所有数据均位于服务器上。单台服务器多用户项目架构如图 3-20 所示。

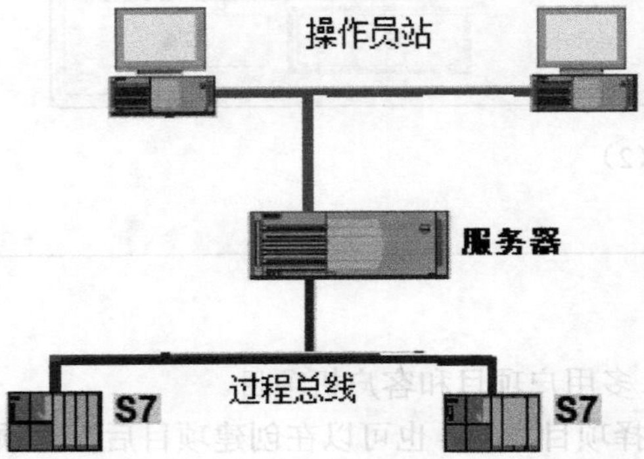

图 3-20 单台服务器多用户项目

3.3.3 客户机项目

如果创建多用户项目，则随后必须创建对服务器进行访问的客户机，并在将要用作客户机的计算机上创建一个客户机程序。

对于 WinCC 客户机，存在两个基本情况。

（1）具有一台或多台服务器的多用户系统

客户机访问多台服务器。运行系统数据分布于不同服务器上。多用户项目中的组态数据位于相关服务器上。客户机上的客户机项目中可以存储本机的组态数据：画面、脚本和变量。

（2）只有一台服务器的多用户系统

客户机访问单个服务器。所有数据均位于服务器上，并在客户机上进行引用。

3.4 创建项目和编辑项目

创建项目和编辑项目是学习 WinCC 软件的基础，以下分别介绍。

3.4.1 创建项目的过程

（1）新建项目、指定项目类型

单击项目管理器上的“新建”按钮，弹出“WinCC 项目管理器”界面，如图 3-21 所示，选择项目的类型，再单击“确定”按钮即可。

（2）项目命名和指定存放目录

先在项目名称中输入合适的名称（本例项目名称为 LAMP），存放文件夹最好不要放在 E:\Wincc 下，最好单建文件夹，最后单击“创建”按钮即可，如图 3-22 所示。

◐【关键点】项目名称一旦给定，以后更改较麻烦，所以在命名前要考虑清楚。

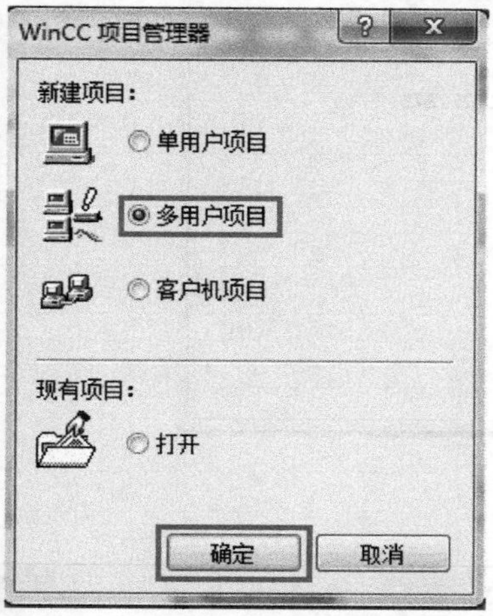

图 3-21　新建多用户项目

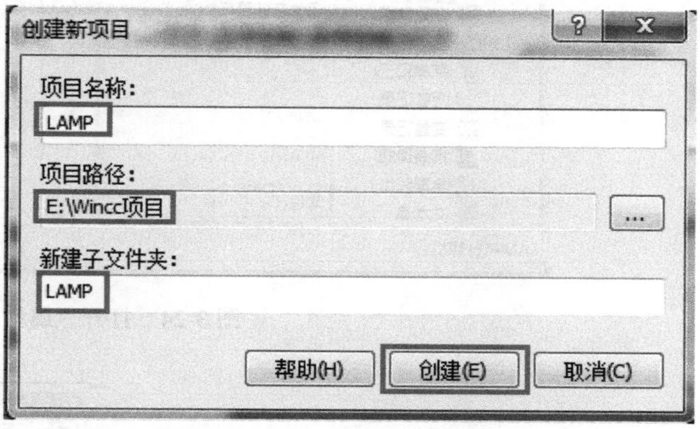

图 3-22　多用户项目命名和指定存放目录

（3）更改项目属性

先打开 WinCC 项目管理器，再菜单栏中的“编辑”→“属性”可打开“项目属性”，如图 3-23 所示。也可以单击工具栏上的“属性”图标，打开“项目属性”。

在“项目属性”对话框中可以改变项目的类型、修改作者和版本等内容。也可以在“更新周期”选项卡中，选择更新周期。还可以在“快捷键”选项卡上，为 WinCC 用户登录和退出定义快捷键。

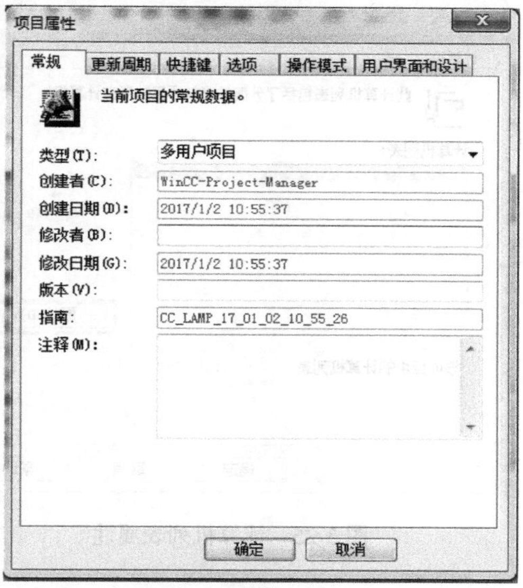

图 3-23　项目属性

3.4.2　更改计算机的属性

创建项目后，必须调整计算机的属性。如果是多用户项目，必须单独为每台创建的计算机调整属性。具体操作如下：

① 选中 WinCC 项目管理器浏览窗口中的“计算机”，右击鼠标，单击“属性”，如图 3-24 所示，弹出“计算机列表属性”如图 3-25 所示，单击“属性”按钮，弹出“计算机属性”界面如图 3-26 所示。

② 在“计算机属性”界面的“常规”选项卡中，将计算机名改成与 Windows 下的计算机相同的名称。本地计算机的名称，可以在单击“我的电脑”→“属性”，打开计算机的“系统属性”对话框，在“系统属性”对话框中的“计算机名”选项卡中修改计算机名。

◐【关键点】当从其他的计算机中拷贝一个项目到本计算机上，通常在运行前，要将拷贝过来的 WinCC 项目的计算机名改成本计算机名，这点是至关重要的，很多人容易忽略。修改计算名后，必须重启计算机，才能生效。

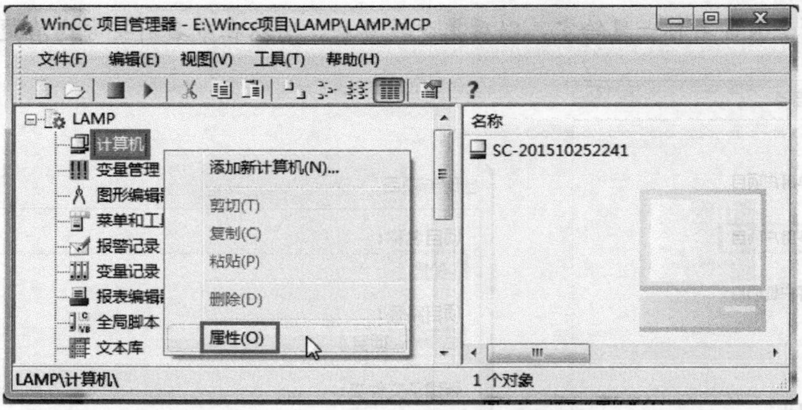

图 3-24 打开“属性”

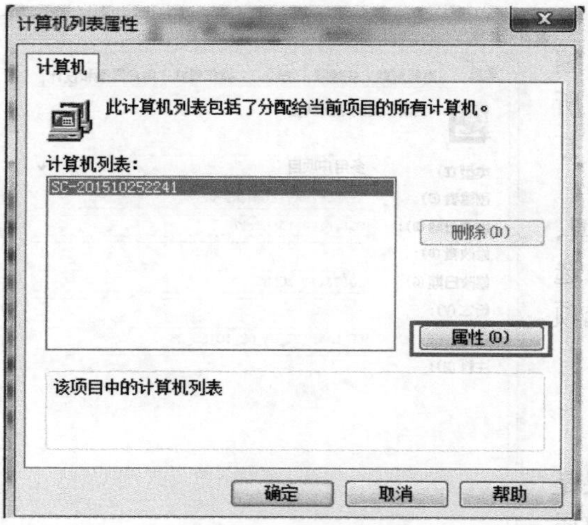

图 3-25 计算机列表属性

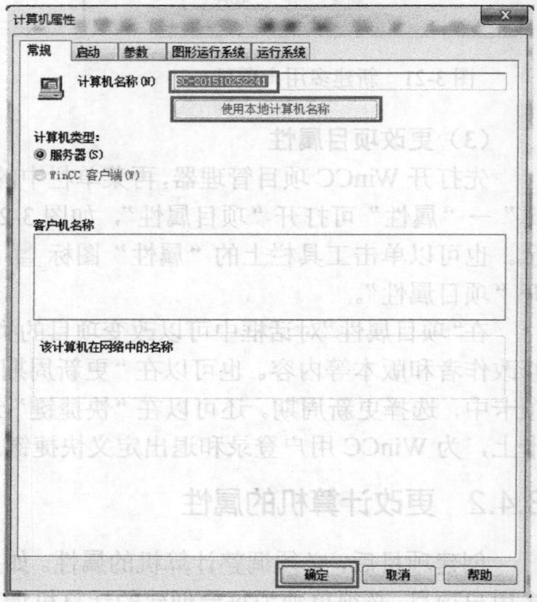

图 3-26 计算机属性

3.4.3 运行 WinCC 项目

（1）启动 WinCC 运行系统

激活 WinCC 项目通常有 4 种方法，具体如下：

① 打开菜单栏中的“文件”菜单，选择“激活”命令。只要“运行系统”激活，WinCC 就在“激活”命令旁显示复选标记。

② 在 WinCC 项目管理器的工具栏中，单击“激活”按钮▶。

③ 在启动 WinCC 时，可以在项目激活时退出 WinCC。当再次重新启动 WinCC 时，WinCC 将立即打开项目并启动“运行系统”。

④ 启动 Windows 系统时自动启动。

也可在启动计算机时，使用自动运行程序启动 WinCC。也可指定 WinCC 在运行系统中立即启动。设置方法如下：

选择“所有程序”→“Automation License Manager”→“SIMATIC”→“WinCC”→“AutoStart”，单击“AutoStart”，弹出界面如图3-27所示。单击按钮，选择要自动启动的项目，勾选“启动时激活项目”，单击“激活自动启动”按钮，最后单击“确定”按钮，完成指定项目的自动启动设定。

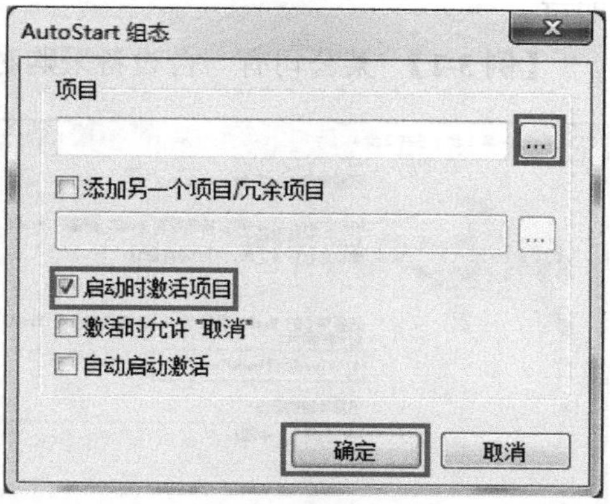

图3-27 “AutoStart”组态

（2）退出WinCC运行系统

退出WinCC项目通常有4种方法，具体如下：

① 打开菜单栏中的“文件”菜单，选择“取消激活”命令。

② 在WinCC项目管理器的工具栏中，单击“取消激活”按钮。

③ 在关闭WinCC项目管理器时，选择“关闭项目并退出项目管理器”，此时退出WinCC系统时，项目没有取消激活，再一次打开WinCC项目时，自动启动上一次关闭的WinCC项目的运行系统。

④ 可以在项目中编辑C动作来执行退出WinCC系统。C脚本中的“ExitWinCC()”可以完成“退出运行系统”的功能。

3.4.4 复制和移植WinCC项目

（1）复制项目

可使用项目复制器将项目及其所有重要数据复制到本地或另一台计算机上。具体的操作方法如下：

在Windows“所有程序”菜单中，在“SIMATIC”→“WinCC”→“Tools”下，选择“Project Duplicator（项目复制器）”，打开WinCC项目复制器，如图3-28所示。单击按钮，选择要复制的项目的源地址，单击“另存为”按钮，将项目保存到一个新的目标地址，最后单击“关闭”按钮，完成指定项目的复制。

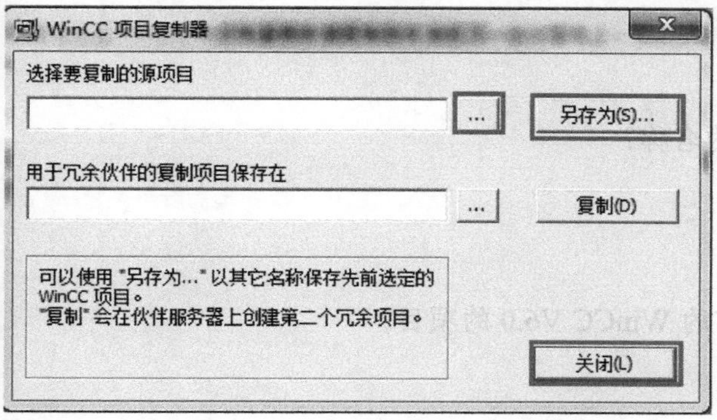

图3-28 WinCC 项目复制器

（2）复制冗余服务器项目

如果已经创建了冗余系统，则在完成任何修改之后必须对冗余服务器上的WinCC项目进行同步。要将项目传送到冗余服务器，只能使用WinCC项目复制器，不能使用Windows资源管理器中的复制和粘贴功能。复制冗余服务器项目与复制项目一样。

（3）移植项目

低版本的WinCC不能打开高版本WinCC项目，但高版本的WinCC打开低版本WinCC项目，一般不直接打开，而使用“移植”工具，否则可能出现问题。

移植的方法如下：在“SIMATIC”→“WinCC”→“Tools”下，选择“Project Migrator（项目移植器）”，弹出如图3-29所示的界面，先选中要移植的项目，再单击“移植”按钮即可。

【例 3-1】 某公司有一台设备采购时间较早，WinCC 是 V6.0，由于电脑多次故障，该公司希望使用新电脑，并配 WinCC V7.3，问怎样解决此问题。

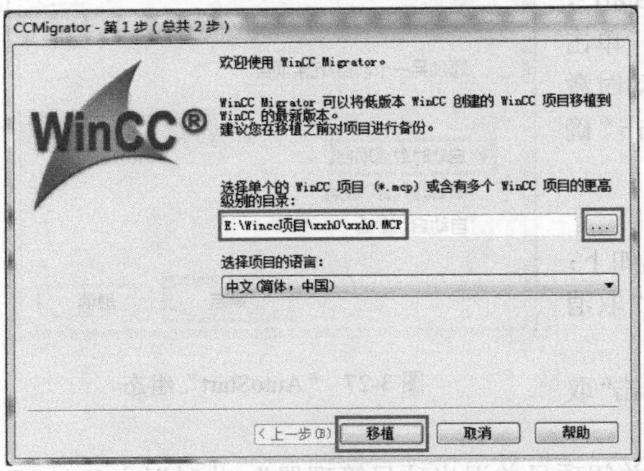

图 3-29 WinCC 项目移植器

【解】 显然把旧电脑的 WinCC 项目直接拷贝到新电脑是不可行的。正确的做法如下：

① 首先把旧电脑上的 WinCC 项目用 WinCC 项目复制器（不能直接复制）复制到足够大的 U 盘。

② 然后用 WinCC V7.0 SP2（或 WinCC V7.0 SP3）上的项目移植器，移植成一个项目，再用新电脑上的 WinCC V7.3 上的项目移植器，移植成一个新项目即可。注意，WinCC V6.0 的项目不能直接移植成 WinCC V7.3 项目。

小结

重点难点总结

① 项目管理器的功能。
② 如何使用项目管理器。
③ 掌握 WinCC Configuration Studio。

习题

① 如何创建一个新项目？
② 如何在项目管理器中更改计算机的名称？
③ 如何设置自动启动？
④ 怎样复制项目？
⑤ 怎样激活项目和取消运行项目？
⑥ 能否在 WinCC V7.3 直接打开已有的 WinCC V6.0 的项目？

第4章 组态变量

变量管理器是用于管理项目中使用的变量和通信驱动程序。变量管理器位于 WinCC 项目管理器的导航窗口中。

4.1 变量组态基础

4.1.1 变量管理器

(1) 变量管理器简介

自动化系统或 WinCC 项目所生成的数据通过变量来传送，变量管理系统是组态软件的重要组成部分。变量管理器用于管理项目中使用的变量和通信驱动程序，位于 WinCC 项目管理器的导航窗口中。

(2) 变量管理器的功能

在 WinCC 中，由过程提供值的变量称为过程变量或外部变量。对于过程变量，变量管理器通过与自动化系统相连的 WinCC 以及执行数据交换的方式来确定通信驱动程序，将在该通信驱动程序的目录结构中创建相关变量。

在变量管理器中创建变量将生成一个目录结构，可按照类似于在 Windows 目录中浏览的方式在该结构中进行浏览。

4.1.2 变量的分类

(1) 外部变量

外部变量就是过程变量，指通过数据地址与自动化系统（这里所指的自动化系统最为典型的就是 PLC）进行通信的变量。WinCC 可以通过外部变量采集外部自动化系统（如 PLC）的过程数据，也可以通过外部变量控制外部自动化系统，即 WinCC 通过外部变量实现对外部自动化系统进行监测和控制。没有外部变量 WinCC 就不能与外部自动化系统进行通信，所以外部变量是最为重要的。

外部变量在其所属的通信驱动程序的通道单元下的连接目录下创建，外部变量的数目由 Power Tags 的授权限制，授权的点数越多，购买 WinCC 软件的价格越高。

(2) 内部变量

内部变量不连接到过程，内部变量没有对应的过程驱动程序和通道单元，不需要建立相应的连接。可以使用内部变量管理项目中的数据或将数据传送给归档。

内部变量的数目不受授权的限制。

(3) 系统变量

WinCC 提供了一些预定义的中间变量，称为“系统变量”。每个系统变量均有明确的意义，可以提供现成的功能，一般用以表示运行系统的状态。系统变量由 WinCC 自动创建，不需要人为创建。系统变量由“@”开头，以此区别其他的变量。系统变量可以在整个工程的脚本和画面中使用，是全局变量。

（4）脚本变量

脚本变量是在 WinCC 的全局脚本及画面脚本中定义并使用的变量。它只能在其定义所规定的范围内使用。

4.1.3 变量管理器的结构

（1）浏览窗口

变量管理器位于 WinCC 项目管理器的浏览窗口中。内部变量及其相关的变量均位于“内部变量”目录下。WinCC 变量管理器中为每个已安装的通信驱动程序创建一个新的目录。在通信程序目录下，可找到通信单元及其相关联的变量和过程变量。

（2）数据窗口

WinCC 项目管理器的数据窗口，将浏览器中选定的目录内容显示出来。

（3）工具提示

在运行系统中，可以以工具提示的方式查看与连接和变量有关的状态信息。移动鼠标指针到所希望的连接变量上可显示状态信息。

（4）菜单栏

在“编辑”菜单下，可对变量和变量组进行剪切、复制、粘贴和删除等操作。在“编辑”→“属性”下，可查看变量、通信程序、通信单元或者连接等属性。这些操作也可以用快捷菜单来完成。

（5）查找

在变量管理器中，可在快捷菜单中打开搜索功能，对变量、变量组、连接、通信单元和驱动程序进行搜索。

4.2 变量的数据类型

在 WinCC 项目中通过变量传递数据。一个变量有一个数据地址和一个在项目中使用的符号名。

在命名变量时，必须遵守如下规定：

① 变量名在整个项目中必须唯一。创建变量时，WinCC 不区分名称中的大小写字符。

② 变量名不得超过 128 个字符。对于结构变量而言，该限制适用于整个表达式“结构变量名+圆点+结构变量元素名”。

③ 在变量名中不得使用某些特定的字符，例如%和？不能作为 WinCC 变量名称。有关名称中不得包含的字符，可在 WinCC 信息系统中的“使用项目”→“附录”→“非法的字符”下找到。

WinCC 中的变量类型有二进制变量、有符号 8 位数、无符号 8 位数、有符号 16 位数、无符号 16 位数、有符号 32 位数、无符号 32 位数、结构类型、32 位浮点数、64 位浮点数、文本变量 8 位字符集、文本变量 16 位字符集、原始数据类型和文本参考。以下将分别介绍。

4.2.1 数值型变量

数值型变量是最为常见的变量类型，几乎所有的 WinCC 工程都要用到数值型变量。

① 二进制变量。“二进制变量”数据类型与位相对应。二进制变量可假定值为 TRUE（或“1”）和 FALSE （或“0”）。“二进制变量”数据类型也称为“位”。二进制变量以字节形式存储在系统中。

② 有符号 8 位数。“有符号 8 位数”数据类型为 1 个字节长的有符号（正号或负号）数。“有符号 8 位数”数据类型也称为“字符型”或“有符号字节”。

如果创建“有符号 8 位数”数据类型的新变量，则缺省情况下，“类型转换”框将显示“CharToSignedByte”。数字范围是−128～+127。

③ 无符号 8 位数。“无符号 8 位数”数据类型为 1 个字节长的无符号数。“无符号 8 位数”数据类型也称为“字节型”或“无符号字节”。

如果创建“无符号 8 位数”数据类型的新变量，则缺省情况下，“类型转换”框将显示“ByteToUnsignedByte”。数字范围是 0～255。

④ 有符号 16 位数。“有符号 16 位数”数据类型为 2 个字节长的有符号（正号或负号）数。“有符号 16 位数”数据类型也称为“短整型”或“有符号字”。

如果创建“有符号 16 位数”数据类型的新变量，则缺省情况下，“类型转换”框将显示“ShortToSignedWord”。数字范围是−32768～+32767。

⑤ 无符号 16 位数。“无符号 16 位数”数据类型为 2 个字节长的无符号数。“无符号 16 位数”数据类型也称为“字”或“无符号字”。

如果创建“无符号 16 位数”数据类型的新变量，则缺省情况下，“类型转换”框将显示“WordToUnsignedWord”。数字范围是 0～65535。

⑥ 有符号 32 位数。“有符号 32 位数”数据类型为 4 个字节长的有符号（正号或负号）数。“有符号 32 位数”数据类型也称为“长整型”或“有符号双字”。

如果创建“有符号 32 位数”数据类型的新变量，则缺省情况下，“类型转换”框将显示“LongToSignedDword”。数字范围是−2147483647～+2147483647。

⑦ 无符号 32 位数。“无符号 32 位数”数据类型为 4 个字节长的无符号数。“无符号 32 位数”数据类型也称为“双字”或“无符号双字”。

如果创建“无符号 32 位数”数据类型的新变量，则缺省情况下，“类型转换”框将显示“DwordToUnsignedDword”。数字范围是 0～4294967295。

⑧ 32 位浮点数。“32 位浮点数”数据类型为 4 个字节长的有符号（正号或负号）数，也称为“浮点型”。

如果创建“浮点数 32 位 IEEE 754”数据类型的新变量，则缺省情况下，“类型转换”框将显示“FloatToFloat”。数字范围是−3.402823E+38～+3.402823E+38。

⑨ 64 位浮点数。“64 位浮点数”数据类型为 8 个字节长的有符号（正号或负号）数。也称为“双精度型”。

如果创建的新变量的数据类型为“浮点数 64 位 IEEE 754”，则缺省情况下，“类型转换”框将显示“DoubleToDouble”。数字范围是−1.79769313486231E+308～+1.79769313486231E+308。

数值类型的变量的 WinCC、STEP 7 和 C 动作变量的类型声明见表 4-1。

表 4-1 数值类型的变量的 WinCC、STEP 7 和 C 动作变量的类型声明

数 值 类 型	WinCC 变量	STEP 7 变量	C 变量
二进制变量	Binary Tag	BOOL	BOOL
有符号 8 位数	Signed 8-bit Value	BYTE	char

续表

数值类型	WinCC 变量	STEP 7 变量	C 变量
无符号 8 位数	Unsigned 8-bit Value	BYTE	Unsigned char
有符号 16 位数	Signed 16-bit Value	INT	Short
无符号 16 位数	Unsigned 16-bit Value	WORD	WORD, Unsigned short
有符号 32 位数	Signed 32-bit Value	DINT	int
无符号 32 位数	Unsigned 32-bit Value	DWORD	Unsigned int
32 位浮点数	Floating-point 64-bit IEEE 754	REAL	float
64 位浮点数	Floating-point 64-bit IEEE 754	LREAL	double

注意：S7-1500 有 64 位浮点数，西门子其他 PLC 只有 32 位浮点数。

4.2.2 字符串数据类型

① 8 位字符集文本变量。在该变量中必须显示的每个字符都为一个字节长。例如，使用 8 位字符集可显示 ASCⅡ字符集。

② 16 位字符集文本变量。在该变量中必须显示的每个字符为两个字节长。例如，需要该类型的变量来显示 Unicode 字符集。

4.2.3 原始数据类型

外部和内部“原始数据类型”变量均可在 WinCC 变量管理器中创建。原始数据变量的格式和长度均不是固定的。其长度范围可以是 1～65535 个字节。它既可以由用户来定义，也可以是特定应用程序的结果。

原始数据变量的内容是不固定的，只有发送方和接收方能够解释原始数据变量的内容，WinCC 不会对其进行解释。

4.2.4 文本参考

所谓文本参考指的是 WinCC 文本库中的条目。只能将文本参考组态为内部变量。

例如，在想要交替显示不同的文本块时使用文本参考，可将文本库中条目的相应文本 ID 分配给变量。

4.3 创建和编辑变量

4.3.1 创建内部变量

在 WinCC 项目管理器的变量管理器中创建内部变量，以下以创建一个二进制的变量“START”为例说明创建内部变量的过程。

首先 WinCC 项目管理器的浏览窗口中，选中“变量管理器”，并双击打开“变量管理器”，选中导航窗口的“内部变量”，在右侧数据窗口的表格的“名称”栏中输入变量“START”，如图 4-1 所示。

如图 4-2 所示，在数据窗口的数据类型栏中，先单击“下三角”，弹出下拉菜单，再选择数据类型中的“二进制变量”，二进制变量创建完成。内部变量创建完成后，在 WinCC 项目管理器的数据窗口中，有新建的“START”变量和选定的数据类型，如图 4-3 所示。

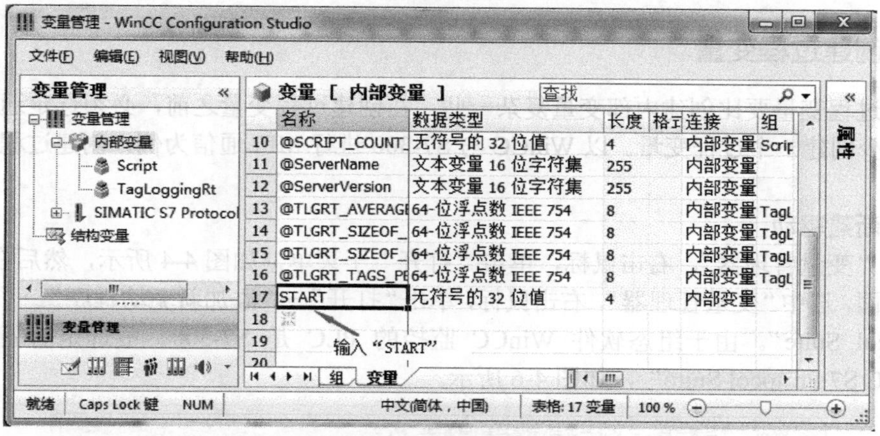

图 4-1 打开“变量属性”

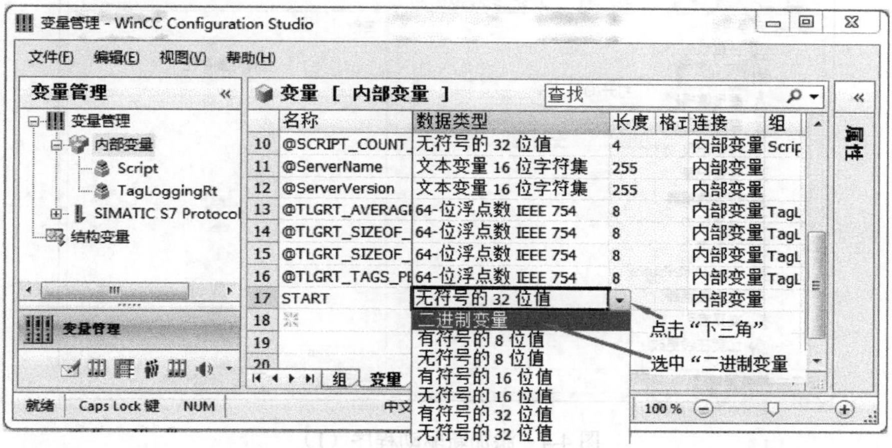

图 4-2 选择变量的数据类型

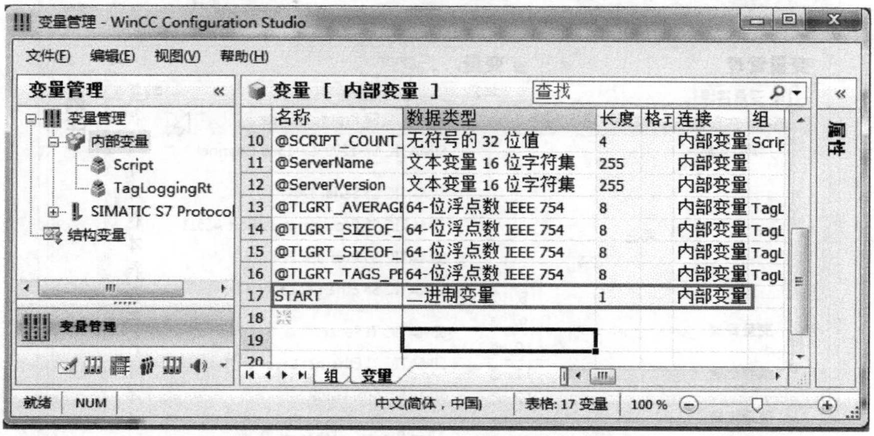

图 4-3 内部变量创建完成

创建其他类型的内部变量的方法与以上创建二进制变量的方法类似，只是需要在“数据类型”选项中选择不同数据类型即可。

4.3.2　创建过程变量

创建过程变量要比创建内部变量复杂一些，在创建过程变量之前，必须选定通信驱动程序，并至少创建一个过程变量。以 WinCC 与 S7-300 进行 MPI 通信为例，创建过程变量的过程如下：

（1）新建驱动

选中“变量管理器”，右击鼠标，单击“打开”子菜单，如图 4-4 所示，然后在如图 4-5 所示的界面，选中“变量管理器”，右击鼠标，单击“打开”→“添加新驱动程序”→“SIMATIC S7 Protocol Suite”。由于组态软件 WinCC 监控的 PLC 是 S7-300，故选定的驱动程序是“SIMATIC S7 Protocol Suite”，如图 4-6 所示。

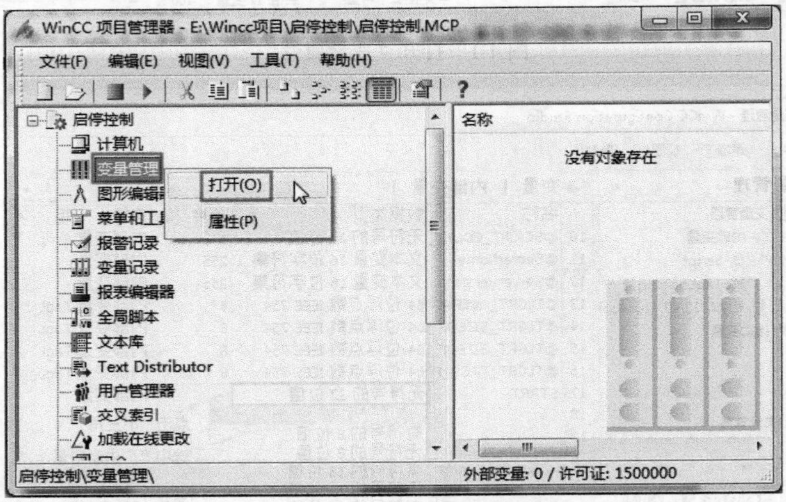

图 4-4　添加新驱动程序（1）

图 4-5　添加新驱动程序（2）

（2）新建连接

展开“SIMATIC S7 Protocol Suite”，选定“MPI”（假设 WinCC 监控 PLC 是采用 MPI 适配器，当然也可以用其他方式，如 PROFIBUS），右击它，单击“新建连接”，在“名称中”输入“S7300”，如图 4-7 所示，再选定“MPI”右击它，单击“系统参数”，选中“单位”选项卡，选择对应的“逻辑设备”，如读者使用的是 PC/Adapter 适配器通信，就选择“PC Adapter（MPI）”，之后单击“确定”按钮。

图 4-6　新建连接

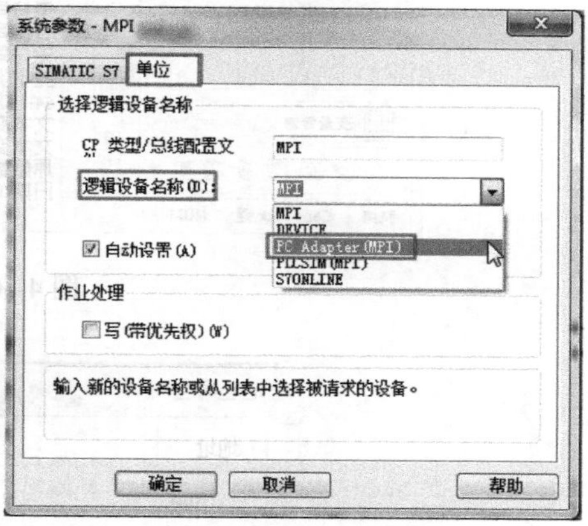

图 4-7　系统参数

选中“S7300”，右击鼠标，单击“连接参数”菜单，如图 4-8 所示，弹出“连接参数”界面，如图 4-9 所示，站地址就是 PLC 的 MPI 地址，如果读者没有修改过 PLC 的 MPI 地址，默认地址值就是 2，插槽号是指 CPU 的占位，一般是 2，单击“确定”按钮，回到图 4-8 界面，连接建立完成。

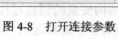

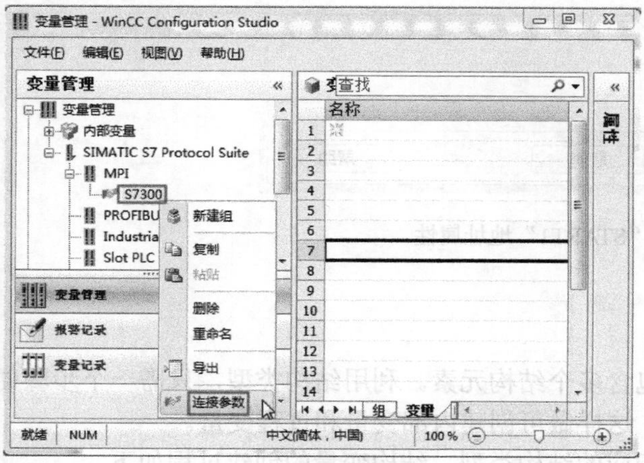

图 4-8　打开连接参数

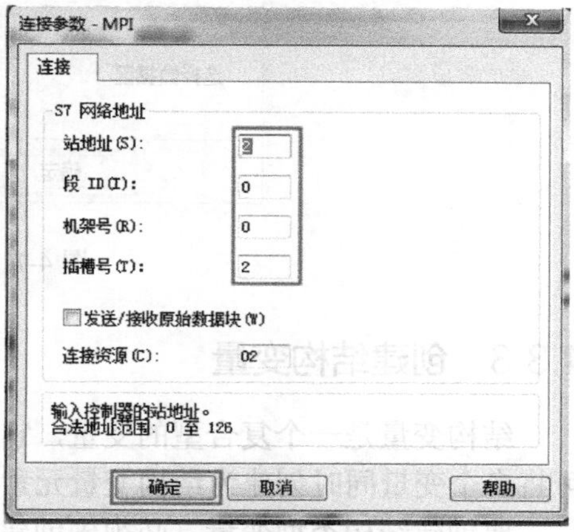

图 4-9　连接参数

（3）新建变量

在变量管理器中，展开“MPI”，选中“S7300”，界面的右侧有一个类似于 Excel 的表格，如图 4-10 所示，在“名称”栏中，输入变量“START1”（当然也可以是其他合法名称），接着单击“数据类型”栏的右侧的“下三角”，选择其数据类型为“二进制变量”。

再单击如图 4-10 所示“地址”栏右侧的 … 图标，弹出“地址属性”界面，作如图 4-11

所示的更改，单击“确定”按钮，“START1”变量创建完成。

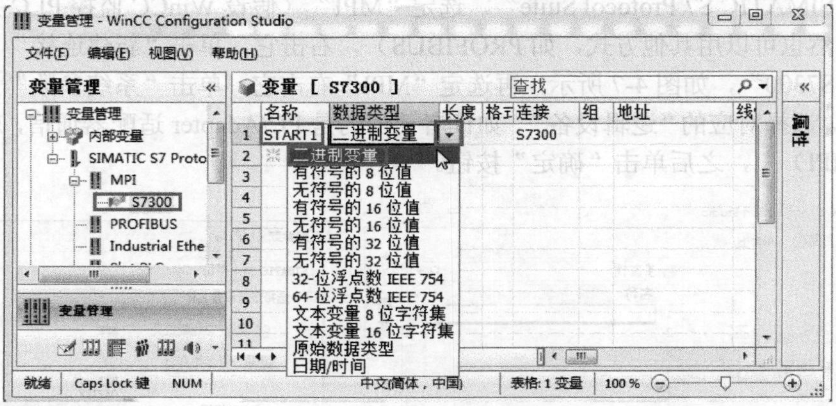

图 4-10　新建变量-数据类型

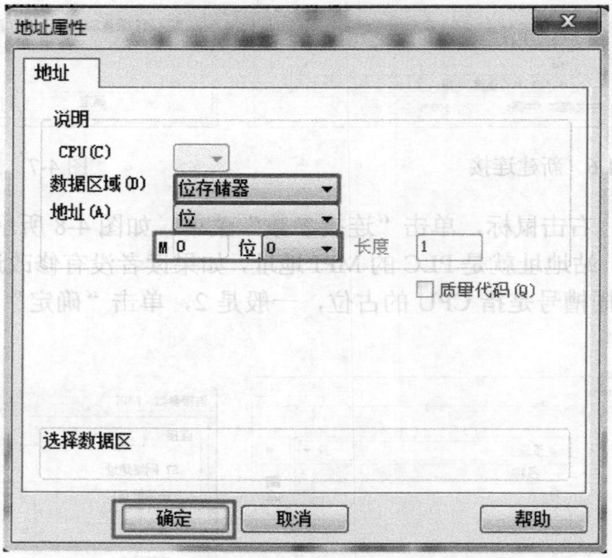

图 4-11　“START1”地址属性

4.3.3　创建结构变量

结构变量是一个复合型的变量，它包含多个结构元素。利用结构类型，只需一个步骤便可将多个变量同时创建为结构变量元素。这样做可创建内部变量和过程变量。

要创建结构类型变量，必须先创建相应的结构类型，结构变量的创建过程如下。

单击 WinCC 项目管理器中的“结构变量”，并从快捷菜单中选择选项“新结构类型”，如图 4-12 所示，弹出“结构属性”对话框，可对结构变量进行重命名，如图 4-13 所示。单击“新建元素”按钮一次，可新建一个元素，变量的元素也可以重命名，重命名的方法是先选中该元素，再右击鼠标，弹出快捷菜单，单击“重命名”即可进行重命名，如图 4-14 所示。

可选择该变量的类型是外部变量还是内部变量（本例选择的是内部变量），如图 4-15 所示，当数据窗口的“外部”栏的方框没有勾选，说明是内部变量，如果勾选了，则是外部变量。

图 4-12 新建“结构变量”

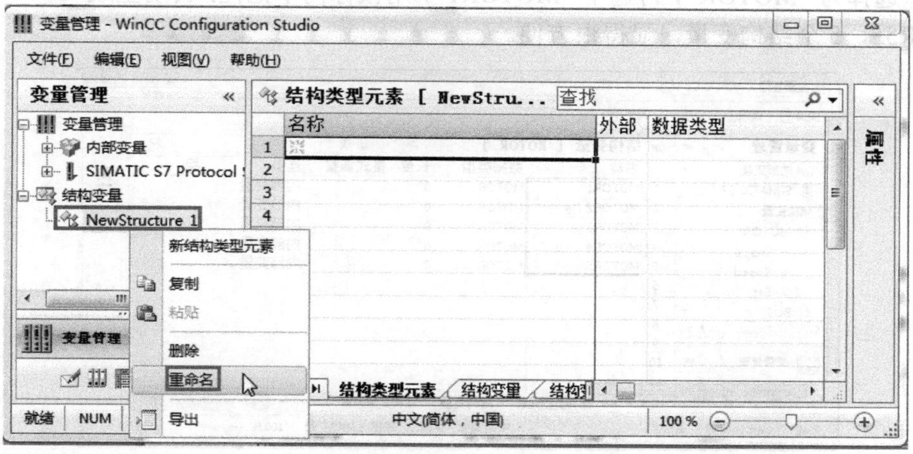

图 4-13 重命名“结构变量”

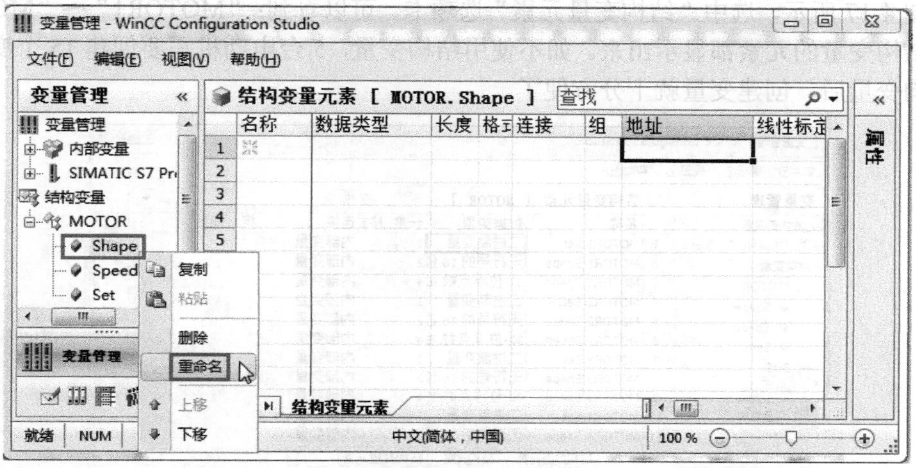

图 4-14 重命名“结构变量元素”

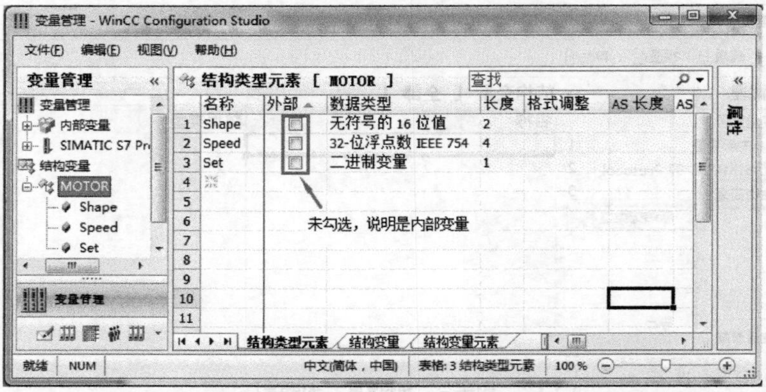

图 4-15 “结构变量元素”定义为内部变量

如图 4-16 所示，选中“结构变量”选项卡，在数据窗口的“名称”栏中输入“MOTOR1”，数据类型选择为“MOTOR”，再选中“MOTOR1”，用鼠标向下拖拉，自动生成“MOTOR2”～“MOTOR5”，5 个结构变量，显得很方便。

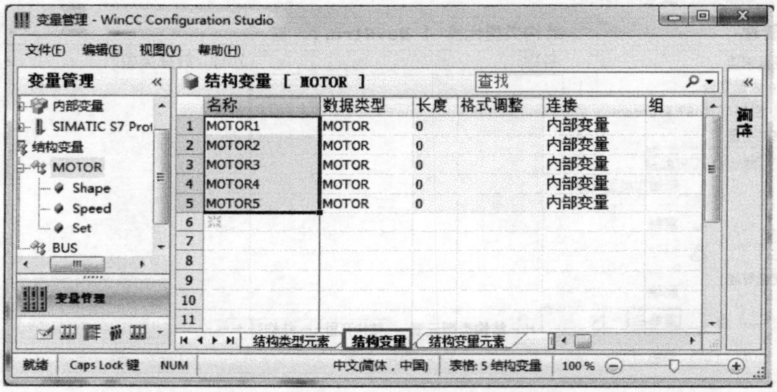

图 4-16 快速创建“结构变量元素”

如图 4-17 所示，选中“结构变量元素”选项卡，可以看到：“MOTOR1”～“MOTOR5”共 5 个结构变量的元素都显示出来。如不使用结构变量，5 台电动机需要创建 15 个变量，而使用结构变量后，创建变量就十分方便了。

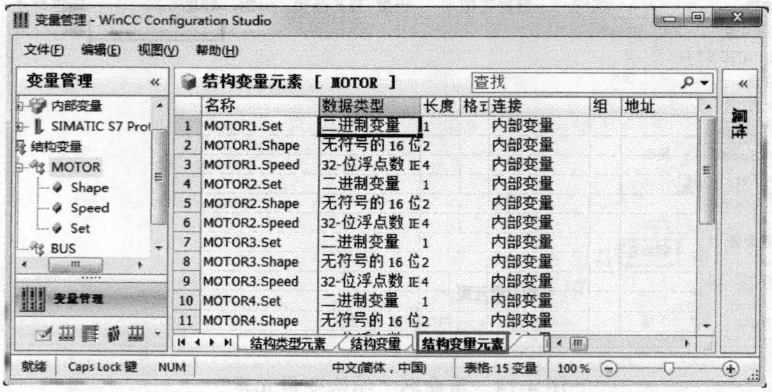

图 4-17 结构变量元素

4.3.4 创建变量组

变量组就是将一类变量创建一个组，这样便于变量的管理和查找。以创建一个变量组为例，说明创建变量组的过程。

在变量管理器中，选中展开“变量管理”，选中内部变量，右击鼠标，打开快捷菜单，单击“新建组”选项，如图 4-18 所示，将新建的“变量组”的名称改为“Temperature”。

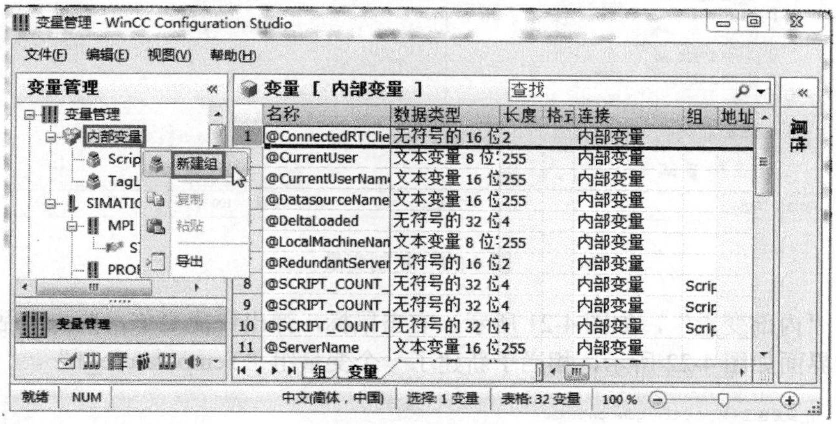

图 4-18 新建“变量组”（1）

如图 4-19 所示，选定变量组“Temperature”，在数据窗口的“名称”栏中输入“Temperature1”，选择其数据类型为“32 位浮点数”，用鼠标向下拖拉，自动生成两个变量“Temperature2”和“Temperature3”。两个变量“Temperature2”和“Temperature3”的数据类型也可以用鼠标向下拖拉，自动复制选定。

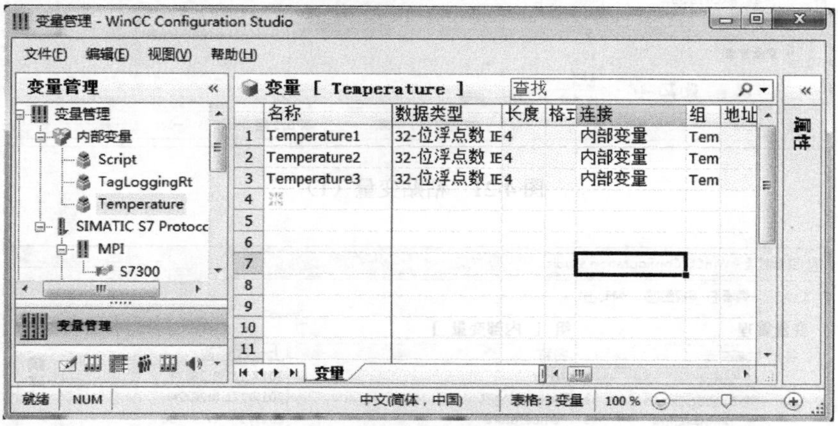

图 4-19 新建“变量组”（2）

4.3.5 编辑变量

工具栏和快捷菜单均可以对变量、变量组和结构类型执行编辑变量操作，如剪切、复制、粘贴、删除等。编辑变量的方法与 Windows 中的剪切、复制、粘贴、删除等操作类似。以下以复制变量为例，介绍编辑变量的方法。

先选中已经创建的变量组“Temperature”，右击鼠标，弹出快捷菜单，单击“复制”选项，如图 4-20 所示。

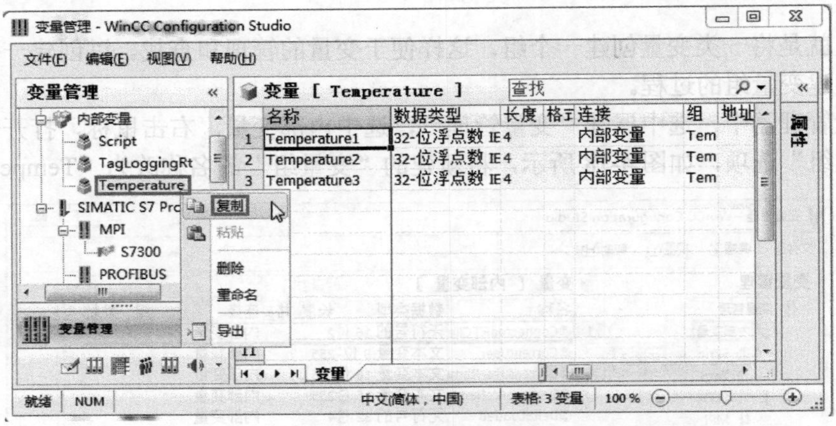

图 4-20 复制变量

再选中“内部变量”，如图 4-21 所示，右击鼠标，弹出快捷菜单，单击“粘贴”选项。最后显示的界面如图 4-22 所示，相当于新建了一个变量组“Temperature_1”。

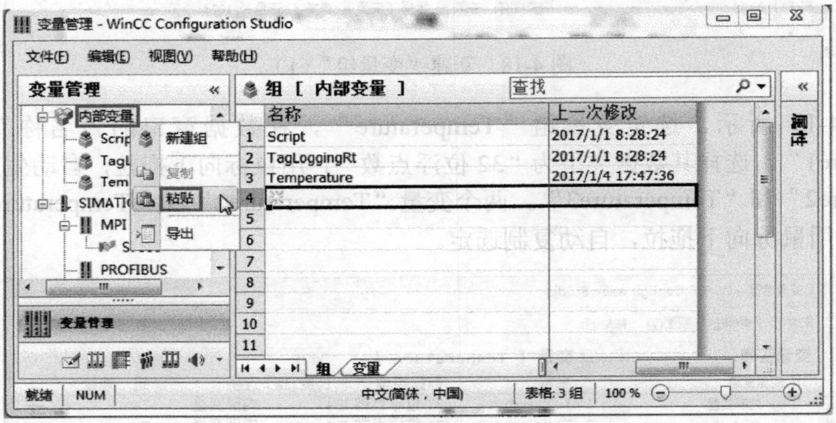

图 4-21 粘贴变量（1）

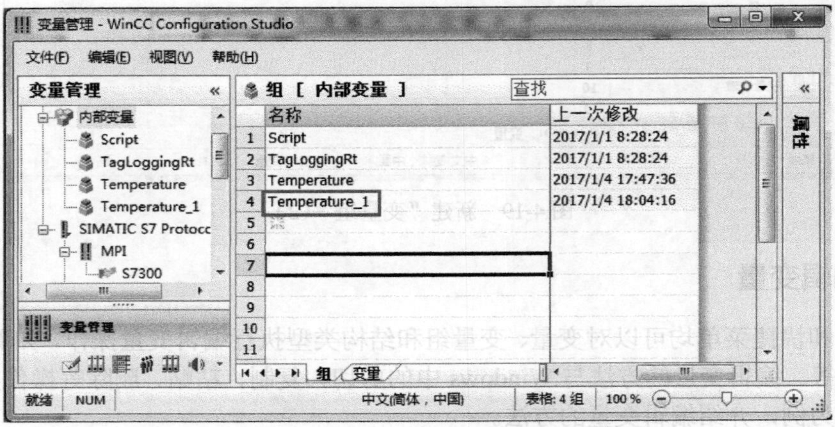

图 4-22 粘贴变量（2）

4.4 应用实例

从本章开始，每章最后的应用实例都是“MyFirstProject”，每一章的应用实例都完成该章相关的内容，到第 13 章，完成一个完整的项目，这个项目与实际的工程项目类似，读者可以模仿学习。

【例 4-1】 创建一个新的项目，名称为“MyFirstProject”，并新建 2 个二进制外部变量、2 个 16 位无符号字外部变量，一个系统变量，且要求这个系统变量与计算机当前实时时间关联。

【解】 ① 新建项目，名称为“MyFirstProject”，再在 WinCC 项目管理器中，打开变量管理器，新建外部变量连接，为“S7300”。注意将连接参数中的“插槽号”修改为 2。变量管理器如图 4-23 所示，这部分内容在前面的章节已经介绍，在此不再赘述。

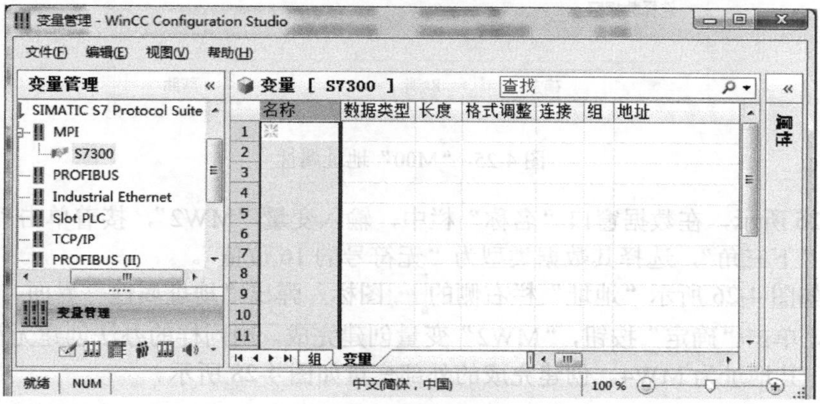

图 4-23 变量管理器

② 新建外部变量。如图 4-24 所示，在数据窗口“名称”栏中，输入变量“M00”（当然也可以是其他合法名称），接着单击“数据类型”栏的右侧的“下三角”，选择其数据类型为“二进制变量”。

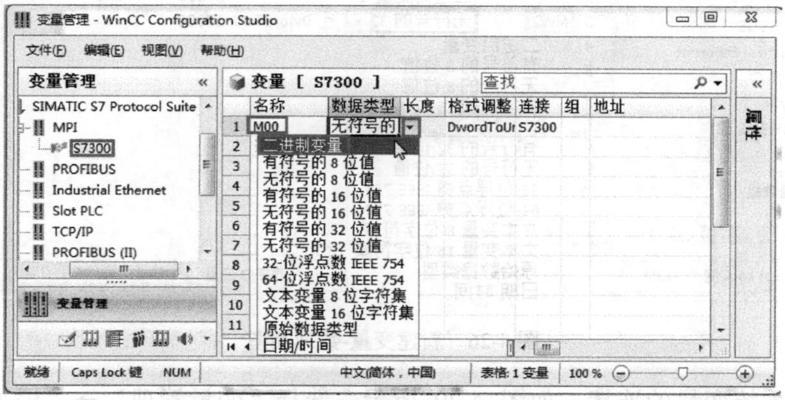

图 4-24 新建变量-数据类型

再单击如图 4-24 所示“地址”栏右侧的 ··· 图标，弹出“地址属性”界面，作如图 4-25 所示的更改，单击“确定”按钮，“M00”变量创建完成。用同样的办法创建二进制变量“M01”，其地址为 M0.1。

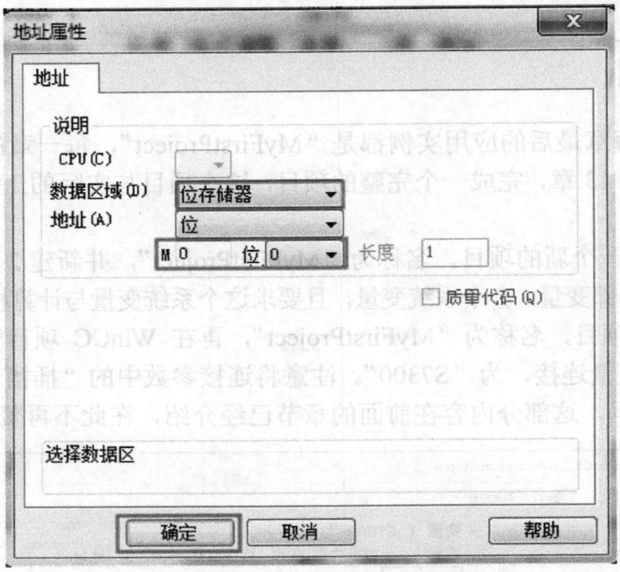

图 4-25 “M00”地址属性

如图 4-26 所示，在数据窗口“名称”栏中，输入变量“MW2”，接着单击“数据类型”栏的右侧的“下三角”，选择其数据类型为“无符号的 16 位值”。

再单击如图 4-26 所示“地址”栏右侧的 ··· 图标，弹出“地址属性”界面，作如图 4-27 所示的更改，单击“确定”按钮，“MW2”变量创建完成。用同样的办法创建无符号的 16 位值“MW4”，其地址为 MW4。创建完成的外部变量如图 4-28 所示。

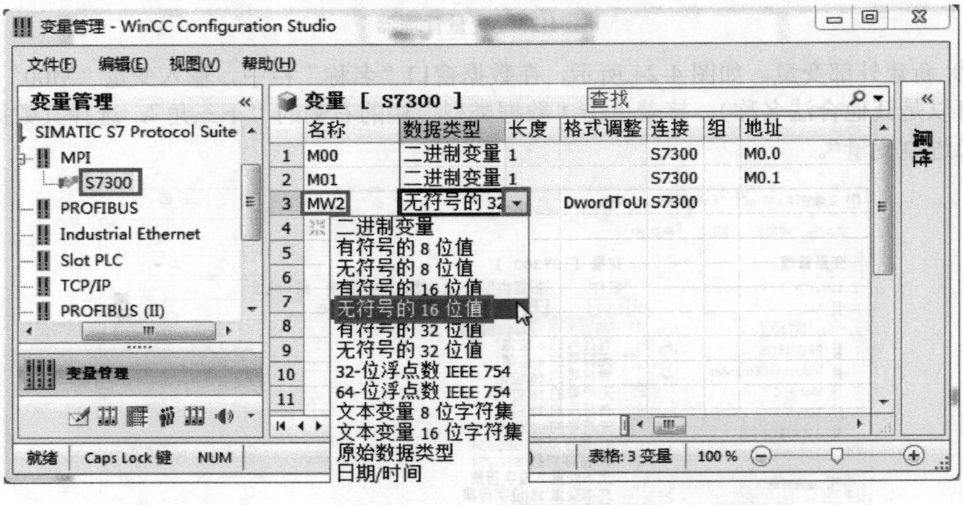

图 4-26 新建变量-数据类型

③ 新建系统变量的连接，如图 4-29 所示，选择“变量管理”→“添加新的驱动程序”→“System Info”，新建系统连接，并将其重命名为“MyPLC”。

如图 4-30 所示，在数据窗口“名称”栏中，输入变量“Time”，接着单击“数据类型”栏的右侧的“下三角”，选择其数据类型为“文本变量 8 位字符集”，长度改为“30”。

再单击如图 4-30 所示“地址”栏右侧的 ··· 图标，弹出“系统信息”界面，作如图 4-31

所示的更改，单击“确定”按钮。时间系统变量创建完成。

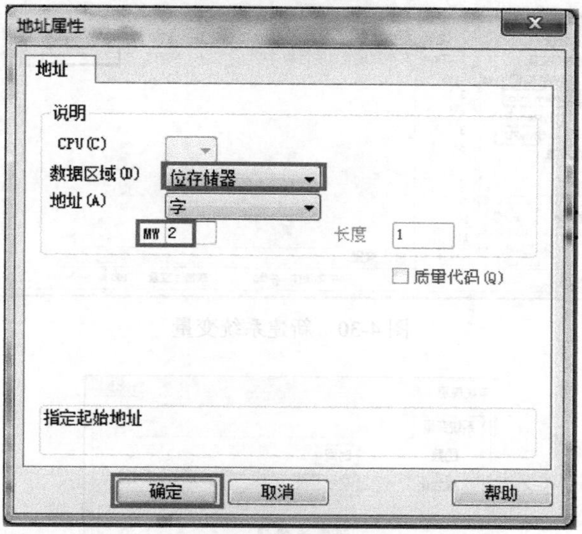

图 4-27 “MW2”地址属性

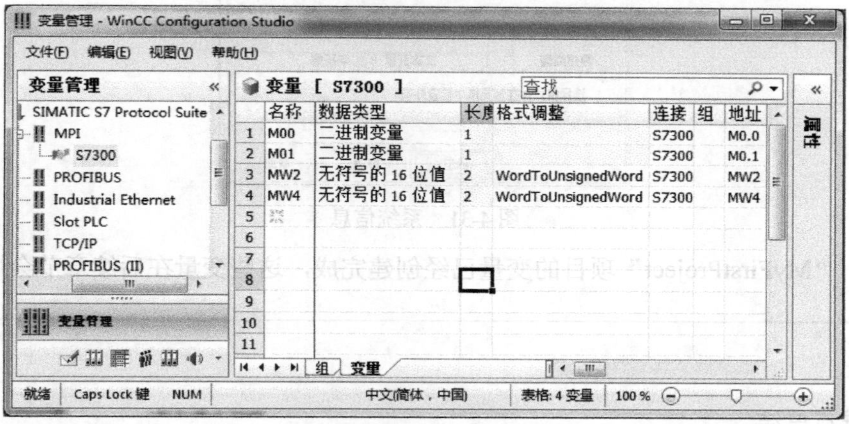

图 4-28 所有的外部变量

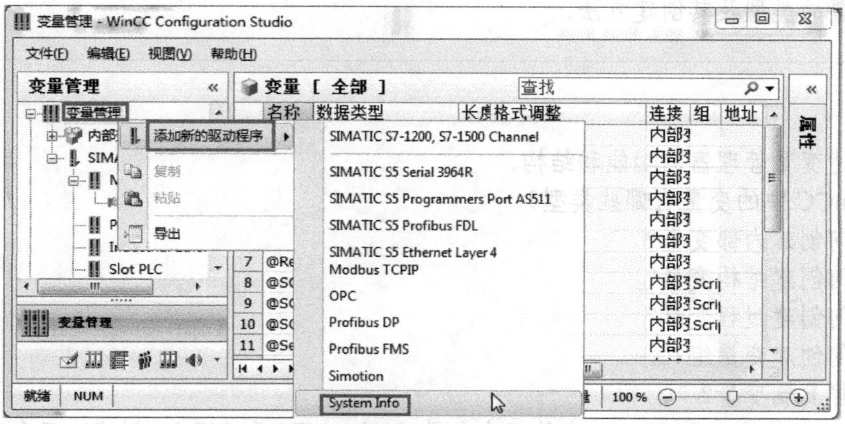

图 4-29 新建系统变量的连接

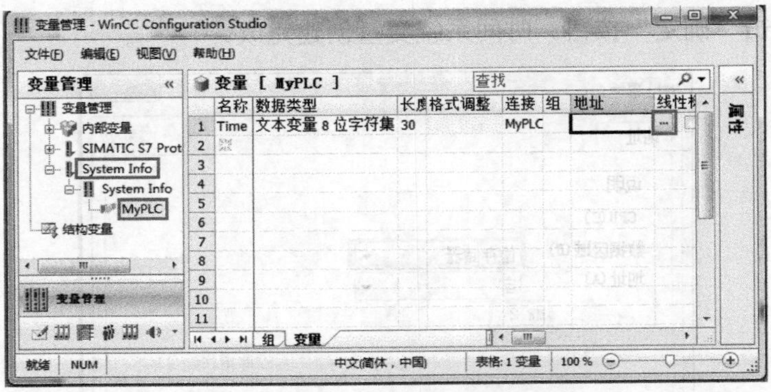

图 4-30 新建系统变量

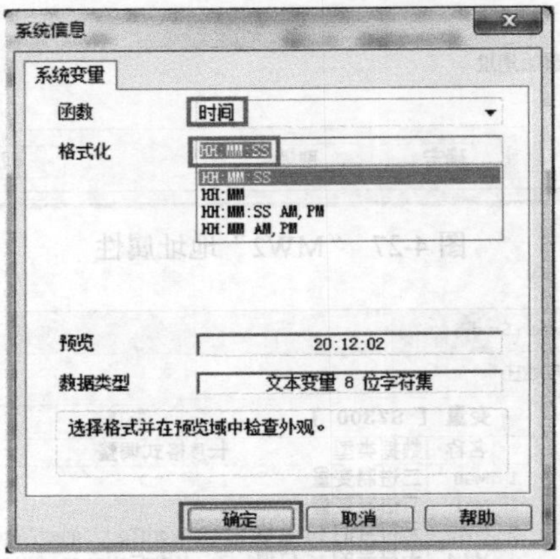

图 4-31 系统信息

至此，“MyFirstProject”项目的变量已经创建完成，这些变量在后续章节会用到。

小结

重点难点总结

① 变量管理器的结构和功能。

② 变量的类型及其创建方法。

习题

① 简述变量管理器的功能和结构。

② WinCC 中的变量有哪些类型？

③ 如何创建内部变量？

④ 如何创建结构变量？

⑤ 如何创建过程变量？

⑥ 如何创建变量组？

⑦ 怎样复制变量？

⑧ WinCC 监控一台 S7-300 上的三个参数 Q0.0、MB0 和 MD4，创建这三个变量，问这三个变量是内部变量还是外部变量？

第5章 组态画面

图形编辑器是创建过程画面并使其动态化的编辑器。只能为 WinCC 项目管理器中当前打开的项目启动图形编辑器。WinCC 项目管理器可以显示当前项目中可用画面的总览。WinCC 项目管理器所编辑的画面文件的扩展名为“.PDL”。

5.1 WinCC 图形编辑器

5.1.1 图形编辑器

（1）浏览窗口的快捷菜单

在项目管理器中，先选中“图形编辑器”，再单击鼠标的右键，弹出快捷菜单，如图 5-1 所示，以下将分别介绍快捷菜单的内容。

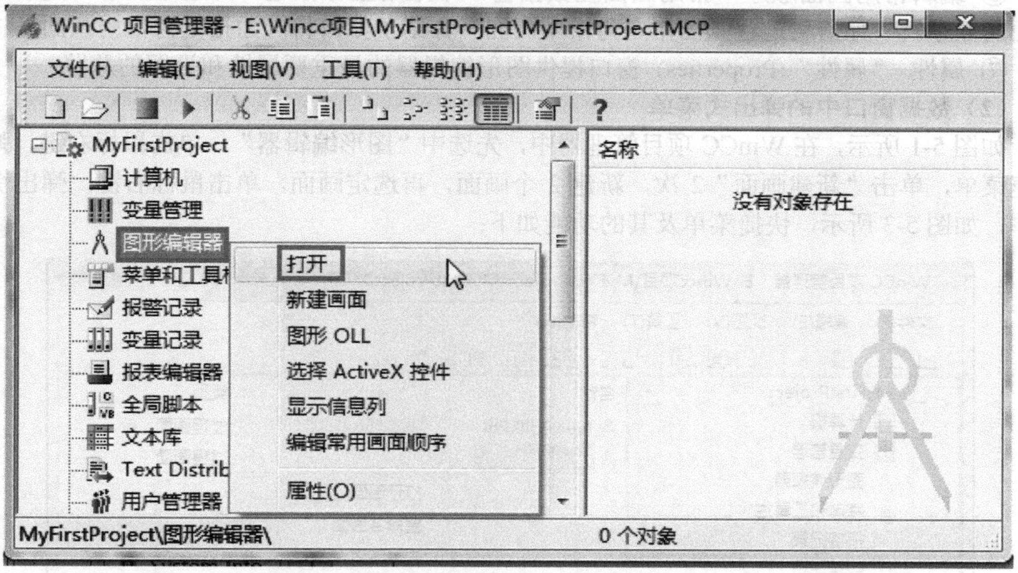

图 5-1　打开“图形编辑器”快捷菜单

① 打开　打开图形编辑器，新建一个画面。

② 新建画面　新建一个画面，但不会打开图形编辑器。

③ 图形 OLL　单击快捷菜单中的“图形 OLL”，弹出“对象 OLL”界面，如图 5-2 所示，“选定的图形 OLL”的列表框中的文件所包含的对象，显示在图形编辑器中的“对象选项”板上。

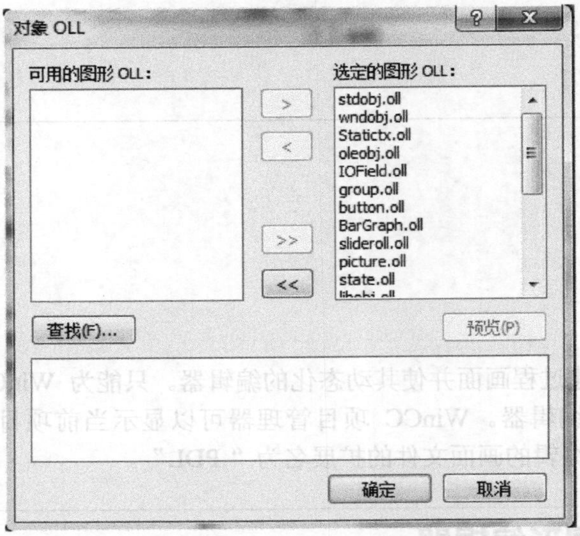

图 5-2　对象 OLL

④ 选择 Active X 控件　在图形编辑器中，可以使用 WinCC 或者第三方公司的 ActiveX 控件（如微软的 Microsoft Web Browser 控件），可单击快捷菜单中的“选择 ActiveX 控件”。

⑤ 显示信息列　WinCC 项目管理器数据窗口中的“显示信息列”条目用于显示信息列。此列中的条目显示相应画面的创建方法。

⑥ 编辑常用画面顺序　常用画面在数据窗口中采用星号标记。可通过此条目更改常用画面的顺序。“如何将过程画面指定为常用画面”介绍了如何将画面指定为常用画面。

⑦ 属性　“属性”(Properties) 窗口提供图形编辑器的最重要属性和设置的总览。

（2）数据窗口中的弹出式菜单

如图 5-1 所示，在 WinCC 项目管理器中，先选中“图形编辑器”，单击鼠标右键，弹出快捷菜单，单击“新建画面”2 次，新建 2 个画面，再选定画面，单击鼠标右键，弹出快捷菜单，如图 5-3 所示，快捷菜单及其的功能如下：

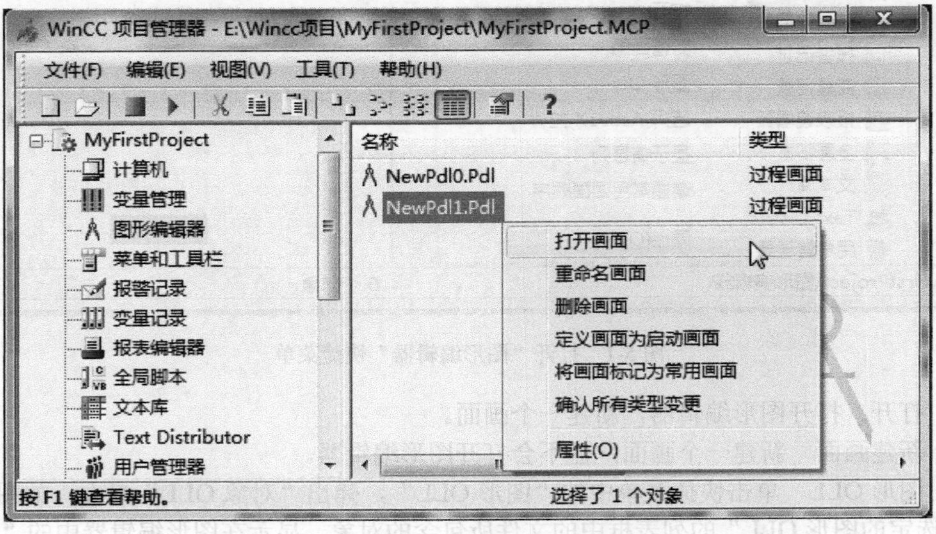

图 5-3　数据窗口中的弹出式菜单

① 打开画面：把选定的画面打开。

② 重命名画面：将选定的画面重新改换成设计者需要的名称。

③ 删除换面：删除选定的画面。

④ 定义画面为启动画面：如果将画面定义为启动画面，则运行 WinCC 项目时，这个画面为当前画面。

⑤ 确认所有类型变更：对于所选的图形编辑器画面，改变面板类型的属性和事件对给定面板实例所产生的所有影响都将被确认。

5.1.2 图形编辑器的结构

图形编辑器由图形程序和用于表示过程的工具组成。基于 Windows 标准，图形编辑器具有创建和动态修改过程画面的功能。相似的 Windows 程序界面使得可以很容易地开始使用复杂程序。直接帮助提供了对问题的快速回答。用户可建立个人的工作环境。

图形编辑器的画面布局如图 5-4 所示。图形编辑器中包括如下组件：

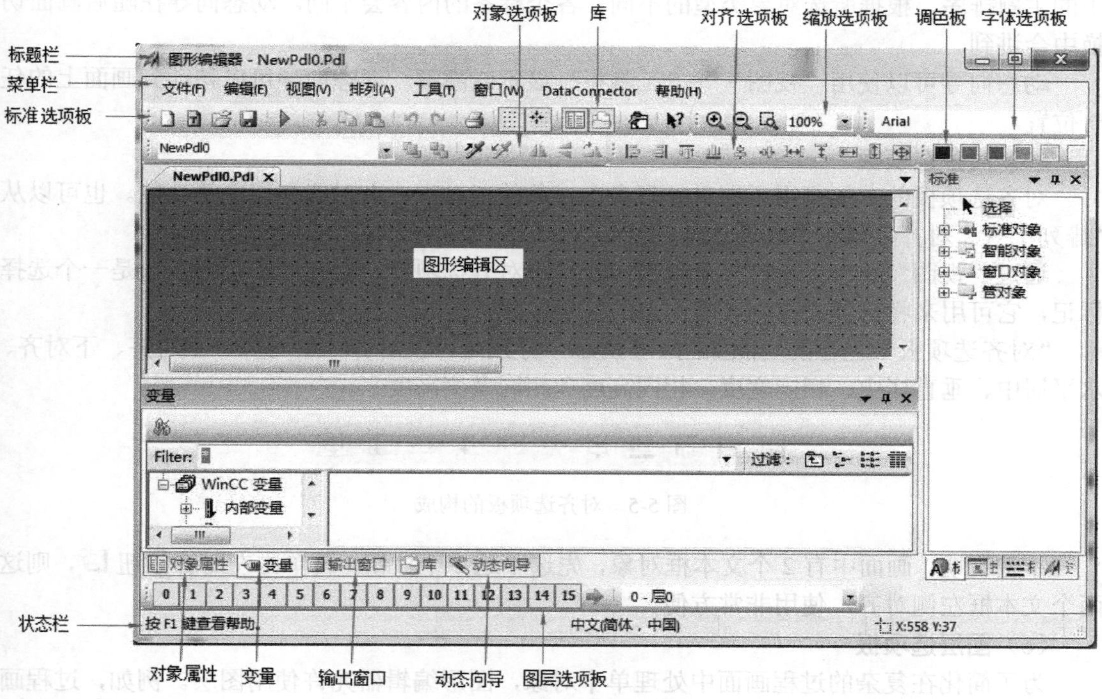

图 5-4　图形编辑器的构成

（1）标准选项板

标准选项板也称为标准工具栏，位于图形编辑器菜单栏下的标准选项板是缺省设置的。标准选项板按钮包括常用的 Windows 命令按钮（例如“保存”和“复制”）和图形编辑器的特殊按钮（例如“运行系统”）。

使用“视图”→“工具栏”可以显示或隐藏标准工具栏。工具栏的左边是“夹形标记”，它可用于将工具栏移动到画面的任何位置。

（2）对象选项板

对象选项板包含在过程画面中频繁使用的不同类型的对象。通过选择画面或画面中的对象来修改属性或编辑对象。

举例说明，用复制属性按钮复制一条红色直线的属性，用分配属性按钮点击另一条直线，则两条直线有相同属性，第二条直线也随之变为红色。

对象选项板可以使用“视图”→“工具栏”显示或隐藏。对象选项板可以移动到画面上的任一位置。

（3）样式选项板

样式选项板允许快速更改线型、线条粗细、线端和填充图案。

举例说明，选中图形编辑器中的一条连续直线，再单击“样式”中的“—— 虚线”，则直线变成虚线，当单击“样式”中的“—— 3 像素”，虚线线宽变为 3 像素宽。

样式选项板可以使用“视图”→“工具栏”显示或隐藏。样式选项板可以移动到画面上的任一位置。

（4）动态向导

动态向导提供大量的预定义 C 动作以支持频繁重复出现的过程的组态。C 按标签窗体中的主题排序。根据所选对象类型的不同，各个标签的内容会不同。动态向导在随后画面切换中会讲到。

动态向导可以使用“视图”→“工具栏”显示或隐藏。动态向导可以移动到画面上的任一位置。

（5）对齐选项板

对齐选项板的功能可用于同时处理多个对象的左对齐、右对齐和居中等功能。也可以从“排列”→“对齐”菜单中调用这些功能。

通过“视图”→“工具栏”可以显示或隐藏对齐选项板。对齐选项板的左边是一个选择标记，它可用来将选项板移动到画面上的任何位置。

“对齐选项板”包含的功能如图 5-5 所示，分别是：左对齐、右对齐、上对齐、下对齐、水平居中、垂直居中、相同宽度、相同高度和相同宽度高度。

图 5-5　对齐选项板的构成

举例说明，画面中有 2 个文本框对象，先选中这 2 个按钮，再单击左对齐按钮，则这两个文本框左侧对齐，使用非常方便。

（6）图层选项板

为了简化在复杂的过程画面中处理单个对象，图形编辑器允许使用图层。例如，过程画面的内容最多可以横向分配为 32 个图层。这些图层可以单独地显示或隐藏；缺省设置为所有图层都可见；激活的图层是图层 0。

（7）缩放选项板

在缩放选项板的按钮旁，图形编辑器提供了独立的缩放栏。这样允许在过程画面中非常方便地进行缩放。

缩放选项板的左侧是对缩放因子进行细微分级设置的滚动条。右侧是带预定义缩放因子的按钮。当前设置的缩放因子以百分比形式显示在滚动条下。

（8）调色板

根据所选择的对象，调色板允许快速更改线或填充颜色。它提供了 16 种标准颜色，而底部按钮提供选项可以选择用户定义的颜色或者全局调色板中的颜色。

举例说明，画面中有 1 个圆，先选中圆，再单击调色板中的红色，则圆中填充成红色。

（9）字体选项板

最重要的文本特征可以方便地使用字体选项板更改。字体选项板允许改变字体、字体大小、字体颜色和线条颜色。字体选项板与 Windows 中的使用方法一样，在此不做赘述。

5.1.3　画面的布局

画面上的任一位置都可以放置各种对象和控件。画面的大小由分辨率来决定，如 1024×768 像素、1280×1024 像素；而对于 22 英寸的宽屏显示器，分辨率为：1680×1050 像素。

画面的布局按照功能分为 3 个区域，即总览区、按钮区和现场画面区。

① 总览区：组态标识符、画面标题、带日期的时钟、当前用户和当前报警行。

② 按钮区：组态在每个画面中显示的按钮和通过这些按钮可实现画面切换功能。

③ 现场画面区：组态各个设备的过程画面。

（1）画面布局一

如图 5-6 所示，画面上方是总览区，中间是现场画面区，下方是按钮区。

（2）画面布局二

如图 5-7 所示，画面左上方是标志，画面上方是总览区，中间是现场画面区，左下方是按钮区。

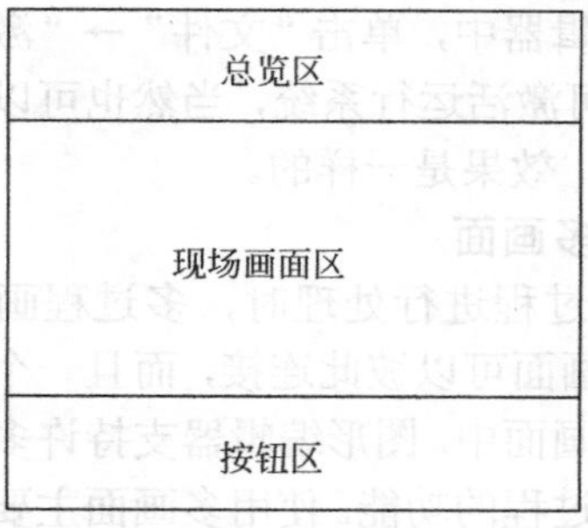

图 5-6　布局一

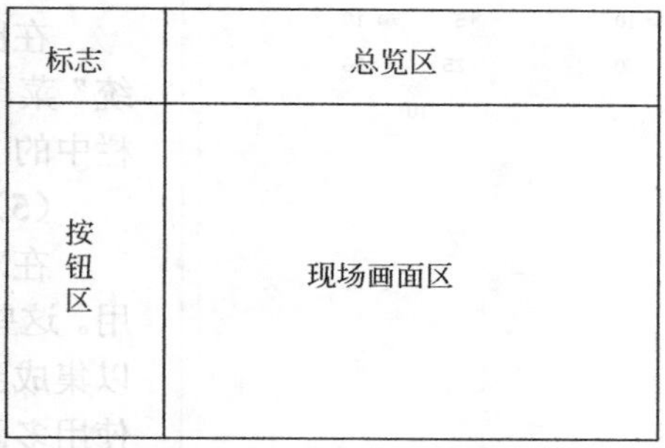

图 5-7　布局二

5.2　画面设计基础

在图形编辑器中，画面是一张绘图纸形式的文件。绘图纸的大小可以调整。一张绘图纸有 32 层，可以用来改善绘图的组织。文件以 PDL 格式保存在项目目录 GraCS 中。整个过程可以分成多个单独的画面，这些画面是连接在一起的。对其他应用程序和文件的获取也可以包含在过程画面中。组态的过程越复杂，计划就要越详细。

在 WinCC 中，可以对画面进行新建、复制、打开和转换等操作，这都比较简单，在后续的例子中会用到，在此不说明，以下介绍一些特殊的功能。

5.2.1　使用画面

（1）导出功能

图形可以从图形编辑器以 EMF（增强型图元文件）和 WMF（Windows 图元文件）文件格式导出。然而，在这种情况下，动态设置和一些对象特定属性将丢失，因为图形格式不支持这些属性。导出的过程是：在图形编辑器中，单击“文件”→“导出”菜单，即可把图形以 EMF 的格式保存。

此外，还可以以程序自身的 PDL 格式导出图形。然而，以 PDL 格式只能导出整个画面，而不是单个对象。另一方面，画面导出为 PDL 文件时，动态得以保留，导出的画面可以插入画面窗口中，也可以作为文件打开。

（2）图层

使用过 AutoCAD 的读者，对于图层会有概念。同样，在图形编辑器中，画面由 32 个可以在其中插入对象的层组成。画面中对象的位置在将对象分配给层时就已设置。第 0 层的对象均位于画面背景中；第 32 层的对象则位于前景中。对象总是添加到激活层中，但是可以快速移动到其他层。可以使用“对象属性”窗口中的“层”属性来更改对象到层的分配。

此外，还可以更改同一层内对象彼此间的相对位置。在“排列/在该层”菜单中，有四个功能可实现此操作。默认情况下，在创建过程画面时，某个级别的对象按照组态时的顺序排列：最先插入的对象位于该级别的最后面，以后每插入一个对象都向前移动一个位置。

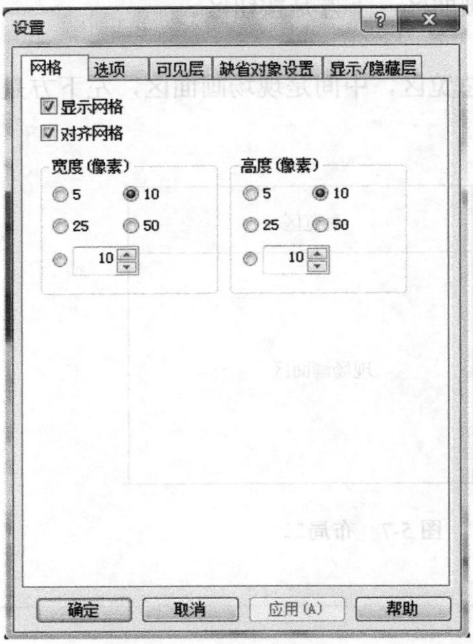

图 5-8　设置

（3）设置

在图形编辑器中，单击“工具”→“设置”菜单，可以打开“设置”对话框，如图 5-8 所示。它包含网格、选项、可见层和缺省对象设置等选项。

（4）激活运行系统

在图形编辑器中，单击“文件”→“激活运行系统”菜单，即可激活运行系统，当然也可以单击工具栏中的▶按钮，效果是一样的。

（5）使用多画面

在对复杂过程进行处理时，多过程画面非常有用。这些过程画面可以彼此连接，而且一个画面也可以集成到其他画面中。图形编辑器支持许多可以简化使用多画面的过程的功能。使用多画面主要有以下三种常见的情况，以下分别介绍。

① 一个画面的属性传送给另一画面　打开想要复制其属性的画面（假如是 A 画面），确定没有选中任何对象。再在在标准工具栏中，单击复制属性按钮，即可复制画面的属性。接着打开要分配这些属性到其上面的画面（假如是 B 画面），确定没有选中任何对象。在标准工具栏中，单击分配属性按钮，将会分配画面的属性。

② 对象从一个画面传送到其他画面　使用“剪切”和“粘贴”，可以剪切出所选择的对象，并从操作系统的剪贴板粘贴它。通过从剪贴板粘贴，它可以被复制到任何画面中。对象可以复制任意次，甚至复制到不同的画面中。与 Office 中的“剪切”和“粘贴”使用方法类似。

③ 对象从一个画面复制到其他画面　使用“复制”和“粘贴”，所选择的对象可以复制到剪贴板，并从那里粘贴到任何画面中。复制到剪贴板的好处是该对象可以插入多次并插入到不同的画面。

5.2.2　图形对象

图形编辑器中的“对象”是预先完成的图形元素，它们可以有效地创建过程画面。可以轻松地将所有对象从对象选项板插入到画面中。对象选项板的“默认”注册选项卡提供四类对象组中的对象。

这些对象在对象调色板中都可以找到，有：标准对象，如图 5-9 所示，主要用于绘制直线圆等；智能对象，如图 5-10 所示，主要有输入/输出域和文本框等；窗口对象和管对象，如图 5-11 所示，窗口对象有按钮等，而管对象主要用于绘制管路。

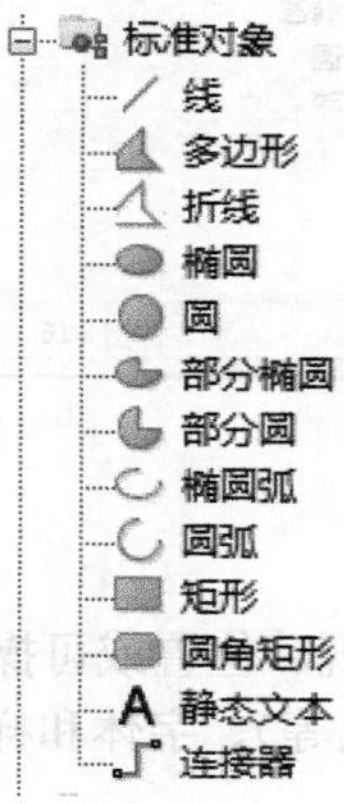

图 5-9 标准对象

图 5-10 智能对象

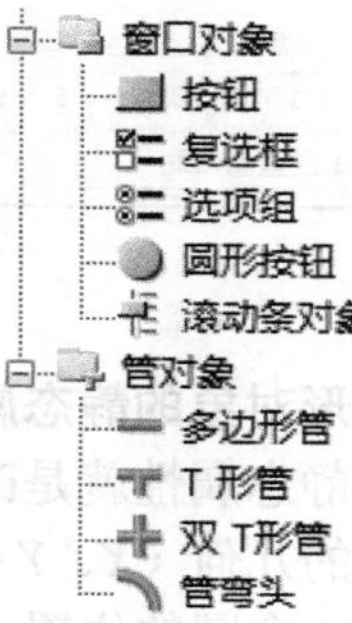

图 5-11 窗口对象和管对象

（1）插入图形对象

用向画面中插入一个圆的例子来说明插入图形对象的过程。

① 展开圆所在的标准对象，选中圆，如图 5-12 所示。

② 将鼠标移到画面中想要插入图形对象的位置。

③ 按住鼠标的左键不放，拖动鼠标，便可拖出圆，如图 5-13 所示。

④ 松开鼠标的左键完成对象插入。

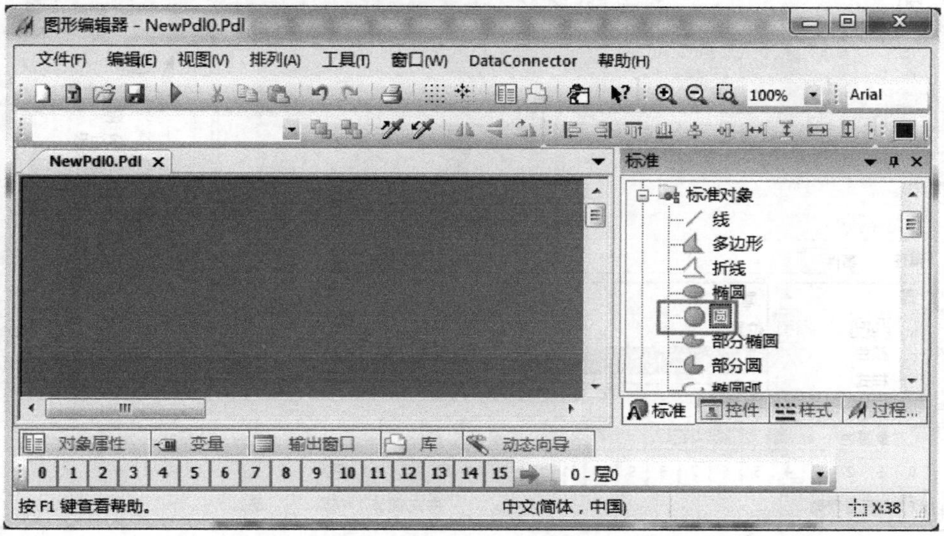

图 5-12 在“标准对象”中选中圆

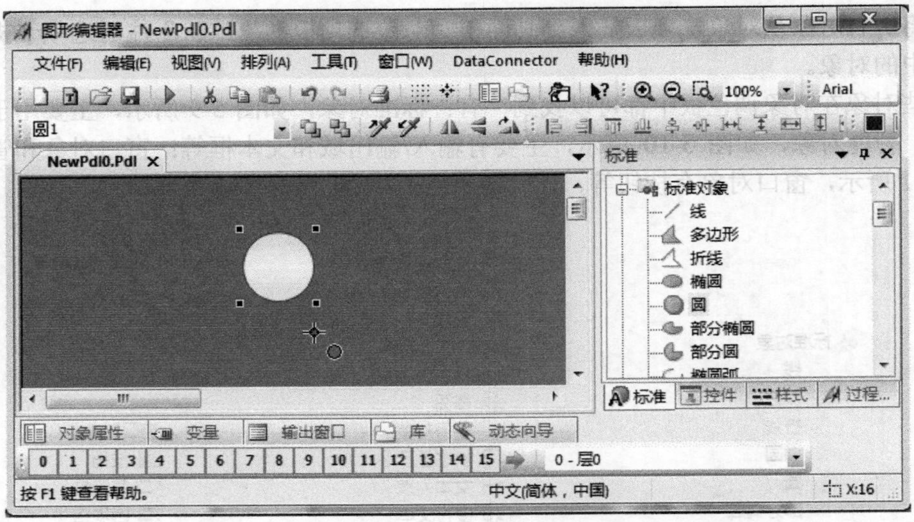

图 5-13 在“标准对象”中拖出圆

（2）图形对象的静态属性

对象的静态属性就是改变对象的静态数值，如对象的形状、外观、位置或可操作性。具体包含对象的几何（*X*、*Y* 位置和大小）、颜色（背景颜色、边框颜色等）、字体和样式等。以改变图形中一个圆的位置（*X* 和 *Y*），说明改变静态属性的方法。

① 选中圆，单击鼠标右键，弹出快捷菜单，单击“属性”，弹出对象属性界面如图 5-14 所示。

② 选中“属性”选项卡下的“几何”，可以看到：*X* 的静态参数是 150，*Y* 的静态参数是 70，双击选中“150”或者“70”，输入新数值就可以改变位置参数了。

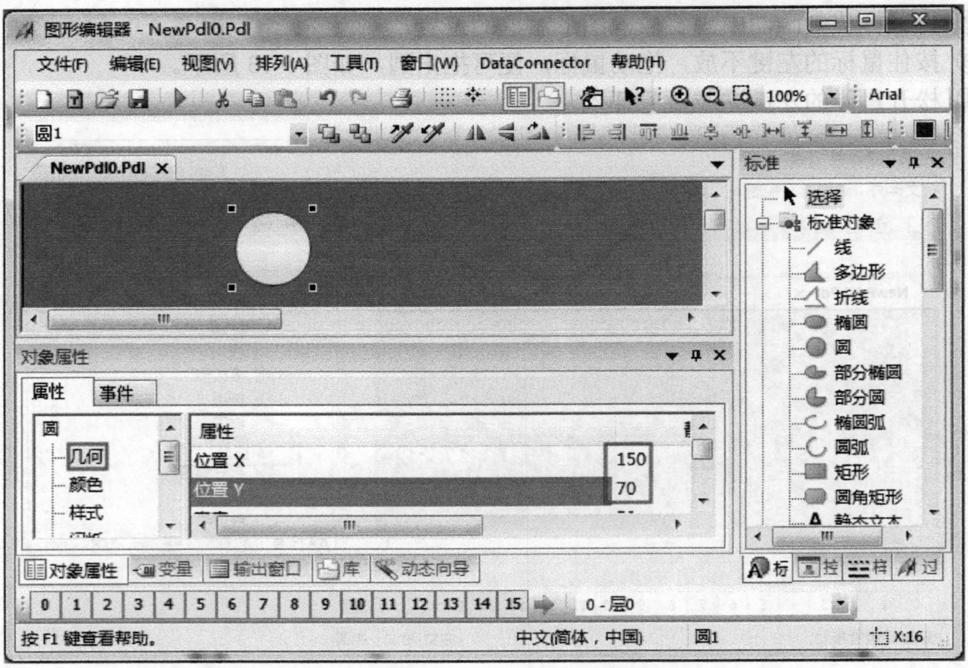

图 5-14 对象属性

5.3　画面动态化

5.3.1　画面动态化基础

（1）触发器的类型

① 周期性触发器　周期性触发器是 WinCC 中处理周期性动作的方法。对于周期性触发器，动作在触发器事件发生时执行，例如，每隔 2s 执行一次。

② 变量触发器　变量触发器由一个或多个指定的变量组成。如果这些变量其中一个的数值的变化在启动查询时被检测到，则与这样的触发器相连接的动作将执行。

③ 事件驱动的触发器　只要事件一发生，与该事件相连接的动作就将执行。例如，事件可以是鼠标控制、键盘控制或焦点的变化。如果“鼠标控制”事件连接到一个动作，则该动作也将由所组态的热键触发。

（2）动态化类型

WinCC 提供了对过程画面的对象进行动态化的各种不同的方法，具体如下：

利用直接变量连接进行动态化、利用间接变量连接进行动态化、通过直接连接进行动态化、使用动态对话框进行动态化、使用 VBS 动作进行动态化和使用 C 动作进行动态化。以下分别介绍。

5.3.2　通过直接连接进行动态化

直接连接可用作对事件作出反应。如果事件在运行系统中发生，则源元素（源）的“数值”将用于目标元素（目标）。常数、变量或画面中对象的属性均可用作“源”。变量或对象可动态化的属性以及窗口或变量均可用作“目标”。

直接连接的优点是组态简单，运行系统中的时间响应快。直接连接具有所有动态化类型中的最佳性能。直接连接进行动态化的应用举例如下：

【例 5-1】 有 2 个画面，每个画面中有一个按钮，单击画面中的按钮，实现 2 个画面的相互切换。

【解】 ① 在项目管理器界面中，新建 2 个画面，分别为“Main.pdl”和“Process.pdl”，如图 5-15 所示。

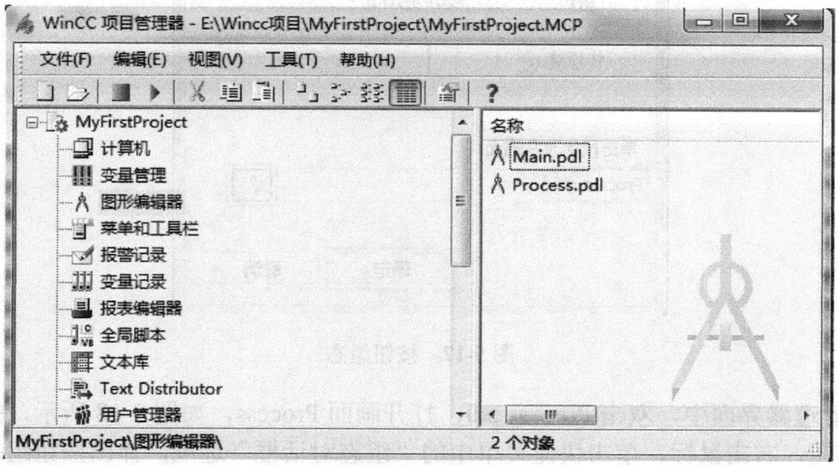

图 5-15　新建画面

② 在项目管理器界面中，双击 Main.pdl，打开画面 Main，如图 5-16 所示，拖入按钮，并选中此按钮，右击鼠标，单击快捷菜单中的“组态对话框”选项，弹出按钮组态界面如图 5-17 所示，在文本中输入“切换到 Process”，在“单击鼠标改变画面”中输入“Process.pdl”，最后单击“确定”按钮。

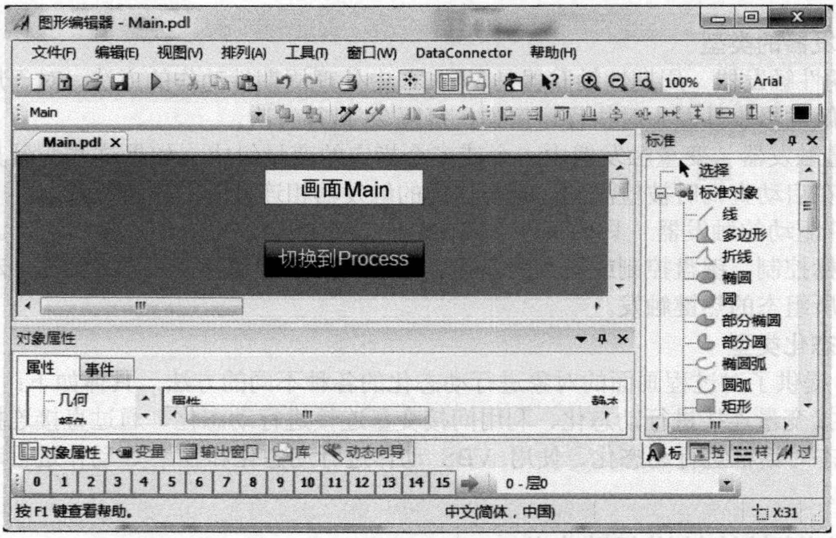

图 5-16　画面 Main

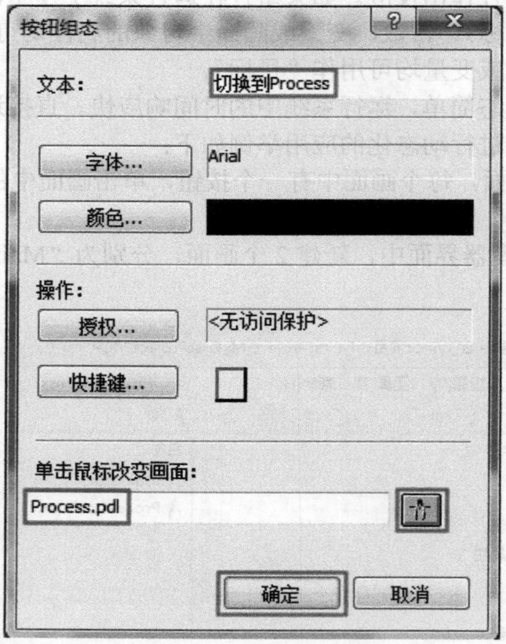

图 5-17　按钮组态

③ 在管理器界面中，双击 Process.pdl，打开画面 Process，如图 5-18 所示，拖入按钮，并选中此按钮，右击鼠标，单击快捷菜单中的“组态对话框”选项，弹出按钮组态界面如图 5-19 所示，在文本中输入“切换到 Main”，在“单击鼠标改变画面”中输入“Main.pdl”（也

可以单击 按钮，在弹出的画面中，选择 Main.pdl），最后单击“确定”按钮。

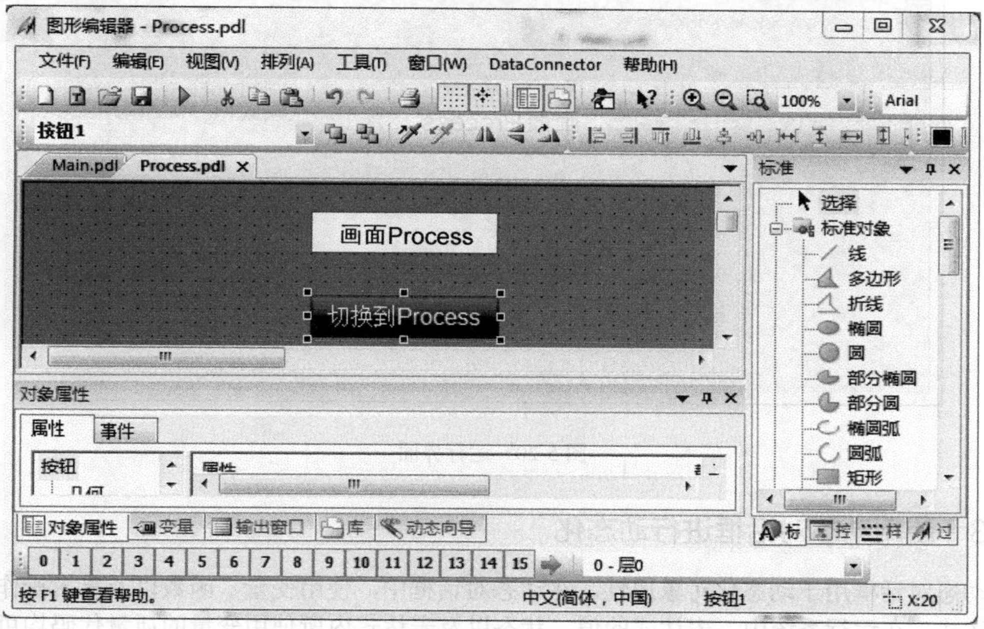

图 5-18　画面 Process

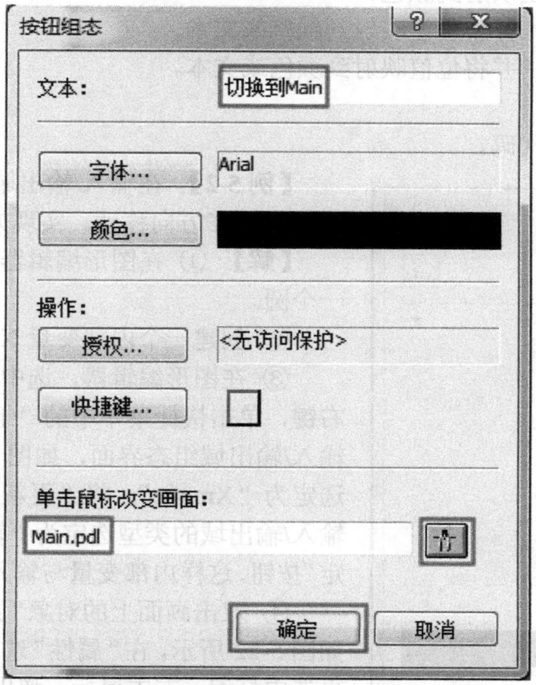

图 5-19　按钮组态

④ 运行此工程，如图 5-20 所示，单击按钮“切换到 Main”，画面会切换到画面 Main。

图 5-20 运行界面

5.3.3 使用动态对话框进行动态化

动态对话框用于动态化对象属性。在动态对话框中，使用变量、函数以及算术操作数构成表达式。在运行系统中，表达式的值、状态以及表达式内所使用变量的质量代码均可用于组成对象属性值。动态对话框可用于实现下列目的：

- 将变量的数值范围映射到颜色。
- 监视单个变量位，并将位值映射到颜色或文本。
- 监视布尔型变量，并将位值映射到颜色或文本。
- 监视变量状态。
- 监视变量的质量代码。

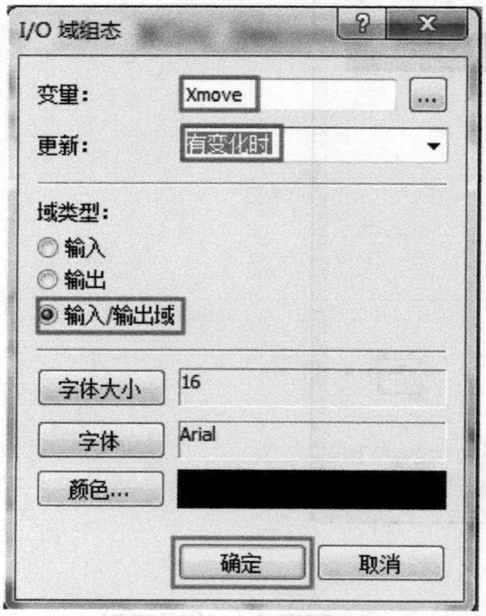

图 5-21 输入/输出域组态

【例 5-2】 在输入/输出域中输入不同的数值，实现图形的 *X* 方向移动。实现方法如下：

【解】 ① 在图形编辑器中，拖入输入/输出域和一个圆。

② 创建一个内部变量 Xmove。

③ 在图形编辑器，选中输入/输出域，单击鼠标右键，单击快捷菜单中的“组态对话框”选项，弹出输入/输出域组态界面，如图 5-21 所示，将“变量”选定为“Xmove”，将“更新”选定为“有变化时”，输入/输出域的类型选定为“输入/输出域”，单击“确定”按钮，这样内部变量与输入/输出域连接在一起了。

④ 双击画面上的对象“圆”，弹出对象属性界面，如图 5-22 所示，在“属性”选项卡中，选中“位置 X”，再选中灯泡，右击鼠标，弹出快捷菜单，单击动态对话框，弹出“域值”界面，如图 5-23 所示。将“表达式”与“Xmove”连接在一起，将数据类型选为“直接”，最后单击“应用”按钮。

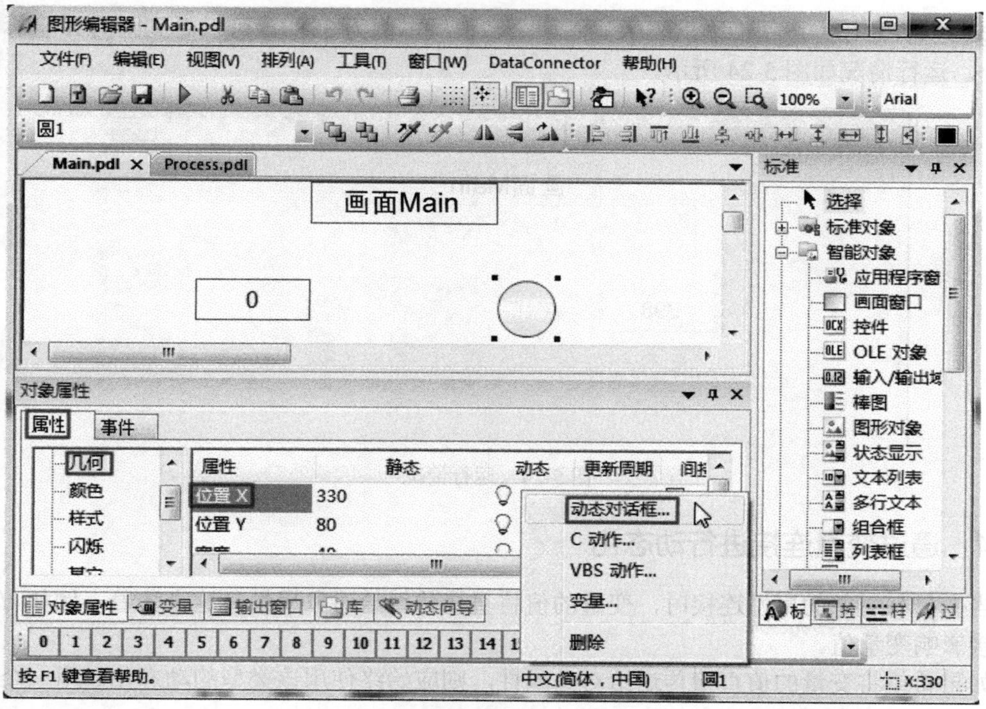

图 5-22　对象属性

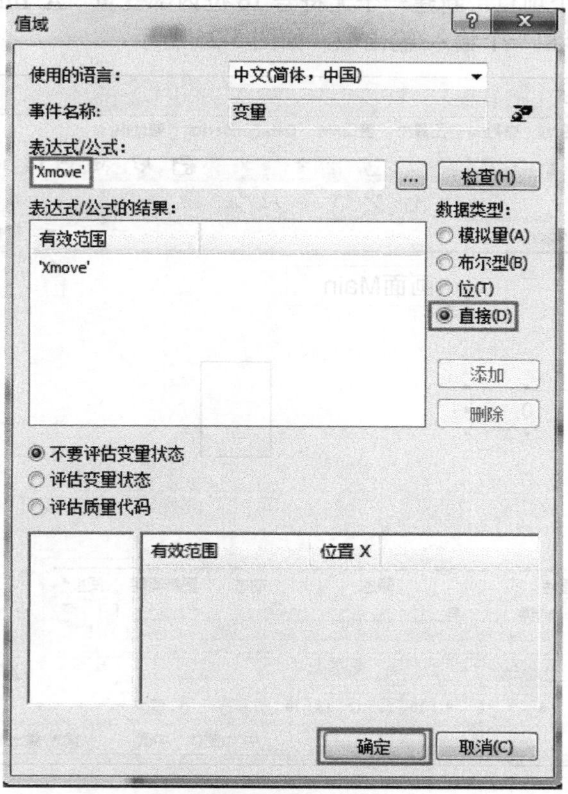

图 5-23　域值

⑤ 运行系统，在输入/输出域中输入一个数值（本例为398），可以看到圆的X坐标移到398处。运行情况如图5-24所示。

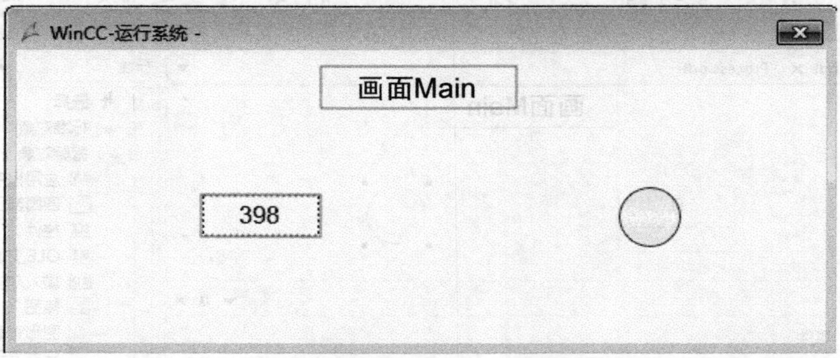

图5-24 运行情况

5.3.4 通过变量连接进行动态化

当变量与对象的属性连接时，变量的值将直接传送给对象属性。这意味着，例如I/O域可直接影响变量值。

如果希望将变量的值直接传送给对象属性，则应始终使用该类型的动态化。用一个例子说明。

【例5-3】 有一个矩形，其填充量由一个输入/输出域中的数值大小控制。

【解】 ① 新建一个项目，新建一个无符号16位内部变量“A_fill”，再创建一个画面，在画面中拖入一个矩形和一个输入/输出域，如图5-25所示。

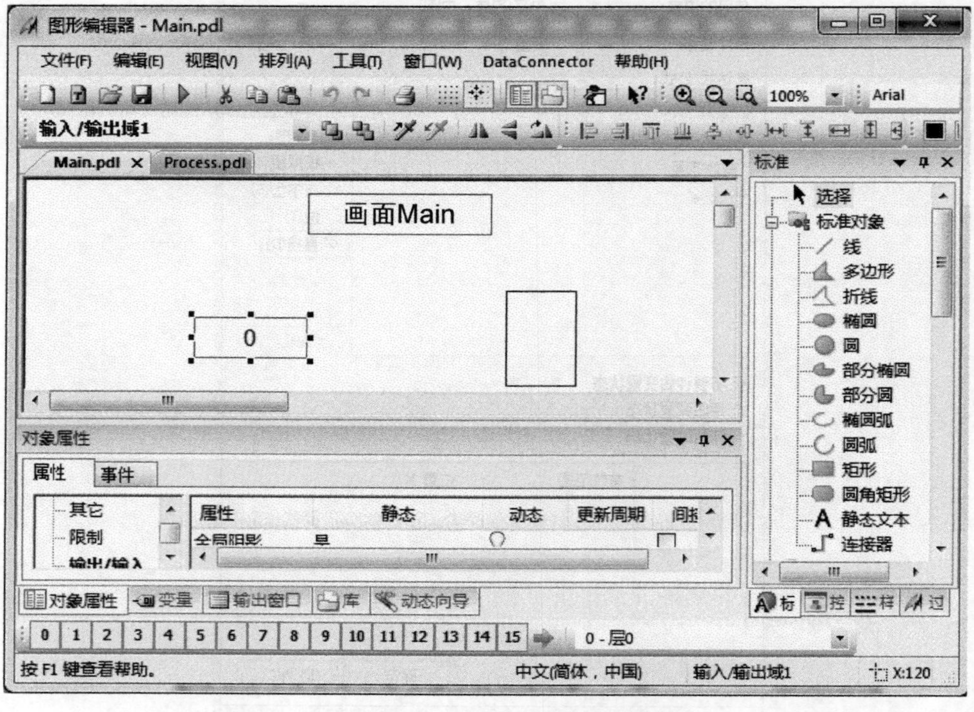

图5-25 新建画面

② 将变量 A_fill 与输入/输出域关联。先选中画面中的输入/输出域，右击鼠标，单击快捷菜单中的组态对话框，弹出输入/输出域组态界面如图 5-26 所示，变量选定为 A_fill，最后单击“确定”按钮。

③ 将变量 A_fill 与矩形的填充量关联。先选中画面中的矩形，右击鼠标，单击快捷菜单中的“属性”，弹出对象属性界面如图 5-27 所示，将选项卡“效果”中的属性“全局颜色方案”改为“否”。再将选项卡“填充”中的属性“动态填充”改为“是”，最后将选项卡“填充”中的属性“填充量”的“动态”与变量 A_fill 关联，更新周期，设定为“有变化时”（设为 500ms 也可以），如图 5-28 所示，最后保存整个工程。

④ 运行项目。单击画面中的运行按钮 ▶，在输入/输出域中输入 88（其他数值也可以），可以看到矩形中填充了 88%的红色，如图 5-29 所示。

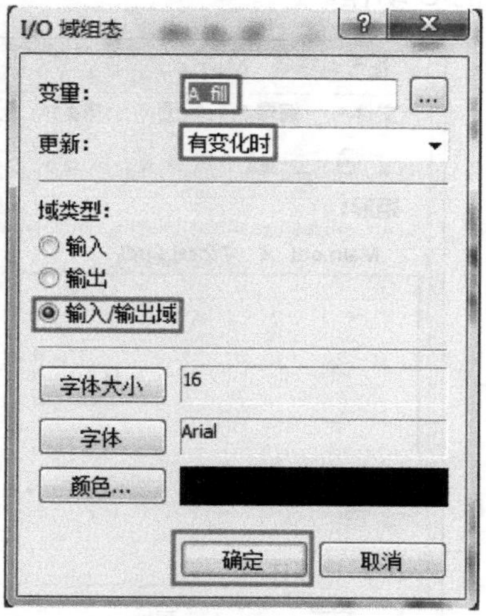

图 5-26 输入/输出域组态

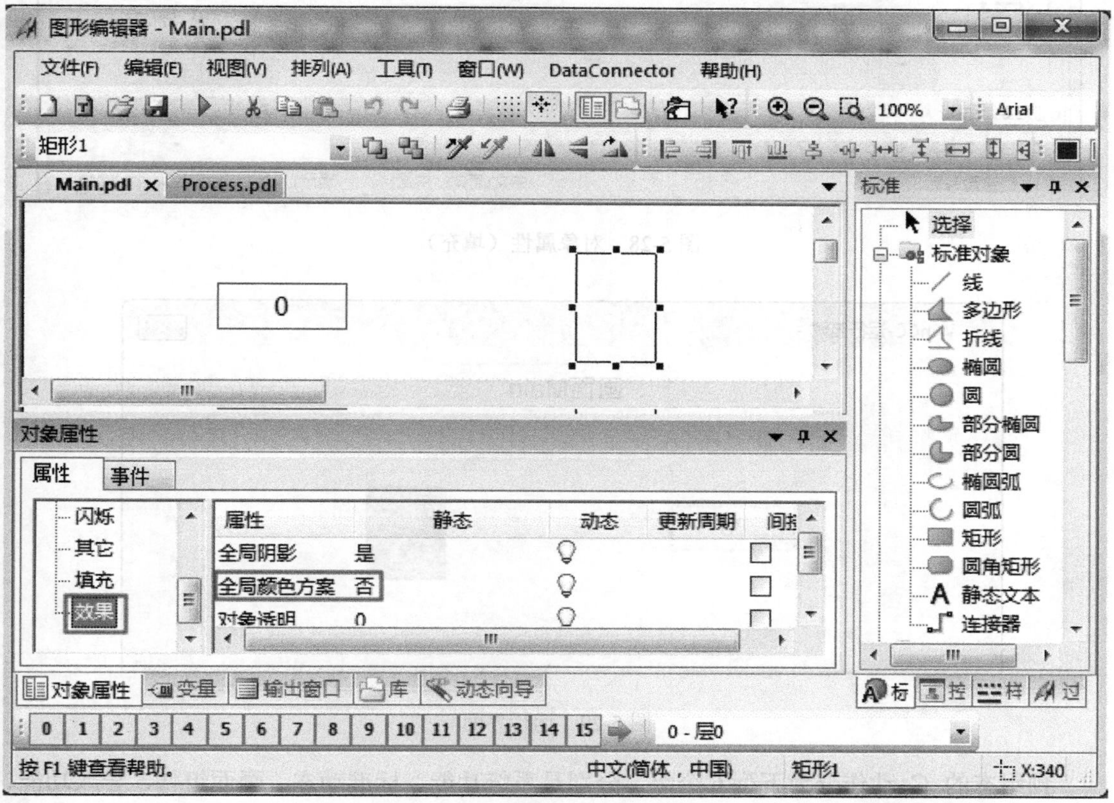

图 5-27 对象属性（效果）

5.3.5 用动态向导建立画面切换

利用动态向导，可使用 C 动作使对象动态化。当执行一个向导时，预组态的 C 动作和触发器事件被定义，并被传送到对象属性中。如果必要，可使用“事件”标签改变对象属性中的 C 动作。

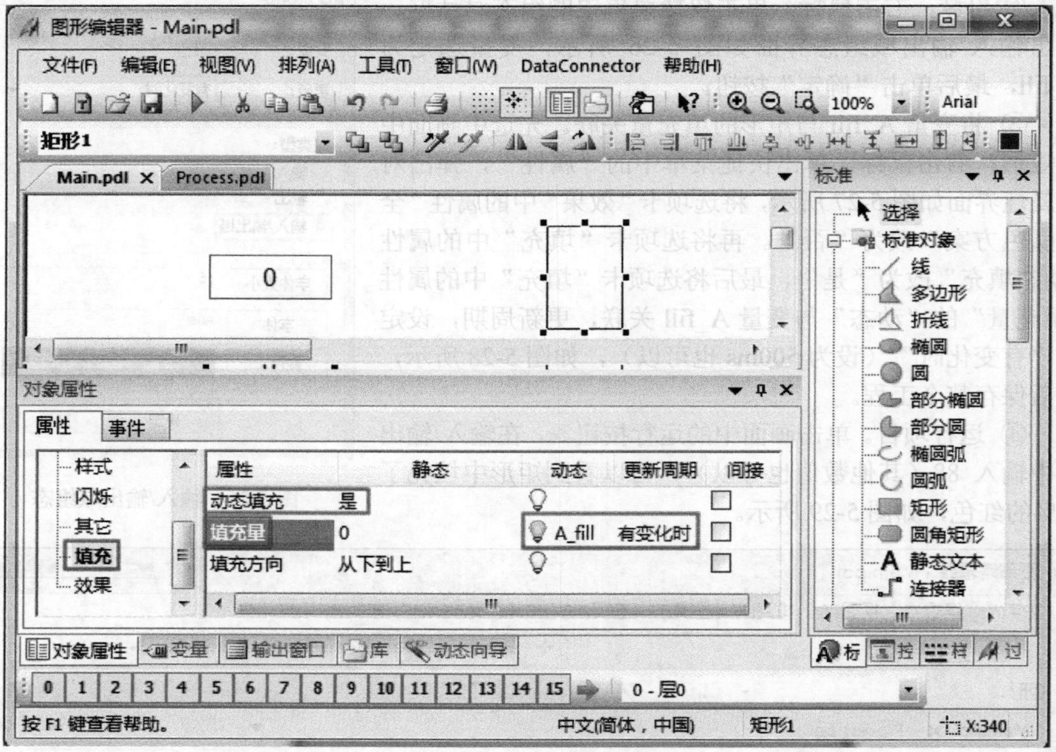

图 5-28 对象属性（填充）

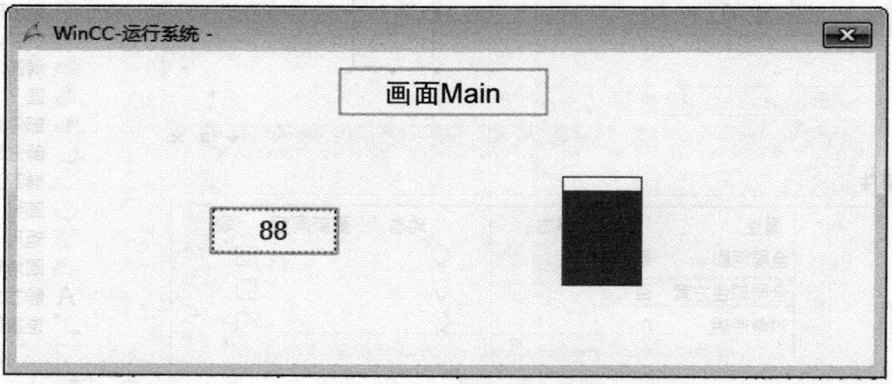

图 5-29 运行界面

预组态的 C 动作分为下列 6 个组，分别是系统功能、标准动态、画面组件、导入功能、画面功能和 SFC。以下用一个例子介绍用动态向导实现画面切换。

【例 5-4】 有 2 个画面，每个画面中有一个按钮，单击画面中按钮实现 2 个画面的相互切换。

【解】 ① 在项目管理器界面中，新建 2 个画面，分别为“Main.pdl”和“Process.pdl”，如图 5-15 所示。

② 打开画面 Main，拖入按钮，将按钮的文本属性改为“切换到 Process”，选中此按钮，

再选中“动态向导”→“画面功能”选项卡，双击“画面导航”，如图 5-30 所示。

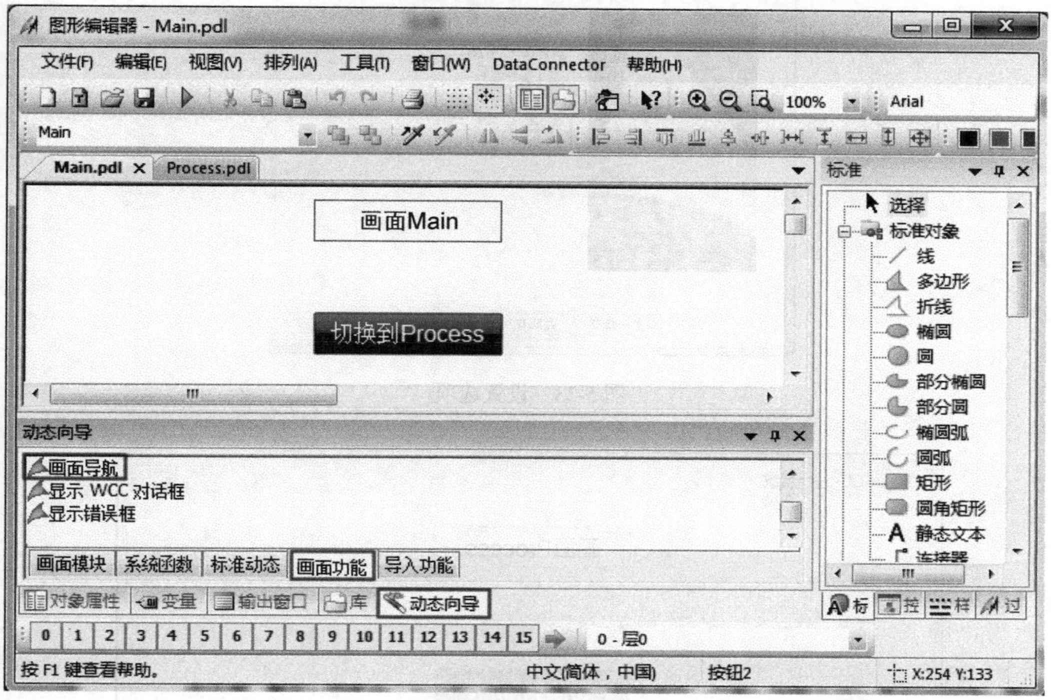

图 5-30 动态向导界面

③ 单击“下一步”按钮，如图 5-31 所示，弹出“选择触发器”界面，如图 5-32 所示，选择“点击鼠标左键”触发，再单击“下一步”按钮，弹出“设置选项”界面，如图 5-33 所示，选定“显示存储画面”选项，单击“确定”按钮，单击“完成”按钮即可。

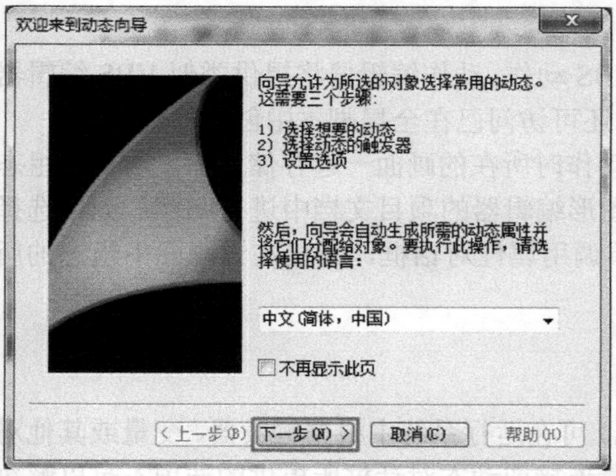

图 5-31 “欢迎来到动态向导”界面

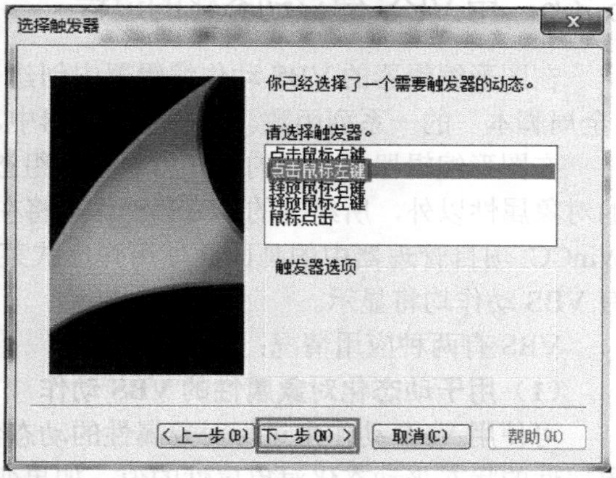

图 5-32 选择触发器

④ 画面 Process 中的操作和画面 Main 中的操作类似，在此不作赘述。

⑤ 运行项目的方法和效果与例 5-1 一样。单击画面 Main 中的“切换到 Process”按钮，画面切换到如图 5-34 所示。

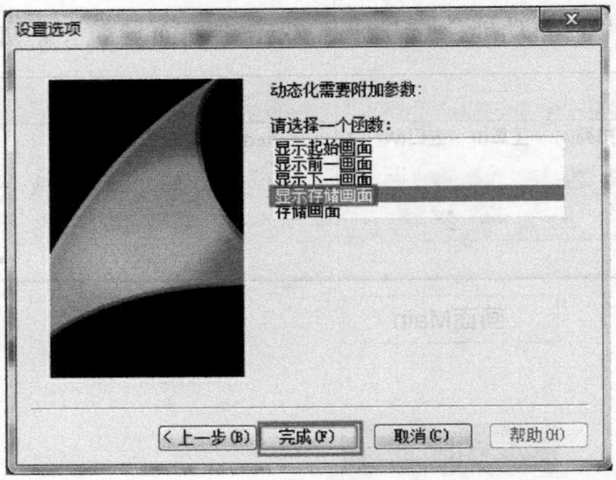

图 5-33 设置选项

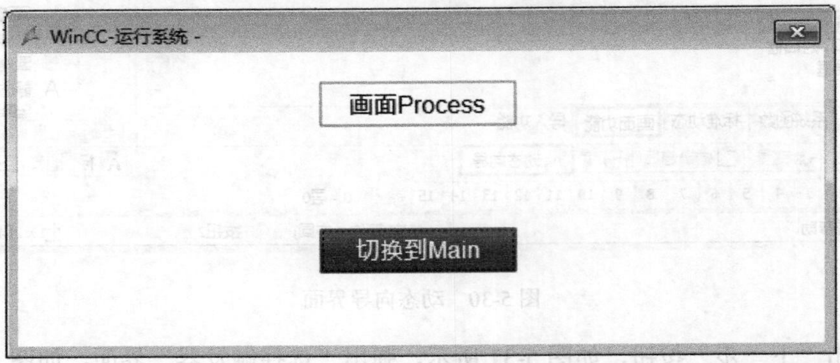

图 5-34 切换画面完成

5.3.6 用 VBS 建立动态化的过程

在图形编辑器的 VBS 动作编辑器中创建 VBS 动作。动作编辑器将提供类似 VBS 编辑器“全局脚本”的一系列函数。从图形编辑器中，还可访问已在全局脚本中创建的过程。

在图形编辑器中创建的动作将总是和组态动作时所在的画面一起存储。除了所有已组态的对象属性以外，所组态的 VBS 动作也将在图形编辑器的项目文档中进行归档。如果选择 WinCC 项目管理器中的画面并使用弹出式菜单调用属性对话框，则已在该画面中组态的所有 VBS 动作均将显示。

VBS 有两种应用情况：

（1）用于动态化对象属性的 VBS 动作

可使用 VBS 动作来进行对象属性的动态化。可在运行系统中根据触发器、变量或其他对象属性的状态来动态化对象属性的值。如果变量连接或动态对话框所提供的选项不足以解决上述的任务，则应使用 VBS 动作。

（2）用于事件的 VBS 动作

可使用 VBS 动作来对图形对象上发生的事件作出反应。如果变量连接或动态对话框所提供的选项不足以解决上述的任务，则应使用 VBS 动作。

使用对对象属性的变化，做出反应的动作将影响运行系统中的性能。

如果对象属性的值变化，则事件发生。随后将启动与事件关联的动作。当画面关闭时，已启动的所有动作将逐个停止。这会导致系统负载过大。

【例 5-5】 单击画面上的按钮，画面上的圆的半径变成 38。

【解】 ① 在画面上拖入圆和按钮，将圆的对象名称改为“Circle”，将按钮的文本名称改为“Circle 半径设定”，如图 5-35 所示。

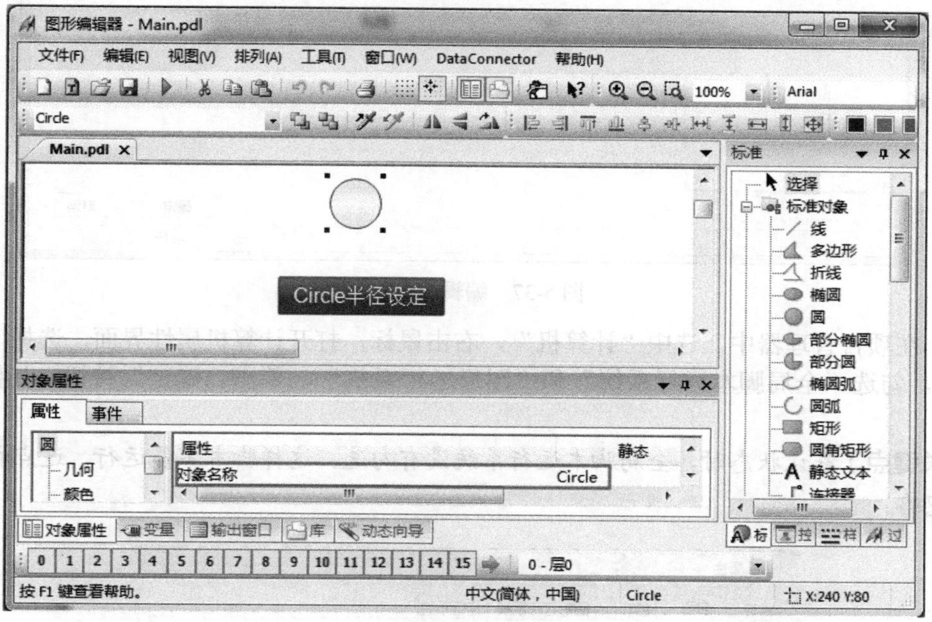

图 5-35 画面 A

② 先在图形编辑区中选中按钮，再在事件选项卡中选择“鼠标”→“按左键”→“VBS 动作”，如图 5-36 所示，弹出“编辑 VB 动作”如图 5-37 所示，在程序编辑区输入程序，最后单击“确定”按钮。

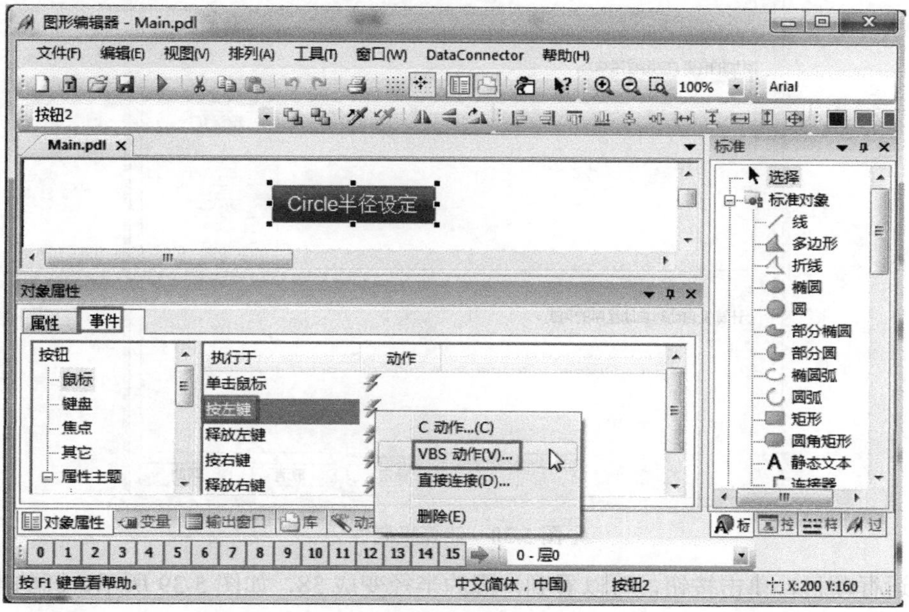

图 5-36 按钮对象属性

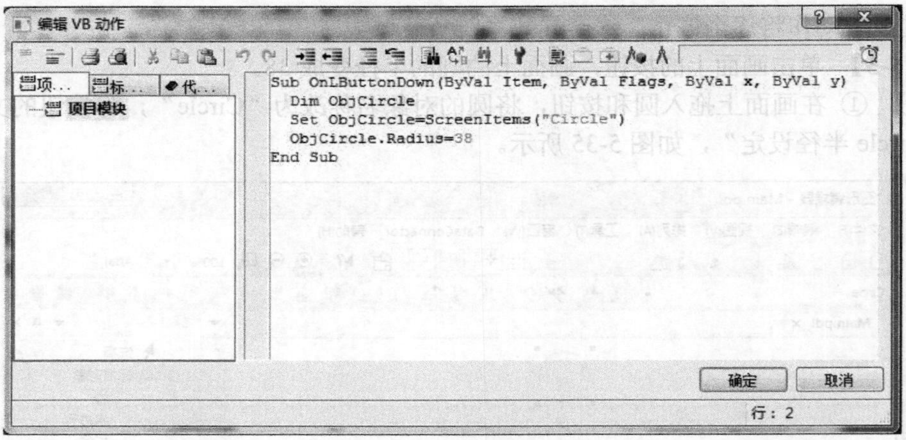

图 5-37 编辑 VB 动作

③ 在项目管理器中，选中“计算机”，右击鼠标，打开计算机属性界面，选择“启动”选项卡，勾选“全局脚本运行系统”和“图形运行系统”，单击“确定”按钮，如图 5-38 所示。

【关键点】默认状态时，全局脚本运行系统没有勾选，这样脚本不能运行，这点初学者容易忽略。

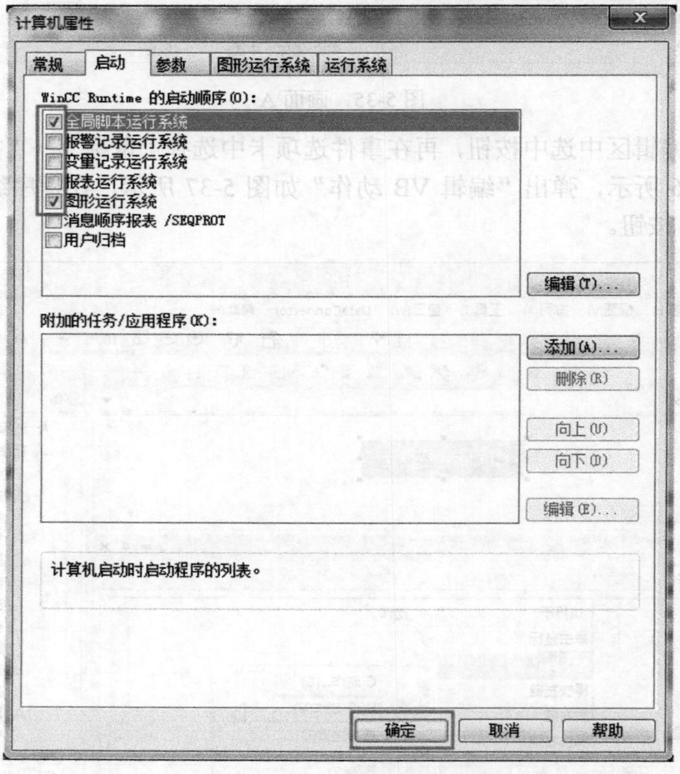

图 5-38 计算机属性

④ 运行项目，单击按钮，可以看到，圆的半径变成 38，如图 5-39 所示，圆的半径明显变大（本例设置的是半径 25）。

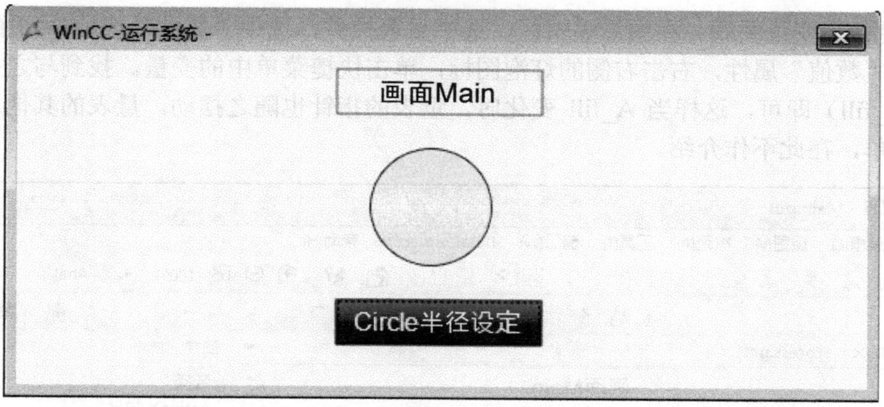

图 5-39 运行界面

5.4 控件

WinCC 中可以使用 ActiveX 控件，ActiveX 控件提供了将控制和监控系统过程的元素集成到过程画面中的选项。WinCC 中除了可以使用第三方的 ActiveX 控件外，还自带了一些 ActiveX 控件。具体如下：

（1）量表控件（WinCC Gauge Control）

“WinCC 量表”控件用于显示以模拟测量时钟形式表示的监控测量值。警告和危险区域以及指针运动的极限值均用颜色进行了标记。以下是使用方法：

① 插入控件。选中“控件”选项卡，再双击“WinCC Gauge Control”（量表控件），控件自动插入画面中。或者选中“WinCC Gauge Control”（量表控件），按住鼠标左键，将控件拖入画面，如图 5-40 所示。

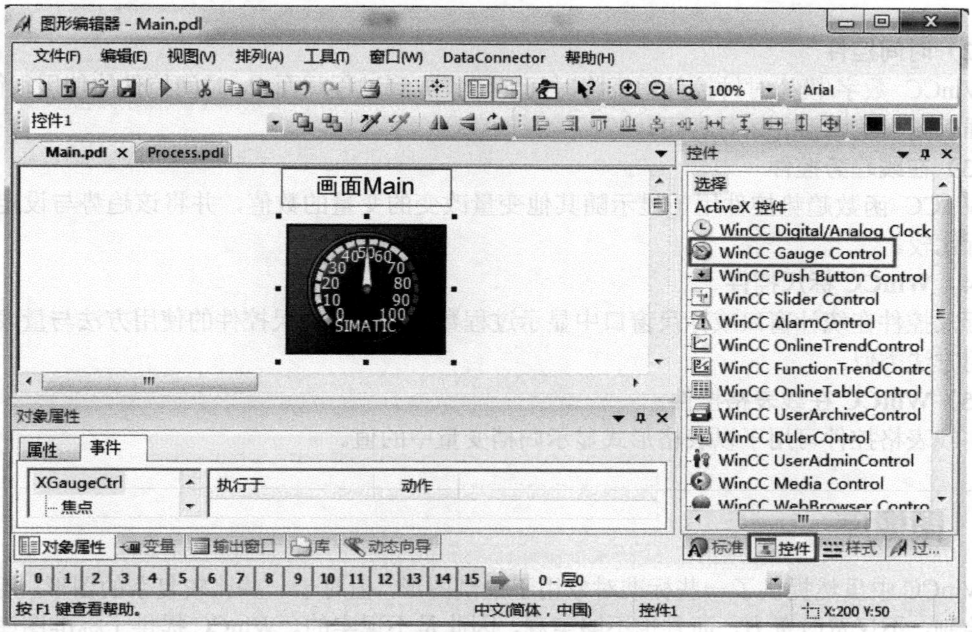

图 5-40 插入量表控件

② 控件与变量关联。在图形编辑区，选中量表控件，选中“属性”选项，如图 3-41 所示。选中“数值”属性，右击右侧的灯泡图标，单击快捷菜单中的变量。找到与之关联的变量（如 A_fill）即可，这样当 A_fill 变化时，量表的指针也随之摆动。量表的其他属性的使用比较简单，在此不作介绍。

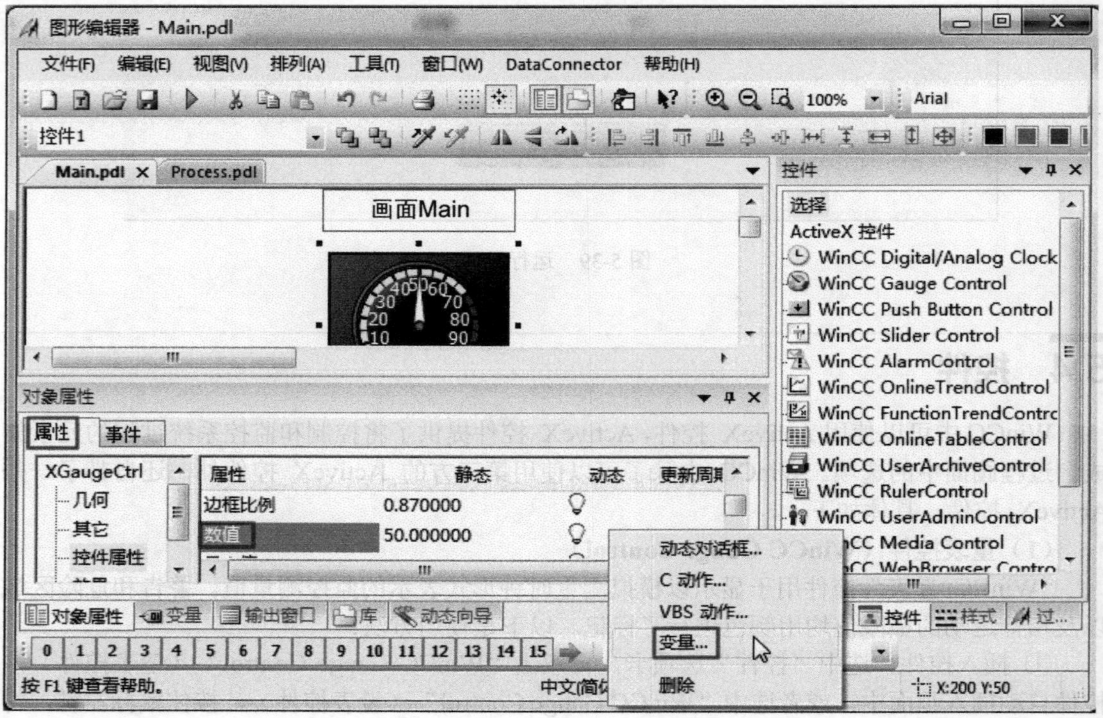

图 5-41 对象属性

（2）时间控件

WinCC 数字/模拟时钟控件用于将时间显示集成到过程画面中。时间控件的使用很简单，只要插入图形编辑器并运行即可。

（3）在线趋势控件

WinCC 函数趋势控件用于显示随其他变量改变的变量的数值，并将该趋势与设定值趋势进行比较。

（4）WinCC 标尺控件

标尺控件在统计窗口或标尺窗口中显示过程数据评估。标尺控件的使用方法与量表控件的使用方法类似。

（5）WinCC 在线表格控件

在线表格控件可用于以表格形式显示归档变量中的值。

5.5 图像库

WinCC 中虽然提供了一些标准对象用于绘制图形，但对于一些比较复杂的图形，用标准对象绘制，不仅费时费力，而且也不够美观，因此是不现实的。WinCC 提供了标准图库供用户使用。以下以插入一个电动机的过程说明图库的使用，具体使用方法如下：

① 单击图形编辑器中工具栏上的“显示库”按钮，打开图库。

② 打开的库如图 5-42 所示，展开全局库下的“PlantElements”，选中“Motors”（电动机）下的一个即可（本例为 B3），将其拖入图形编辑器画面即可，如图 5-43 所示。注意：如果按下工具栏中的“预览”按钮，则可显示电动机的外形，方便选择合适的电动机。

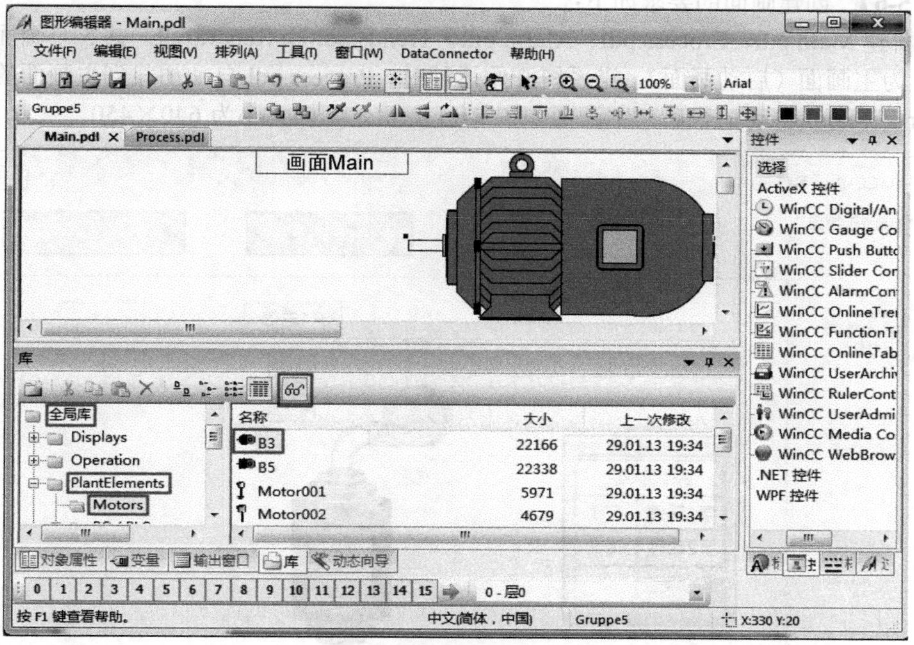

图 5-42 库

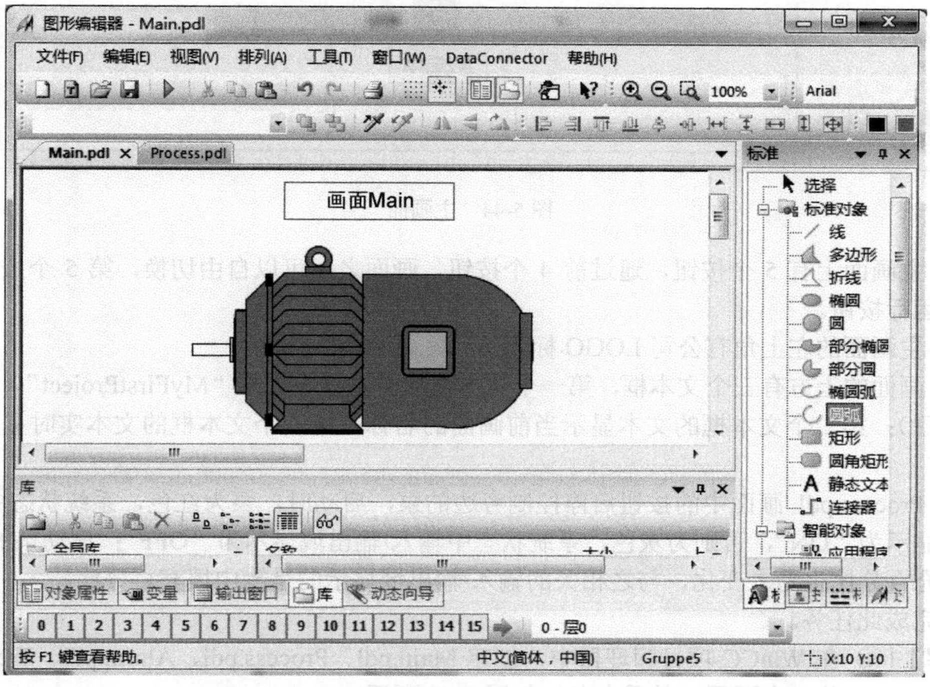

图 5-43 插入电动机后的界面

5.6 应用实例

本实例是第4章实例的后续部分。

【例5-6】 创建画面的要求如下：

① 新建Main.pdl、Process.pdl、Alarm.pdl、Trends.pdl和Report.pdl，共5个画面，其中Main.pdl为主画面（启动画面），当系统开始运行时，Process.pdl自动加载到主画面的画面窗口中，Process.pdl自动加载后，主画面如图5-44所示，画面大小为640×450。

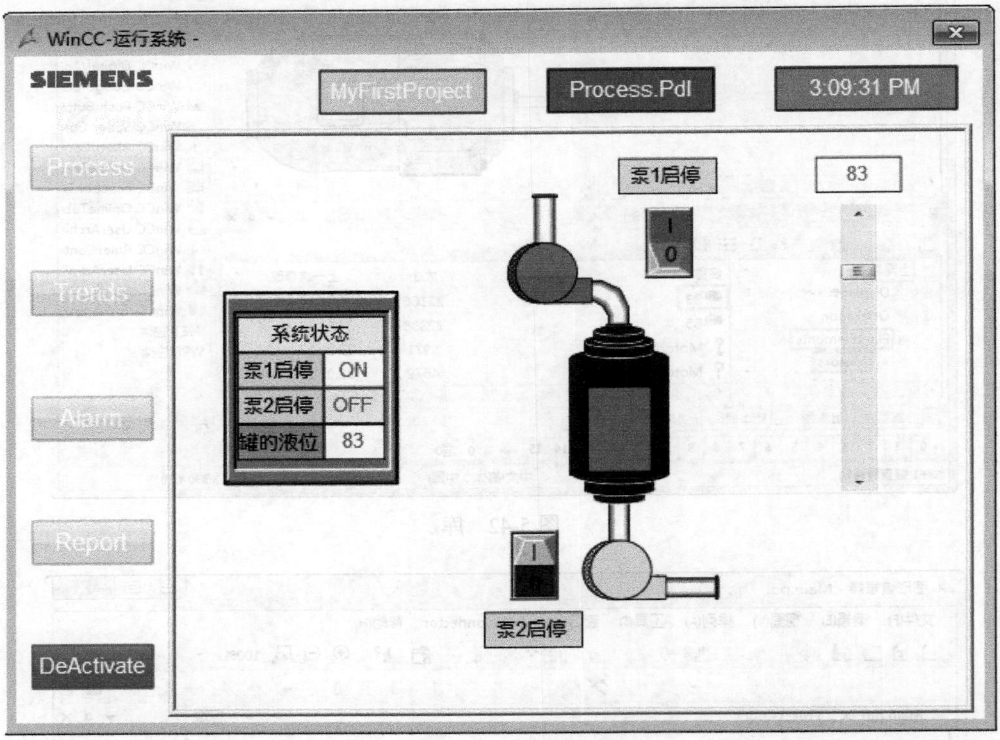

图5-44 主画面

② 主画面上有5个按钮，通过前4个按钮，画面之间可以自由切换，第5个按钮为退出实时运行按钮。

③ 主画面的左上角有公司LOGO标识。

④ 画面的上方有三个文本框，第一个文本框的文本静态显示“MyFirstProject”（我的第一个项目）；第二个文本框的文本显示当前画面的名称；第三个文本框的文本实时显示当前时间。

⑤ Process.pdl 画面中的按钮启停控制旁边的泵，启动时，泵为红色，系统状态中输入/输出域显示为“ON”，否则为灰色，系统状态中输入/输出域显示为“OFF”；滚动条的变化，罐中填充百分比也随之变化，与之相关的输入/输出域显示的是罐中填充百分比。

请完成此任务。

【解】 ① 在WinCC项目管理器中，创建Main.pdl、Process.pdl、Alarm.pdl、Trends.pdl和Report.pdl，共5个画面，并重命名，如图5-45所示。

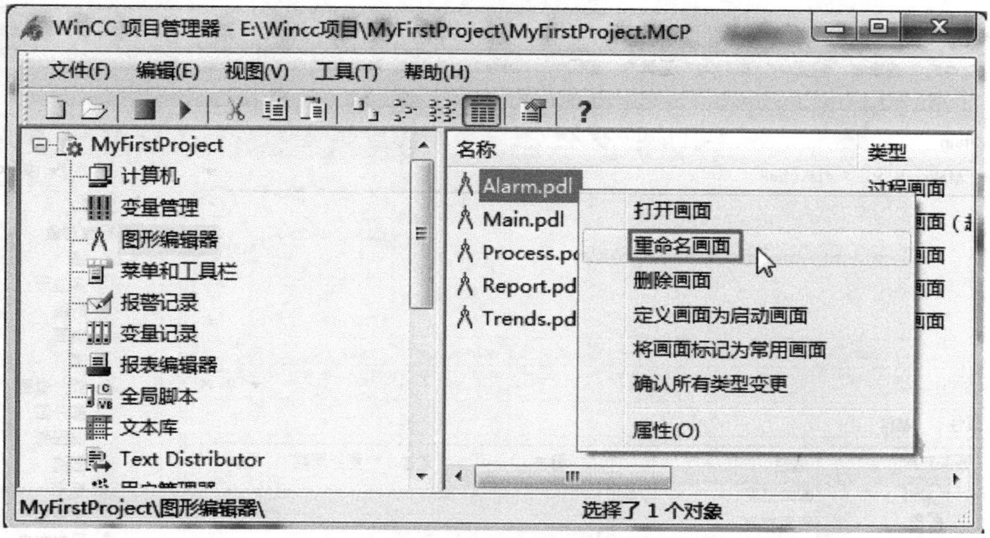

图 5-45　新建画面并重命名

② 将画面 Main.pdl 更改为启动画面，即主画面。选中画面 Main.pdl，右击鼠标，弹出快捷菜单，单击“定义画面为启动画面”命令，如图 5-46 所示。

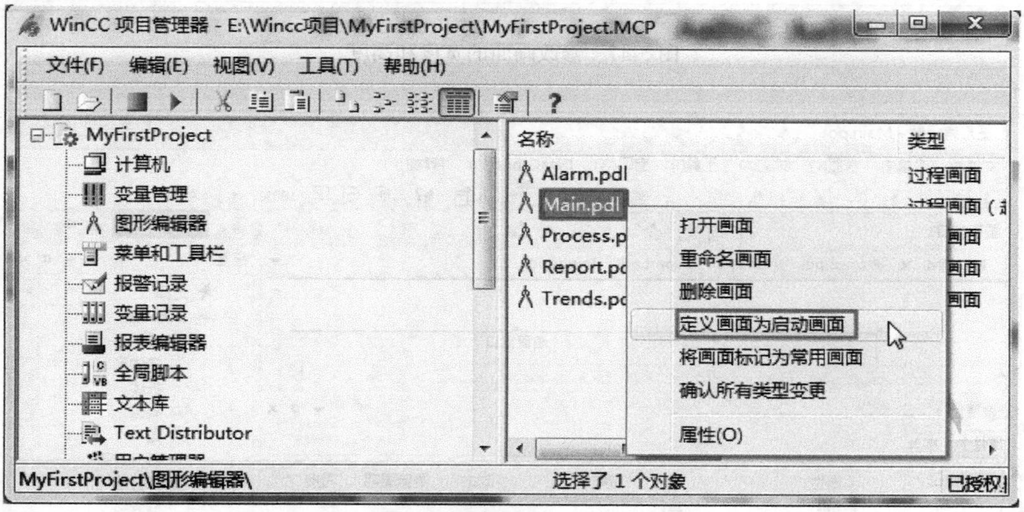

图 5-46　将画面 Main.pdl 更改为启动画面

③ 修改画面的宽度和高度。选中图形编辑区空白处，单击“属性”→“几何”，将画面宽度修改为 640，画面高度修改为 450，如图 5-47 所示。其余 5 个画面做同样的修改。

④ 组态画面导航窗口。在图形编辑器左侧的“标准”→“对象”中，将“画面窗口”拖入画面。然后选中“画面窗口”，再单击“属性”→“其它”，双击“边框”，将“否”改为“是”；双击“调整画面”，将“否”改为“是”；双击“画面名称”，装载“Process.pdl”，其目的是当运行主画面时，Process.pdl 画面自动装载到画面窗口中，如图 5-48 所示。这个步骤十分关键。

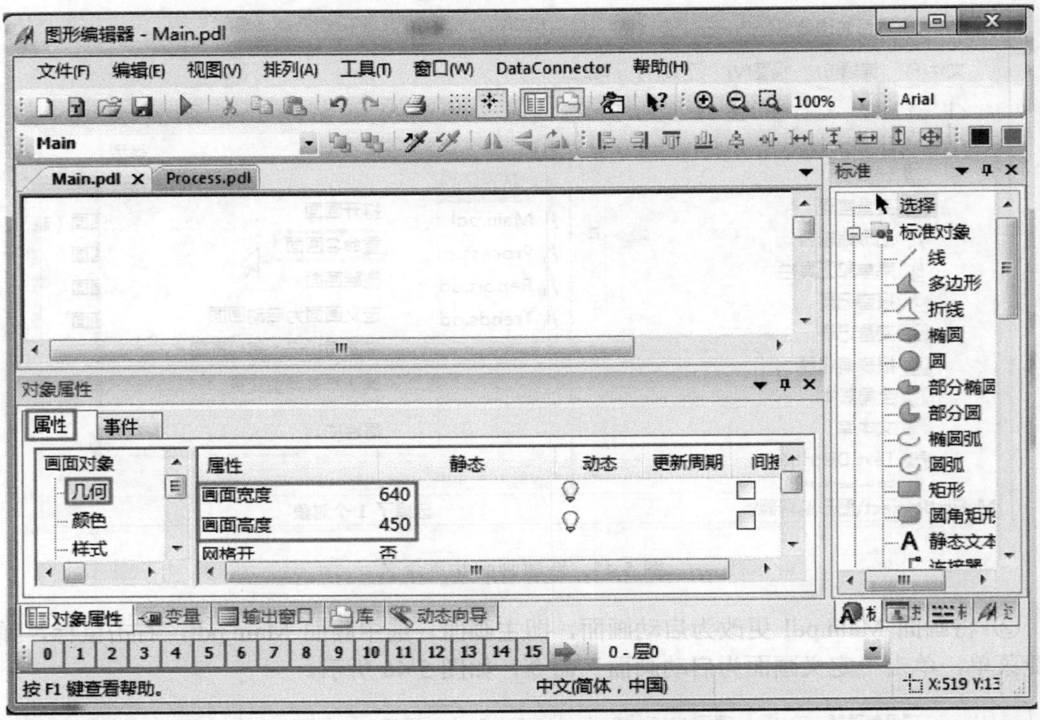

图 5-47 修改画面的宽度和高度

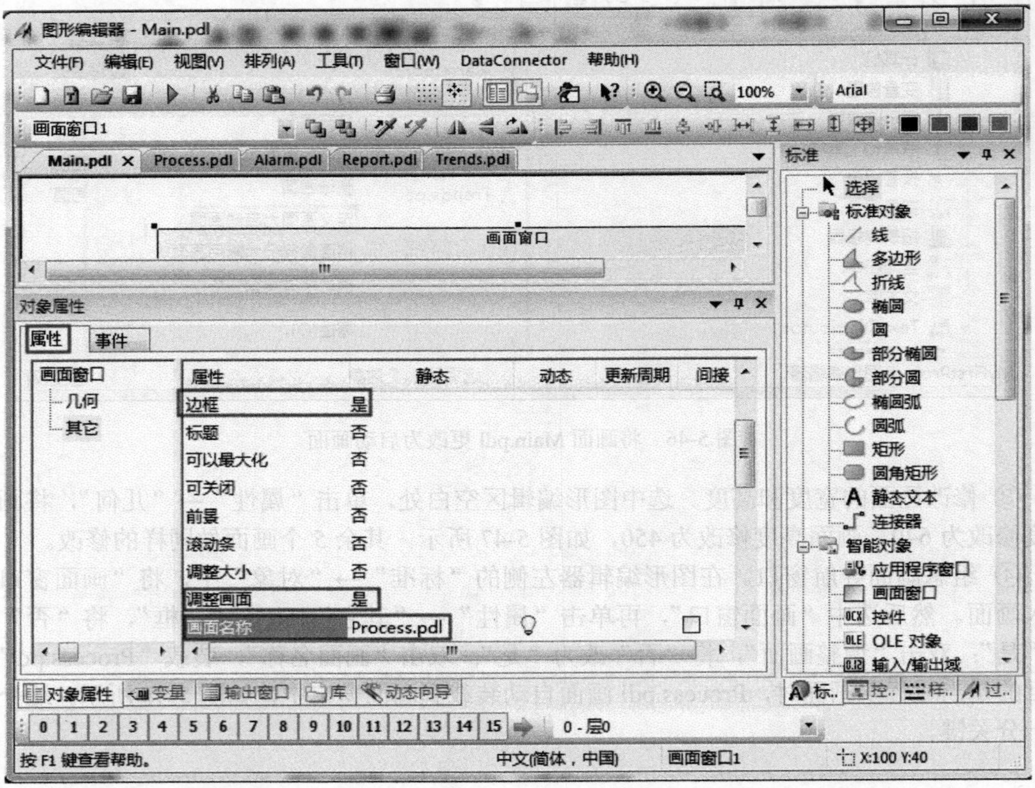

图 5-48 组态画面导航窗口

⑤ 组态主窗口中的按钮。现将按钮拖入主画面，选中“按钮”，再单击“属性”→“效果”，将“全局颜色方案”的“是”改为“否”。

a. 编辑按钮文本属性。单击“属性”→“字体”，将“文本”修改为“Process”，将“字体大小”改为“16”，如图 5-49 所示。

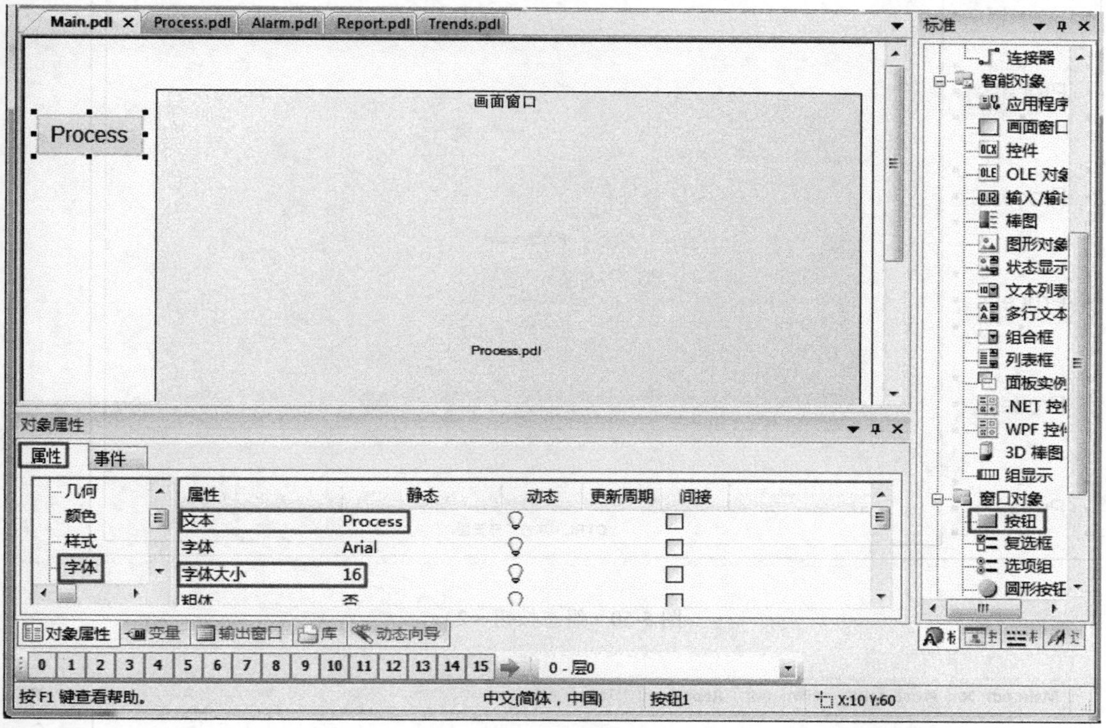

图 5-49　组态按钮（1）

b. 改变按钮的背景颜色。先选中“按钮”，再单击调色板中的“黄色”，其背景颜色变成黄色了。

c. 复制按钮。先选中“按钮”，再单击标准选项板中的“复制”按钮，再连续使用“粘贴”按钮四次，这样就有 5 个按钮。

d. 按钮的对齐。复制产生的按钮位置混乱，手动拖动调整比较麻烦，这时需要用到对齐选项板中的工具。具体做法是：先选中 5 个按钮，再单击对齐选项板中的“左对齐”按钮和”垂直间隔相等“按钮，这样按钮排列就比较美观了，如图 5-50 所示。

e. 画面自动切换。当处于激活状态时，压下“Process”，画面 Process.pdl 自动装载到主画面的画面窗口中。具体做法为：选中“按钮”，再单击“事件”→“鼠标”→“按左键”，在左侧闪电符号处，右击鼠标，弹出快捷菜单，选中“直接连接”选项，如图 5-51 所示，弹出如图 5-52 所示的界面。

如图 5-52 所示，“来源”选项中，选中“常数”，常数的画面为：Process.pdl；“目标”选项中，选中“画面中的对象”，对象为“画面窗口 1”，其属性为“画面名称”，最后单击“确定”按钮。

接着把其余的四个按钮的名称更改为对应画面的名称或者功能，分别为 Alarm、Trends、Report 和 DeActivate。Alarm、Trends 和 Report 三个按钮的组态方法与 Process 按钮的组态方法类似，在此不作赘述。

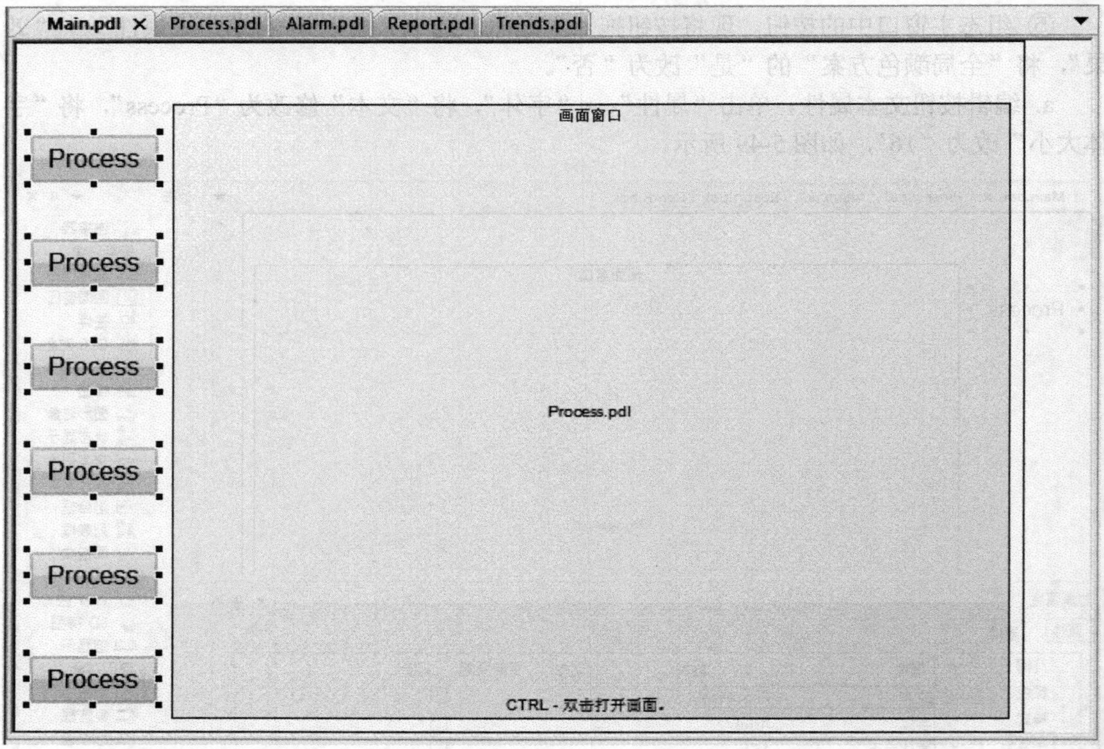

图 5-50 组态按钮（2）

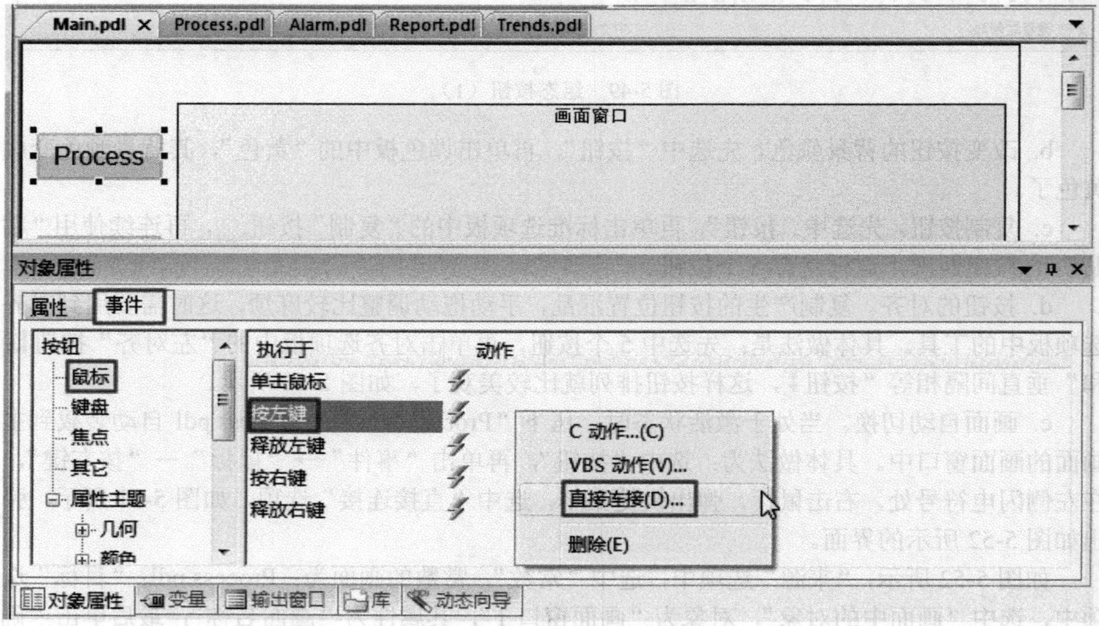

图 5-51 组态按钮（3）

DeActivate 按钮的作用是退出实时运行系统。有几种组态方法，但用动态向导方法最为方便。具体组态方法为：选中“DeActivate”按钮，再单击“动态向导”→“系统函数”→

"退出 WinCC 运行系统"，如图 5-53 所示。

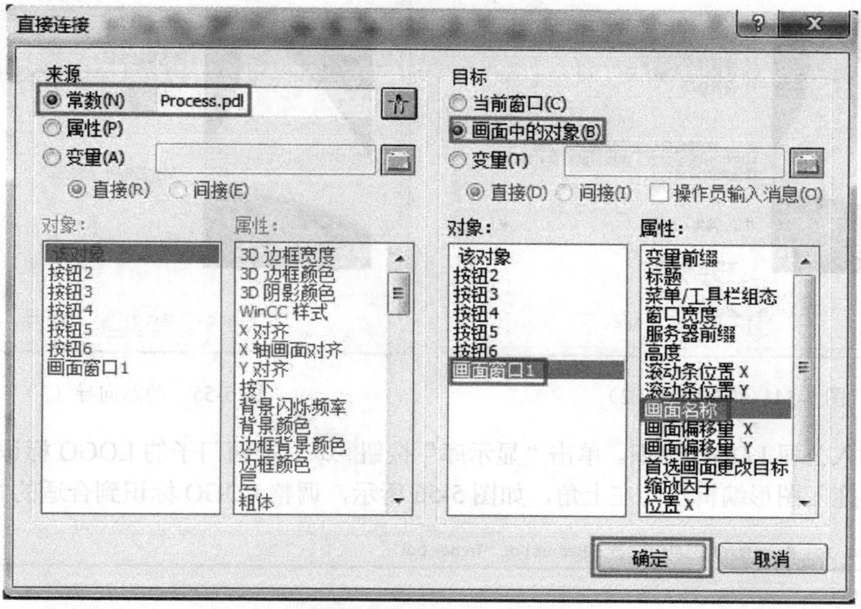

图 5-52 直接连接

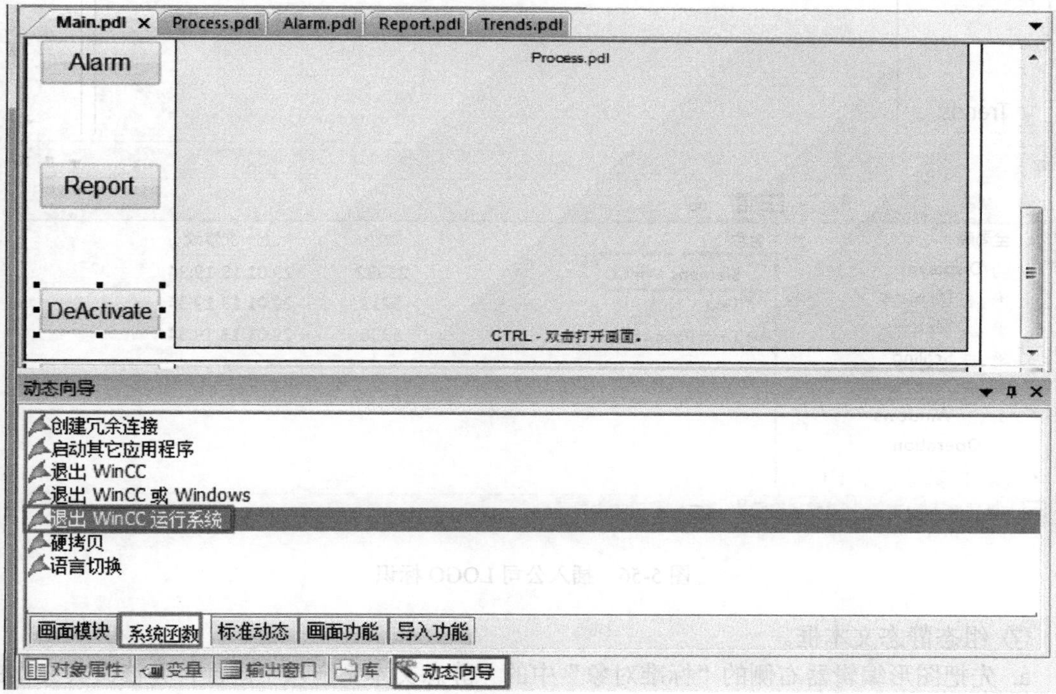

图 5-53 动态向导（1）

如图 5-54 所示，单击"下一步"按钮，弹出如图 5-55 所示的界面，选择"鼠标点击"选项，再单击"完成"按钮。最后把"DeActivate"按钮的背景色修改为红色。

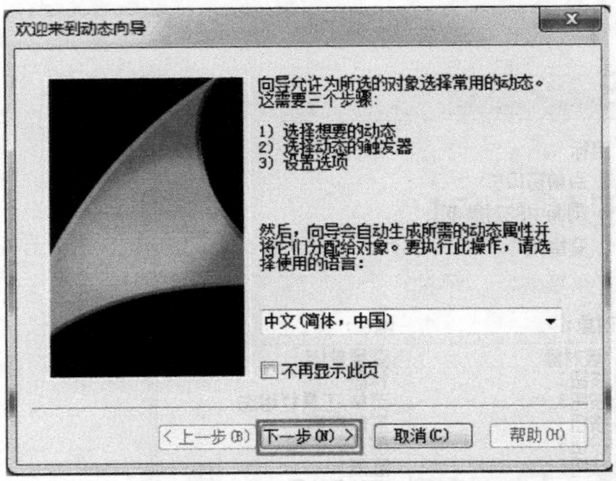

图5-54　动态向导（2）

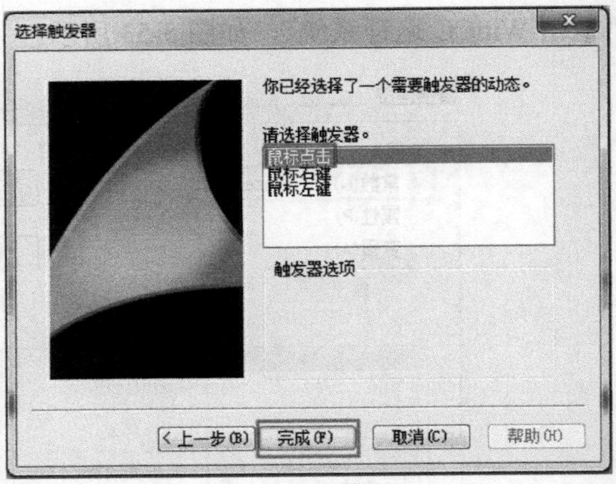

图5-55　动态向导（3）

⑥ 插入公司LOGO标识。单击“显示库”按钮，把西门子的LOGO标识“Siemens WinCC”，拖入图形编辑器的左上角，如图5-56所示，调整LOGO标识到合适的大小。

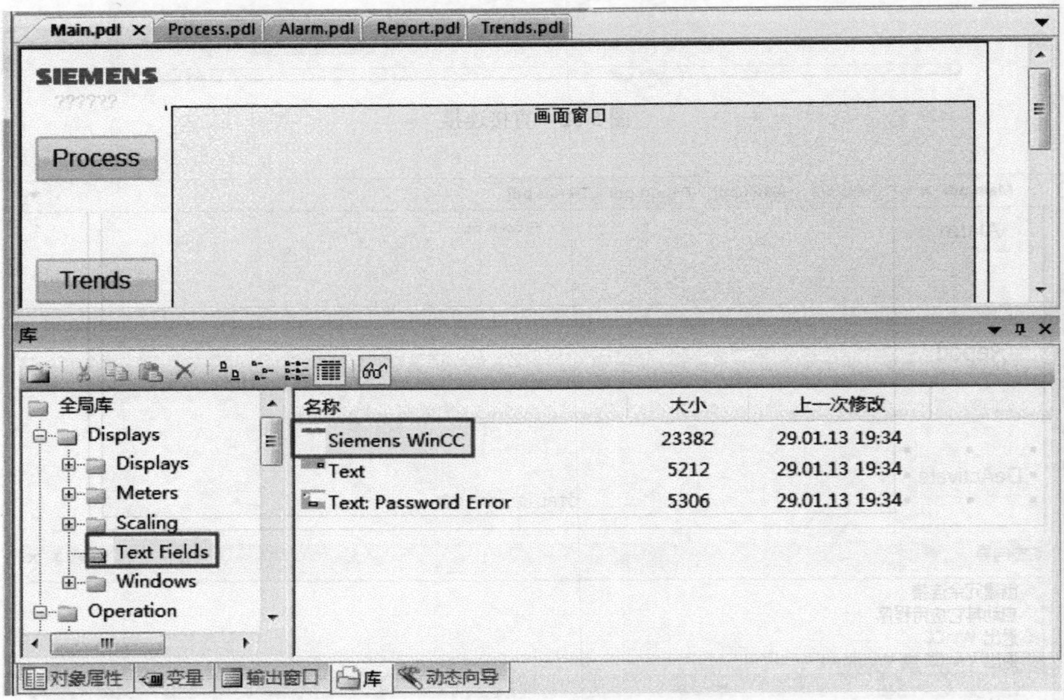

图5-56　插入公司LOGO标识

⑦ 组态静态文本框。

a. 先把图形编辑器右侧的“标准对象”中的“静态文本”拖入主画面，并修改其文本的属性，如图5-57所示。先选中“Text1”静态文本，单击“属性”→“字体”，将“文本”修改为“MyFirstProject”，将“字体大小”改为“15”，如图5-57所示。“Text2”静态文本和“Text3”静态文本修改方法类似。

b. 组态“Text3”静态文本。“Text3”静态文本中显示的是计算机的当前时间，先选中“Text3”静态文本，单击“属性”→“字体”，将“文本”的“动态”与上一章创建的系统变量“Time”关联，将“更新周期”改为“有变化时”，如图 5-58 所示。

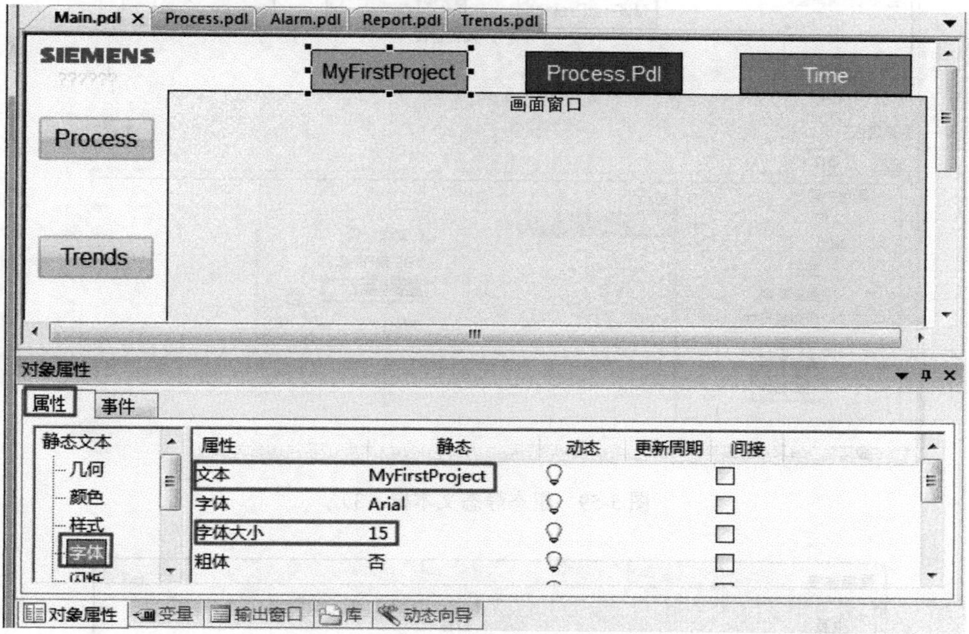

图 5-57 组态静态文本框（1）

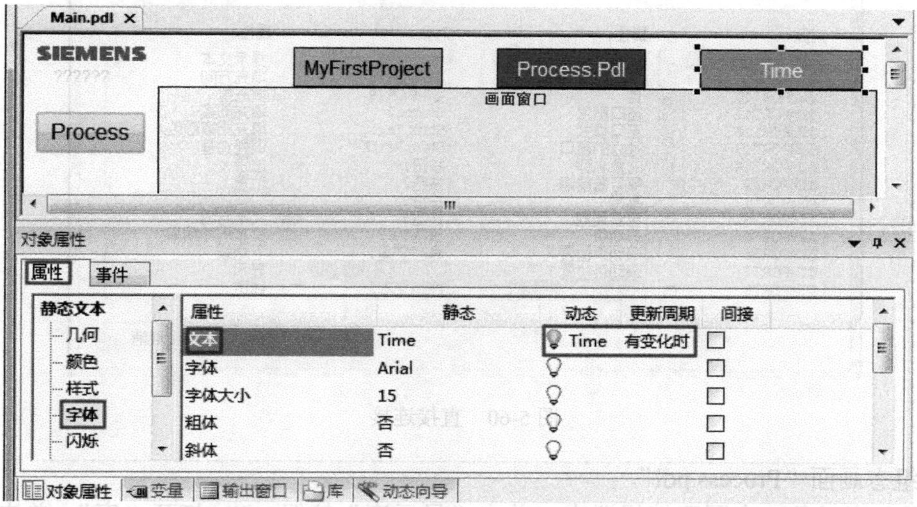

图 5-58 组态静态文本框（2）

c. 组态“Text2”静态文本。“Text2”静态文本中显示的是“画面窗口”中装载当前画面的名称，先选中“Text2”静态文本，单击“事件”→“画面窗口”→“属性主题”→“其它”→“画面名称”，在“对象更改”后的闪电符号处，右击鼠标，弹出快捷菜单，单击“直接连接”，如图 5-59 所示。

如图 5-60 所示，“来源”选项中，选中“属性”，“对象”为“该对象”，即画面窗口 1，“属性”为“画面名称”；“目标”选项中，选中“静态文本 2”，“属性”为“文本”，最后单击“确定”按钮。

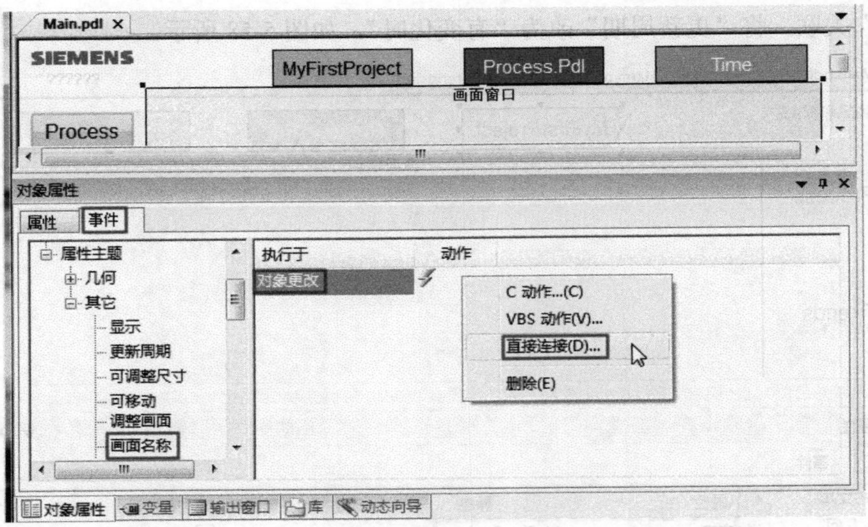

图 5-59 组态静态文本框（3）

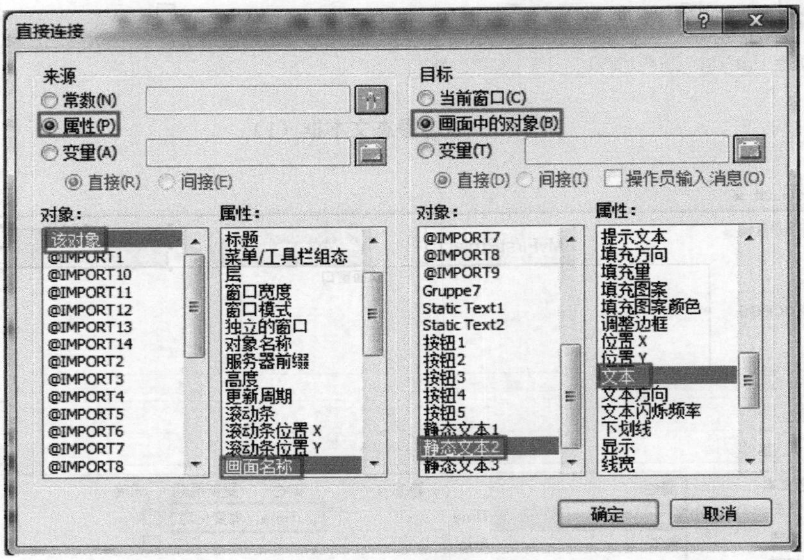

图 5-60 直接连接

⑧ 组态画面“Process.pdl”。

a. 插入库对象。在图形编辑器中，单击“显示库”按钮，打开“库”。单击“全局库”→“Displays”→“Windows”→“4”，将 4 号窗口拖入图形编辑器的编辑区；单击“全局库”→“Operation”→“Toggle Buttons”→“On_Off_6”，将“On_Off_6”按钮拖入图形编辑器的编辑区，之后再复制一个；单击“全局库”→“PlantElements”→“Tanks”→“Tank2”，将“Tank2”罐拖入图形编辑器的编辑区；单击“全局库”→“PlantElements”→“Pumps”→“Pump002”，将“Pump002”泵拖入图形编辑器的编辑区，之后再复制一个；单击“全局库”→“PlantElements”→“Pipes - Smart Objects”→“3D Pipe Elbow 1”，将“3D Pipe Elbow 1”管道拖入图形编辑器的编辑区，之后再拖入水平管道“3D Pipe Horizontal”和垂直管道“3D Pipe Vertical”；完成以上库对象的插入后，再将这些对象进行排列，如图 5-61 所示。

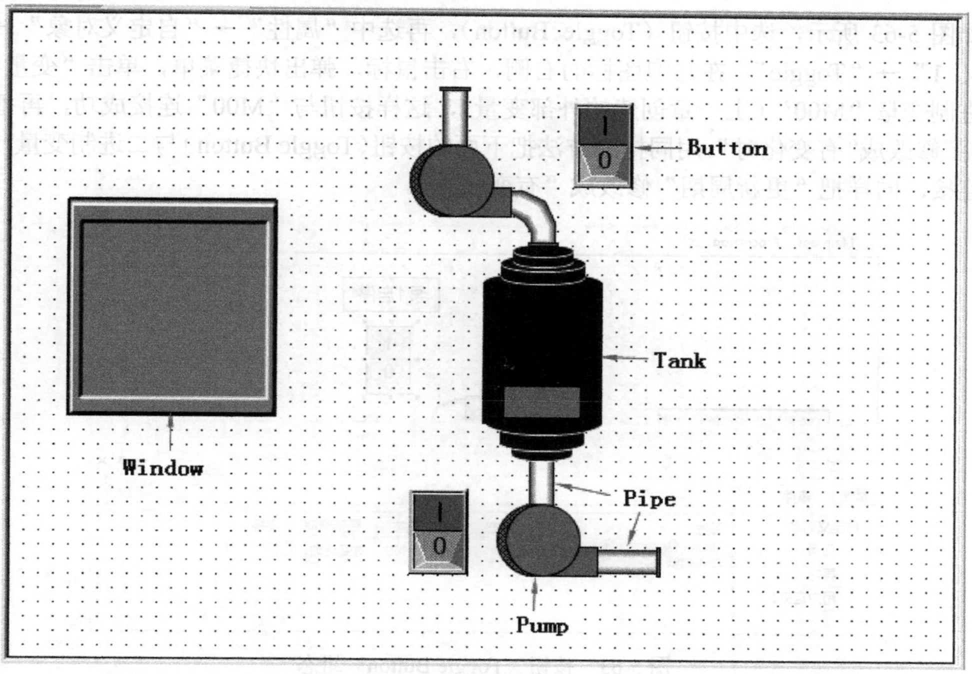

图 5-61 插入并排列库对象

b. 插入并排列文本框、输入/输出域和滚动条对象，如图 5-62 所示，并修改这些对象的字体、颜色和文本等属性。

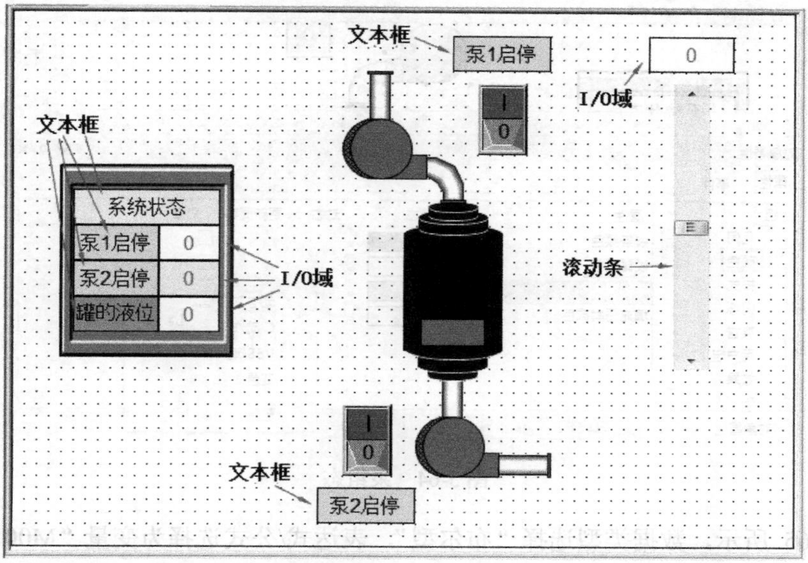

图 5-62 插入并排列文本框、输入/输出域和滚动条对象

c. 按钮（Toggle Button）组态。Process.pdl 画面中上下各有一个按钮，单击按钮奇数次时，泵开启，图形编辑器里的泵变为红色，同时 Window 窗口里的输入/输出域中文本显示为“ON”；单击按钮偶数次时，泵停止，图形编辑器里的泵变为灰色，同时 Window 窗口里的输入/输出域中文本显示为“OFF”。以上方的泵的启停控制组态为例讲解，具体步骤如下：

如图 5-63 所示，选中按钮（Toggle Button），再选中“属性”→“自定义对象”→“用户定义 1”→“Toggle”，在灯泡图标的右侧，右击鼠标，弹出快捷菜单，单击“变量”，选中二进制变量“M00”（上一章创建的外部变量），这样按钮与“M00”连接成功，再把“更新周期”修改成“有变化时”。用同样的方法把下面的按钮（Toggle Button）与二进制变量“M01”进行连接，同样把“更新周期”修改成“有变化时”。

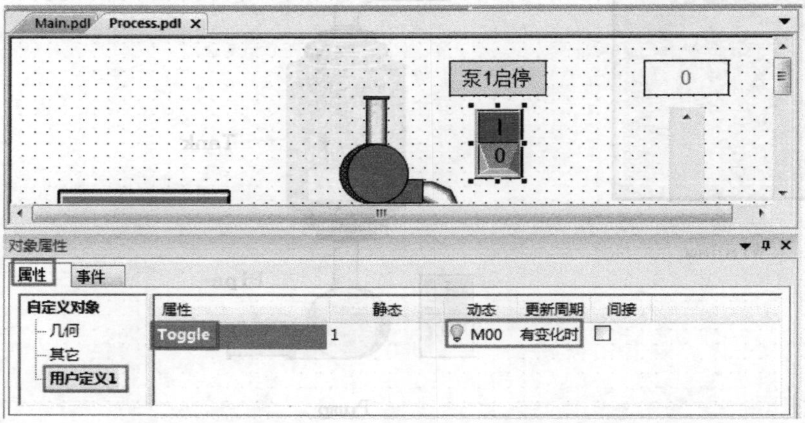

图 5-63 按钮（Toggle Button）组态

d. 泵的组态。Process.pdl 画面中上下各有一个泵，以上面的泵为例讲解，具体步骤如下：

如图 5-64 所示，选中泵，再选中“属性”→“组”→“颜色”→“背景颜色”，在灯泡图标的右侧，右击鼠标，弹出快捷菜单，单击“动态对话框”。

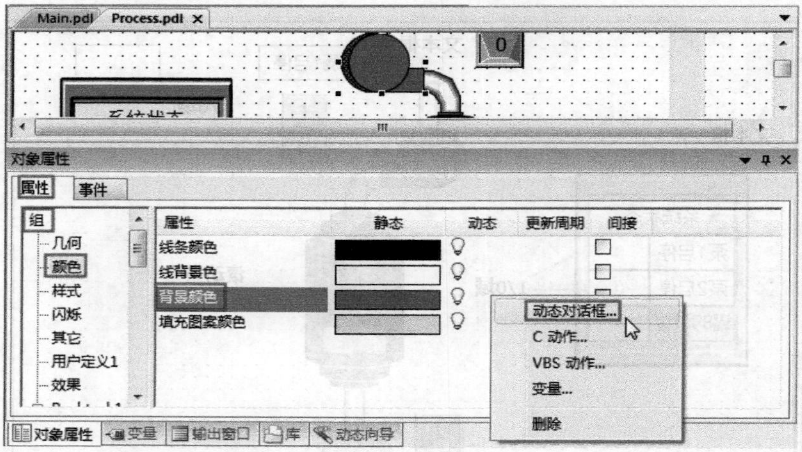

图 5-64 泵组态

如图 5-65 所示，数据类型选择“布尔型”，表达式/公式选择为变量“M00”，有效范围的设置为：当 M00 为“真”时，背景颜色为红色，当 M00 为“假”时，背景颜色为灰色。

用同样的方法组态下面的一个泵，只不过下面泵与二进制变量 M01 连接。

e. 组态显示泵开关状态的输入/输出域。

如图 5-66 所示，选中泵，再选中“属性”→“输入/输出域”→“输入/输出”，先把数据格式修改为“字符”，再把默认输出值修改为“OFF”，在灯泡图标的右侧，右击鼠标，弹出快捷菜单，单击“动态对话框”。

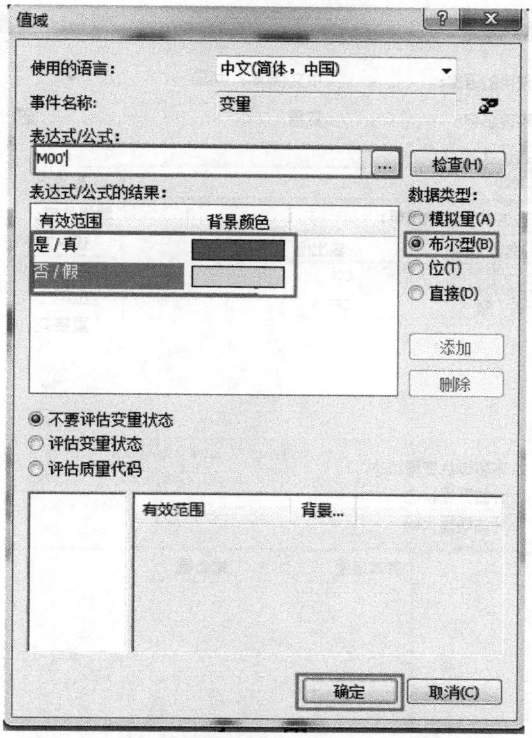

图 5-65　域值

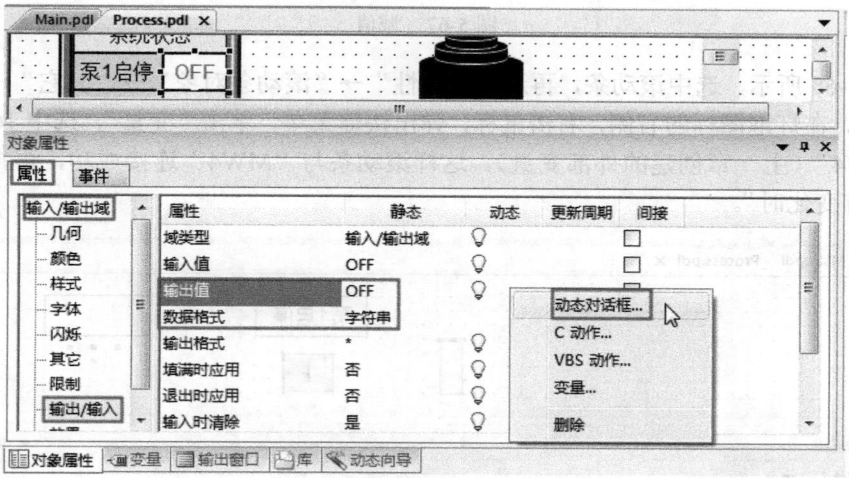

图 5-66　输入/输出域组态

如图 5-67 所示，数据类型选择“布尔型”，表达式/公式选择为变量“M00”，有效范围的设置为：当 M00 为真时，输出值为“ON”，当 M00 为假时，输出值为“OFF”。

用同样的方法组态下面的一个输入/输出域，只不过下面输入/输出域与二进制变量 M01 连接。

f. 滚动条的组态。当拖动滚动条时，滚动条上面的输入/输出域的数制会随之变化，这个数制也是罐（Tank）的填充百分比。滚动条的组态步骤具体如下：

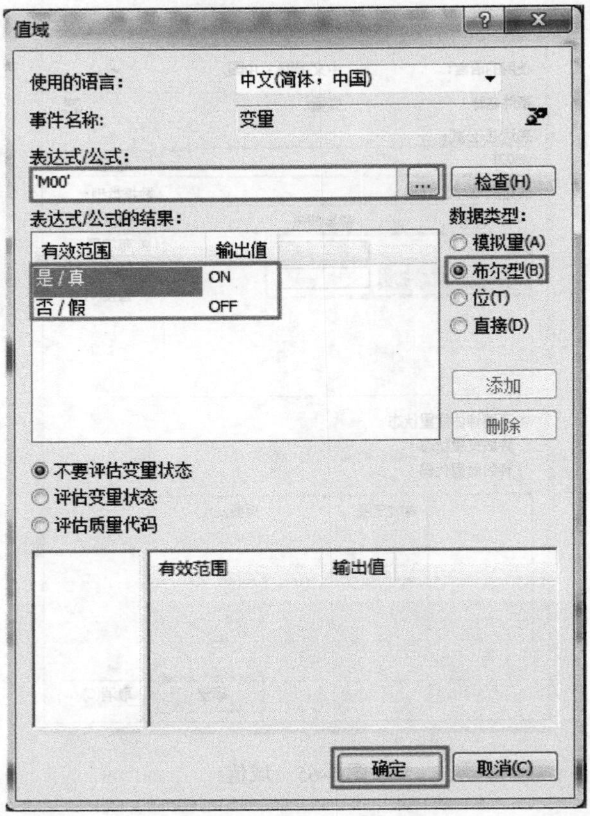

图 5-67　域值

如图 5-68 所示，选中滚动条，再选中“属性”→“滚动条对象”→“其它”→“过程驱动器连接”，在灯泡图标的右侧，右击鼠标，弹出快捷菜单，单击“变量”，选中 16 位无符号变量“MW4”（上一章创建的外部变量），这样滚动条与“MW4”连接成功，再把更新周期修改成“有变化时”。

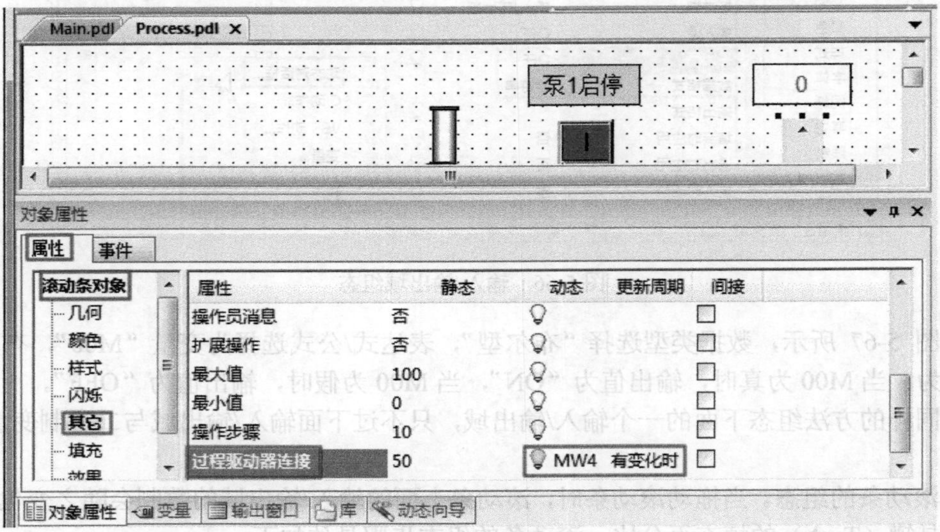

图 5-68　滚动条组态

g. 罐（Tank）的组态。罐上有一个红色的指示器，显示的是当前灌装的百分比，罐的组态步骤具体如下：

如图 5-69 所示，选中罐，再选中“属性”→“自定义对象”→“用户自定义 1”→“Process”，在灯泡图标的右侧，右击鼠标，弹出快捷菜单，单击“变量”，选中 16 位无符号变量“MW4”（上一章创建的外部变量），这样罐与“MW4”连接成功，再把更新周期修改成“有变化时”。

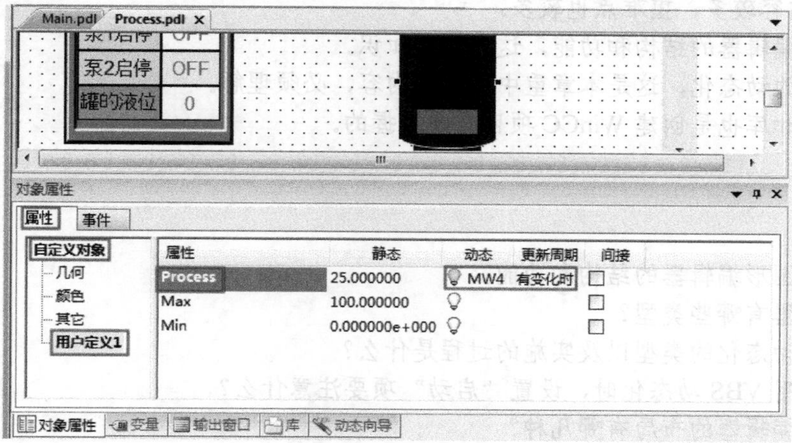

图 5-69 罐组态

h. 组态显示罐填充百分比状态的输入/输出域。

如图 5-70 所示，选中输入/输出域，再选中“属性”→“输入/输出域”→“输入/输出”，先把数据格式修改为“十进制”，在灯泡图标的右侧，右击鼠标，弹出快捷菜单，单击“变量”，选中 16 位无符号变量“MW4”（上一章创建的外部变量），这样输入/输出域与“MW4”连接成功，再把更新周期修改成“有变化时”。

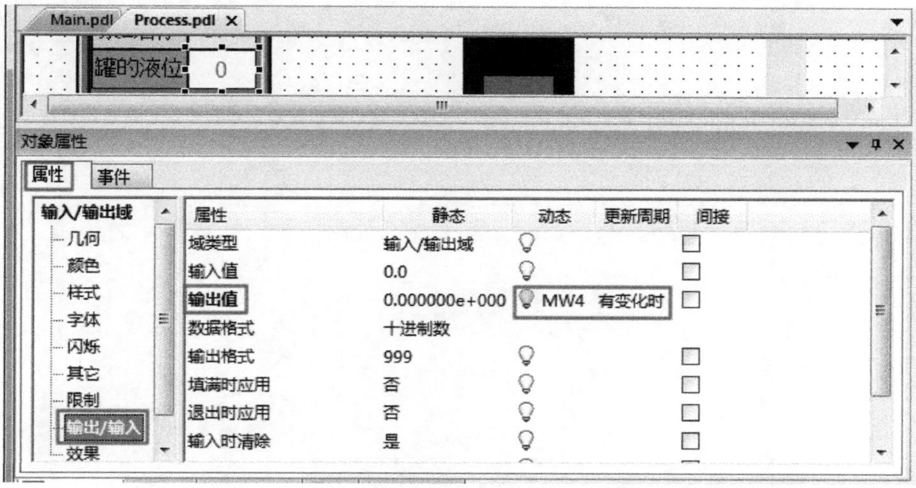

图 5-70 输入/输出域组态

用同样的方法组态滚动条上面的一个输入/输出域，其连接变量也是 MW4。

i. 运行此项目，初始运行画面如图 5-44 所示，注意由于对象连接的外部变量，因此 WinCC 必须和外部 PLC 连接或者与 STEP 7 的仿真器连接，否则画面上会出现多个感叹号，表示通信失败。

小结

重点难点总结

本章的内容较多，重难点也较多。

① 图形编辑器的结构和功能，这是基础知识。

② 图形的动态化，这是本章重中之重的内容，必须理解。

③ 控件和库也是创建 WinCC 项目必须掌握的。

习题

① 简述图形编辑器的结构和功能。

② 触发器有哪些类型?

③ 图形动态化的类型以及实施的过程是什么?

④ 在使用 VBS 动态化时，设置“启动”项要注意什么?

⑤ 图形编辑器的布局有哪几种?

第2篇

应用提高篇

第6章

报警记录

消息系统处理由在自动化级别以及在 WinCC 系统中监控过程动作的函数所产生的结果。消息系统通过图像和声音的方式指示所检测的报警事件，并进行电子归档和书面归档。直接访问消息和各消息的补充信息确保了能够快速定位和排除故障。

6.1 报警记录基础

报警分为两个组件：组态系统和运行系统。报警记录的组态系统为报警记录编辑器。报警记录定义显示何种报警、报警内容和报警的时间。使用报警记录系统可对报警消息进行组态，以便将其以期望的形式显示在运行系统中。报警运行系统主要负责过程值的监控、控制报警输出、管理报警确认。

6.1.1 报警的消息块

在系统运行期间，消息的状态改变将显示在消息行中。这些信息内容就是消息块。消息块分为三个区域。

（1）系统块

系统块将启用预定义的且无法随意使用的信息规范，例如日期、时间、持续时间以及注释。在消息行中显示该消息块的值（例如时间）。

（2）文本块

利用用户文本块可以将消息分配给多达 10 个可自由定义的不同文本。消息行将显示所定义文本的内容。用户文本块的消息文本还能显示过程值。可为它定义输出格式。

（3）过程值块

通过使用过程值块，可在消息行中显示变量值。为此使用的格式用户不能自由定义。对于每一个消息系统，每个消息系统允许有多达 10 个可组态的过程值块。

消息类型和类别如下：

（1）消息类别

消息类别用于定义消息的多个基本设置。关于确认方法，各消息类别互不相同。在报警记录中，预组态以下消息类别：“错误”“系统，需要确认”和“系统，没有确认”。最多可定义 16 个消息类别。具有相同确认方法的消息可以归入单个消息类别。

（2）消息类型

消息类型为消息类别的子组，并可根据消息状态的颜色分配进行区分。最多可为每个消息类别创建 16 个消息类型。

6.1.2　报警归档

在报警记录编辑器中，可以对短期和长期消息进行归档。短期归档主要用于电源故障之后，将组态的消息重新装载到消息窗口。

长期归档可以设置归档尺寸，包含有所分段的最大尺寸和单个归档尺寸，还可设置归档时间。

6.2　报警记录的组态

6.2.1　报警记录编辑器的结构

报警记录界面由导航区域、属性区域、编辑器选择区域和表格区域组成，如图 6-1 所示。

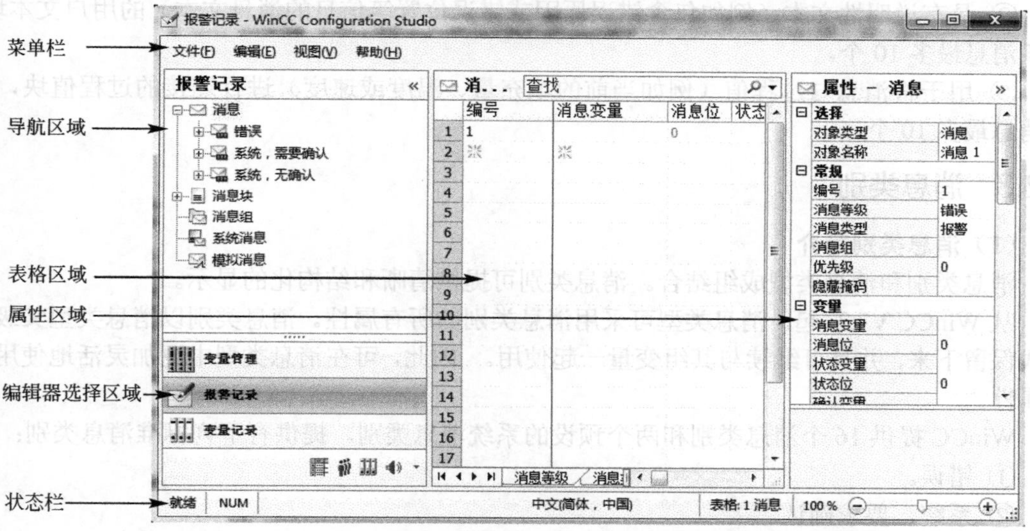

图 6-1　报警记录编辑器窗口界面

（1）导航区域

导航区域以树形视图显示报警记录对象。

顶级文件夹包括：消息（消息类别和消息类型均位于此文件夹下）、消息块、消息组、系统消息、模拟量报警和 AS 消息。

所选文件夹所分配的元素（消息、消息块等）在表格区域显示。

每个文件夹都有一个快捷菜单，此菜单提供文件夹命令以及“复制/粘贴”(Copy / Paste) 和“导出...”(Export···) 等命令。

可隐藏离散量报警、系统消息、模拟量报警和 AS 消息。

（2）表格区域

表格会显示分配给树形视图中所选文件夹的元素。例如，可显示所有消息或仅显示所选消息类别或消息类型的消息。

可以在表格区域创建新的消息、消息组和模拟量报警。

可以在用于显示消息的表格中选择消息块。可在表格中编辑消息和消息块的属性。

通过列标题的快捷菜单，可以使用表格区域的其他功能，如排序、过滤器、隐藏列和显示其他列等。表格区域的很多功能类似于 Excel 表格。

（3）编辑器选择区域

编辑器选择区域显示在树形视图下方的区域。由此，可以访问其他的 WinCC 编辑器（如变量管理、变量记录）。导航栏的显示可以调整。

（4）属性区域

显示所选对象的属性，并可在此对其进行编辑。

6.2.2 消息块

消息的内容由消息块组成。 在运行系统中，每个消息块对应消息窗口的表格显示中的某一列。

消息块的分类：

① 带有系统数据的系统块，例如日期、时间、消息编号和状态。

② 具有说明性文本（例如包含错误原因或错误位置等信息的消息文本）的用户文本块，每条消息最多 10 个。

③ 用于将消息与过程值（例如当前的填充量、温度或速度）进行连接的过程值块，每条消息最多 10 个。

6.2.3 消息类别

（1）消息类别简介

消息类别和消息类型成组结合。消息类别可提供清晰和结构化的显示。

从 WinCC V7.3 起，消息类型可采用消息类别的所有属性。消息类别以消息类型父级的形式保留下来，并且可继续与其组变量一起使用。 因此，可在消息类型中更加灵活地使用这些属性。

WinCC 提供 16 个消息类别和两个预设的系统消息类别。提供有下列标准消息类别：

① 错误。

② 系统，要求确认。

③ 系统，无需确认。

（2）新建消息类别

在导航区域中，选择“消息”文件夹，右击鼠标，弹出快捷菜单，单击“新消息等级”选项即可，如图 6-2 所示。

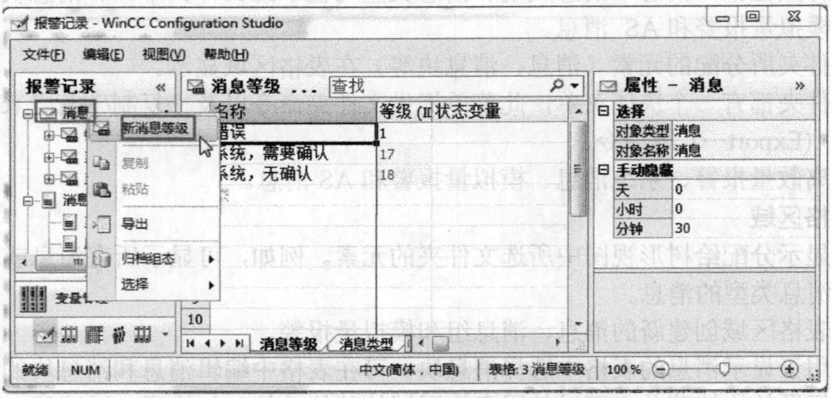

图 6-2　新建消息类别

6.2.4　消息类型

（1）消息类型简介

消息类型将具有相同确认原则和显示颜色的消息组合在一起。可组态一个消息类型的多个消息。消息类型还可以将消息组合到组中。

（2）新建消息类型

在导航区域中，选择“错误”文件夹，右击鼠标，弹出快捷菜单，单击“新消息类型”选项即可，如图 6-3 所示。

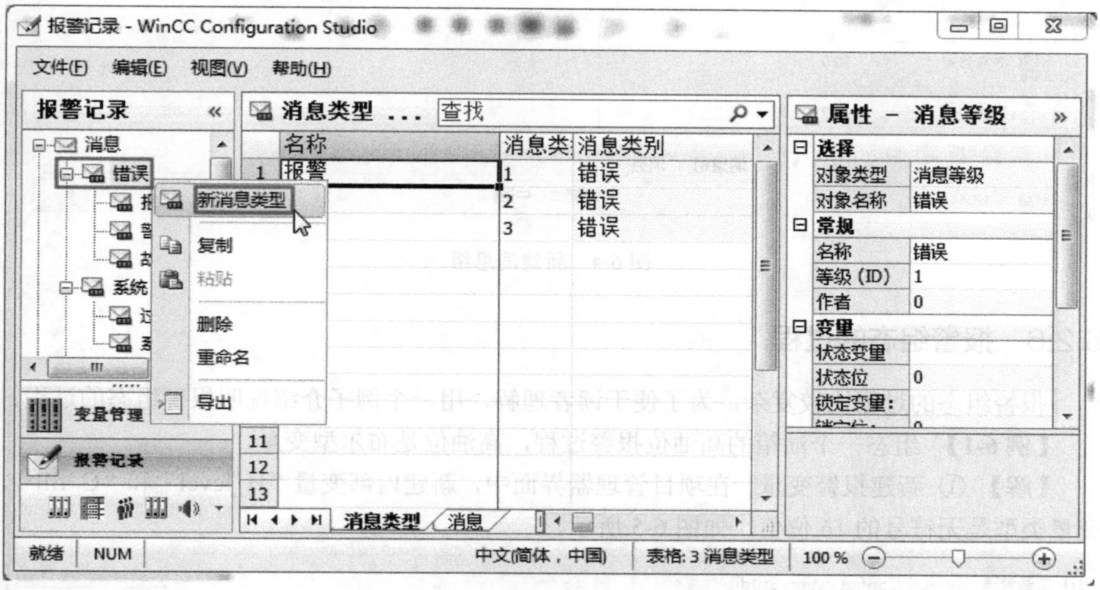

图 6-3　新建消息类型

6.2.5　消息组

（1）消息组简介

由消息类别和消息类型组成的消息组，关联消息是常规消息组态的结果。消息类别和消息类型为层级结构，且消息类别始终代表下列消息类型的顶层文件夹，产生的消息关联如下：

① 在某一消息类别下组态的所有消息都是该组的一部分。

② 在某一消息类型下组态的所有消息都是该组的一部分。

③ 可以自行决定用户自定义消息组的关联。

用户自定义消息组可以分为 6 个较低的层级。请记住，一个消息只能分配至一个用户自定义消息组。

（2）新建消息组

在导航区域中，选择“消息组”文件夹，右击鼠标，弹出快捷菜单，单击“新建消息组”选项即可，如图 6-4 所示。

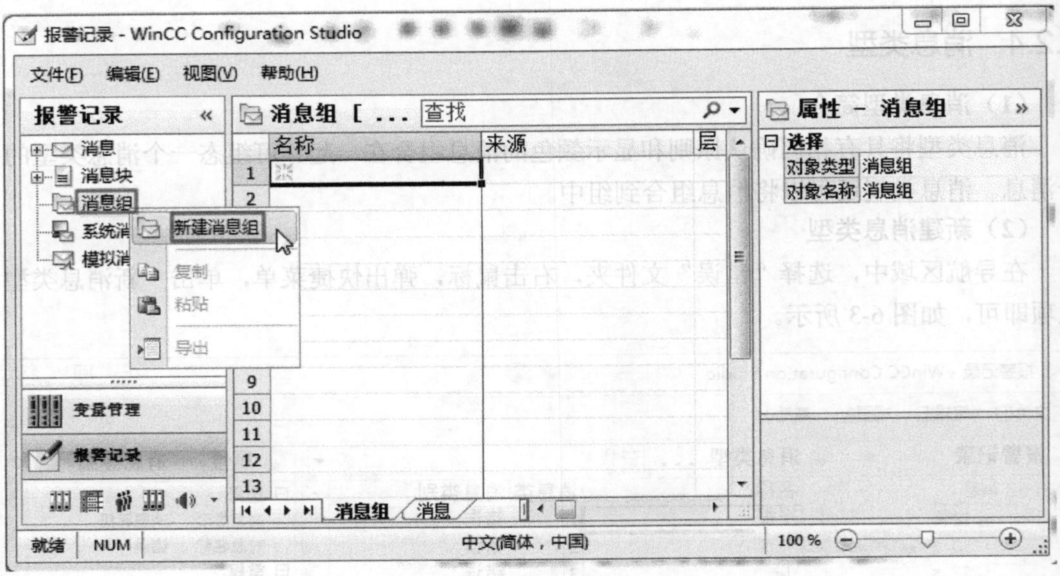

图 6-4 新建消息组

6.2.6 报警组态的过程

报警组态的过程比较复杂，为了便于读者理解，用一个例子介绍说明报警组态的过程。

【例 6-1】 组态一个油箱的高油位报警过程，高油位是布尔型变量。

【解】 ① 新建报警变量。在项目管理器界面中，新建内部变量“H_level”和“C_fill”，变量类型是无符号的 16 位值，如图 6-5 所示。

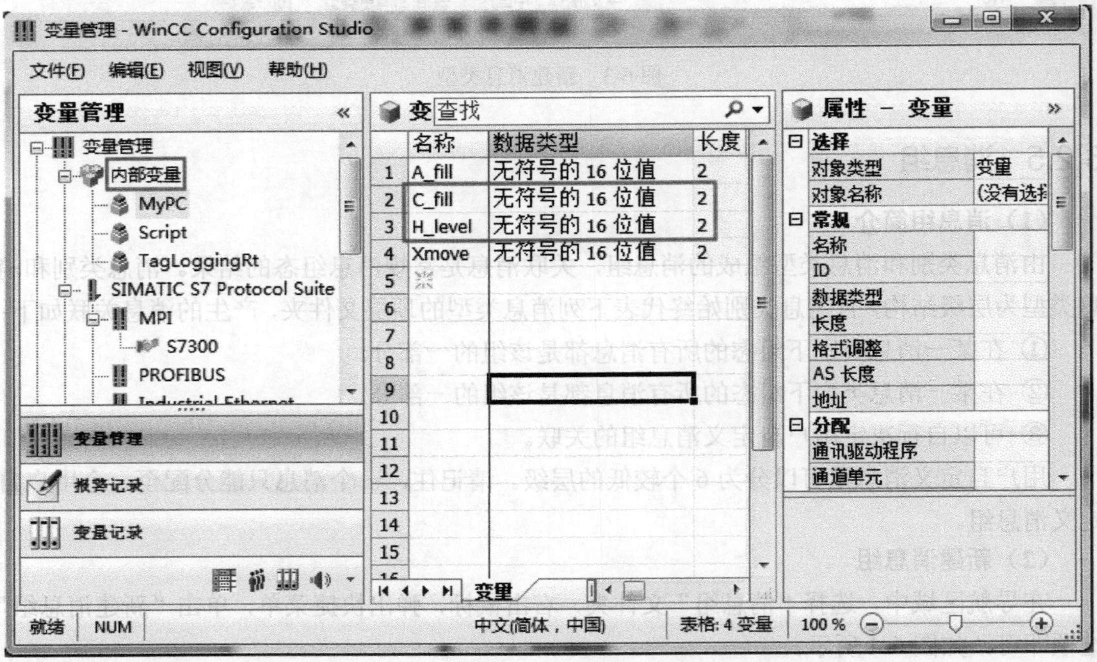

图 6-5 新建内部变量

② 打开报警记录编辑器。在项目管理器界面中，选中“报警记录”，右击鼠标，弹出快捷菜单，单击“打开”选项，如图 6-6 所示，即可弹出报警记录编辑器界面。

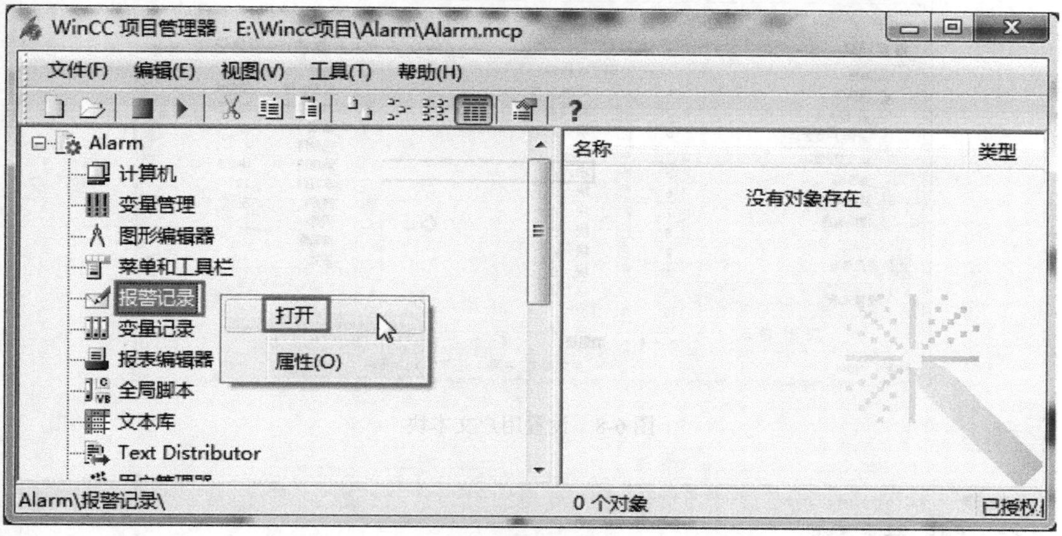

图 6-6 打开报警记录编辑器

③ 设置系统块。在报警编辑器的导航区域中，选择“消息块”文件夹→“系统块”，勾选“日期”“时间”和“编号”选项即可，如图 6-7 所示。

图 6-7 设置“系统块”

④ 设置用户文本块。在报警编辑器的导航区域中，选择“消息块”文件夹→“用户文本块”，勾选“消息文本”和“错误点”选项即可，如图 6-8 所示。

⑤ 组态报警消息。在报警编辑器的导航区域中，选择“消息”文件夹→“错误”→“报警”，如图 6-9 所示，选中数据编辑区的“消息变量”栏下的单元格，单击 ··· 按钮（不选中单元格，此按钮不显示），弹出如图 6-10 所示的界面，选择“内部变量”文件夹→“MyPC”，

单击选中内部变量“H_level”，最后单击“确定”按钮。

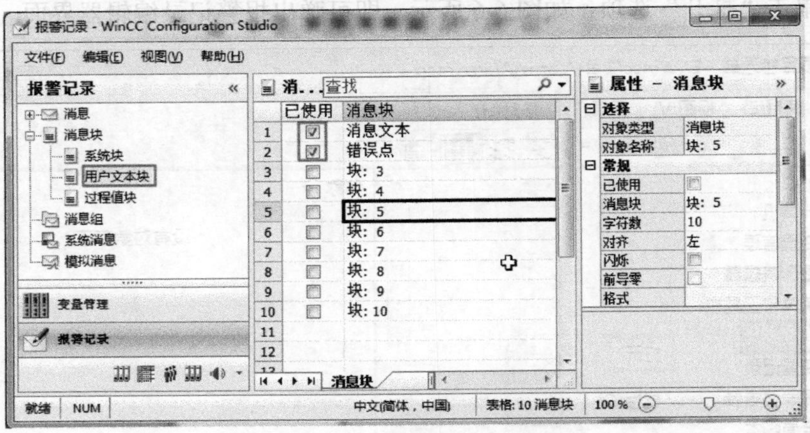

图 6-8 设置用户文本块

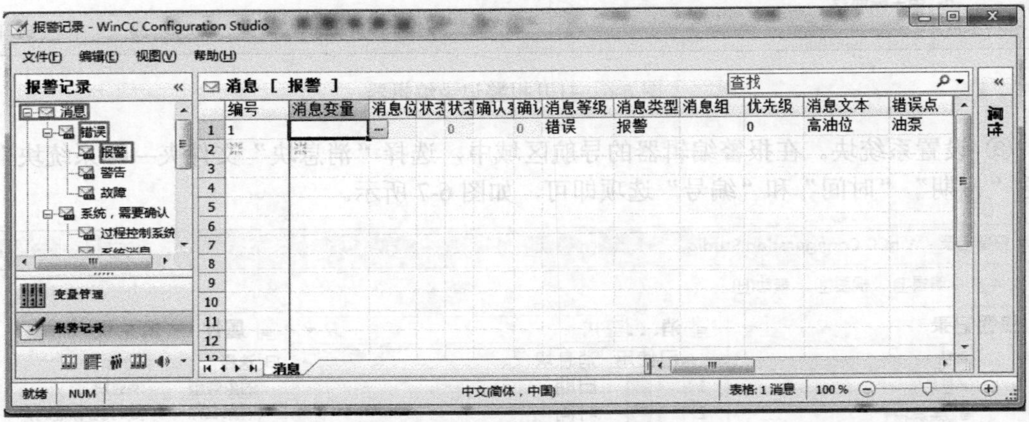

图 6-9 组态报警消息（1）

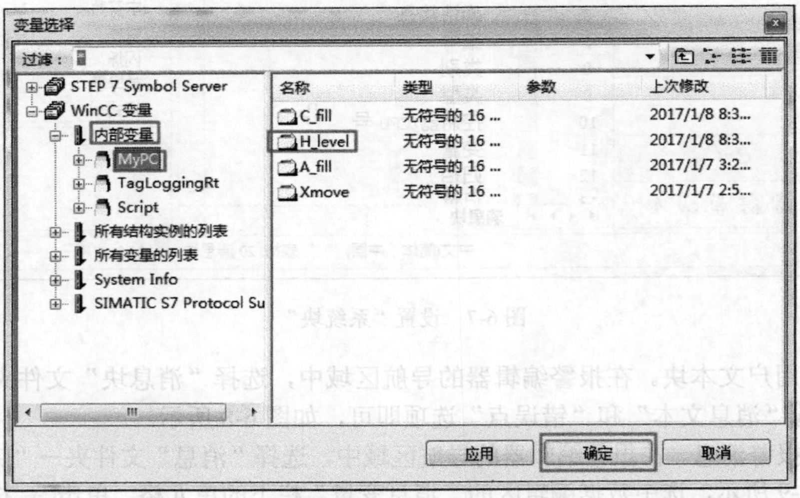

图 6-10 组态报警消息（2）

如图 6-11 所示，把消息变量“H_level”（无符号十六位值——实际就是一个字）的第 0 位定为消息的触发条件，实际是消息位栏下输入 0；消息等级设置为“错误”，消息类型设置为“报警”；消息文本设置为“高油位”，错误点为“油泵”。

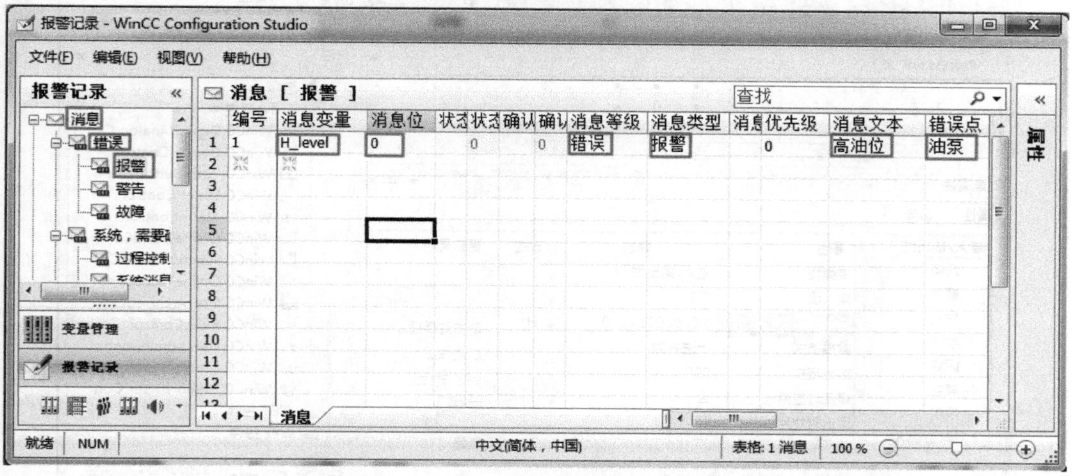

图 6-11　组态报警消息（3）

⑥ 组态报警消息的颜色。在报警编辑器的导航区域中，选择“消息”文件夹→“系统，需要确认”→“过程控制系统”，如图 6-12 所示，在属性区域，将报警进入时的颜色选定为“红色”，将报警离开时的颜色选定为“蓝色”。颜色的设定：单击[...]按钮，再选择颜色即可。

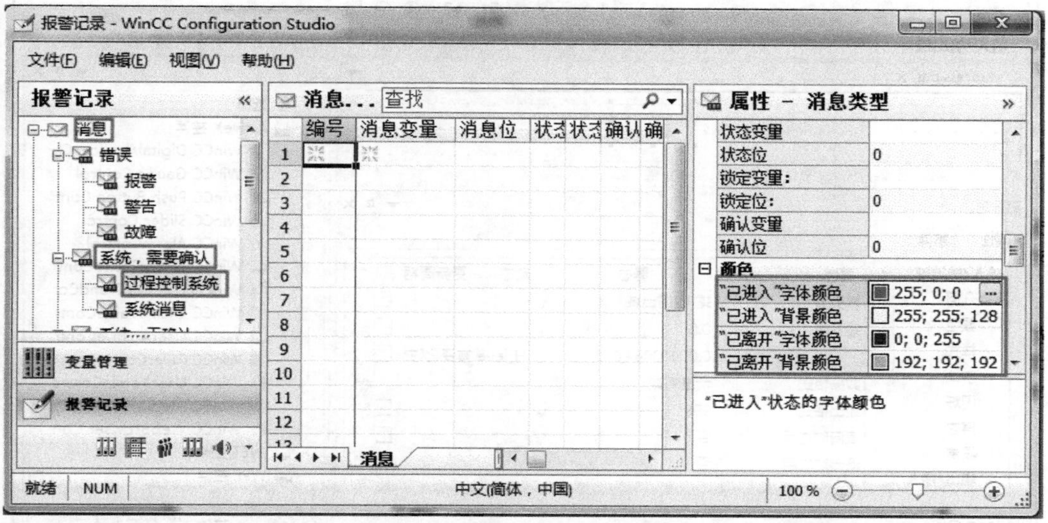

图 6-12　组态报警消息的颜色

⑦ 向图形编辑器中拖入输入/输出域，如图 6-13 所示，选中 I/O 域，再选中“属性”→“输入/输出域”→“输入/输出”，先把数据格式修改为“十进制”，在灯泡图标的右侧，右击鼠标，弹出快捷菜单，单击“变量”。

如图 6-14 所示，选中内部变量 16 位无符号变量“H_level”，使输入/输出域与变量

“H_level”关联，再把更新周期修改成“有变化时”。

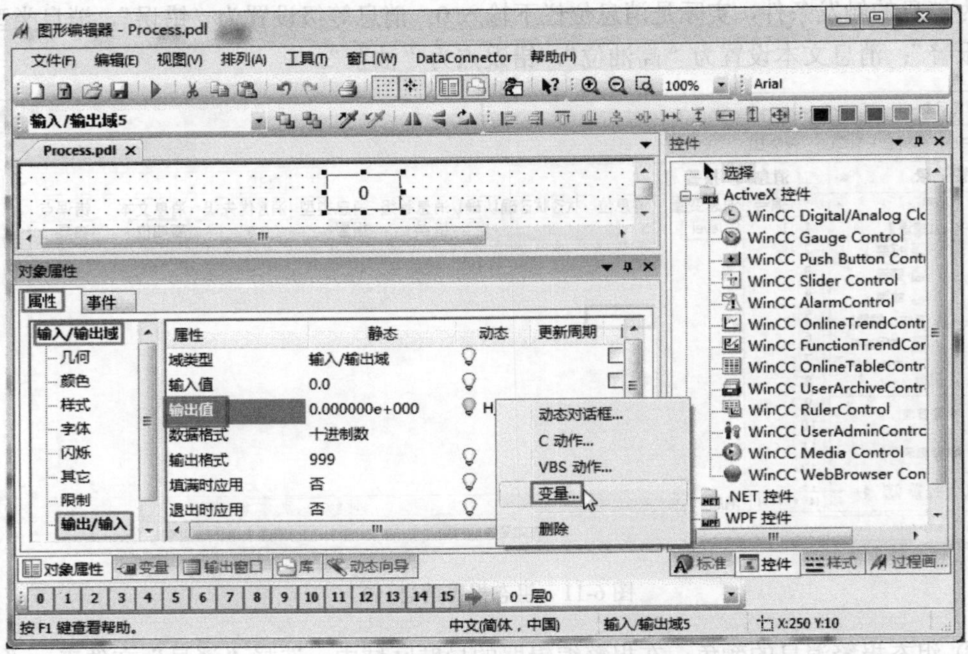

图 6-13 I/O 域组态（1）

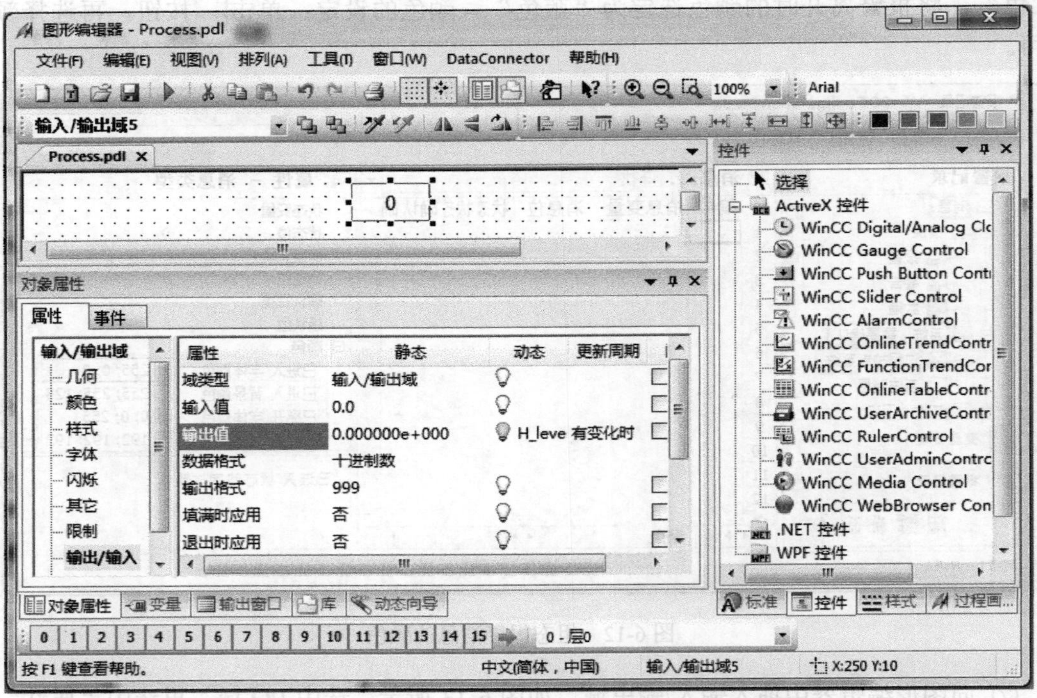

图 6-14 I/O 域组态（2）

⑧ 报警显示。

WinCC Alarm Control 作为显示消息事件的消息视图使用。通过使用报警控件，用户可以获得高度的灵活性，因为希望显示的消息视图、消息行和消息块均可在图形编辑器中进行组态。在 WinCC 运行系统中，报警事件将以表格的形式显示在画面中。以下是报警显示的具体过程。

a. 如图 6-15 所示，先选中“控件”，再选中“WinCC Alarm Control”控件，将其拖入画面，并用鼠标调整其大小，直到合适为止。

b. 双击“WinCC Alarm Control”控件，弹出控件属性，选中“消息列表”选项卡，接着选中“消息文本”和“错误点”，再单击“添加”按钮 >> ，如图 6-16 所示，这样“消息文本”和“错误点”就添加到消息行，就可以显示了。

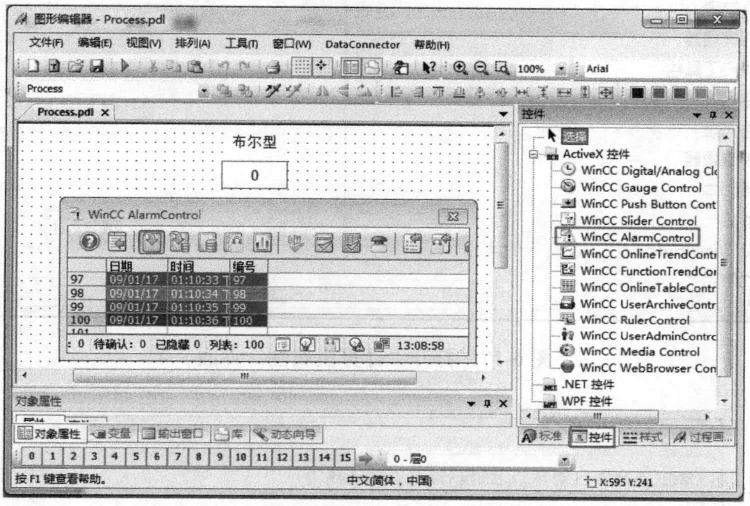

图 6-15　向画面中插入“WinCC Alarm Control”控件

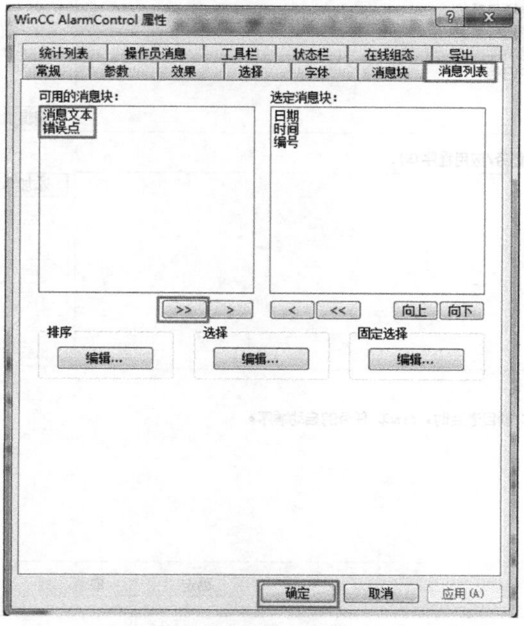

图 6-16　添加消息行元素

c. 修改启动中的选项。如图 6-17 所示，在项目管理器中，选中“计算机”，再选中右侧的计算机名（与不同的计算机相关），右击鼠标，弹出快捷菜单，单击“属性”，打开“计算机属性”界面，如图 6-18 所示，选中“启动”选项，勾选“报警记录运行系统”和“图形运行系统”，单击“确定”按钮即可。

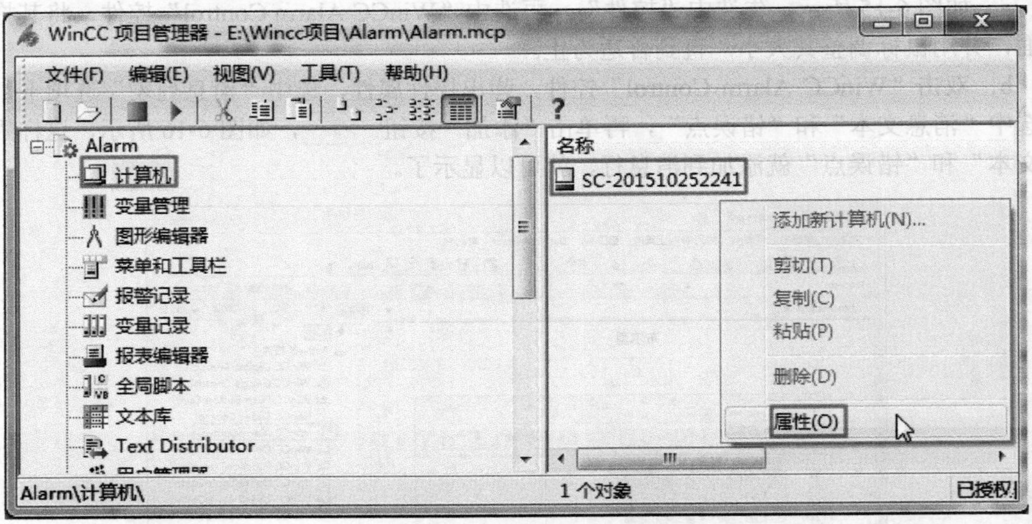

图 6-17 打开“计算机属性”界面

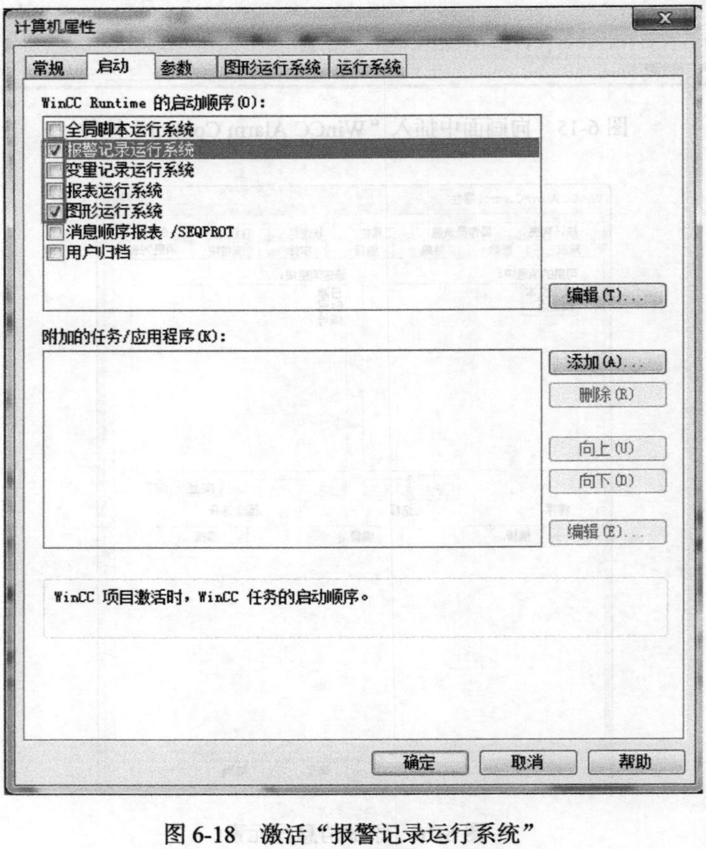

图 6-18 激活“报警记录运行系统”

【关键点】 *初学者往往会忽略激活“报警记录运行系统”，这样是不会激活报警的。*

d. 运行系统。在图形编辑器中，单击“运行系统”按钮，在输入/输出域中输入“1”，如图 6-19 所示，激发了“油箱”中的“高油位”，因为“油箱”中的“高油位”是与 16 位无符号变量“H_level”的第 0 位关联的，而输入/输出域也是与“H_level”关联的，当“H_level”=1 时，也就是“H_level”的第 0 位为 1，激发报警。

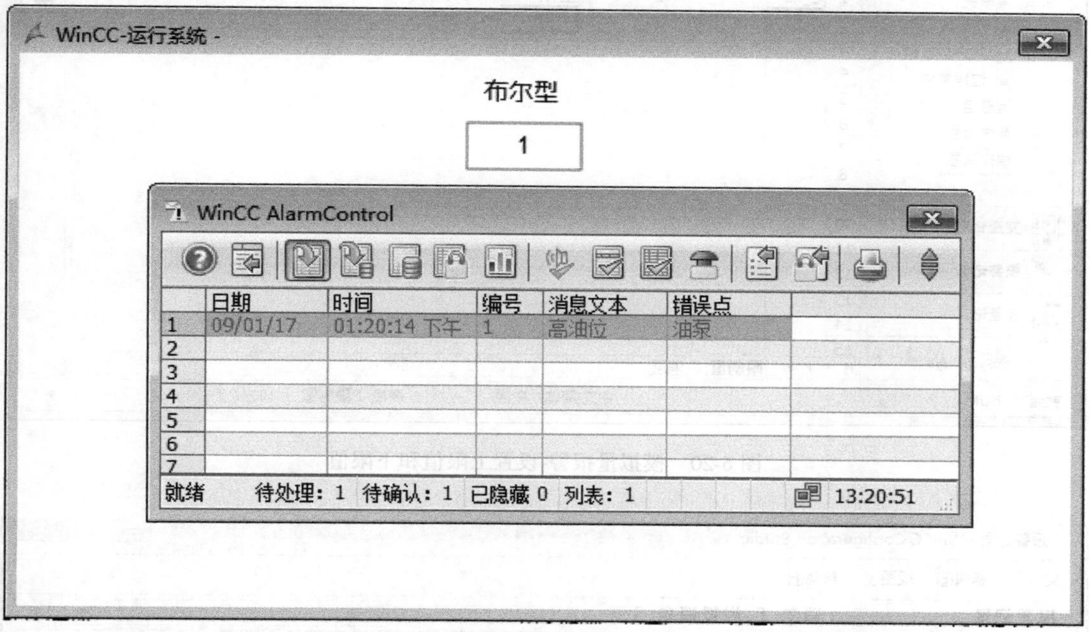

图 6-19　运行后的效果

【关键点】 *本例是以内部变量“H_level”为例讲解报警组态的，过程变量的报警组态过程是类似的，不同点仅仅在于变量组态不同。*

6.2.7　模拟量报警组态的过程

在实际实践中，布尔型的报警用得比较多，而模拟量报警用得比较少，以下仅以一个例子介绍模拟量报警的组态过程。

【例 6-2】 组态一个水箱的上下位报警过程的项目，水位是模拟量。

【解】 ① 新建项目，并新建 16 位无符号变量“C_fill”，操作方法如前所述，在此不再重复介绍。

② 如图 6-20 所示，在报警编辑器中选中“模拟消息”，再选中“限制值”选项卡，在“变量”栏下，单击按钮，选中变量“C_fill”，消息号为 2，前一个的消息号为 1，如消息号冲突，则单元格显示为红色。选中“比较”栏下的单元格，单击按钮，选中“上限”选项，选中“比较值”栏下的单元格输入“800”，这是上限报警触发值。用同样的方法设置下限报警，其变量仍然是“C_fill”，消息号为 3，触发值为 100。

③ 设置模拟量报警的消息。如图 6-21 所示，选中“模拟消息”，在编号“2”，后面的“消息文本”栏中输入“水位过高”，“错误点”栏为“水箱”，在编号“3”，后面的“消

息文本”栏中输入“水位过低”，“错误点”栏为“水箱”。

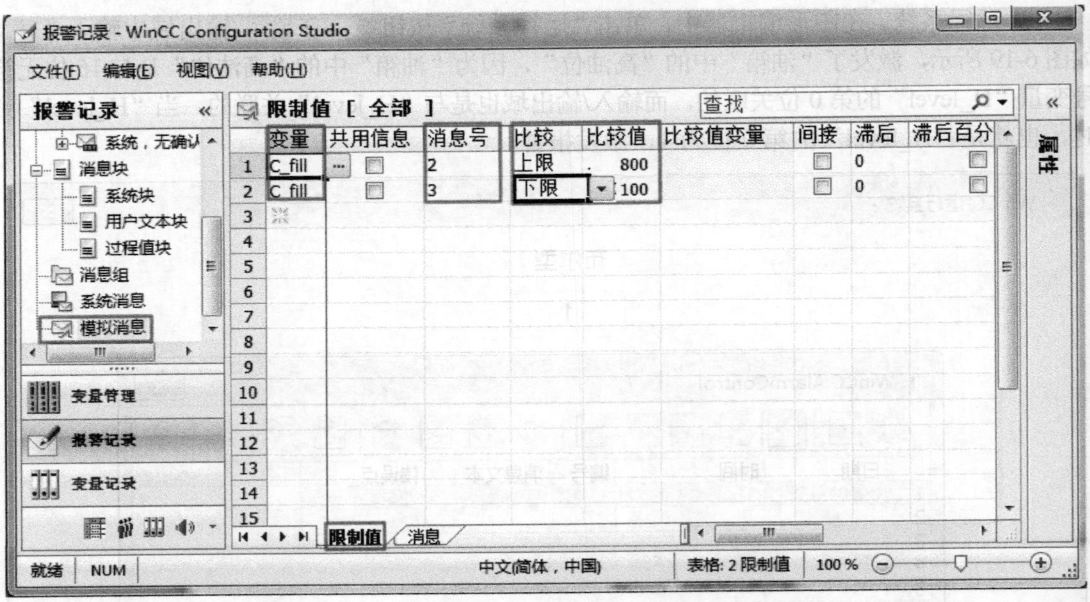

图 6-20 模拟量报警-设置上限值和下限值

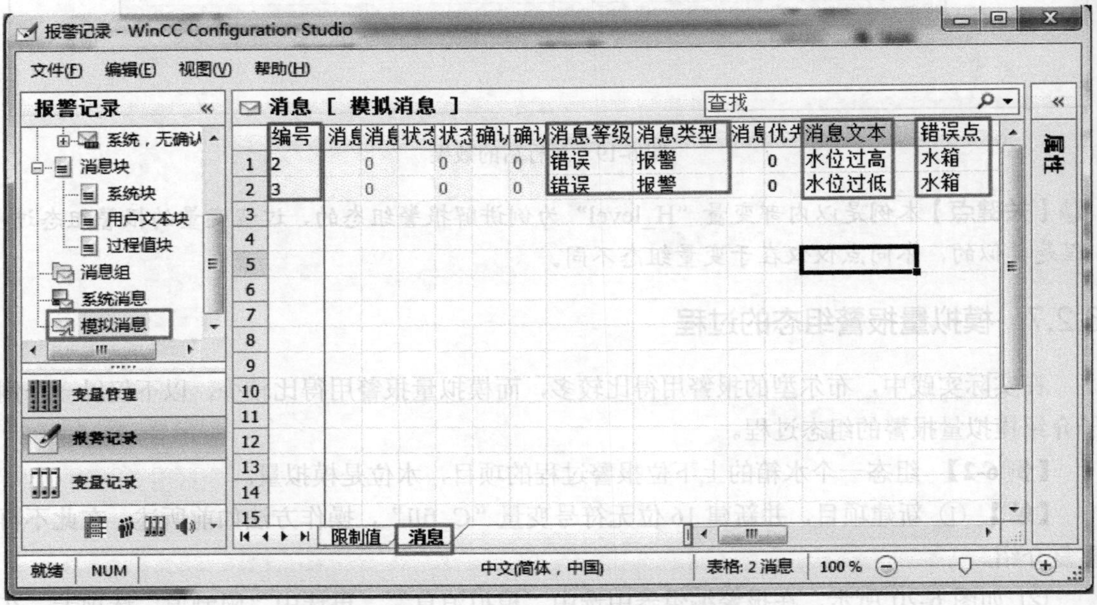

图 6-21 模拟量报警-设置消息

④ 向图形编辑器中拖入输入/输出域，如图 6-22 所示，选中 I/O 域，再选中“属性”→“输入/输出域”→“输入/输出”，先把数据格式修改为“十进制”，在灯泡图标的右侧，右击鼠标，弹出快捷菜单，单击“变量”。

如图 6-23 所示，选中内部变量 16 位无符号变量“C_fill”，使输入/输出域与变量“C_fill”关联，再把更新周期修改成“有变化时”。

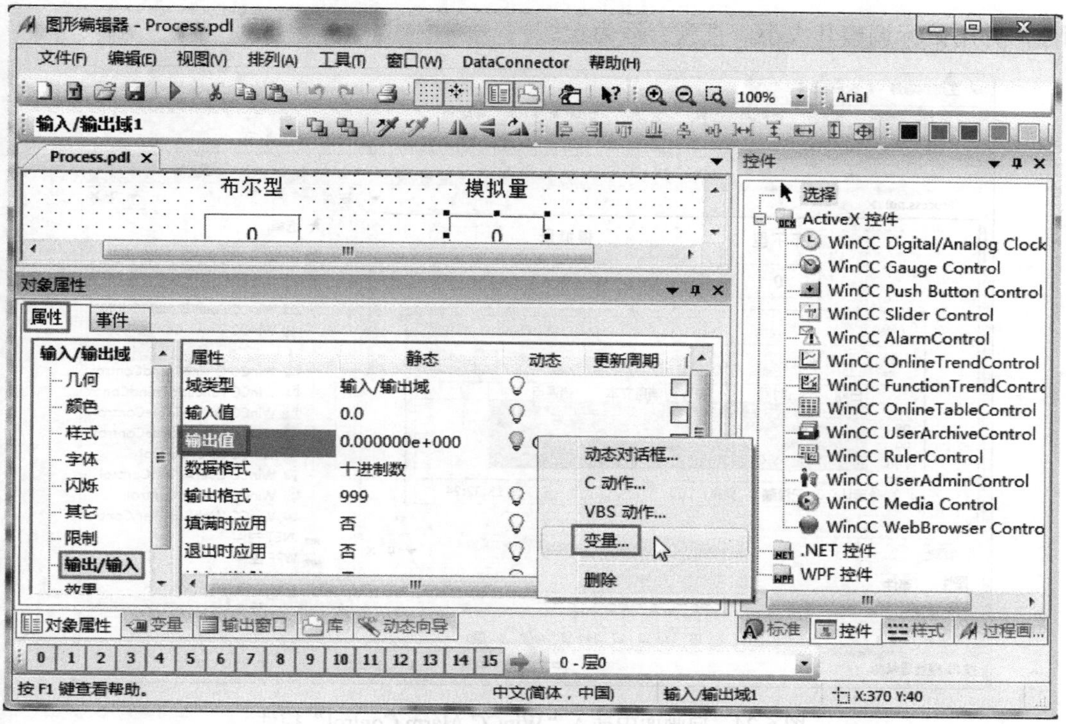

图 6-22　I/O 域组态（1）

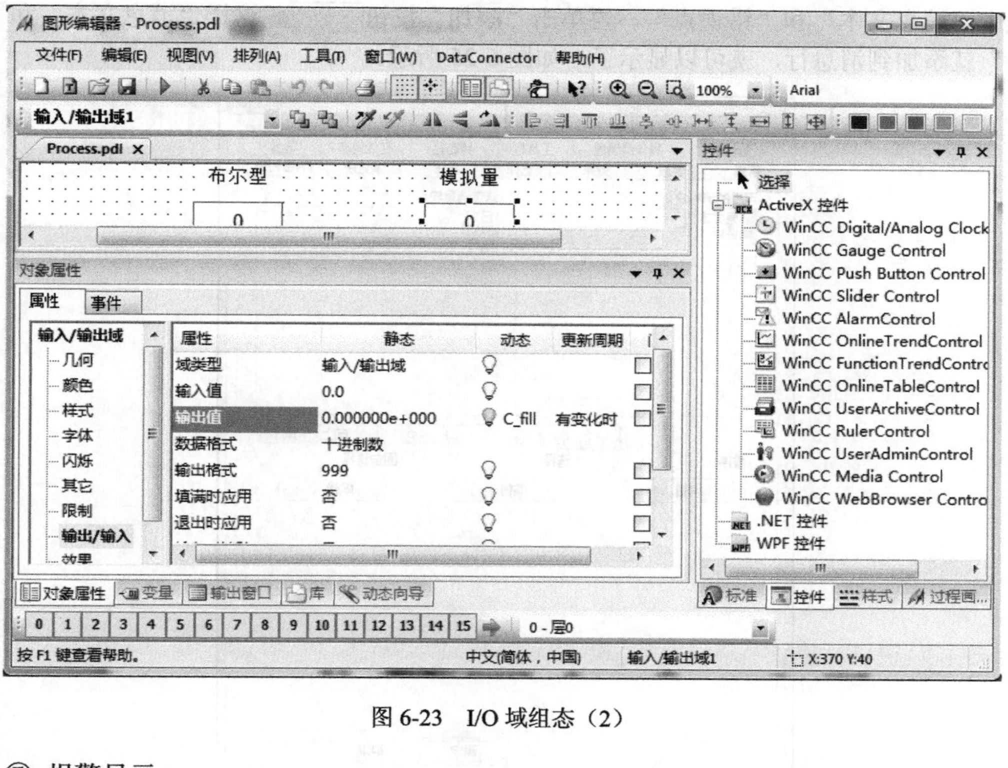

图 6-23　I/O 域组态（2）

⑤ 报警显示。

a. 如图 6-24 所示，先选中“控件”，再选中“WinCC Alarm Control”控件，将其拖入画面，并用鼠标调整其大小，直到合适为止。

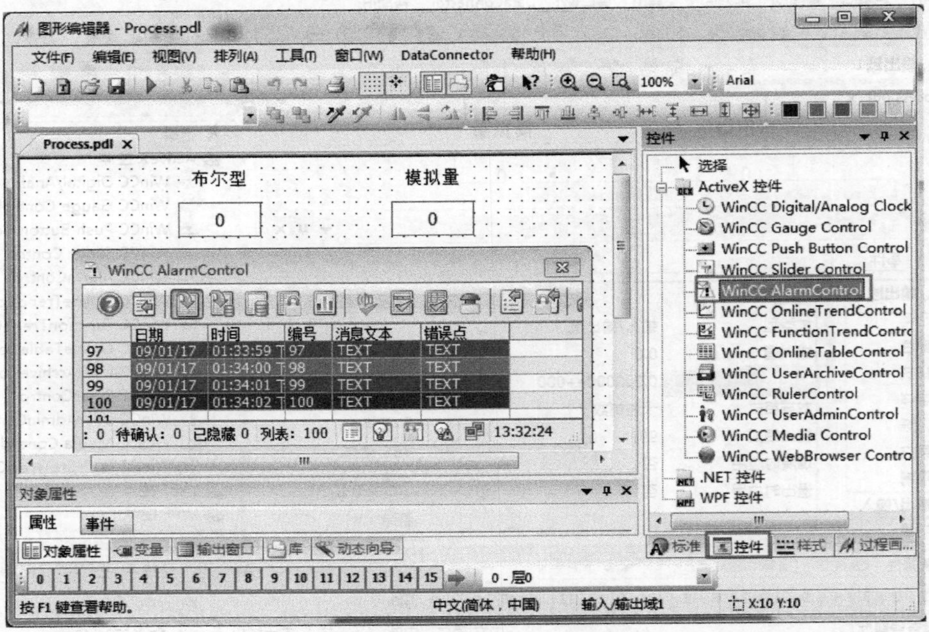

图 6-24 向画面中插入“WinCC Alarm Control”控件

b. 双击“WinCC Alarm Control”控件，弹出控件属性，选中“消息列表”选项卡，接着选中“消息文本”和“错误点”，再单击“添加”按钮[>]，这样“消息文本”和“错误点”就添加到消息行，就可以显示了，如图 6-25 所示。

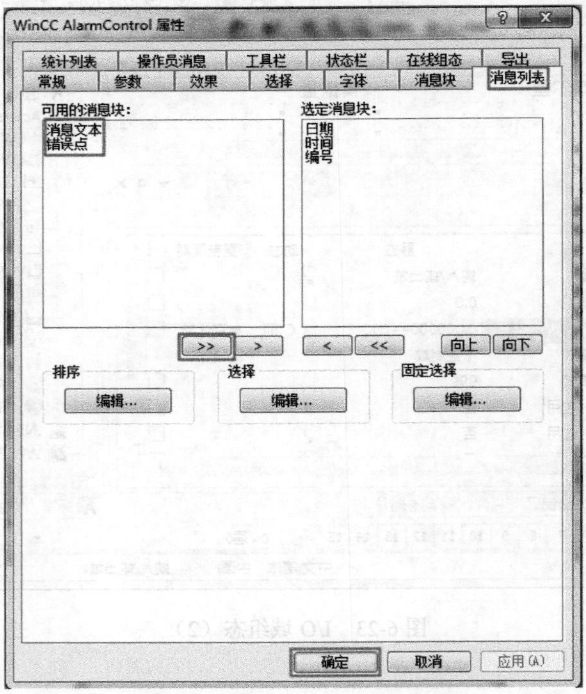

图 6-25 添加消息行元素

c. 修改启动中的选项。如图 6-26 所示，在项目管理器中，选中“计算机”，再选中右侧的计算机名（与不同的计算机相关），右击鼠标，弹出快捷菜单，单击“属性”，打开“计算机属性”界面，如图 6-27 所示，选中“启动”选项，勾选“报警记录运行系统”和“图形运行系统”，单击“确定”按钮即可。

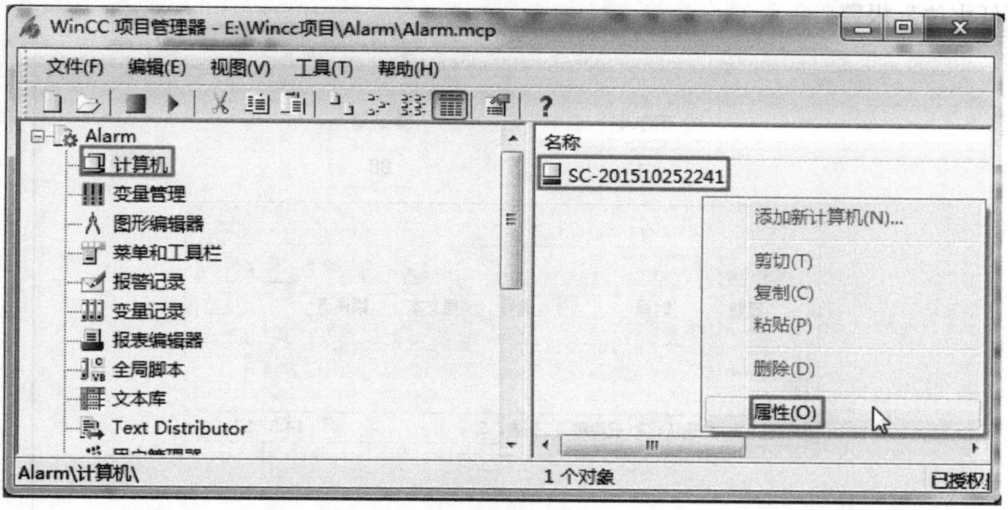

图 6-26　打开“计算属性”界面

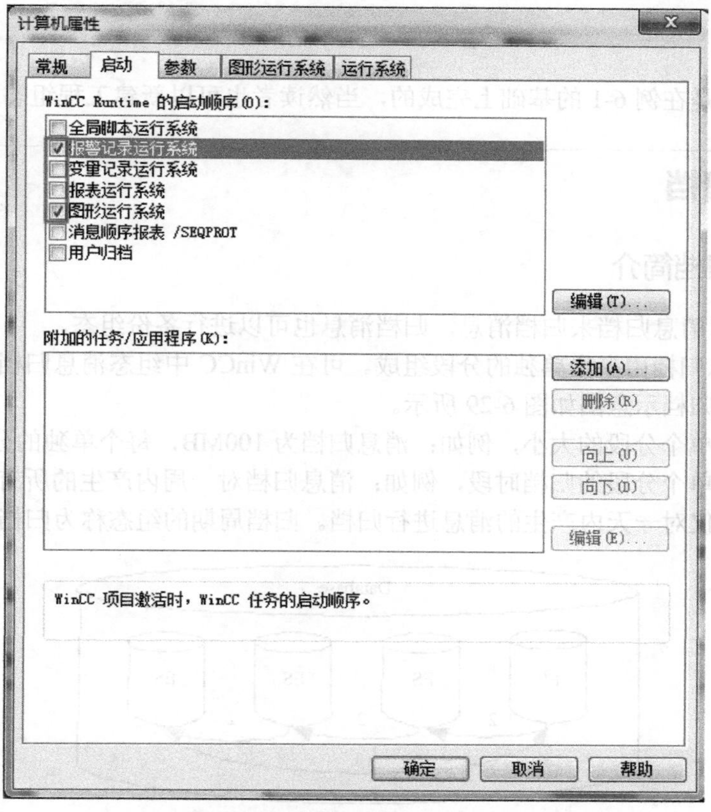

图 6-27　激活“报警记录运行系统”

d. 运行系统。在图形编辑器中，单击“运行系统”按钮 ▶，在输入/输出域中输入“888”，激发了“水箱”中的“高水位”，因为“水箱”中的“高水位”是与 16 位无符号变量 C_fill 关联的，而输入/输出域也是与 C_fill 关联的，当 C_fill≥800 时，也就是 C_fill 大于等于设定的上限值时，激发报警。在输入/输出域中输入“88”，如图 6-28 所示，激发了“水箱”中的“低水位”报警。

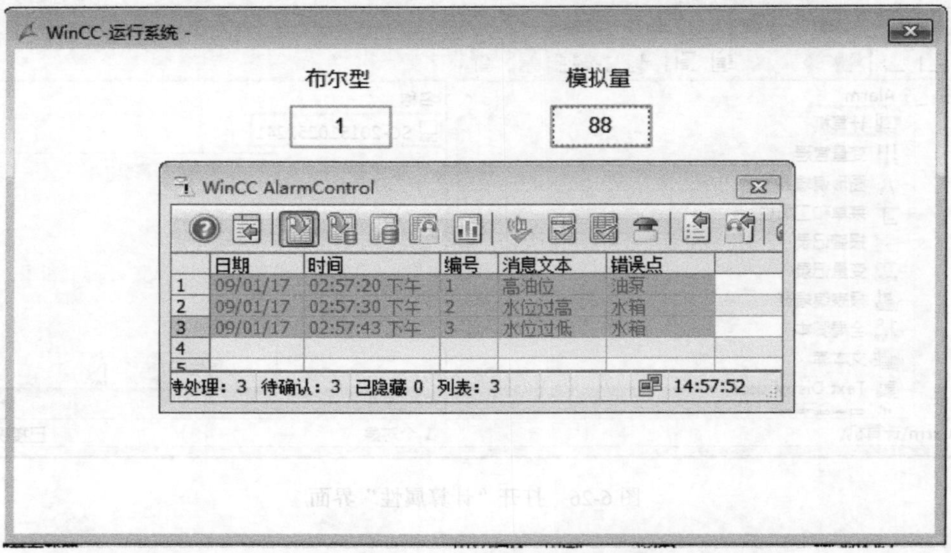

图 6-28 运行后的效果

说明：本例是在例 6-1 的基础上完成的，当然读者也可以新建工程组态。

6.3 消息归档

6.3.1 消息归档简介

WinCC 使用消息归档来归档消息，归档消息也可以进行备份组态。

WinCC 消息归档由多个单独的分段组成。可在 WinCC 中组态消息归档的大小和单个分段的大小。消息归档示意图如图 6-29 所示。

消息归档或单个分段的大小，例如：消息归档为 100MB，每个单独的分段为 32MB。

消息归档或单个分段的归档时段，例如：消息归档对一周内产生的所有消息进行归档，每个单独的分段仅对一天内产生的消息进行归档。归档周期的组态称为归档分区。

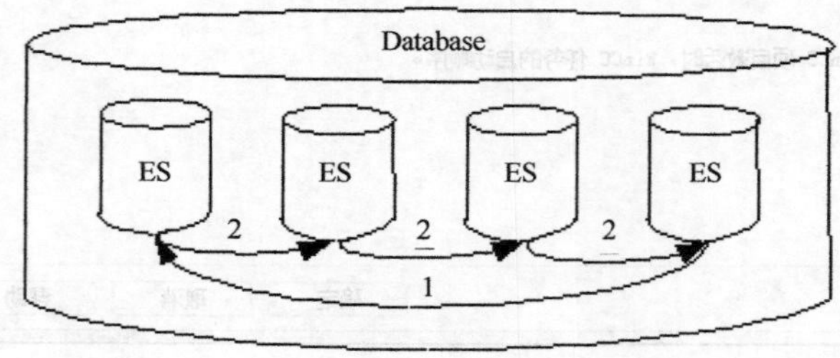

图 6-29 消息归档示意图

当超出消息归档的标准时，最旧的消息（即最旧的单个分段）将被删除。例如消息归档（Database）为 100MB，超出部分将把最先归档的删除。

当超出单个分段的标准时，将创建新的单个分段（ES）。

6.3.2 消息归档组态

消息归档组态的过程如下：

① 打开“报警记录”编辑器。

② 在导航区域中，选择“消息”文件夹，单击鼠标右键，在弹出的快捷菜单中选择“归档组态”→“属性”，如图 6-30 所示，弹出如图 6-31 所示的界面，做如图所示的设置，也可修改设置值，最后单击“确定”按钮。

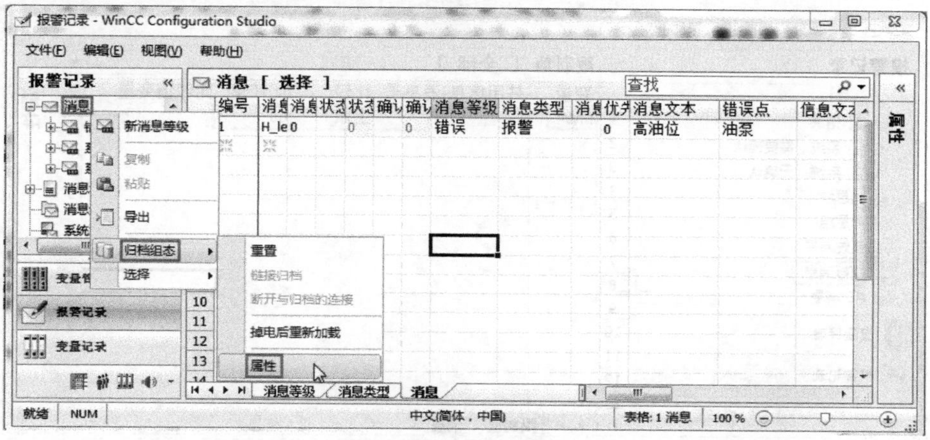

图 6-30 消息归档组态（1）

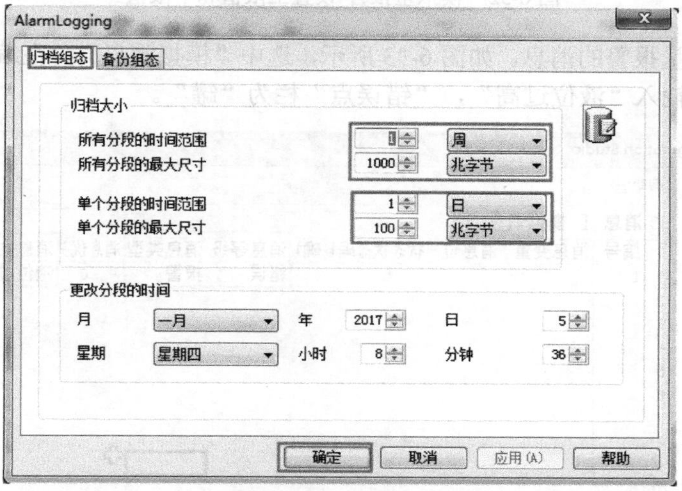

图 6-31 消息归档组态（2）

运行 WinCC 后，报警归档消息会自动归档，如 SC-201510252241_Alarm_ALG_201701100037.ldf 和 SC-201510252241_Alarm_ALG_ 201701100037.mdf，一般以 ldf 和 mdf 为后缀的两个文件存储。

6.4　应用实例

本实例是第 5 章实例的后续部分。

【例 6-3】　当罐中的液位高于 80 时，报警。

【解】　① 如图 6-32 所示，在报警编辑器中选中“模拟消息”，再选中“限制值”选项卡，在“变量”栏下，单击[…]按钮，选中变量“MW4”，消息号为 1。选中“比较”栏下的单元格，单击[▾]按钮，选中“上限”选项，选中“比较值”栏下的单元格输入“80”，这是上限报警触发值。

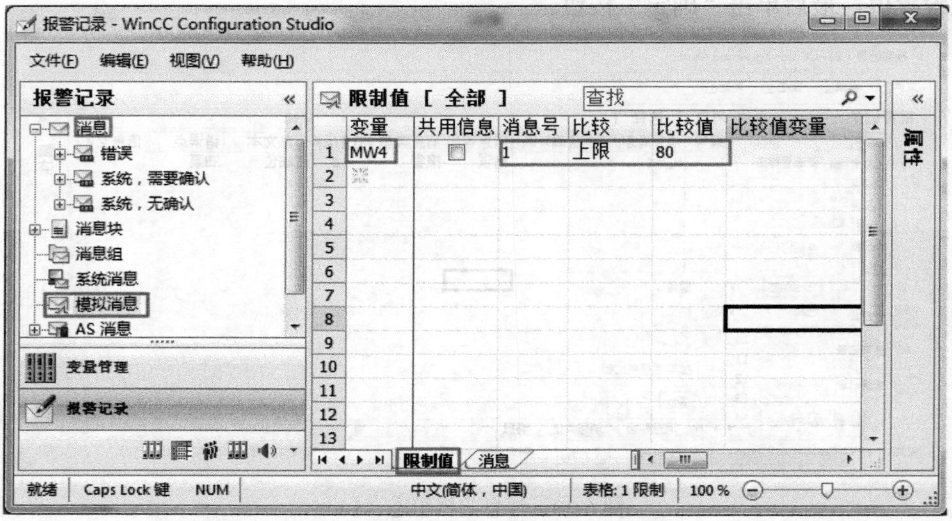

图 6-32　模拟量报警-设置上限值和下限值

② 设置模拟量报警的消息。如图 6-33 所示，选中“模拟消息”，在编号“1”，后面的“消息文本”栏中输入“液位过高”，“错误点”栏为“罐”。

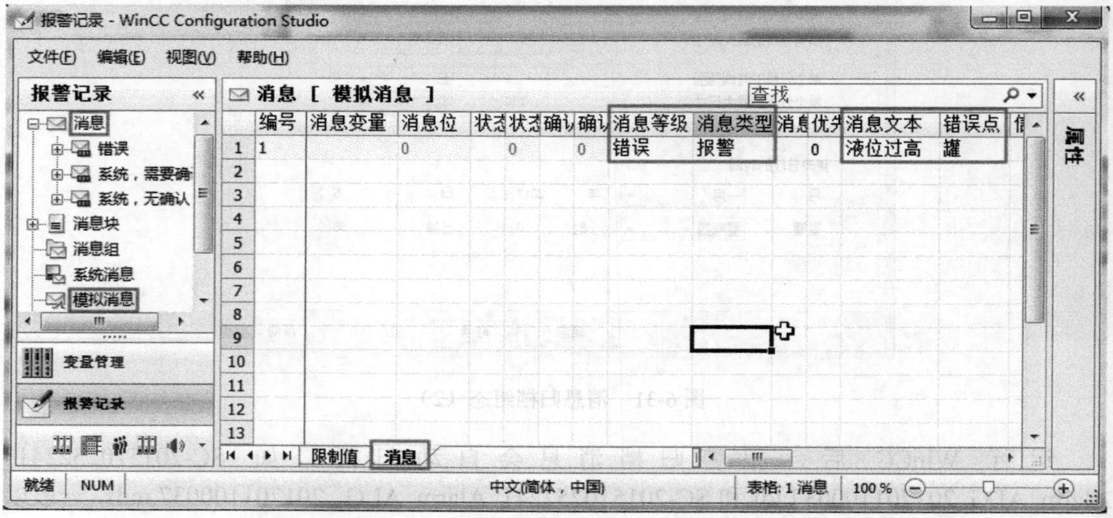

图 6-33　模拟量报警-设置消息

③ 报警显示。

a. 如图 6-34 所示，先选中“控件”，再选中“WinCC Alarm Control”控件，将其拖入画面，并用鼠标调整其大小，直到合适为止。

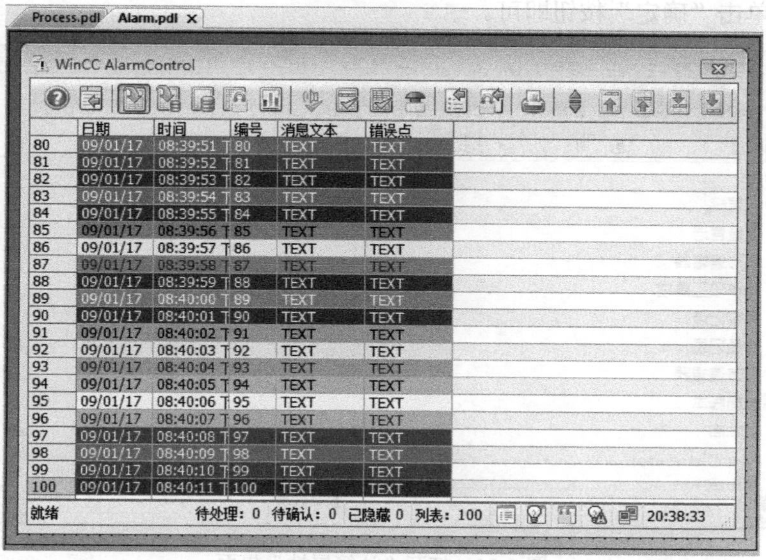

图 6-34 向画面中插入“WinCC Alarm Control”控件

b. 双击“WinCC Alarm Control”控件，弹出控件属性，选中“消息列表”选项卡，接着选中“消息文本”和“错误点”，再单击“添加”按钮 >> ，这样“消息文本”和“错误点”就添加到消息行，就可以显示了，如图 6-35 所示。

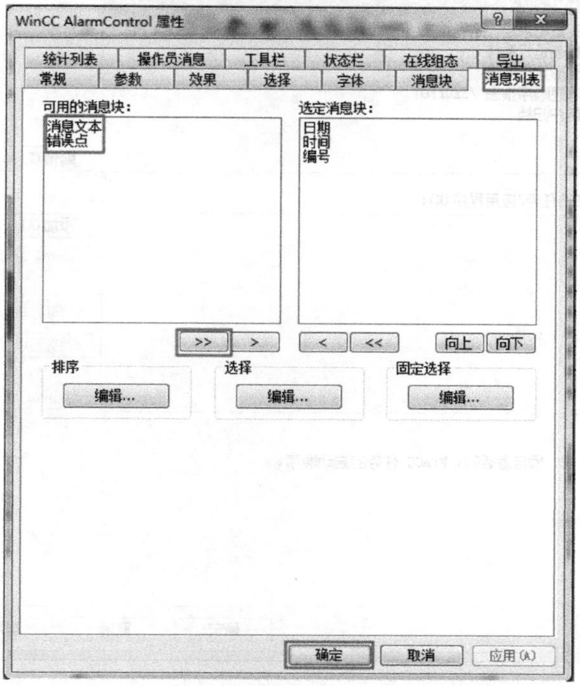

图 6-35 添加消息行元素

c. 修改启动中的选项。如图 6-36 所示，在项目管理器中，选中“计算机”，再选中右侧的计算机名（与不同的计算机相关），右击鼠标，弹出快捷菜单，单击“属性”，打开“计算机属性”界面，如图 6-37 所示，选中“启动”选项，勾选“报警记录运行系统”和“图形运行系统”，单击“确定”按钮即可。

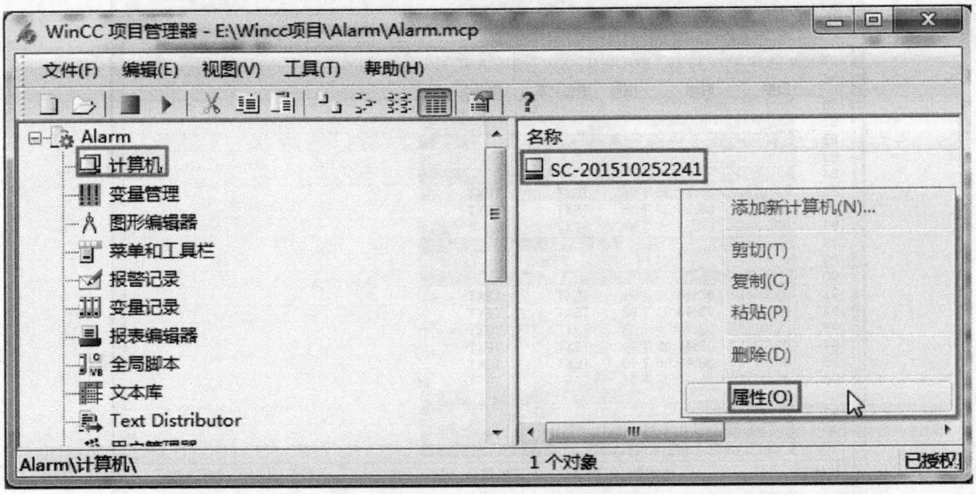

图 6-36 打开“计算属性”界面

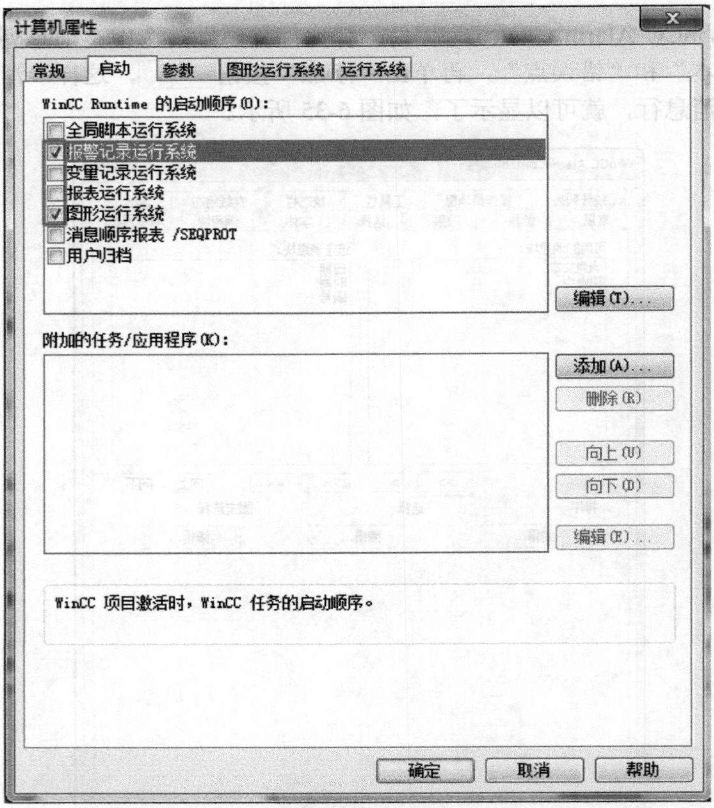

图 6-37 激活“报警记录运行系统”

d. 运行系统。在图形编辑器中，单击“运行系统”按钮 ▶，在输入/输出域中输入“98”，如图 6-38 所示，激发了“罐”中的“高液位”报警。

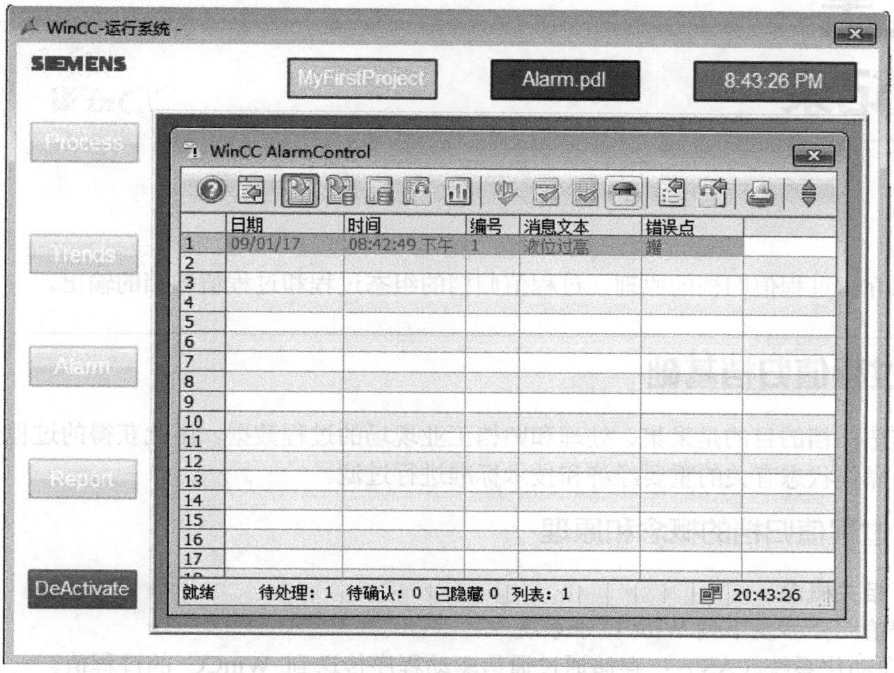

图 6-38　运行后的效果

小结

重点难点总结

① 要理解报警消息块、消息块的类别和作用。

② 布尔型报警和模拟量报警的组态过程及报警的输出。

习题

① 消息块有哪几个区域？

② 何谓消息类型和消息类别？

③ 在 WinCC 中，怎样组态布尔型报警？

④ 在 WinCC 中，怎样组态模拟量型报警？

⑤ 在运行报警组态时，设置“启动”项要注意什么？

⑥ 报警组态的输出要用什么控件？

第7章

变量记录

本章介绍过程值归档的原理、过程值归档的组态过程和过程值归档的输出。

7.1 过程值归档基础

过程值归档的目的是采集、处理和归档工业现场的过程数据。由此获得的过程数据可根据与设备操作状态有关的重要经济和技术标准进行过滤。

7.1.1 过程值归档的概念和原理

（1）相关概念

过程值归档涉及下列 WinCC 子系统：

① 自动化系统（AS）：存储通过通信驱动程序传送到 WinCC 的过程值。

② 数据管理器（DM）：处理过程值，然后通过过程变量将其返回到归档系统。

③ 归档系统：处理采集到的过程值（例如产生平均值）。处理方法取决于组态归档的方式。

④ 运行系统数据库（DB）：保存要归档的过程值。

⑤ 采集周期：确定何时在自动化系统中读出过程变量的数值。例如，可以为过程值的连续周期性归档组态一个采集周期。

⑥ 归档周期：确定何时在归档数据库中保存所处理的过程值。例如，可以为过程值的连续周期性归档组态一个归档周期。

⑦ 启动事件：当指定的某事件产生时，例如当设备启动时，启动过程值归档。例如，可以为过程值有选择地周期性归档组态一个启动事件。

⑧ 停止事件：当指定的事件发生时（例如当设备停运行时）终止过程值归档。例如，可以为过程值有选择地周期性归档组态一个停止事件。

⑨ 事件控制的归档：过程值将在发生某一事件时归档，例如超出边际值时。可在过程值的非周期性归档中组态受事件控制的归档。

⑩ 在改变期间将过程值归档：过程值仅在被改变后才可归档。可在过程值的非周期性归档中组态归档。

（2）过程值归档的原理

要归档的过程值在运行系统的归档数据库中进行编译、处理和保存。在运行系统中，可以以表格或趋势的形式输出当前过程值或已归档过程值。此外，也可将所归档的过程值作为草案打印输出。

归档系统负责运行状态下的过程值归档。归档系统首先将过程值暂存于运行数据库，然后写到归档数据库中。过程值归档的原理如图 7-1 所示。

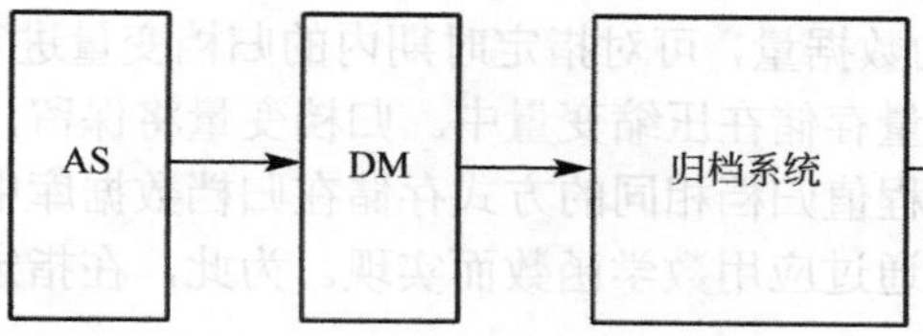

图 7-1　过程值归档的原理

7.1.2　过程值归档的方法

可以使用不同的归档方法来归档过程值。例如，用户可以在任意时间监控单个过程值并使该监控依赖于某些事件。可以快速归档变化的过程值，而不会导致系统负载的增加。用户可以压缩已归档的过程值来减少数据量。过程值归档有如下方法：

（1）过程值的连续周期性归档

连续的过程值归档（例如监控一个过程值）。运行系统启动时，过程值的连续周期性归档也随之开始。过程值以恒定的时间周期采集并存储在归档数据库中。运行系统终止时，过程值的连续周期性归档也随之结束。

（2）周期的选择性过程值归档

受事件控制的连续的过程值归档（例如，用于在特定时段内对某过程值进行监视）。一旦发生启动事件，便在运行系统中开始周期的选择性过程值归档。过程值以恒定的时间周期采集并存储在归档数据库中。

周期性过程值归档会在发生以下情况时结束：

① 发生停止事件时；

② 终止运行系统时；

③ 启动事件不再存在时。

起始事件或停止事件由该值或已组态变量或脚本的返回值决定。可在“动作”区域过程值变量的属性中的变量记录内组态变量或脚本。

（3）非周期性的过程值归档

事件控制的过程值归档（例如，当超出临界限制值时，对当前过程值进行归档）。运行期间，非周期性过程值归档仅将当前过程值保存在归档数据库中。在以下情况下归档：

① 每次改变过程值时。

② 触发变量指定值为“1”，然后再次采用值“0”时。先决条件是已针对非周期性过程值归档组态了与变量相关的事件。

③ 脚本收到返回值“TRUE”，然后再次采用返回值“FALSE”时。先决条件是已针对非周期性过程值归档创建了与脚本相关的事件。

（4）在改变期间将过程值归档

过程值仅在被改变后才可进行非周期性归档。

（5）过程控制的过程值归档

对多个过程变量或快速变化的过程值进行归档。过程控制的过程值归档用于归档多个过程变量或快速改变过程值。过程值被写入由归档系统解码的报文变量。以这种方式采集的过程值然后存储在归档数据库中。

（6）压缩归档

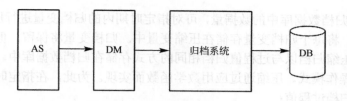

压缩单个归档变量或整个过程值归档（例如，对每分钟归档一次的过程值求每小时的平

均数)。为了减少归档数据库中的数据量，可对指定时期内的归档变量进行压缩。为此，须创建一个压缩归档，将每个归档变量存储在压缩变量中。归档变量将保留，但也可以复制、移动或删除它们。压缩归档以与过程值归档相同的方式存储在归档数据库中。

压缩归档的操作模式。压缩通过应用数学函数而实现。为此，在指定时间段内，下列函数之一被应用于归档过程值：

① 最大值：将最大过程值保存在压缩变量中。

② 最小值：将最小过程值保存在压缩变量中。

③ 平均值：将过程值的平均值保存在压缩变量中。

④ 加权平均值：将过程值的加权平均值保存在压缩变量中。在加权平均值的计算中，记录值具有相同值的时间跨度会被考虑在内。

⑤ 总和：将过程值的总和保存在压缩变量中。

7.2 过程值归档的组态

7.2.1 变量记录编辑器的结构

可在变量记录中对归档、要归档的过程值以及采集时间和归档周期进行组态。此外，还可以在变量记录中定义硬盘上的数据缓冲区以及如何导出数据。变量记录编辑器的结构如图 7-2 所示。

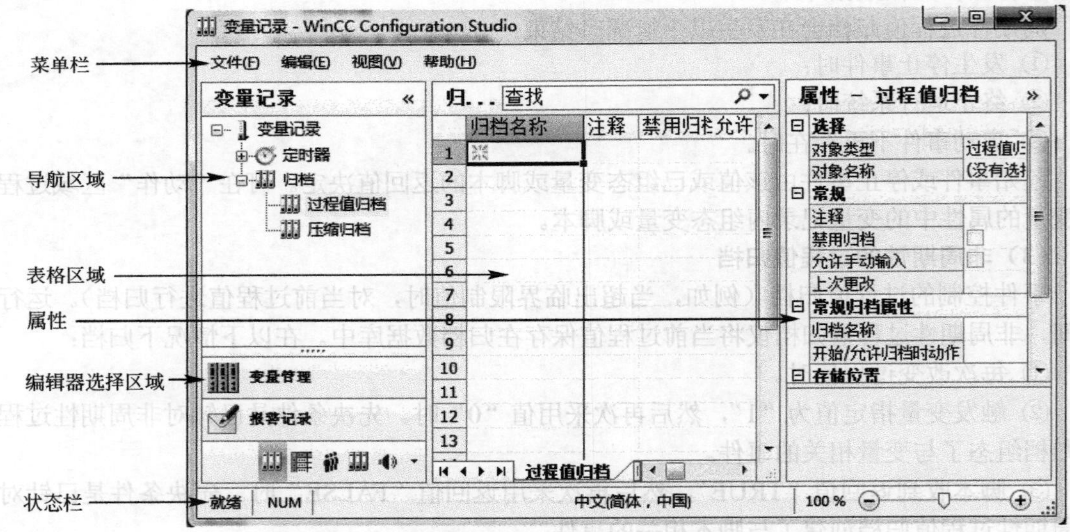

图 7-2 变量记录编辑器

(1) 导航区域

此在树形视图中选择是否想要编辑时间或归档。所选文件夹所分配的元素（周期时间、归档、变量等）在表格区域显示。

(2) 属性

此处，显示所选对象的属性，并可在此对其进行编辑。

(3) 表格区域

该表格显示分配给树形视图中所选文件夹的元素：

① 在此创建并显示周期时间和时间序列。

② 显示过程值归档和压缩归档。 新归档在表格区域进行创建。

③ 显示归档变量或压缩变量。 可以在此改变显示的变量的属性或添加一个新的归档变量或压缩变量。

通过列标题的快捷菜单，可以使用表格区域的其他功能，如：排序、过滤、隐藏列和显示其他列等。表格的使用方法类似于 Excel。

（4）编辑器选择区域

编辑器选择区域显示在树形视图下方的区域。由此，可以访问其他的 WinCC 编辑器（如变量管理、报警记录）。导航栏的显示可以调整。

（5）状态栏

状态栏位于编辑器底部。在状态栏中，可以找到以下信息：

① 系统状态（就绪等）、Caps Lock 键及 NumLock 键等功能键的状态。

② 当前输入语言。

③ 所选文件夹中的对象数目（如归档、变量、定时器等）。

④ 所选对象数目大于 1 时的对象数目。

⑤ 缩放状态的显示，用于缩小和放大显示的滑块。

7.2.2 过程值归档组态的过程

以下将用一个例子介绍过程值归档组态和过程值输出的过程，供读者模仿学习。

【例 7-1】 某设备上的控制系统中有 2 个重要的参数，即压力值和温度值，需要存储和输出显示，请用 WinCC 的过程值归档，并用趋势图和表格进行显示。

【解】 ① 新建项目和变量。新建 WinCC 项目，本例为“Archive”，新建 2 个内部变量，分别是“TempValue”和“PressValue”，如图 7-3 所示。

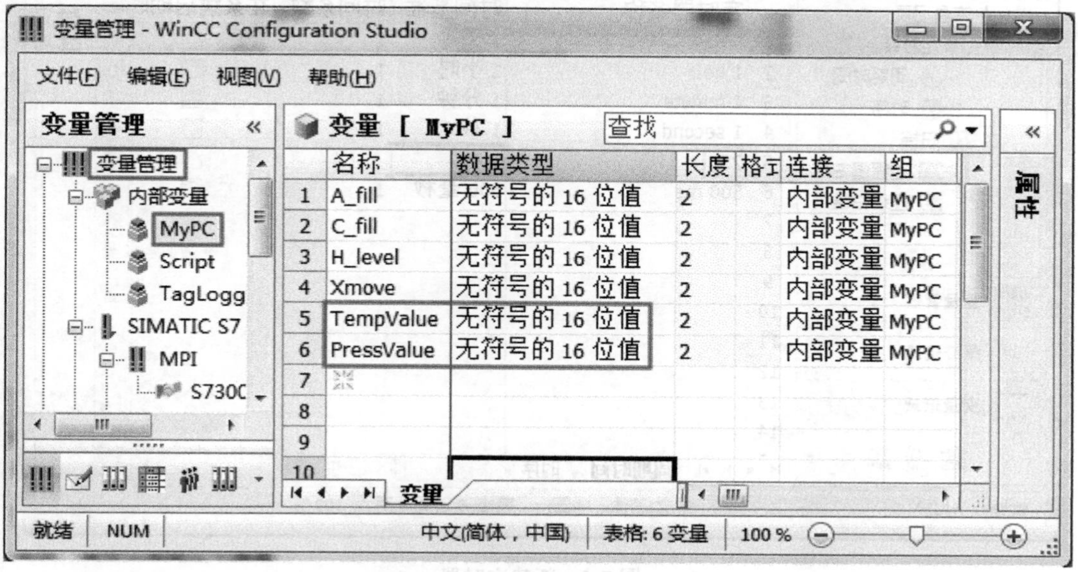

图 7-3　新建项目和变量

② 打开变量记录编辑器。在项目管理器中，选中浏览器中的“变量记录”，右击鼠标，弹出快捷菜单，单击打开选项，如图 7-4 所示，即可打开变量记录编辑器。

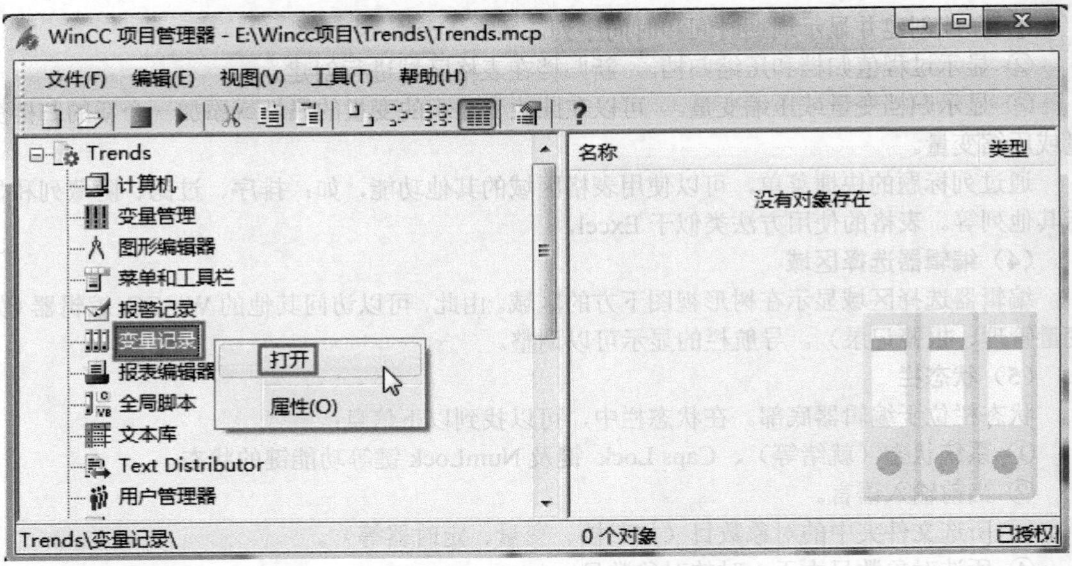

图 7-4 打开变量记录编辑器

③ 组态定时器。如果使用默认周期，这一步可省略。选中导航窗口中“变量记录”→“定时器”，如图 7-5 所示，在表格区域的“定时器名称”栏下输入“2S”，选中右侧“时间基准”栏的单元格，单击▾，选择“1 秒”，时间系数为“2”。

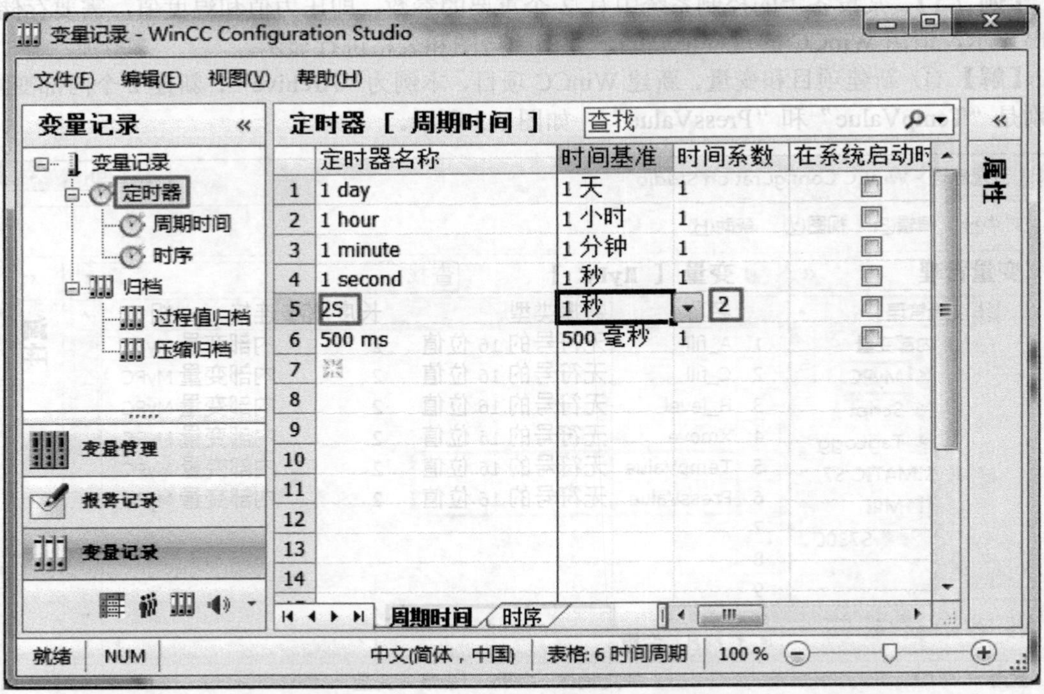

图 7-5 新建定时器

④ 新建归档名称。选中“归档”→“过程值归档”，在表格区域的“归档向导”栏下的单元格输入“Press”，如图 7-6 所示。选择“存储位置”栏下的项目为“硬盘”。

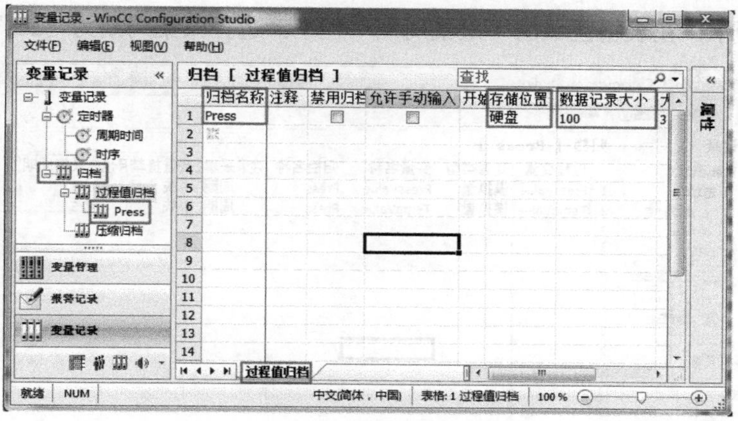

图 7-6　打开归档向导

⑤ 连接过程变量。在导航区域，选中“归档”→“Press”，单击在表格区域的“过程变量”栏下的单元格输入，如图 7-7 所示，单击 ... 按钮，弹出如图 7-8 所示的界面，选中变量“TempValue”，单击“应用”按钮。

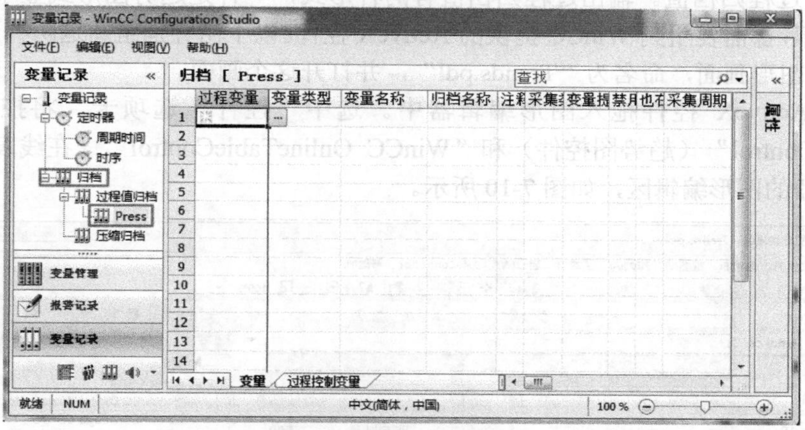

图 7-7　连接过程变量（1）

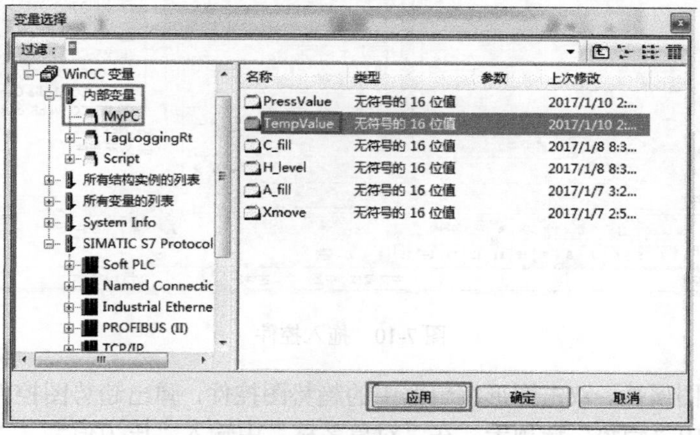

图 7-8　连接过程变量（2）

如图 7-9 所示，在表格区域的“采集周期”栏下，选择采集周期为“2S”。

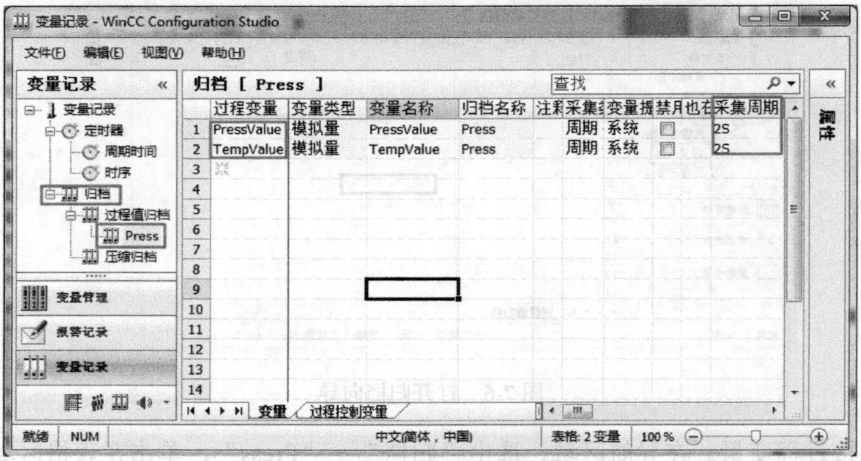

图 7-9 选择采集周期

⑥ 输出过程归档值。输出过程归档值有两种形式，一种是趋势图形式显示，另一种是表格形式显示，都需要用到 WinCC 提供的 ActiveX 控件。以下用分别组态这两种形式的输出。

a. 新建图形画面，命名为“Trends.pdl”，并打开这个画面。

b. 将 ActiveX 控件拖入图形编辑器中。选中“控件”选项卡，将控件“WinCC OnlineTrendControl”（趋势图控件）和“WinCC OnlineTableControl”（在线表格控件）拖入图形编辑器的图形编辑区，如图 7-10 所示。

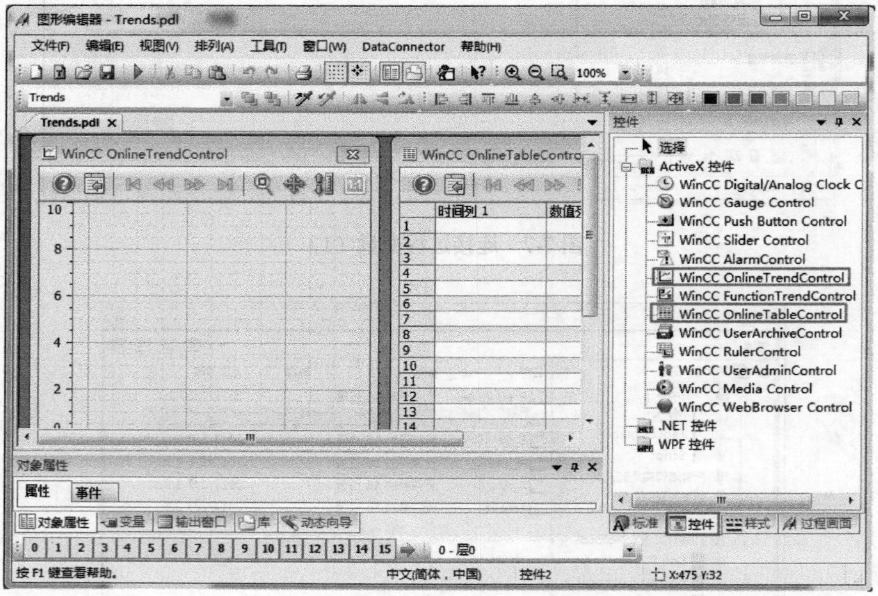

图 7-10 拖入控件

c. 编辑趋势图属性。双击图形编辑器中的趋势图控件，弹出趋势图控件的属性界面，如图 7-11 所示，选中“趋势”选项卡，在“对象名称”中输入“压力值”，“数据源”为“归档变量”，单击按钮，选中变量为“PressValue”。这一步非常关键，实际是将归档变量

“PressValue”与趋势图控件相关联，不完成这一步，趋势图是不会有曲线显示的，请读者务必注意。

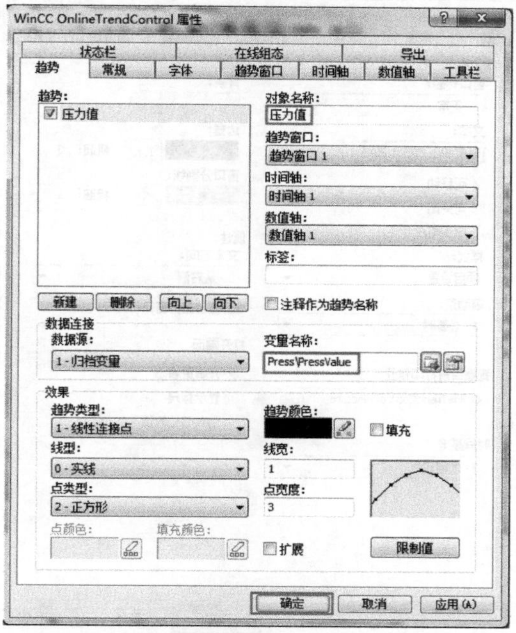

图 7-11　趋势图属性（趋势 1）

选中“趋势”选项卡，单击“新建”按钮，在对象名称中输入“温度值”，数据源为“归档变量”，单击按钮，选中变量为“TempValue”，如图 7-12 所示。这一步非常关键，实际是将归档变量“TempValue”与趋势图控件相关联。

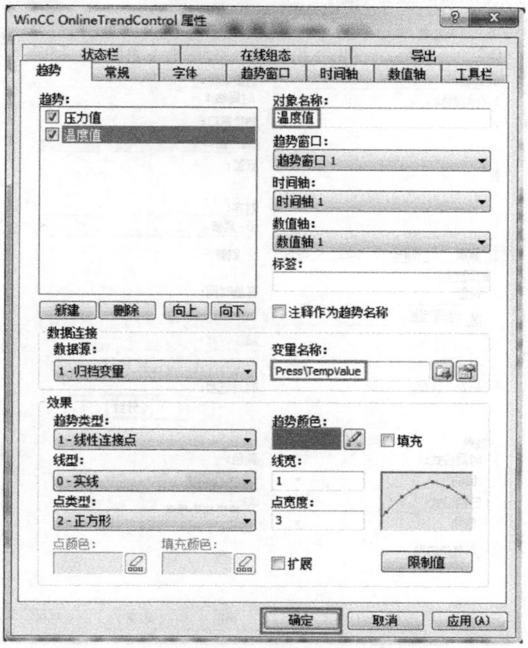

图 7-12　趋势图属性（趋势 2）

选中“常规”选项卡，在“文本”中，输入“温度和压力显示曲线”，如图 7-13 所示。

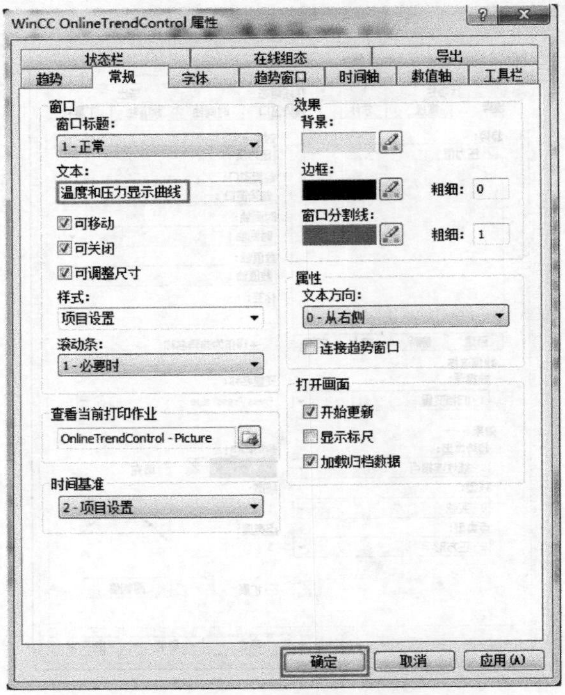

图 7-13 趋势图属性（常规）

选中“时间轴”选项卡，在“时间范围”中，输入“5×1 分钟”，最后单击“确定”按钮，如图 7-14 所示。时间范围可以依据工程实际调整。

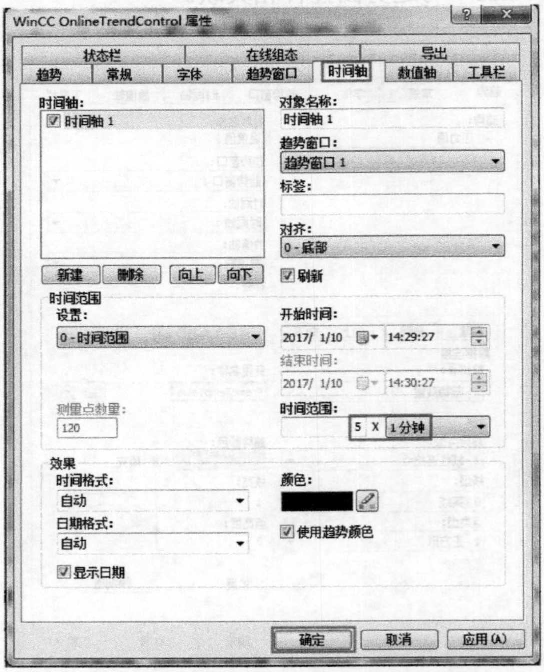

图 7-14 趋势图属性（时间轴）

d. 编辑在线表格的属性。在图形编辑器中，双击在线表格控件，选中“数值列”选项卡，在“对象名称”中，输入“压力值”，“数据源”为“归档变量”，单击按钮，选中变量为“PressValue”，如图 7-15 所示。这一步非常关键，实际是将归档变量“PressValue”与在线表格控件相关联，不完成这一步，在线表格是不会有数据显示的，请读者务必注意。

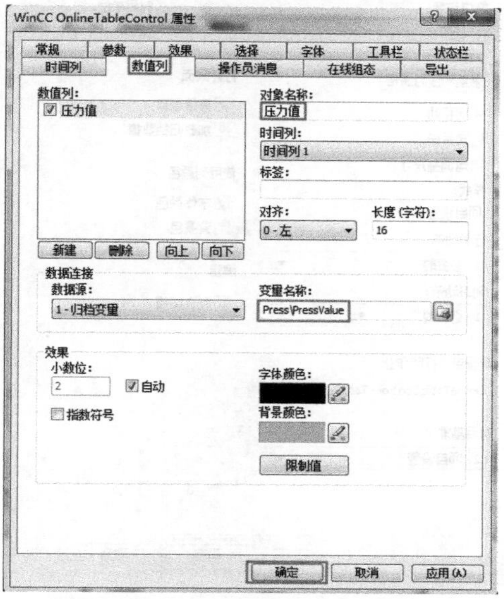

图 7-15　在线表格属性（数值列 1）

选中“数值列”选项卡，单击“新建”按钮，在“对象名称”中，输入“温度值”，“数据源”为“归档变量”，单击按钮，选中变量为“TempValue”，如图 7-16 所示。这一步非常关键，实际是将归档变量“TempValue”与在线表格控件相关联。

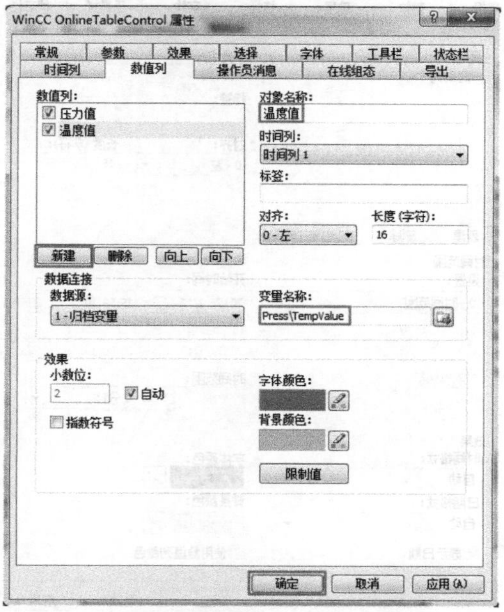

图 7-16　在线表格属性（数值列 2）

选中“常规”选项卡，在“文本”中，输入“温度和压力表格”，如图 7-17 所示。

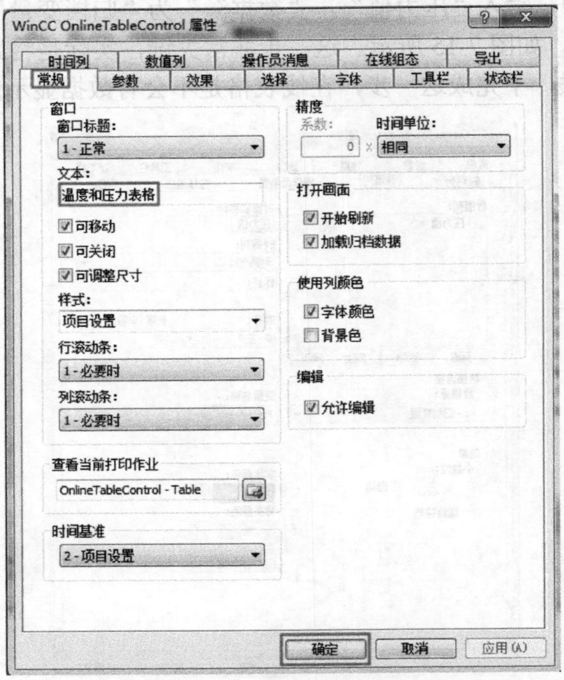

图 7-17　在线表格属性（常规）

选中“时间列”选项卡，在“时间范围”中，输入“5×1 分钟”，最后单击“确定”按钮，如图 7-18 所示。时间范围可以依据实际情况调整。

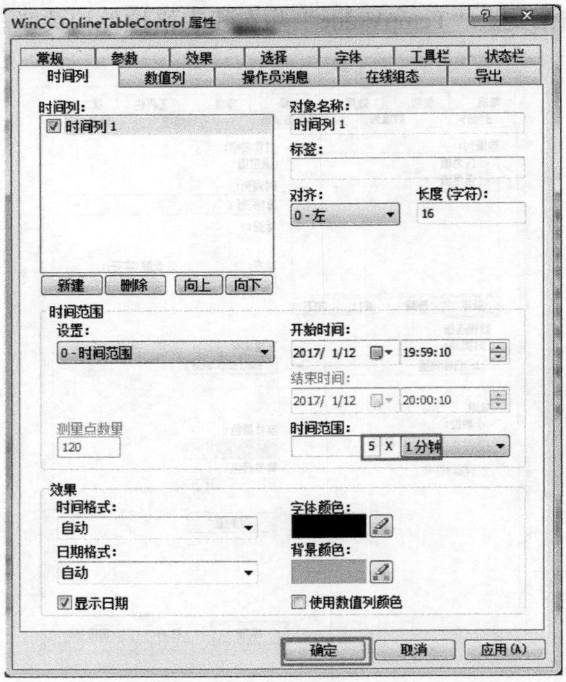

图 7-18　在线表格属性（时间列）

e．运行输出。

• 打开仿真器。单击“所有程序”→“Siemens Automation”→“SIMATIC”→“WinCC”→“Tools”→“WinCC Tag Simulator”，打开仿真器，如图 7-19 所示，单击“New Tag”，新建仿真器变量，并使此仿真器与变量“TempValue”相关联，也就是说仿真器将产生的数据值，将赋值给变量“TempValue”。

• 启动仿真器。用仿真器产生一条正弦曲线，选中“属性”选项卡，选择正弦曲线的振幅，并勾选“active”（激活）选项，如图 7-20 所示。再选择“List of Tags”（变量列表）选项，单击“Start Simulation”（开始仿真）按钮，开始产生正弦曲线，如图 7-21 所示。

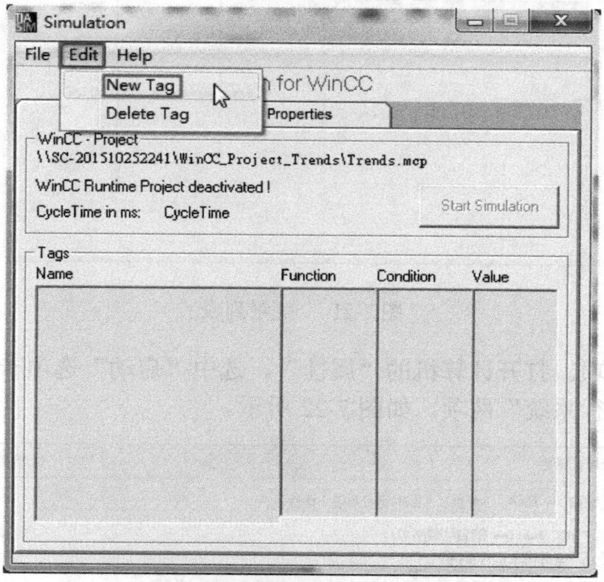

图 7-19　打开仿真器

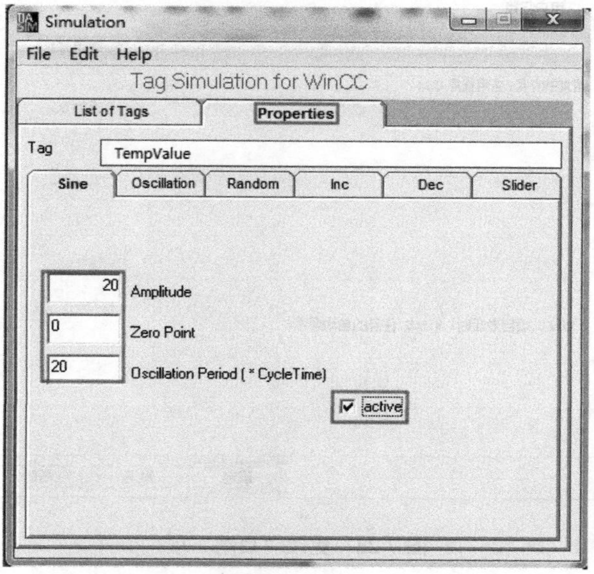

图 7-20　属性

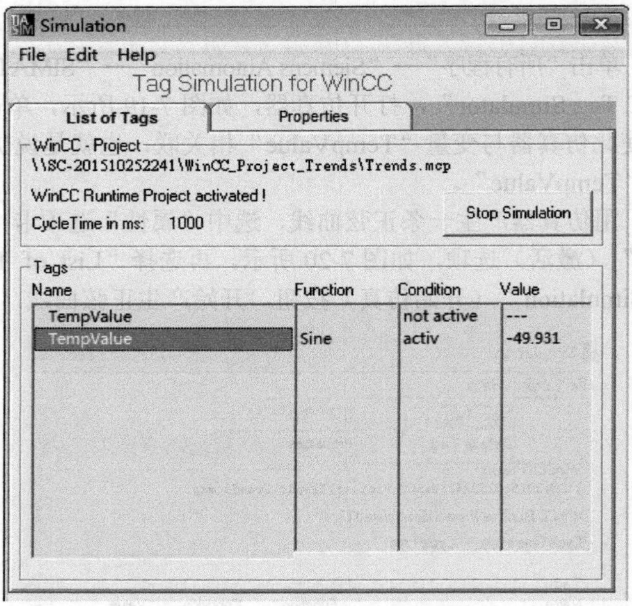

图 7-21 变量列表

• 修改“启动”项。打开计算机的“属性”，选中“启动”选项卡，勾选“变量记录运行系统”和“图形运行系统”两项，如图 7-22 所示。

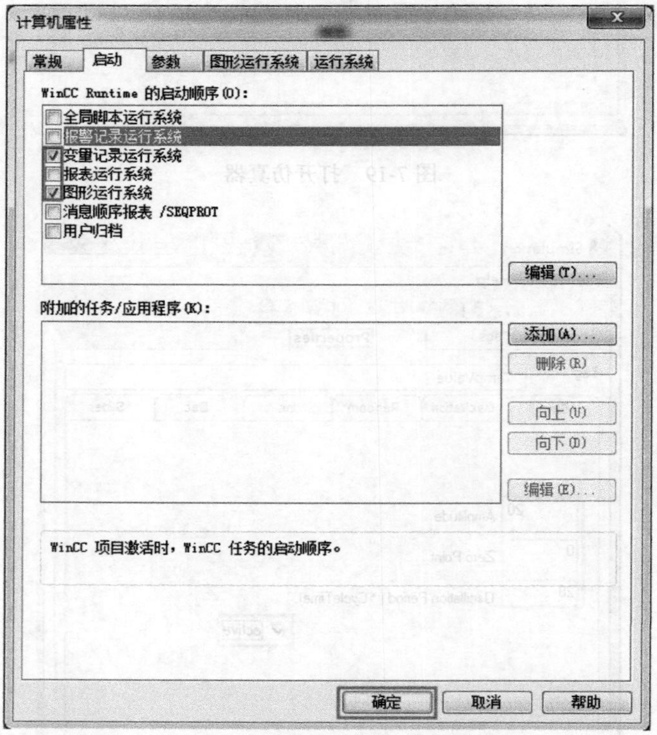

图 7-22 更改“启动”项

• 运行输出。单击图形编辑器中工具栏上的“激活”按钮 ▶，归档和显示如图 7-23 所示。

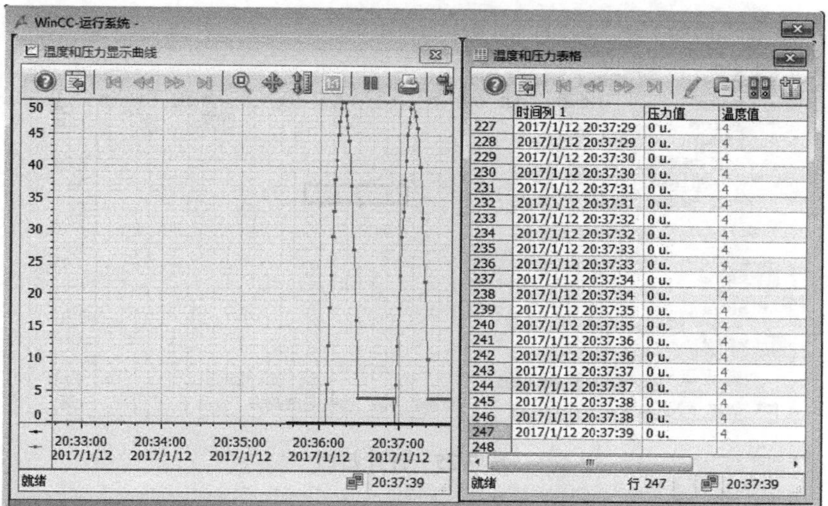

图 7-23　仿真运行

【关键点】 ① 在激活运行前，必须勾选“启动”项中的“变量记录运行系统”，对于初学者来说是很容易忽略的；

② 如果归档和显示的变量是外部变量，那么可以直接采集外部变量显示，也可以使用 STEP 7 中的仿真器 PLCSIM 产生数据。

7.3　应用实例

本实例是第 6 章实例的后续部分。

【例 7-2】 实时采集，并显示罐中的液位高度值。

【解】 ① 打开变量记录编辑器。在项目管理器中，选中浏览器中的“变量记录”，右击鼠标，弹出快捷菜单，单击打开选项，如图 7-24 所示，即可打开变量记录编辑器。

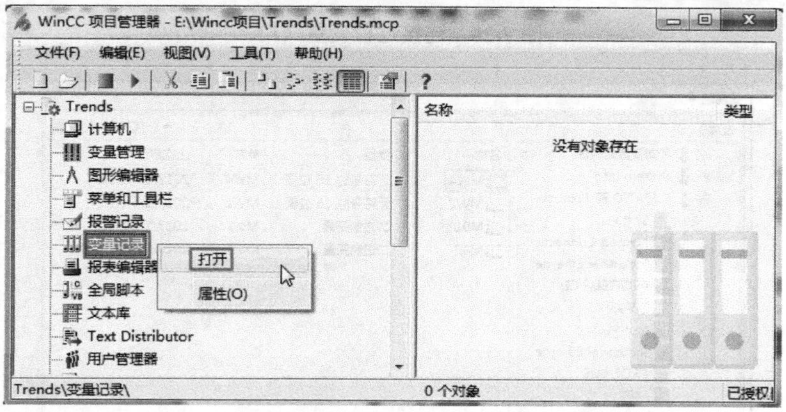

图 7-24　打开变量记录编辑器

② 新建归档名称。选中“归档”→“过程值归档”，在表格区域的“归档名称”栏下的单元格中，输入“Level”，如图 7-25 所示。选择“存储位置”栏下的项目为“硬盘”。

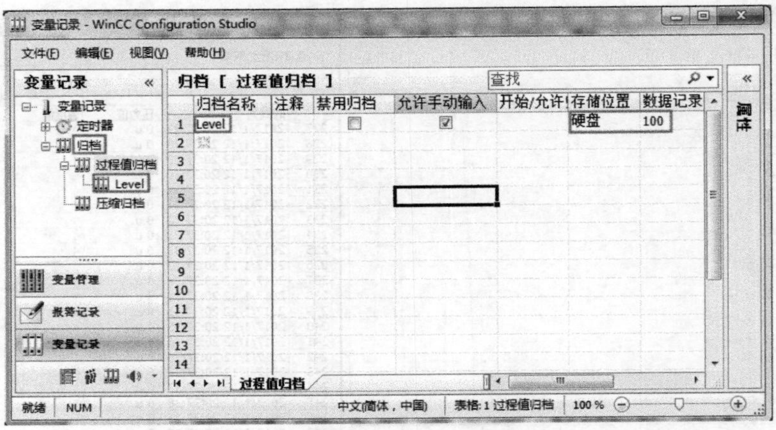

图 7-25　打开归档

③ 连接过程变量。在导航区域，选中“归档”→“Level”，单击在表格区域的“过程变量”栏下的单元格输入，如图 7-26 所示，单击 ... 按钮，弹出如图 7-27 所示的界面，选中变量“MW4”，单击“确定”按钮。

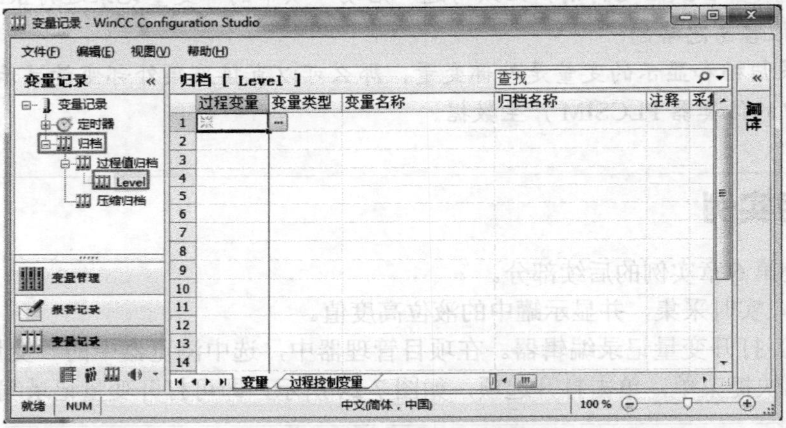

图 7-26　连接过程变量（1）

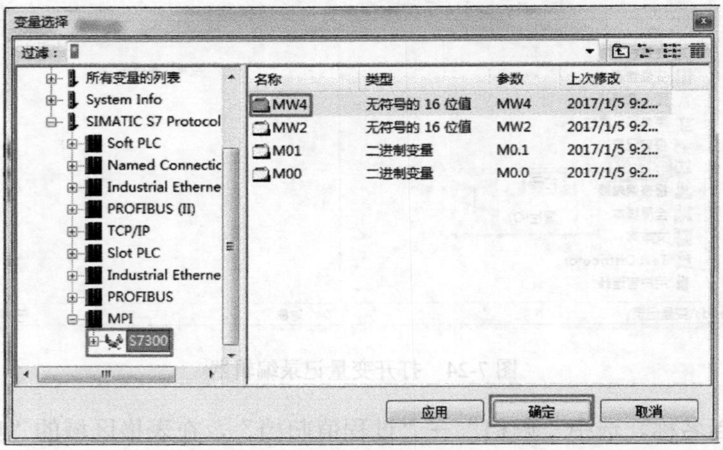

图 7-27　连接过程变量（2）

④ 选择采集周期。如图 7-28 所示，在表格区域的“采集周期”栏下，选择采集周期为“500ms”。

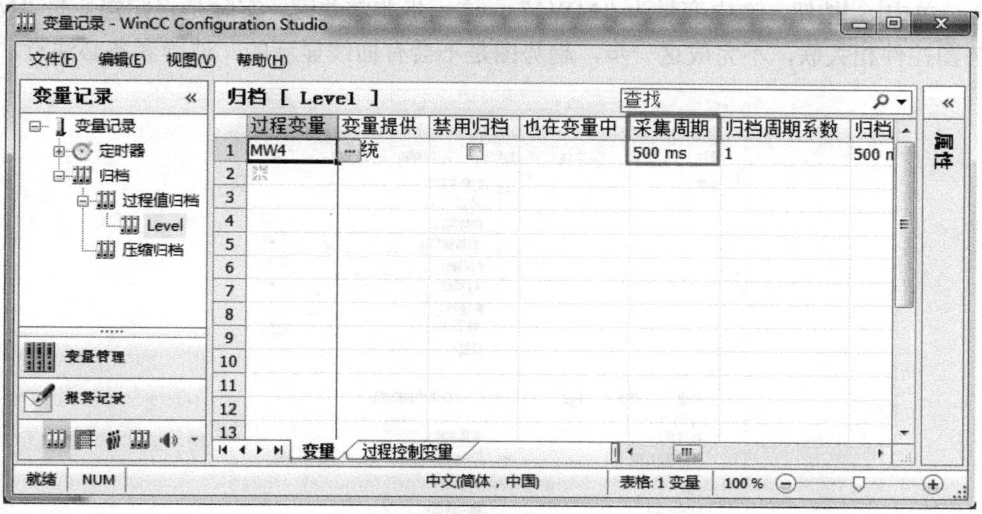

图 7-28　选择采集周期

⑤ 输出过程归档值。输出过程归档值有两种形式，一种是趋势图形式显示，另一种是表格形式显示，都需要用到 WinCC 提供的 ActiveX 控件。以下用趋势图形式显示形式的输出。

a. 新建图形画面，命名为“Trends.pdl”，并打开这个画面。

b. 将 ActiveX 控件拖入图形编辑器中。选中“控件”选项卡，将控件“WinCC OnlineTrendControl”（趋势图控件）拖入图形编辑器的图形编辑区，如图 7-29 所示。

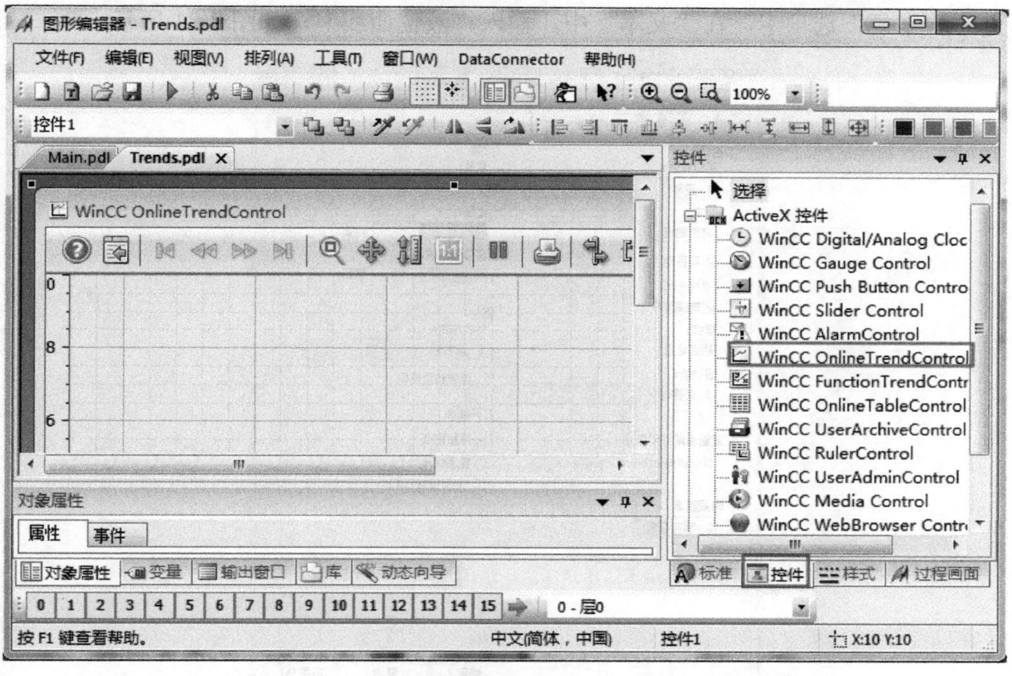

图 7-29　拖入控件

c. 编辑趋势图属性。双击图形编辑器中的趋势图控件，弹出趋势图控件的属性界面，如图 7-30 所示，选中“趋势”选项卡，在“对象名称”中输入“液位”，“数据源”为“归档变量”，单击按钮，选中变量为“MW4”。这一步非常关键，实际是将归档变量“MW4”与趋势图控件相关联，不完成这一步，趋势图是不会有曲线显示的，请读者务必注意。

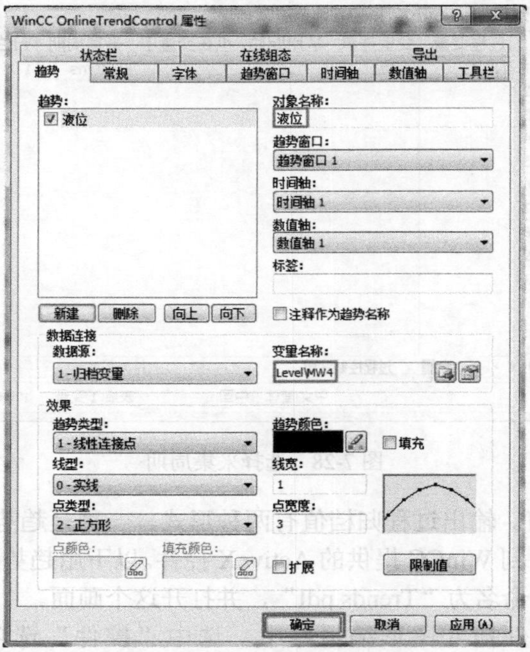

图 7-30 趋势图属性（趋势 1）

选中“常规”选项卡，在“文本”中，输入“液位曲线”，如图 7-31 所示。

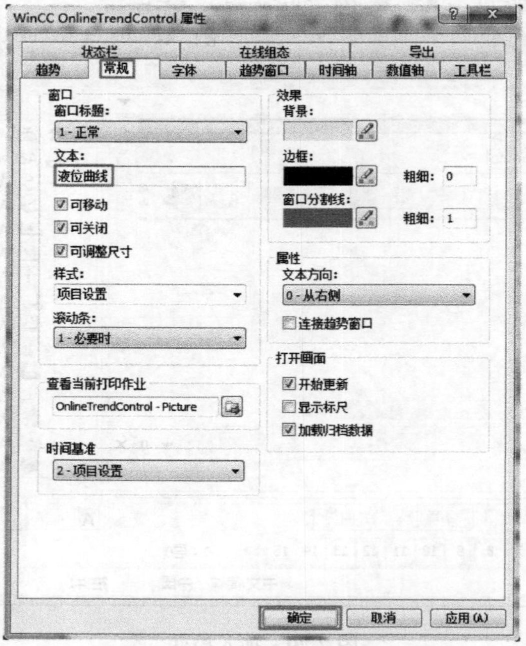

图 7-31 趋势图属性（常规）

d. 运行输出。

• 修改“启动”项。打开计算机的“属性”，选中“启动”选项卡，勾选“变量记录运行系统”和“图形运行系统”两项，如图 7-32 所示。

• 运行输出。在运行输出之前，先把安装有 WinCC 计算机和 PLC 连接。单击图形编辑器中工具栏上的“激活”按钮▶，归档和显示如图 7-33 所示。

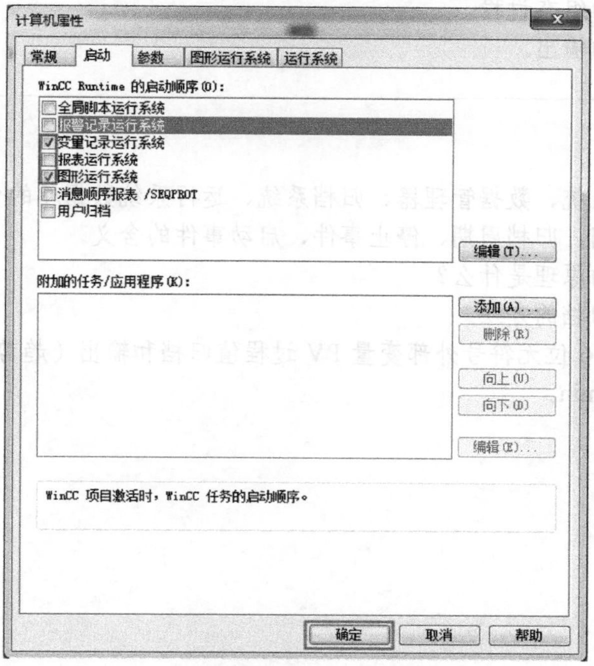

图 7-32 更改“启动”项

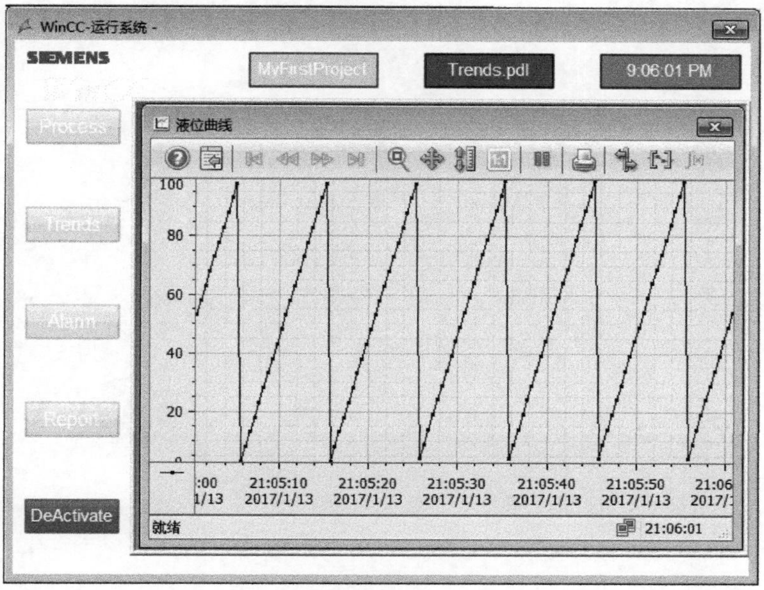

图 7-33 运行 WinCC

小结

重点难点总结

① 过程值归档的相关概念、过程值归档的方法和过程值归档的原理。

② 过程值归档的组态过程。

③ 过程值归档的输出。

习题

① 简述自动化系统、数据管理器、归档系统、运行系统数据库的含义。

② 简述采集周期、归档周期、停止事件、启动事件的含义。

③ 过程值归档的原理是什么?

④ 简述过程值归档的方法。

⑤ 请组态一个 16 位无符号外部变量 PV 过程值归档和输出(趋势图和在线表格)的全过程，归档周期为 3 min。

第8章 报表编辑

报表编辑器是 WinCC 基本软件包的一部分，提供报表的创建和输出功能。创建是指创建报表布局；输出是指打印输出报表。

8.1 报表编辑基础

WinCC 系统中的变量记录、报警记录、用户归档、实时数据等有时需要生成报表。一般的报表输出要求：数据准确、格式规范、趋势分析和条件灵活。

为了对组态和运行系统数据进行归档，将在 WinCC 中创建带有预定义布局的报表和日志。这些预定义的布局将涵盖对数据进行归档的大部分情况。可使用报表编辑器来编辑预定义的布局或创建新的布局。

8.1.1 组态和运行系统数据的文档

为了对组态和运行系统数据进行归档，将在 WinCC 中创建带有预定义布局的报表和日志。这些预定义的布局将涵盖对数据进行归档的大部分情况。可使用报表编辑器来编辑预定义的布局或创建新的布局。

（1）应用

使用报表系统可以输出：

- 报表中的组态数据。
- 日志中的运行系统数据。

（2）用途

组态数据文档称为项目文档。它用于在报表中输出 WinCC 项目的组态数据。

运行系统数据文档称为运行系统文档。它用于在运行期间将过程数据输出到日志中。为了输出运行系统数据，在运行系统中必须有相应的应用程序。

报表编辑器提供了用来输出报表和日志的打印作业。在打印作业中定义了时序表、输出介质和输出范围。

报表编辑器的动态对象用于数据输出。这些动态对象均与相应的应用程序相关联。

输出数据的选择与应用程序有关，将在创建布局、创建打印作业或启动打印时进行选择。当前视图或表格内容将使用 WinCC V7.3 控件以及相应的布局和打印作业进行输出。

在输出报表和日志期间，会提供动态对象及其当前值。

用于项目文档的报表结构和组态与用于运行系统文档的日志结构和组态基本相同。其本质差异在于与动态对象的数据源的连接以及打印的启动。

（3）输出介质

报表和日志可采用下列布局进行输出：

- 打印机。
- 文件。
- 屏幕。

（4）输出格式

报表和日志可采用下列布局进行输出：

- 页面布局；
- 行布局（仅适用于消息顺序报表）。

8.1.2 在页面布局中设置报表

（1）划分页面布局的区域

页面布局在几何上分割为多个不同的区域。页面范围对应于布局的整个区域。可为该区域定义打印页边距。正确的操作是，首先为页眉、页脚或公司标志组态可打印区域的页边距，然后才对用于报表数据输出的其余可打印区域进行组态。在可打印区域内定义的该区域，称为“页面主体”。页面布局如图 8-1 所示。

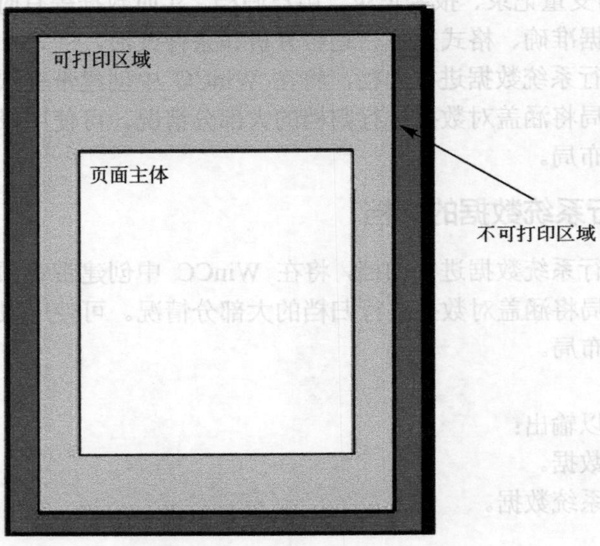

图 8-1 页面布局

报表和日志布局包括静态层和动态层。静态层包括布局的页眉和页脚，用于输出公司名称、公司标志、项目名称、布局名称、页码、时间等。动态层包括输出组态和运行系统数据的动态对象。

（2）页面布局中的页面

每个页面布局由三个页面组成：

① 封面　封面是页面布局的固定组件。因此，可以为各个报表设计一个单独的封面。

② 报表内容　在页面布局的该部分中，定义了报表输出时的结构和内容。可以使用系统对象来定义报表内容。报表内容具有静态组件和动态组件（组态层）。

如果必要，报表内容的动态部分在输出时将分散为各种不同的后续页面，因为直到输出时才能知道存在多少数据。

③ 封底　封底是页面布局的固定部分。因此，可以为每个报表设计一个单独的封底。

8.2　页面布局编辑器

页面布局编辑器提供用于创建页面布局的对象和工具。启动 WinCC 项目管理器中的页面布局编辑器。页面布局编辑器的结构如图 8-2 所示。

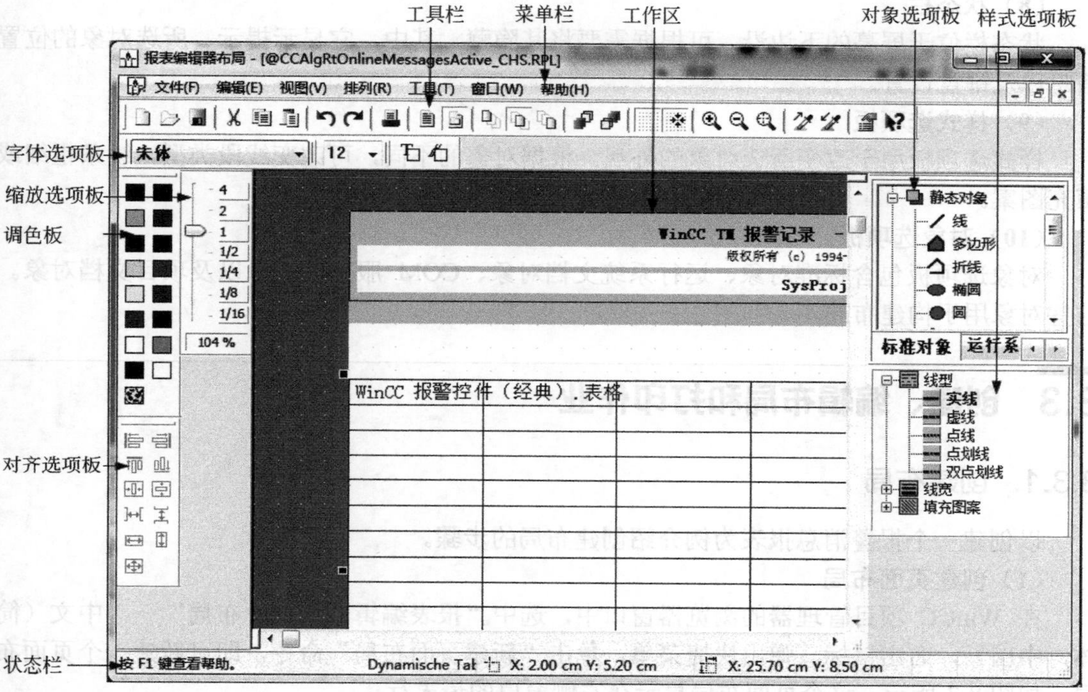

图 8-2　页面布局编辑器的结构

页面布局编辑器是根据 Windows 标准构建的。它具有工作区、工具栏、菜单栏、状态栏和各种不同的选项板。打开页面布局编辑器后，将出现带默认设置的工作环境。可根据喜好排列选项板和工具栏或隐藏它们。WinCC V7.3 页面布局编辑器与早期版本变化不大。

（1）工作区

页面的可打印区将显示为灰色区，而页体部分将显示为白色区。工作区中的每个画面都代表一个布局，并将保存为独立的 rpl 文件。布局可按照 Windows 标准进行扩大和缩小。

（2）菜单栏

菜单栏始终可见。不同菜单上的功能是否激活，取决于不同的状况。

（3）工具栏

工具栏提供一些按钮，以便快速地执行页面布局编辑器常用命令。根据需要，可在屏幕的任何地方隐藏或移动工具栏。

（4）字体选项板

字体选项板用于改变文本对象的字体、大小和颜色，以及标准对象的线条颜色。

（5）缩放选项板

缩放选项板提供了用于放大或缩小活动布局中对象的两个选项：使用带有标准缩放因子的按钮或使用滚动条。

（6）调色板

调色板用于为选择的对象涂色。除了 16 种标准颜色之外，还可定义自己的颜色。

（7）对齐选项板

使用对齐选项板可改变一个或多个对象的绝对位置以及改变所选对象之间的相对位置，并可对多个对象的高度和宽度进行标准化。

（8）状态栏

状态栏位于屏幕的下边沿，可根据需要将其隐藏。其中，它显示提示、所选对象的位置信息以及键盘设置。

（9）样式选项板

样式选项板用于改变所选对象的外观。根据对象的不同，可改变线段类型、线条粗细或填充图案。

（10）对象选项板

对象选项板包含标准对象、运行系统文档对象、COM 服务器对象以及项目文档对象。这些对象用于构建布局。

8.3　创建、编辑布局和打印作业

8.3.1　创建布局

以创建一个报警消息报表为例介绍创建布局的步骤。

（1）创建页面布局

在 WinCC 项目管理器的浏览器窗口中，选中“报表编辑器”→“布局”→“中文（简体，中国）”，右击鼠标，弹出快捷菜单，单击“新建页面布局”命令，即可新建一个页面布局，如图 8-3 所示，这个页面布局显示在右侧窗口的最末行。

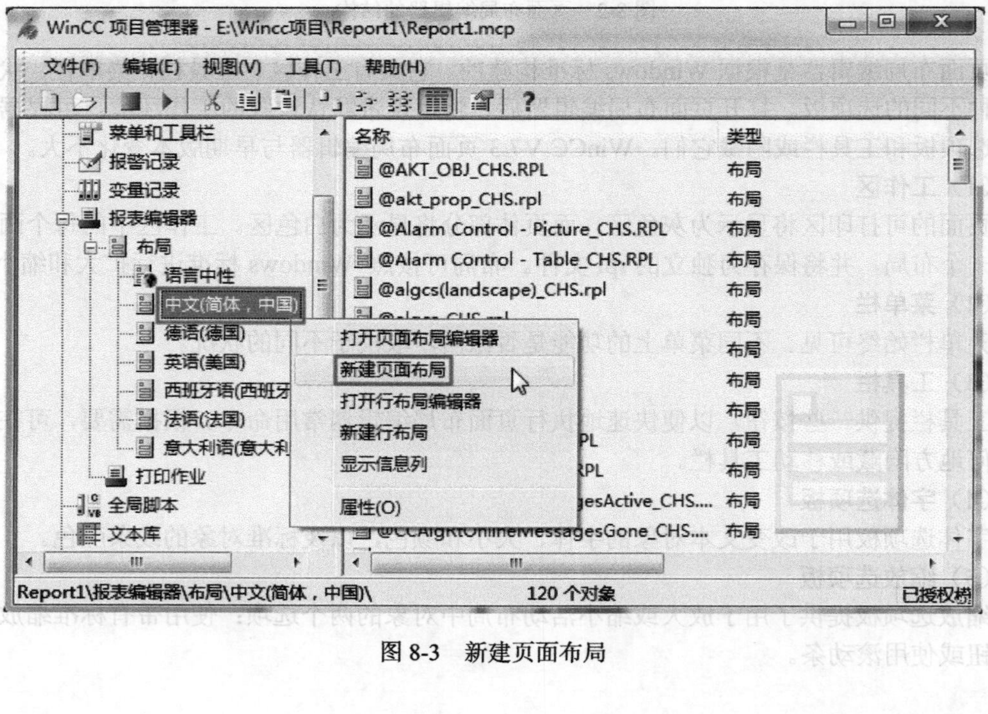

图 8-3　新建页面布局

（2）重新命名页面布局

选中新建的页面布局，右击鼠标弹出快捷菜单，单击“重命名页面布局”弹出“新名称”对话框，如图 8-4 所示，单击“确定”按钮即可。

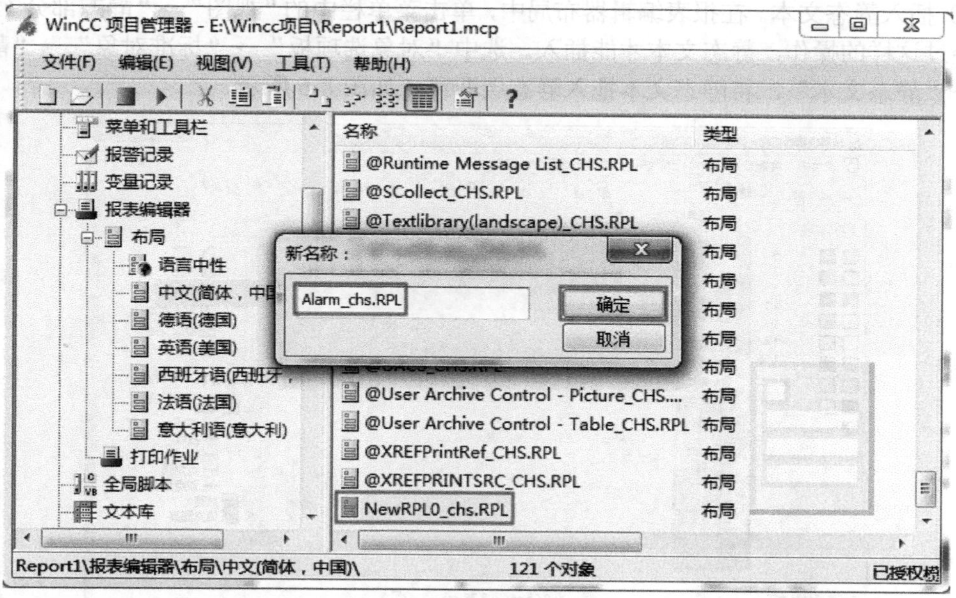

图 8-4 重新命名页面布局

（3）打开页面布局

选中重命名的页面布局“Alarm_chs.RPL”，双击“Alarm_chs.RPL”，页面布局打开，如图 8-5 所示。

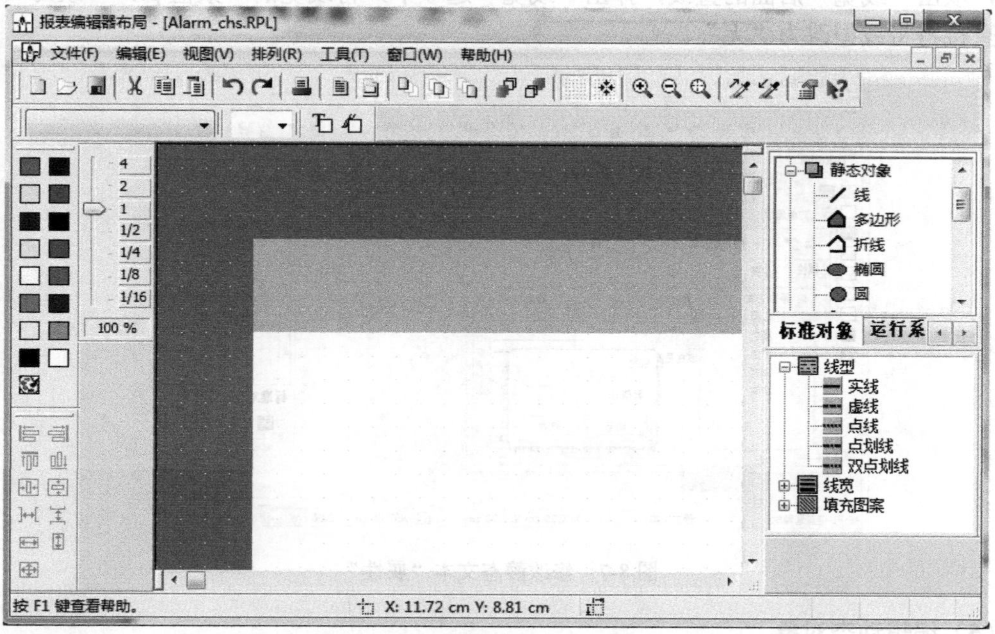

图 8-5 “Alarm_chs.RPL”页面布局

（4）编辑静态对象

静态对象用于创建可视化页面布局。只有静态对象和系统对象可插入到静态层。静态对象和动态对象均可插入动态层。

① 插入静态文本。在报表编辑器布局中，单击菜单栏中的“视图”→“静态部分（S）”，只有经过这样的操作，静态文本才能插入。选中“对象选项板”→“标准对象”→“静态对象”→“静态文本”，将静态文本拖入静态层即可，如图 8-6 所示。

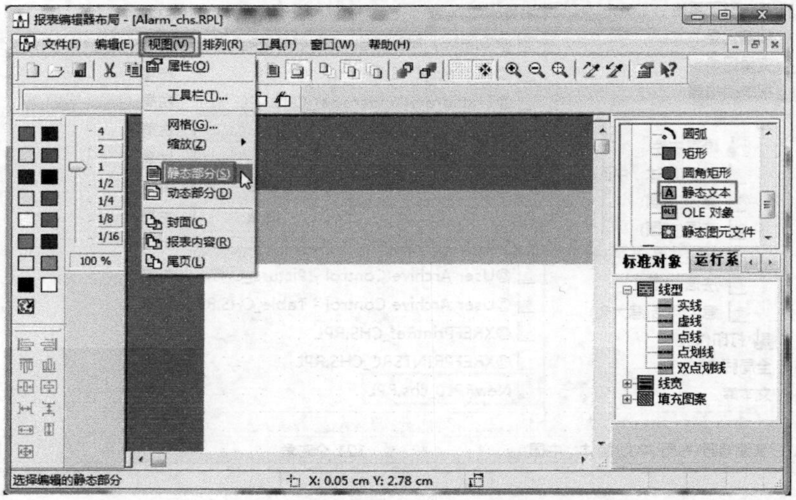

图 8-6 插入静态文本

② 编辑静态文本。先在静态文本中输入标题（本例为“压力监控表”），选中静态文本，右击鼠标，弹出快捷菜单，单击“属性”选项，如图 8-7 所示，选中“样式”→“线宽”选项，双击“线宽”后面的直线，弹出“线宽”选项卡，将线宽的“数值 pt：”改为“0”；或者直接将将线型改为“无”。

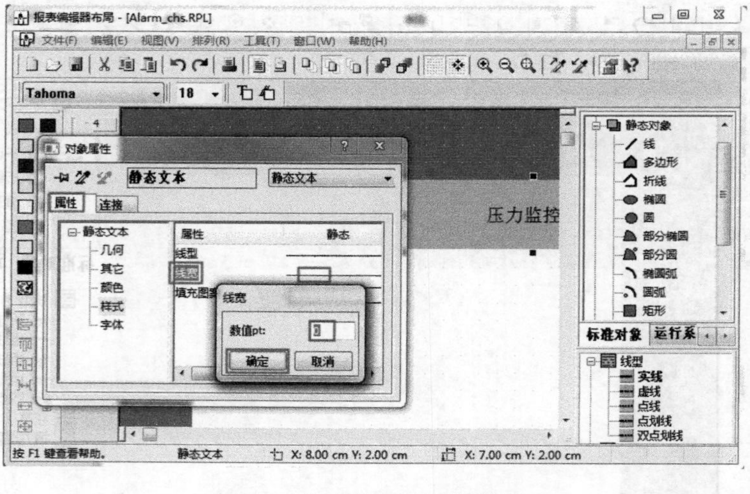

图 8-7 修改静态文本“属性”

（5）编辑动态对象

如果需要，插入到页面布局动态部分中的对象可进行动态扩展。例如，当动态表中的对象被提供数据时，可扩展该表以允许输出表中的所有数据。如果在布局的动态部分中还存在其他对象，则对其进行相应移动。因此，具有固定位置的对象必须插入到布局的静态部分中。

① 插入表格　在报表编辑器布局中，单击菜单栏中的“视图”→“动态部分”，由于前面是编辑静态对象，因此只有经过这样的操作，表格才能插入。选中“对象选项板”→“运行系统文档”→“报警记录”→“消息报表”，将消息报表拖入动态层即可，如图 8-8 所示。

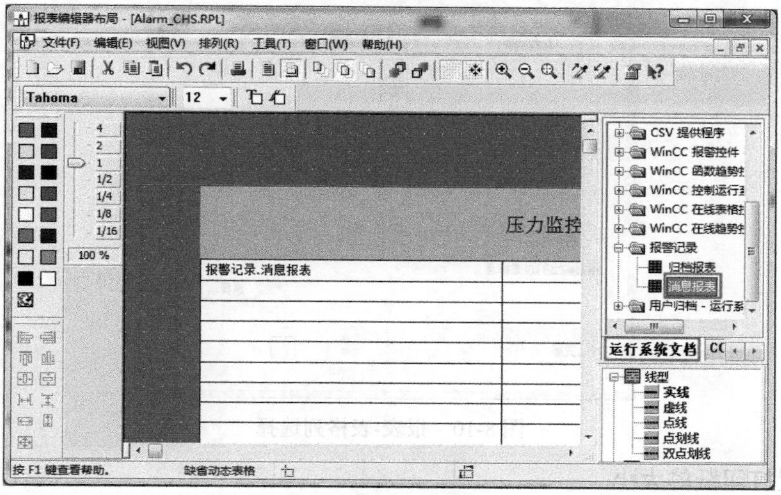

图 8-8　插入消息报表

② 编辑表格　选中“消息表格”，右击鼠标，单击“属性”选项，弹出“对象属性”界面，如图 8-9 所示，选择“连接”→“选择”，单击“编辑”按钮，如图 8-9 所示，弹出如图 8-10 所示界面。

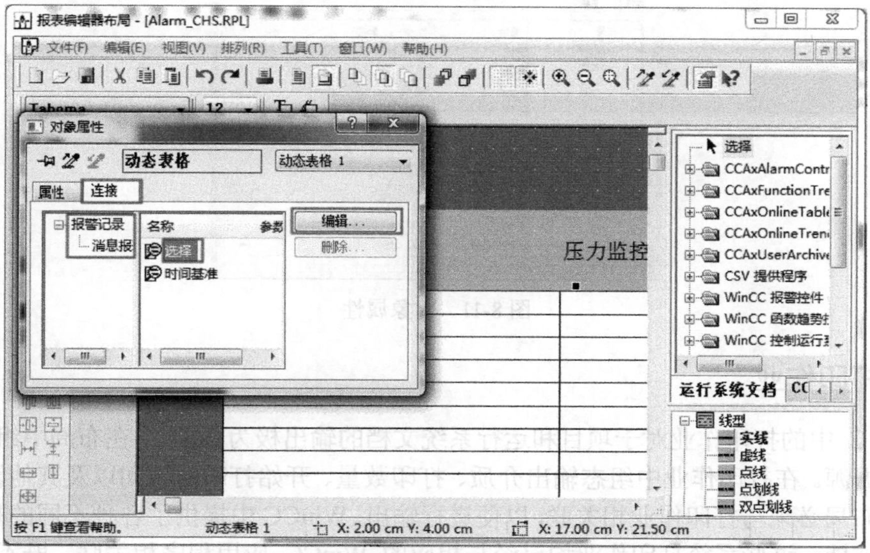

图 8-9　消息报表的“对象属性”

如图 8-10 所示，选中“存在的块”中的所有选项，单击“单选”按钮[->]（或者单击“全选”按钮[->>]），最后单击“确定”按钮。

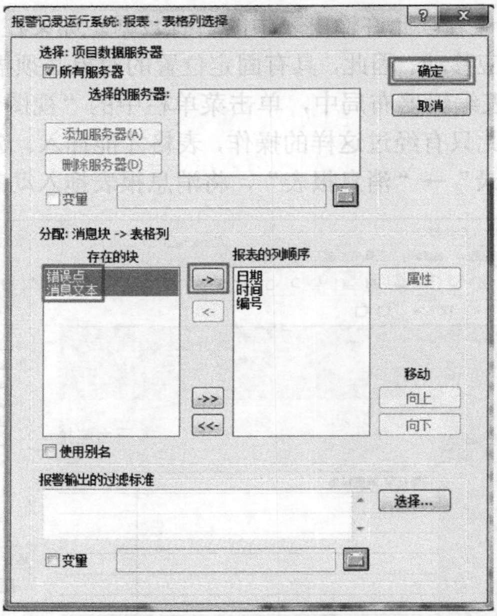

图 8-10 报表-表格列选择

（6）设置打印纸的大小

单击“对象属性”上的 按钮，“对象属性”对话框固定在顶部，不再移动。

选中动态部分下的空白处，右击鼠标，单击“属性”选项，弹出“对象属性”界面，如图 8-11 所示，选择“属性”→“几何”，将纸张大小选定为“A4 纸，210×297 毫米”。

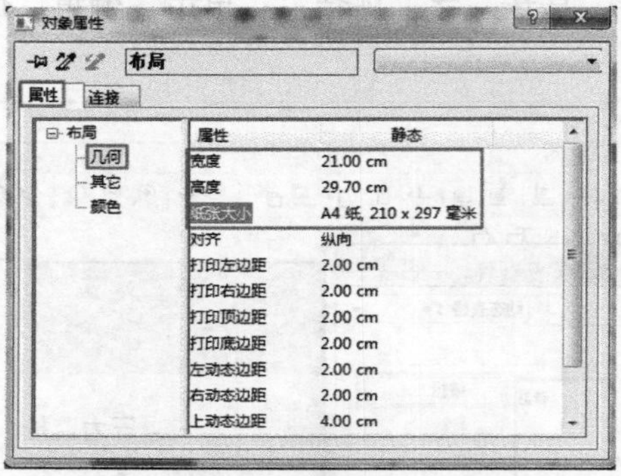

图 8-11 对象属性

8.3.2 打印作业

WinCC 中的打印作业对于项目和运行系统文档的输出极为重要。在布局中组态输出的外观和数据源。在打印作业中组态输出介质、打印数量、开始打印的时间以及其他输出参数。

每个布局必须与打印作业相关联，以便进行输出。WinCC 中提供了各种不同的打印作业，用于项目文档。这些系统打印作业均已经与相应的 WinCC 应用程序相关联。既不能将其删除，也不能对其重新命名。

可在 WinCC 项目管理器中创建新的打印作业，以便输出新的页面布局。WinCC 为输出行布局提供了特殊的打印作业。行布局只能使用该打印作业输出。不能为行布局创建新的打印作业。

（1）新建打印作业

在项目管理器的浏览器窗口中，选择“报表编辑器”→“打印作业”选项，右击鼠标，弹出快捷菜单，单击“新建打印作业”命令，则自动在界面的右侧自动生成一个打印作业（打印作业 001，以前中文版本为 PrintJob001），如图 8-12 所示。

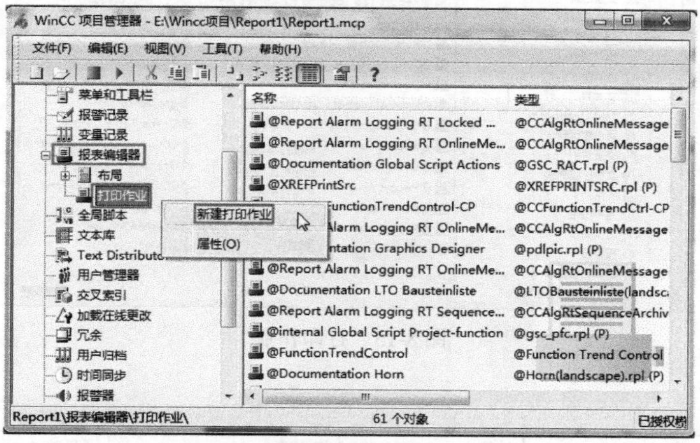

图 8-12　新建打印作业

（2）打印设置

双击新建的打印作业“打印作业 001”，弹出“打印作业属性”界面，如图 8-13 所示，在“常规”选项卡中，将布局文件选定为以前新建的“Alarm.RPL”。再选择“打印机设置”选项卡，选择与此计算机相连接的打印机（或者 PDF 等打印文档），最后单击“确定”按钮即可，如图 8-14 所示。这样打印机与要打印的布局和数据就绑定到一起了。

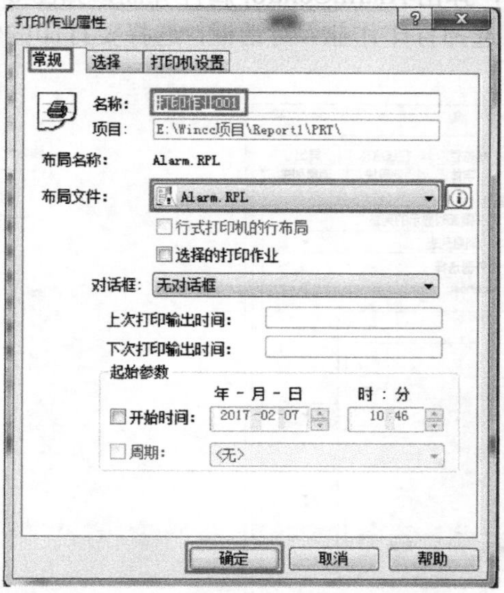

图 8-13　打印作业属性-常规

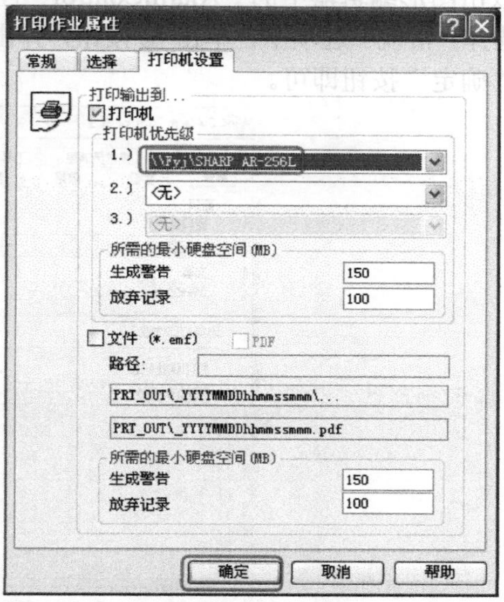

图 8-14　打印作业属性-打印机设置

（3）打印和打印预览

打印预览和打印都可以在一个界面中完成，选中要打印的作业，右击鼠标，弹出快捷菜单，单击“打印”命令或者“打印预览”命令，即可完成打印或者打印预览作业，如图 8-15

所示。打印出的表格如图 8-16 所示。

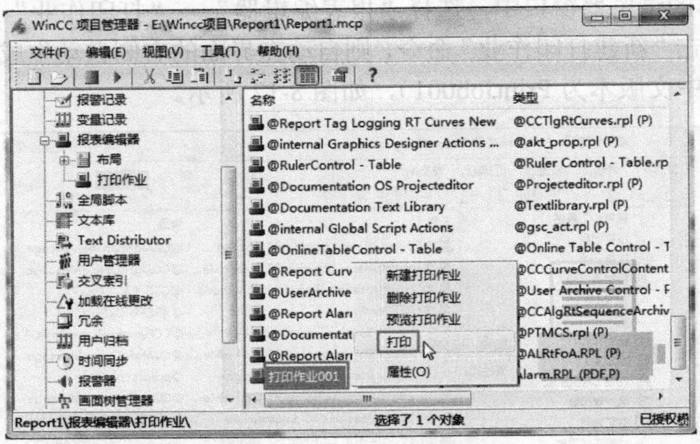

图 8-15 打印作业

压力监控表

编号	日期	时间	错误点	消息文本
2	07/02/2017	14:36:09	油泵	油压过高

图 8-16 打印报警作业

注意：① 打印和打印预览必须在项目运行时才可以进行。

② 此时，有触发的报警产生，否则表格只有第一行。

打印也可以在图形编辑器中的报警控件中完成。具体方法如下。

双击图形编辑器中的“AlarmControl”控件，弹出 AlarmControl 属性界面，如图 8-17 所示，选择“常规”选项卡，单击按钮，弹出“选择打印作业”对话框，选择要打印的作业，单击“确定”按钮即可。

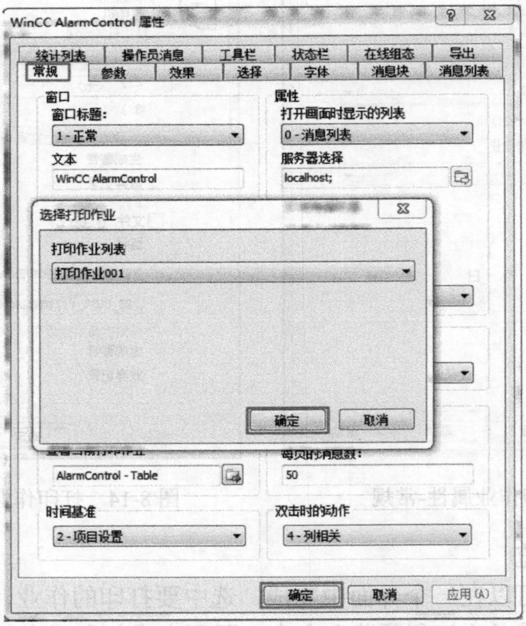

图 8-17 AlarmControl 属性

激活运行项目，如图 8-18 所示，单击工具栏上的“打印机”图标，也生成输出文档，如图 8-16 所示。

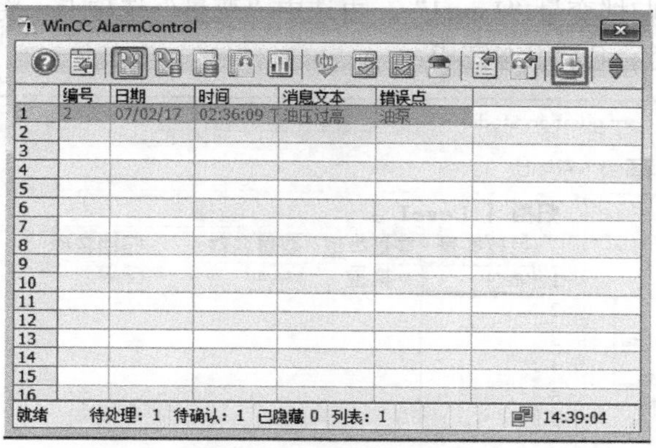

图 8-18 打印作业-报警

8.4 应用实例

以一个简单的实例来具体介绍下报警记录与变量记录报表的创建过程。本实例是第 7 章实例的后续部分。

【例 8-1】 有一个工程项目，当液位高于 80 报警，并可以打印参数报表，分别是变量液位的报警报表和变量报表。

【解】 项目和变量的创建、报警部分在前面的章节已经完成，这部分内容只是粗略介绍，以下仅详细介绍报表的生成和打印。

（1）新建项目和变量

新建一个单用户项目名称为“Report”，在“变量管理”编辑器里，分别创建名称为“MW2”和“MW4”；数据类型为无符号 16 位数的内存变量，如图 8-19 所示。

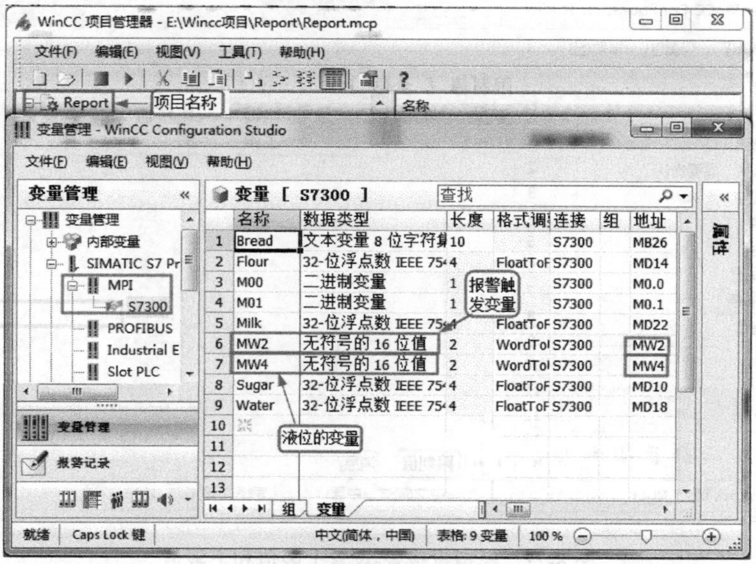

图 8-19 新建项目和变量

（2）变量记录组态

打开变量记录编辑器，如图 8-20 所示，在导航区域中，选择“变量记录”→“归档”→“过程值归档”，新建归档变量“Level”，再选中“变量”选项卡，将归档变量“Level”与“MW4”关联，这样变量记录组态完毕。

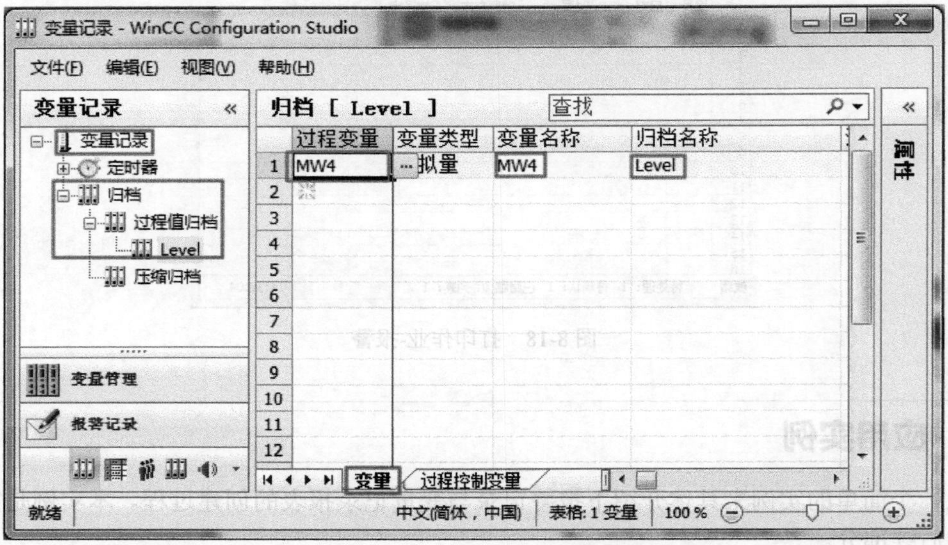

图 8-20 变量记录组态

（3）报警组态

① 如图 8-21 所示，在报警编辑器中选中“模拟消息”，再选中“限制值”选项卡，在“变量”栏下，单击[…]按钮，选中变量“MW4”，消息号为 1。选中“比较”栏下的单元格，单击[▾]按钮，选中“上限”选项，选中“比较值”栏下的单元格输入“80”，这是上限报警触发值。

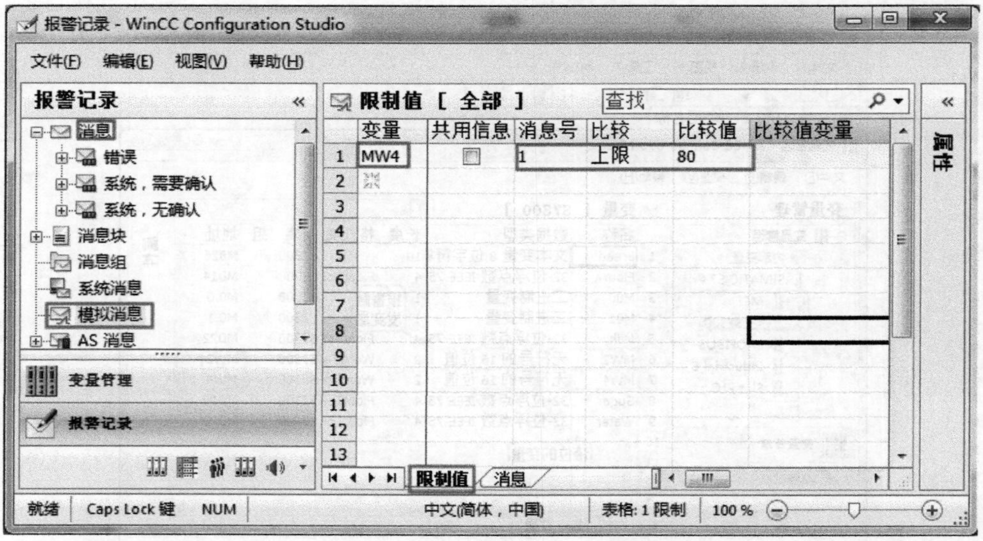

图 8-21 模拟量报警-设置上限值和下限值

② 设置模拟量报警的消息。如图 8-22 所示，选中“模拟消息”，在编号“1”，后面的“消息文本”栏中输入“液位过高”，“错误点”栏为“罐”。

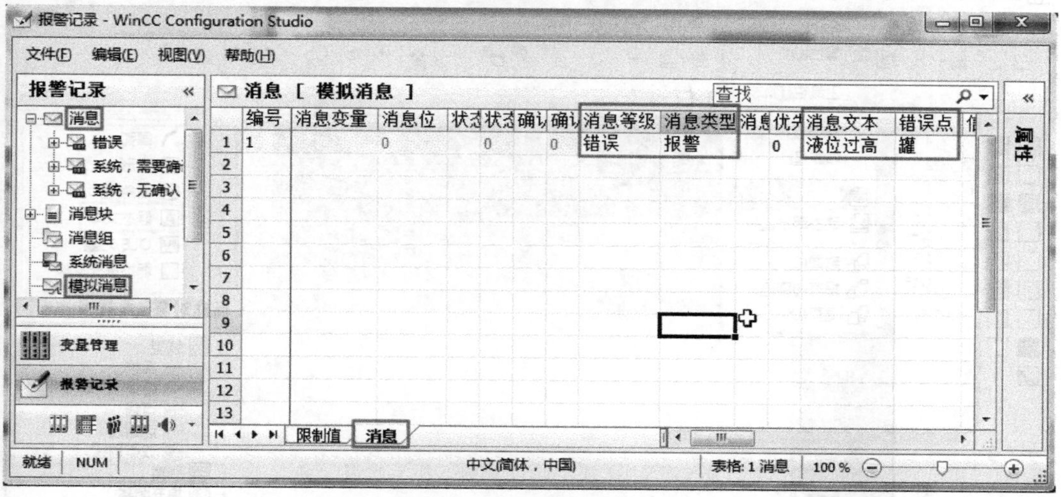

图 8-22 模拟量报警-设置消息

（4）新建页面布局

① 新建和重命名页面布局。在 WinCC 项目管理器的浏览器窗口中，选中“报表编辑器”→“布局”→“中文（简体，中国）”，右击鼠标，弹出快捷菜单，单击“新建页面布局”命令，即可新建一个页面布局，如图 8-23 所示，这个页面布局显示在右侧窗口的最末行。

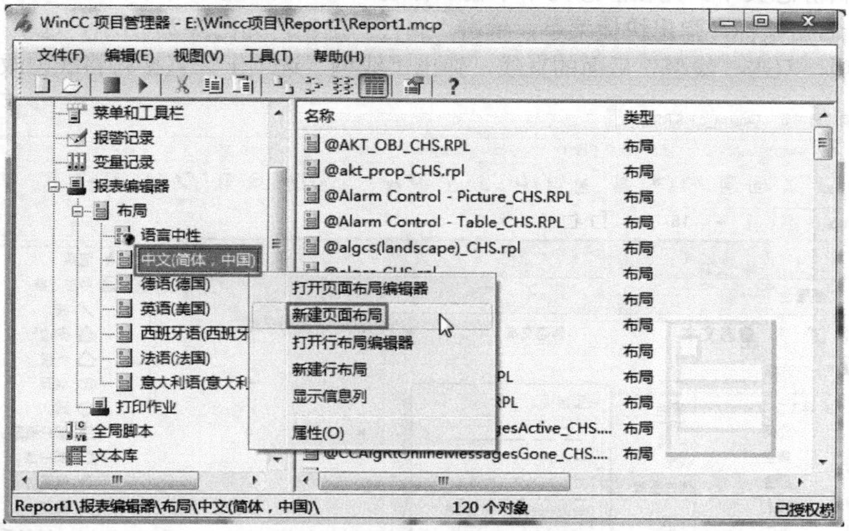

图 8-23 新建页面布局

右键“NewRPL0.RPL”，选择“重命名页面布局”，在弹出的对话框中输入“Alarm_chs.RPL”。重命名布局完成。

② 插入静态文本。双击所建的“Alarm_chs.RPL”布局，弹出“报表编辑器布局”对话框。在报表编辑器布局中，单击菜单栏中的“视图”→“静态部分”，只有经过这样的操作，静态文本才能插入。选中“对象选项板”→“标准对象”→“静态对象”→“静态文本”，

将静态文本拖入静态层即可，如图 8-24 所示。

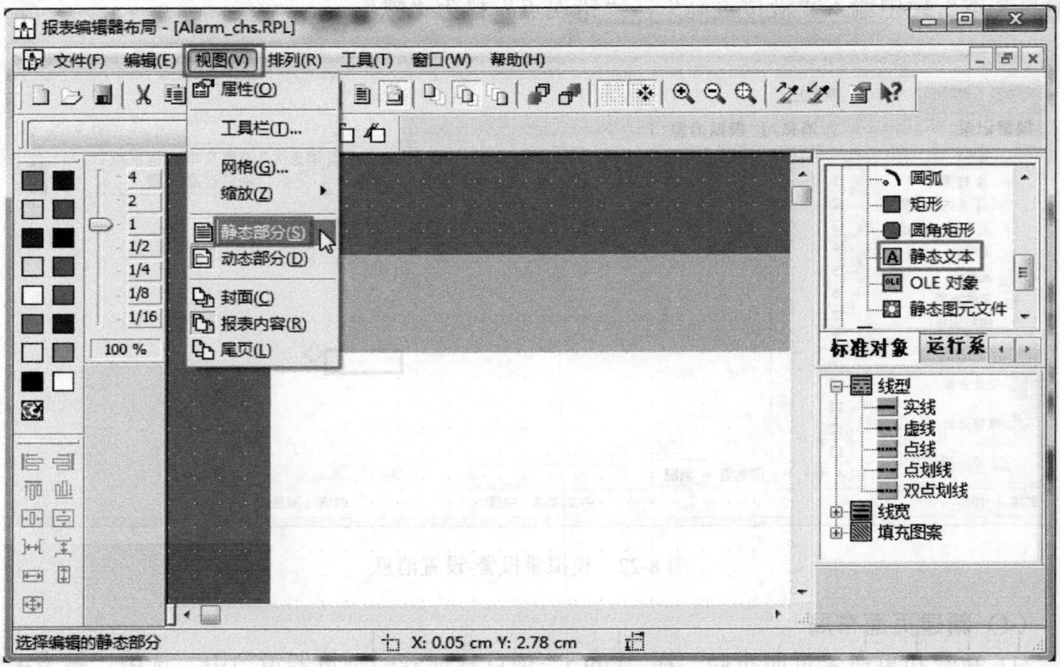

图 8-24 插入静态文本

③ 编辑静态文本。先在静态文本中输入标题（本例为“罐体液位报警表格”），选中静态文本，右击鼠标，弹出快捷菜单，单击“属性”选项，如图 8-25 所示，选中“样式”→“线型”选项，双击“线型”后面的直线，弹出“线型”选项卡，直接将将线型改为“无”。

图 8-25 修改静态文本“属性”

④ 插入日期和时间。选择右侧“标准对象”下的“系统对象”中的“日期/时间”，如图 8-26 所示；在编辑区域的白色上面的灰色区域的左上角的地方，拖动鼠标到合适大小，释放鼠标。

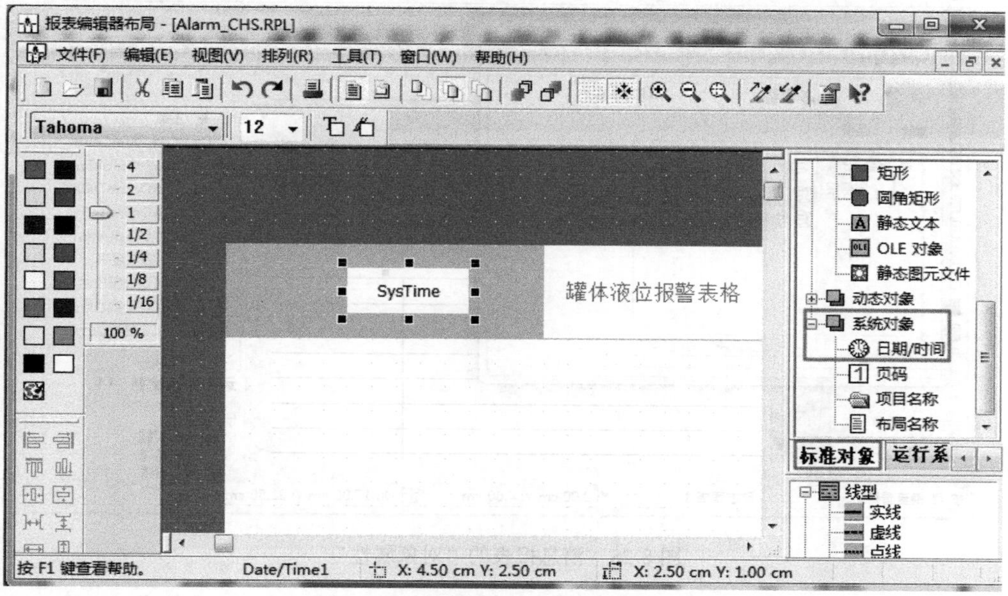

图 8-26　插入日期/时间

⑤ 插入表格。在报表编辑器布局中，单击菜单栏中的“视图”→“动态部分”，由于前面是编辑静态对象，因此只有经过这样的操作，表格才能插入。选中“对象选项板”→“运行系统文档”→“报警记录”→“消息报表”，将消息报表拖入动态层，并调整其到合适大小即可，如图 8-27 所示。

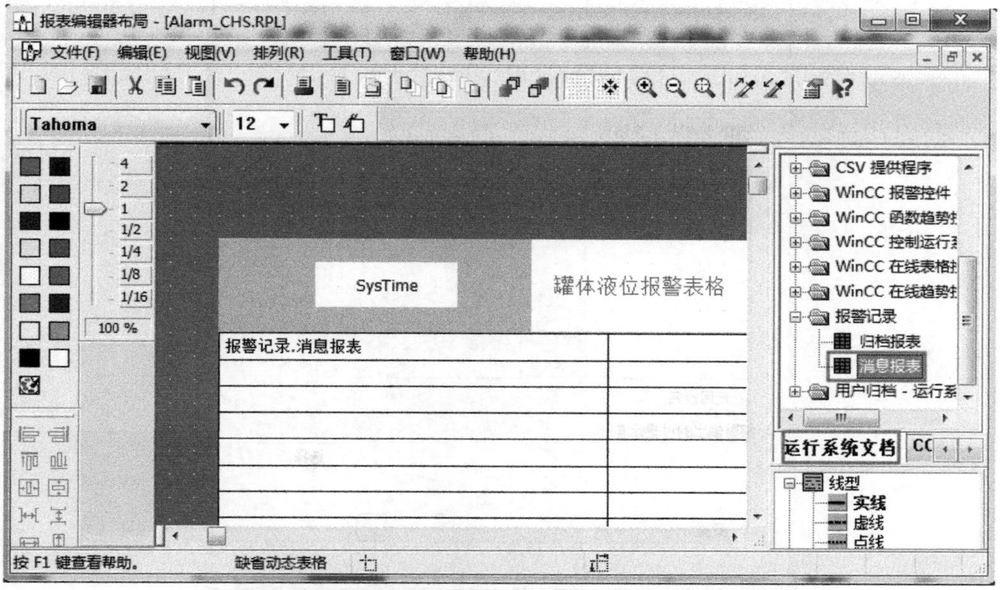

图 8-27　插入消息报表

⑥ 编辑表格。选中“消息表格”，右击鼠标，单击“属性”选项，弹出“对象属性”界面，如图 8-28 所示，选择“连接”→“选择”，单击“编辑”按钮，弹出 8-29 所示界面。

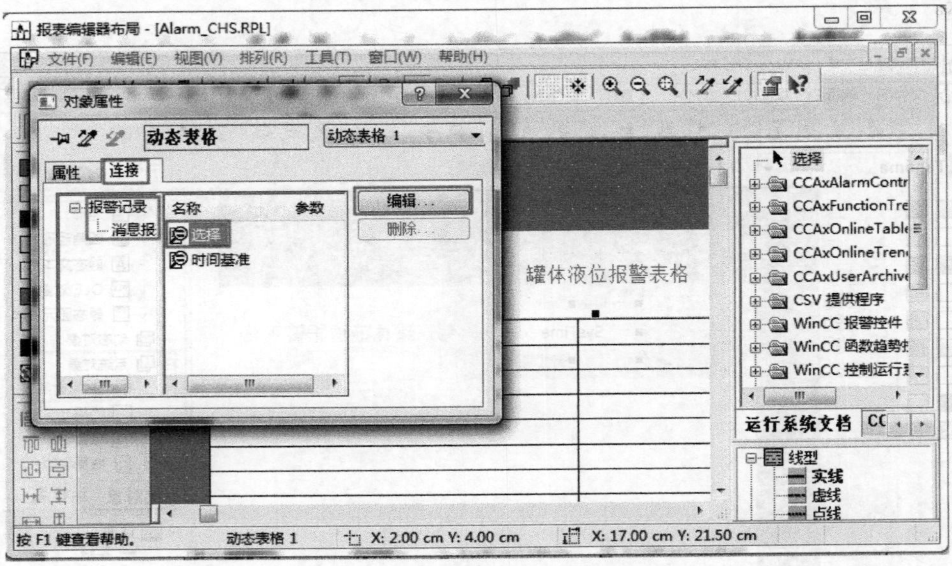

图 8-28　消息报表的“对象属性”

如图 8-29 所示，选中“存在的块”中的所有选项，单击“单选”按钮 -> （或者单击“全选”按钮 ->> ），最后单击“确定”按钮。

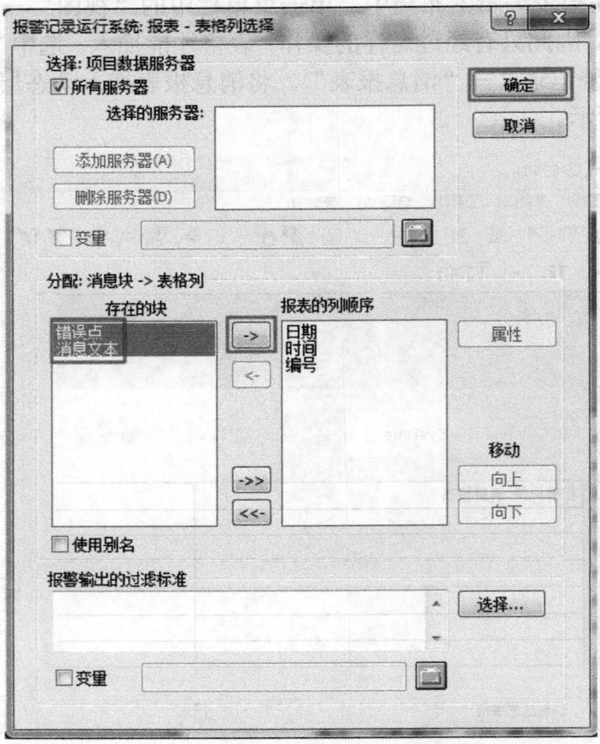

图 8-29　报表-表格列选择

⑦ 设置打印纸的大小。单击“对象属性”上的按钮，“对象属性”对话框固定在顶部，不再移动。

选中动态部分下的空白处，右击鼠标，单击“属性”选项，弹出“对象属性”界面，如图 8-30 所示，选择“属性”→“几何”，将纸张大小选定为“A4 纸，210×297 毫米”。

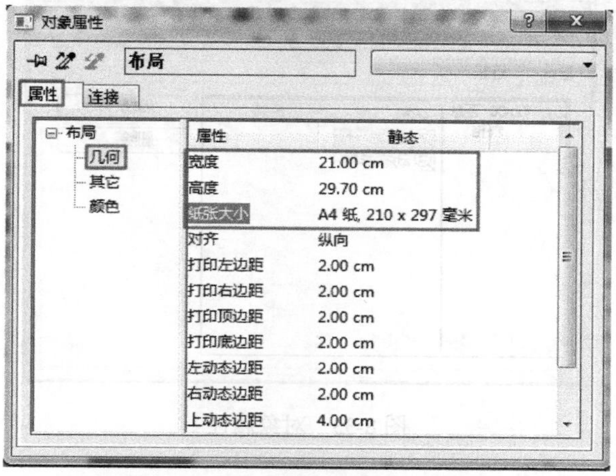

图 8-30　对象属性

关闭“对象属性”对话框，单击“保存”按钮，保存报表编辑器布局。

⑧ 新建“Level_CHS.RPL”布局的页眉。同样方法，编辑“Level_CHS.RPL”布局的报表页眉，如图 8-31 所示。

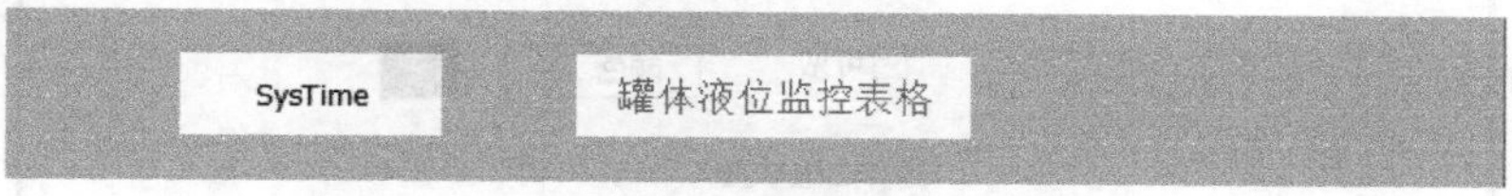

图 8-31　报表页眉

⑨ 插入表格，并修改相关属性。单击菜单栏“视图”→“动态部分”；选择“运行系统文档”→“WinCC 在线表格控件（经典）”→“表格”，如图 8-32 所示，在左侧的白色区域（动态部分）合适位置拖动鼠标到合适大小。

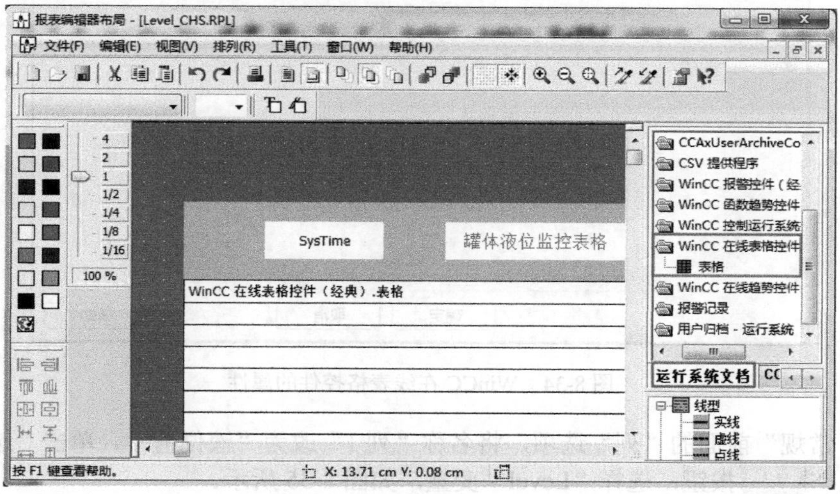

图 8-32　插入表格

双击所插入的“表格”，弹出“对象属性”对话框，选择“连接”中的“分配参数”，单击“编辑”按钮，如图 8-33 所示；弹出“WinCC 在线表格控件的属性”对话框，如图 8-34 所示。

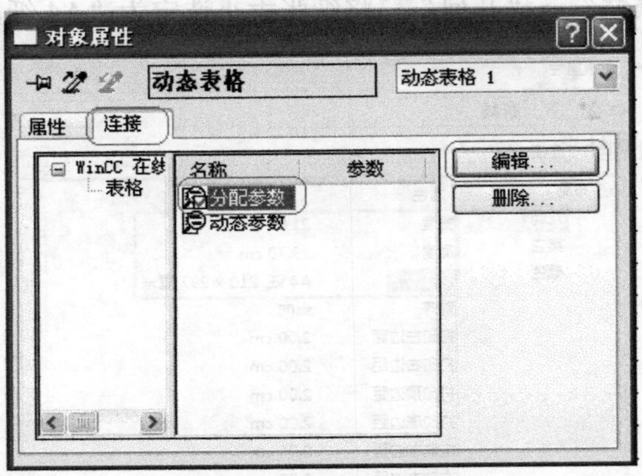

图 8-33　对象属性

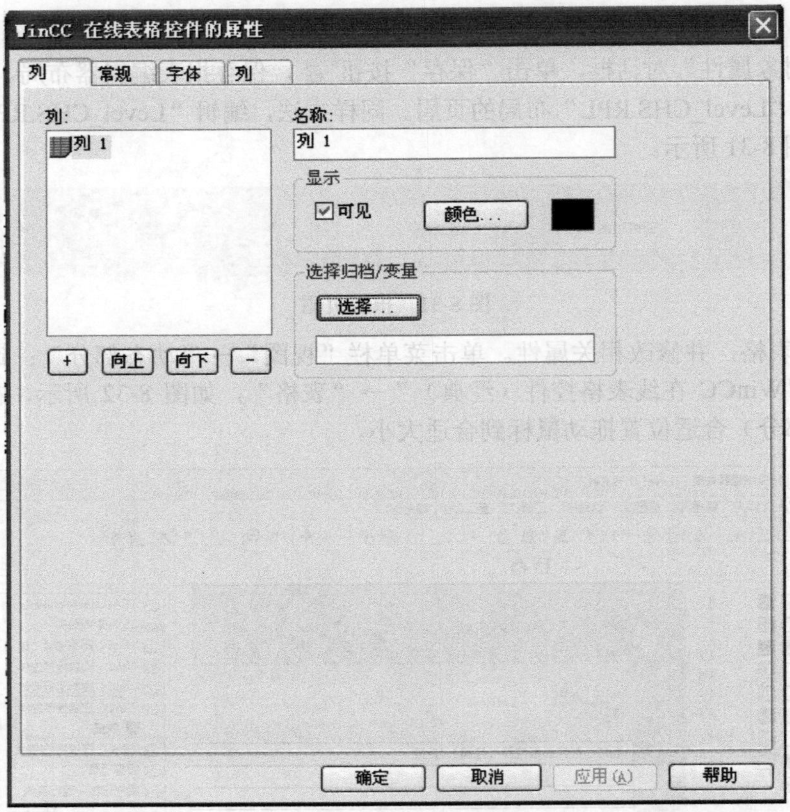

图 8-34　WinCC 在线表格控件的属性

选择“常规”前面的“列”选项，将名称“列 1”改为“液位值”，单击“选择归档/变量”下的 选择... 按钮，选择“Level”变量，如图 8-35 所示。

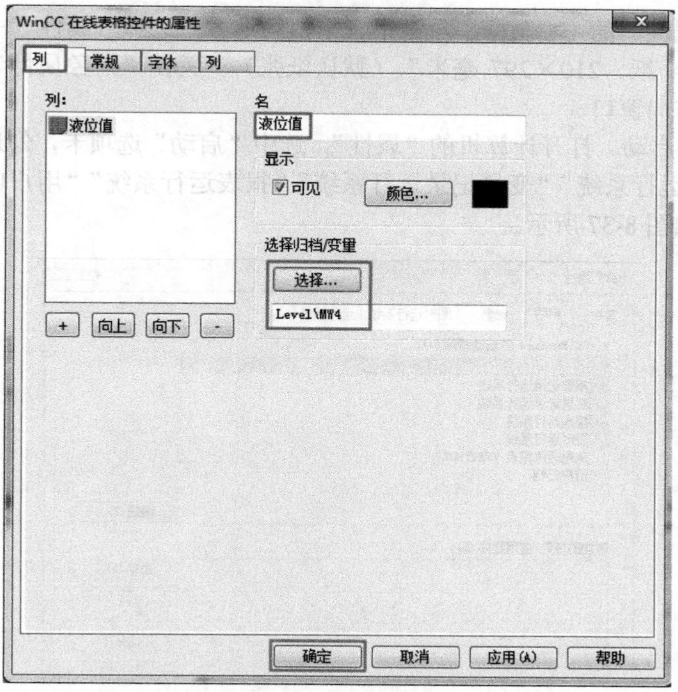

图 8-35　液位值列

选择“字体”后面的“列”选项，在“列”的下拉菜单中选择“液位值”，时间显示格式为“hh:mm:ss”，对齐方式为“居中”，小数位为“0”，时间范围为“5×1 秒”，如图 8-36 所示，单击“确定”按钮。

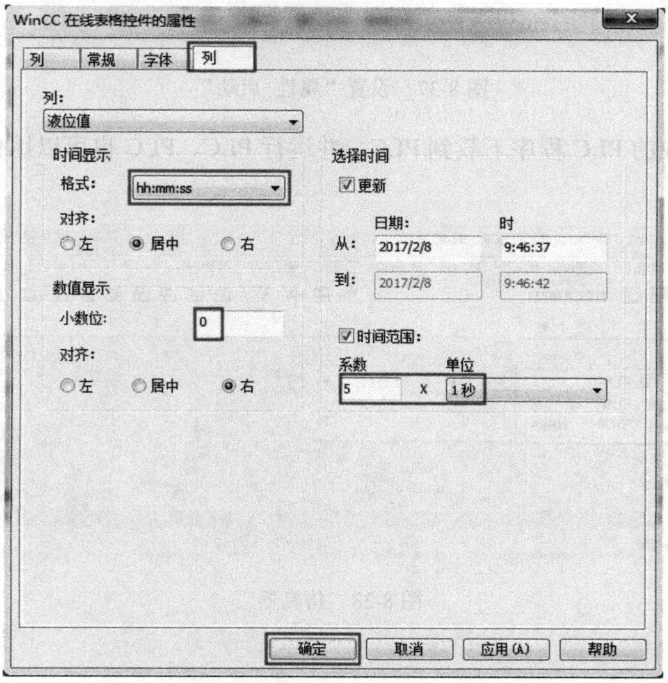

图 8-36　温度值设置

单击“对象属性”的 图标，左键报表空白的地方，选择“属性”→“几何”，将纸张大小选定为“A4 纸，210×297 毫米”（默认纸张）。关闭“对象属性”对话框，保存并关闭报表编辑器布局窗口。

⑩ 设置属性-启动。打开计算机的“属性”，选中“启动”选项卡，勾选“全局脚本运行系统”“报警记录运行系统”“变量记录运行系统”“报表运行系统”“用户归档”和“图形运行系统”选项，如图 8-37 所示。

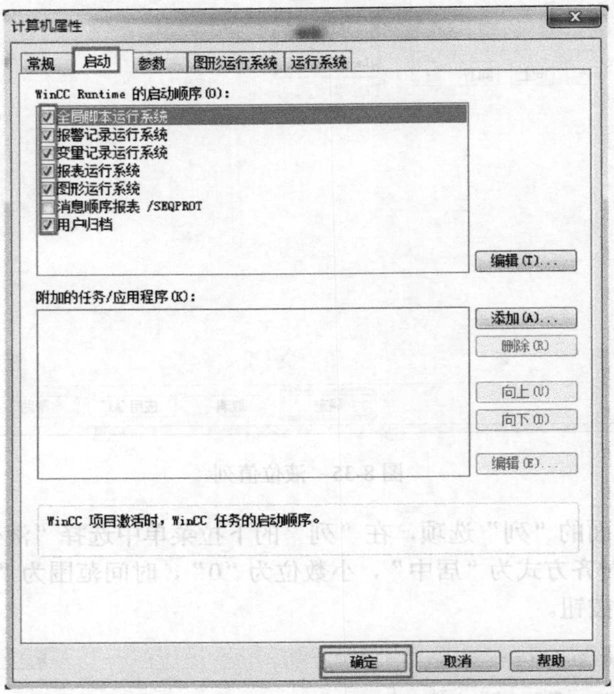

图 8-37　设置“属性-启动”

⑪ 将编写完成的 PLC 程序下载到 PLC，并运行 PLC，PLC 也可以用仿真器代替，如图 8-38 所示。

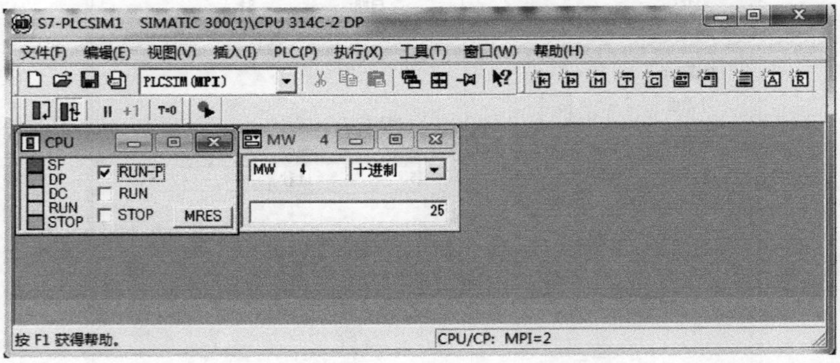

图 8-38　仿真器

⑫ 打印作业。

a．新建打印作业。在项目管理器的浏览器窗口中选择“报表编辑器”→“打印作业”选项，右击鼠标，弹出快捷菜单，单击“新建打印作业”命令，则自动在界面的右侧生成一个打印作业（打印作业 001，以前中文版本为 PrintJob001），如图 8-39 所示。

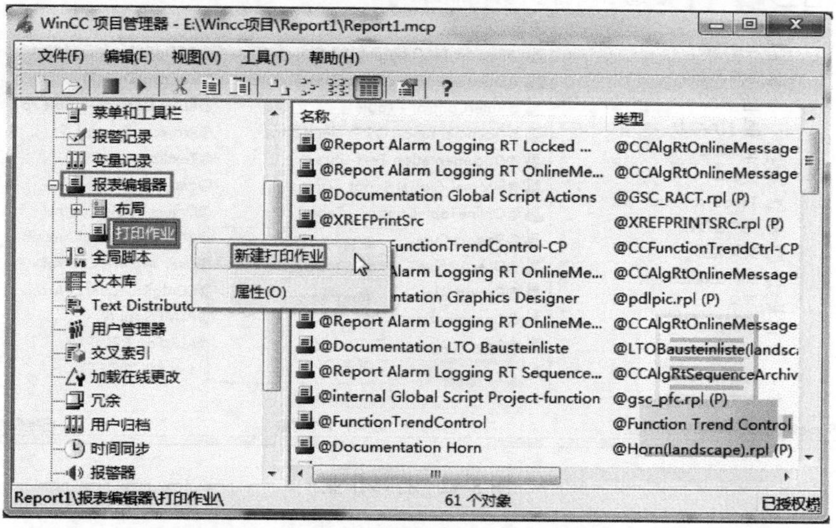

图 8-39　新建打印作业

b．打印设置。双击新建的打印作业“打印作业 001”，弹出“打印作业属性”界面，如图 8-40 所示，在“常规”选项卡中，将“布局文件”选定为以前新建的“Alarm.RPL”。再选择“打印机设置”选项卡，选择与此计算机相连接的打印机（或者 PDF 等打印文档），最后单击“确定”按钮即可，如图 8-41 所示。这样打印机与要打印的布局和数据就绑定到一起了。

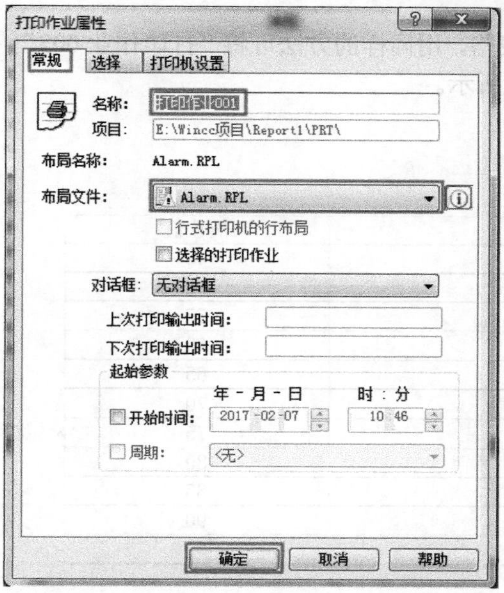

图 8-40　打印作业属性-常规

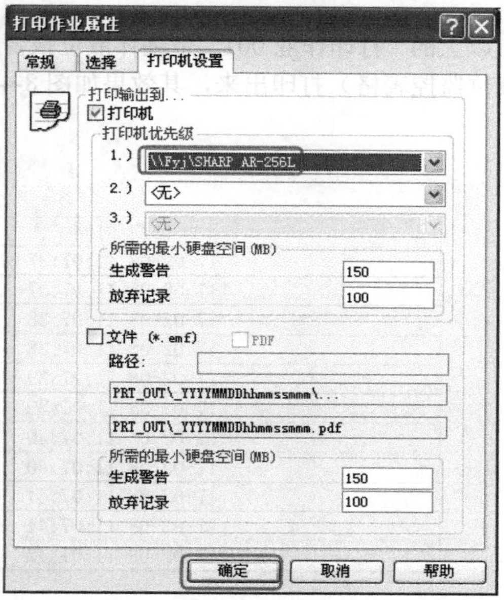

图 8-41　打印作业属性-打印机设置

c．打印作业。选中要打印的作业，右击鼠标，弹出快捷菜单，单击“打印”命令或者“打印预览”命令，即可完成打印或者打印预览作业，如图 8-42 所示。打印出的表格如图 8-43 所示。

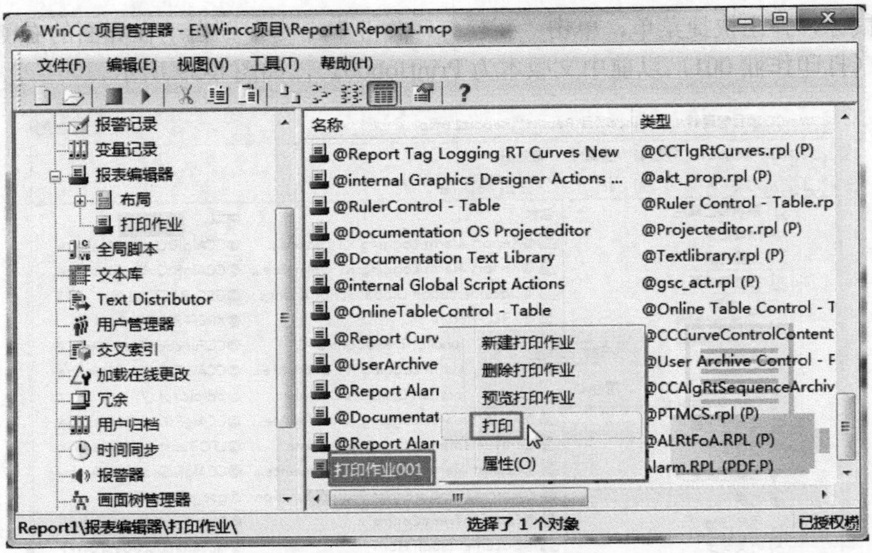

图 8-42 打印作业

2017/2/8 11:08:40 罐体液位报警表格

编号	日期	时间	消息文本	错误点
1	08/02/2017	11:08:20	液位过高	罐

图 8-43 打印液位报警作业

以上的“打印作业 001”是罐体液位报警表格，用同样的方法可将“打印作业 002”（罐体液位监控表格）打印出来，其效果如图 8-44 所示。

2017/2/8 11:07:52 罐体液位监控表格

日期/时间	液位值
17-02-08 11:07:37	45
17-02-08 11:07:37	50
17-02-08 11:07:38	55
17-02-08 11:07:38	60
17-02-08 11:07:39	65
17-02-08 11:07:39	70
17-02-08 11:07:40	75
17-02-08 11:07:40	80
17-02-08 11:07:41	85
17-02-08 11:07:41	90
17-02-08 11:07:42	95

图 8-44 打印液位实时数据作业

⑬ 编写打印脚本程序。液位报警报表可以在“AlarmControl”控件中打印若液位数值的实时数值打印若在 WinCC 的项目管理器中完成，很明显就显得很不方便了， 最好用一个按钮就可以完成。以下讲解组态过程。

a．打开画面 Trends.pdl。

b．在画面中插入组态按钮，并组态按钮。

在画面 Trends.pdl 中，选择“标准”→“窗口对象”，用鼠标按住“按钮”对象，拖入左侧画面，将其字体属性中的“文本”修改成“打印液位报表”，如图 8-45 所示。

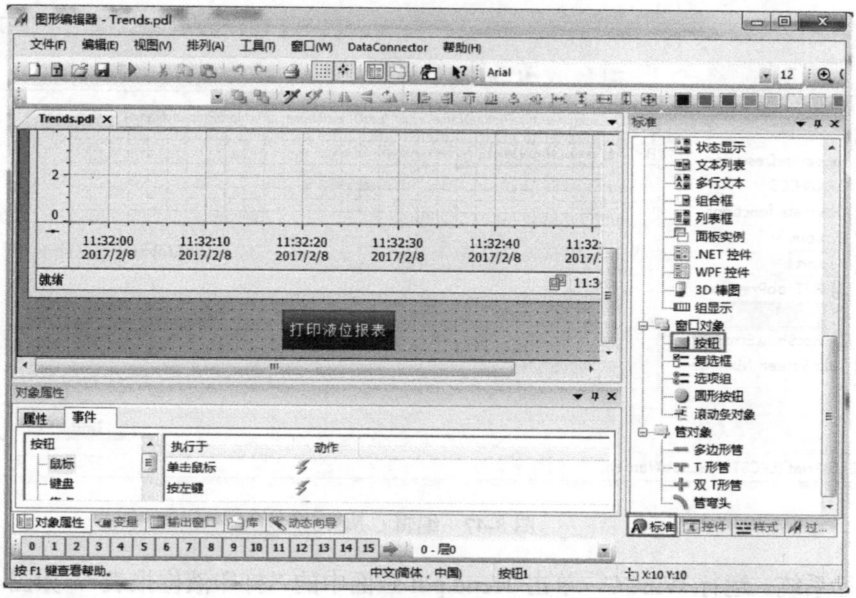

图 8-45　插入按钮

c．打开 C 脚本编辑器。选中“按钮”对象，如图 8-46 所示，再选中“事件”→“鼠标”→“单击鼠标”，在右侧的闪电符号处右击鼠标，在弹出的快捷菜单中单击“C 动作...(C)”，弹出 C 脚本编辑器。

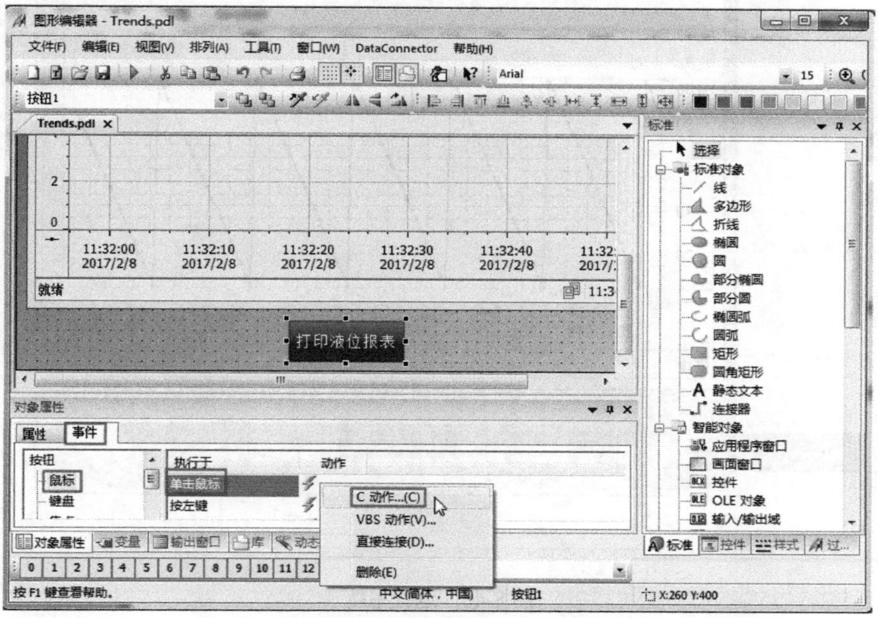

图 8-46　打开 C 脚本编辑器

d. 编辑 C 脚本。如图 8-47 所示，选中“标准函数”→“Report”→“RPTJobPrint”，并双击“RPTJobPrint”函数，在 C 脚本编辑器右侧的编辑区，将指令“RPTJobPrint(pszJobName);”修改为“RPTJobPrint(“打印作业”);”，单击“确定”按钮即可。注意指令中的引号应该是英文字符，不能是中文字符。

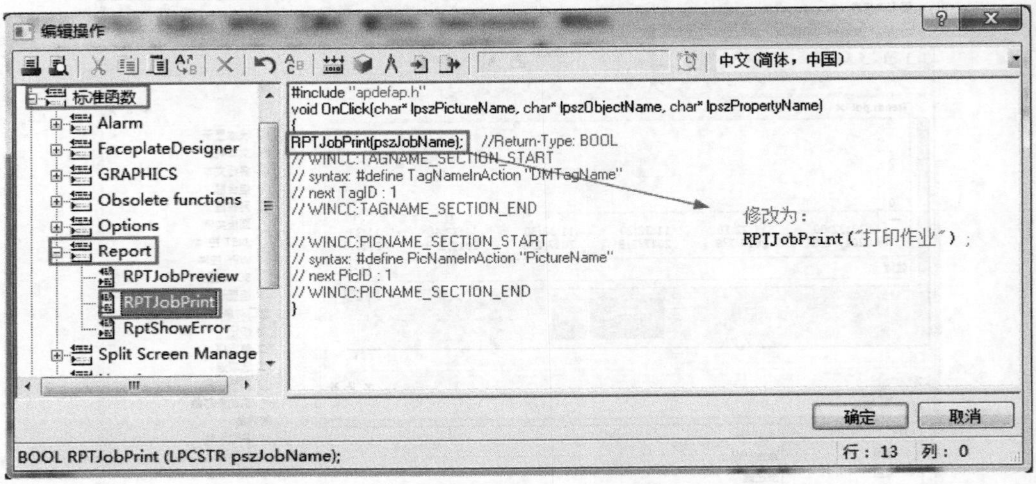

图 8-47 编辑 C 脚本

e. 运行系统。运行 WinCC，单击 Trend.pdl 画面中的“打印液位报表”，如图 8-48 所示，打印出的报表如图 8-43 所示。

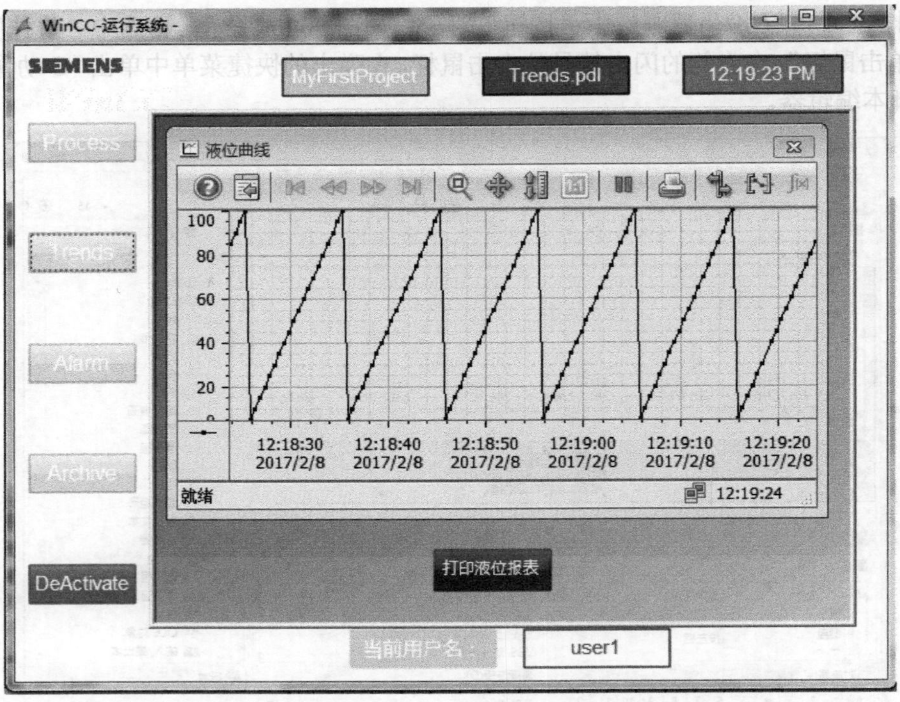

图 8-48 运行系统

小结

重点难点总结

① 新建和编辑页面布局。

② 新建和打印作业。

习题

① 怎样新建一个布局，怎样对布局重命名？

② 在编辑布局时，先进行了静态文本操作，在转向动态对象编辑之前，需要做什么操作步骤？

③ 已知报警组态已经完成，请创建一个新布局（包含系统时间、页码、工程名称和一个变量的报警表格），并新建、打印预览和打印这个打印作业，要求打印作业是PDF文档。

④ 已知变量记录组态已经完成，请创建一个新布局（包含系统时间、页码、工程名称和一个变量的变量记录表格），并新建、打印预览和打印这个打印作业，要求打印作业由安装WinCC的计算机相连的打印机完成。

第9章

脚本系统

本章介绍 WinCC 的脚本系统，对于一般的过程可视化系统，无论是基于 PC 的 HMI 还是基于嵌入式系统的 HMI，通常提供一些脚本语言。脚本语言为过程系统的动态化提供了很大的便利，因此应用十分广泛。

9.1 脚本基础

WinCC 的脚本系统主要由以下三部分组成：C 脚本、VBS 脚本和 VBA 。使用 WinCC 脚本有如下优势：

① WinCC 通过完整和丰富的编程系统实现了开放性，通过脚本可以访问 WinCC 的变量、对象和归档等。

② WinCC 借助 C 脚本，还可以通过 Win32 API 访问 Windows 操作系统及平台上的各种应用。

③ 而 VBS 脚本则从易用性和开发的快速性上具有优势。

④ VBA 可以使组态自动化，在一定程度上简化了用户的组态。

9.1.1 C 脚本（C-Script）基础

（1）函数和动作的概念

函数是一段代码，可在多处使用，但只能在一个地方定义。WinCC 包括许多函数。函数一般由特定的动作来调用。此外，用户还可以编写自己的函数和动作。

动作用于独立于画面的后台任务，例如打印日常报表、监控变量或执行计算等。动作由触发器启动。

WinCC 的 C 脚本使图形和过程动态化是通过使用函数和动作实现的，C-Script 中动作和函数的工作原理如图 9-1 所示。

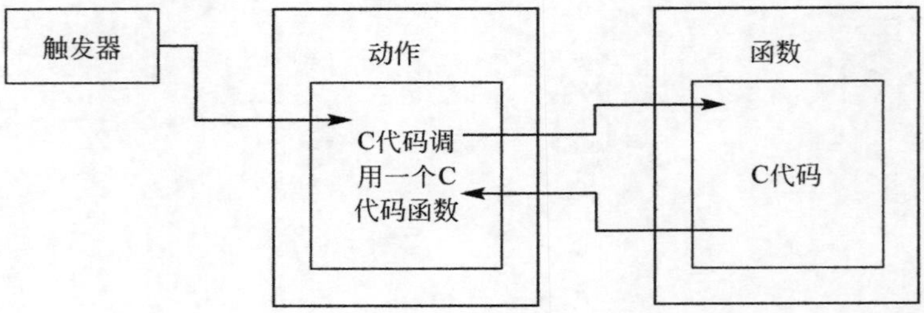

图 9-1　C-Script 中动作和函数的工作原理

（2）函数的分类

函数和动作范围如图 9-2 所示。

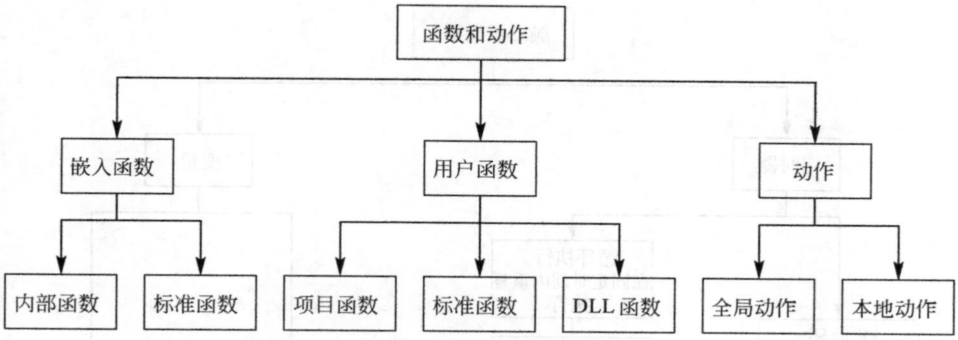

图 9-2　函数和动作范围

WinCC 函数具体说明如下：

① 项目函数是可以生成全局访问的 C 函数。

② 标准函数包含用于 WinCC 编辑器、报警和存档等。

③ 内部函数是 C 语言常用函数。

WinCC 内部函数提供的主要功能如下：

① Allocate 组包含分配和释放内存的函数。

② C_bib 组包含来自 C 库的 C 函数。

③ Graphics 组中的函数可以读取或设置 WinCC 图形对象的属性。

④ Tag 组的函数可以读取或设置 WinCC 变量。

⑤ WinCC 组的函数可以在运行系统中定义各种设置。

项目函数、标准函数、内部函数在特征上是有区别的，具体见表 9-1。

表 9-1　项目函数、标准函数、内部函数在特征上的区别

特　征	项 目 函 数	标 准 函 数	内 部 函 数
由用户自己创建	可以	不可以	不可以
由用户自己进行编辑	可以	可以	不可以
重命名	可以	可以	不可以
口令保护	可以	可以	不可以
使用范围	仅在项目内识别	可在项目之间识别	项目范围内可用
文件扩展名	*.fct	*.fct	*.icf

（3）触发器的类型

触发器用于在运行系统中执行动作。所以，将触发器与动作相连接以构成对动作进行调用触发事件，如果没有触发器，动作不会执行。触发器的类型如图 9-3 所示。

对触发器说明如下：

① 周期性触发器　这类触发器指定时间周期和起始点，如每小时触发器、每日触发器、每周触发器、每月触发器、每年触发器等。所谓每小时触发，就是每 1h 触发一次与之相连接的动作。

② 非周期性触发器　这类触发器指定日期和时间。由此类触发器所指定的动作将按所指定的日期和时间来完成。

③ 变量触发器　这类触发器包括一个或者多个变量的详细规范。每当检测到这些变量的数值的变化时，都将执行与此类触发器相关联的动作。

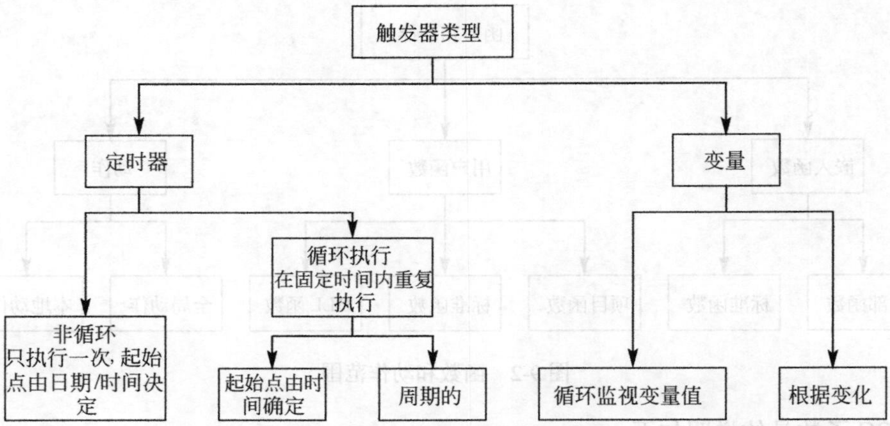

图 9-3　触发器的类型

9.1.2 C 脚本编辑器

C-Script 全局脚本编辑器如图 9-4 所示。

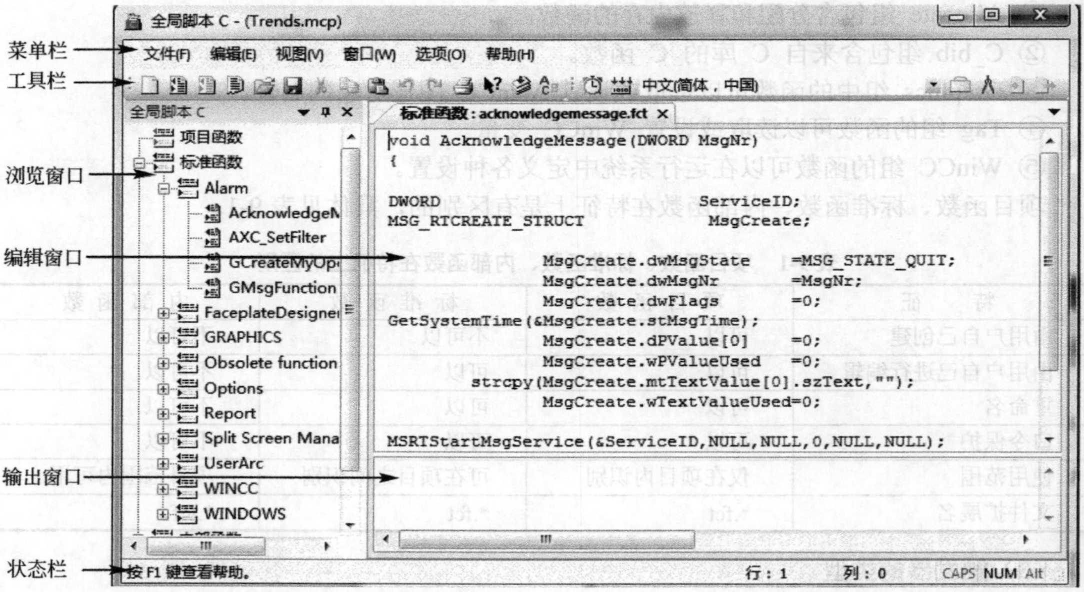

图 9-4　C-Script 全局脚本编辑器

（1）浏览窗口

浏览窗口用于选择将要编辑或插入到编辑窗口中光标位置处的函数和动作。在浏览器中，函数和动作均按组的多层体系进行组织。函数以其函数名显示。对于动作，显示文件名。

（2）编辑窗口

函数和动作均在编辑窗口中进行写入和编辑。只有在所要编辑的函数或动作已经打开时才显示编辑窗口。每个函数或动作都在单独的编辑窗口中打开。可同时打开多个编辑窗口。

（3）输出窗口

函数“在文件中查找”或“编译所有函数”的结果将显示在输出窗口中。缺省状态下，它是可见的，但也可将其隐藏。

① 在文件中查找：搜索的结果按每找到一个搜索术语显示一行的方式显示在输出窗口中。每行均有一个行号，并会显示路径和文件名以及找到的搜索术语所在行的行号和文本。

通过双击显示在输出窗口中的行，可打开相关的文件。光标将放置在找到搜索术语的行中。

② 编译所有函数：必要时，编译器将输出每个编译函数的警告和出错消息。下一行将显示已编译函数的路径和文件名以及编译器的摘要消息。

（4）菜单栏

菜单栏按钮根据情况而有所不同。它始终可见。

（5）工具栏

全局脚本具有两个工具栏。 需要时可使其可见，并可使用鼠标拖动到画面的任何地方。

（6）状态栏

状态栏位于全局脚本窗口的下边缘，可以显示或隐藏。它包含了与编辑窗口中光标位置以及键盘设置等有关的信息。此外，状态栏可显示当前所选全局脚本函数的简短描述，也可显示其提示信息。

9.1.3 创建和编辑函数

（1）创建和编辑函数概述

系统会区分项目、标准函数和内部函数。WinCC 带有可供广泛选择的标准函数和内部函数。此外，用户可以创建自己的项目函数和标准函数或修改标准函数。然而，需要注意，重新安装 WinCC 时，WinCC 包括的标准函数将被重写，所以任何函数修改都会丢失。

如果在多个动作中必须执行同样的计算，只是具有不同的起始值，则最好编写函数来执行该计算。然后，可以在动作中用当前参数方便调用该函数。这种方法具有许多优势：

① 只编写一次代码。

② 只需在一个地方，即在过程中作修改，而不需在每个动作中修改。

③ 动作代码更简短，因而也更明了。

动作和函数的使用方法如图 9-5 所示。

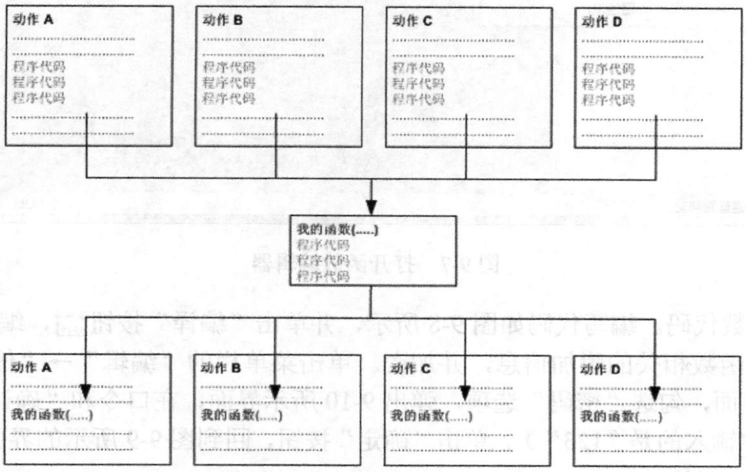

图 9-5 动作和函数的使用方法

（2）创建和编辑函数的过程

以下用一个例子介绍创建函数的过程：

【例 9-1】 创建一个项目函数，其功能是计算 4 个数字的平均值，参数以数值的形式传递给函数，结果以数值形式返回。

【解】 ① 打开全局脚本 C-编辑器。在项目管理器的浏览器窗口中，选中“C-Editor”，右击鼠标，弹出快捷菜单，单击“打开”选项，如图 9-6 所示。

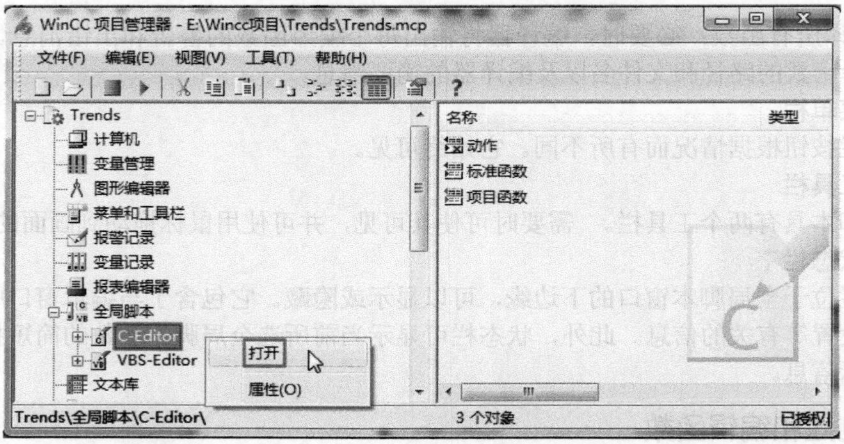

图 9-6 打开全局脚本 C-编辑器

② 打开函数编辑器。在浏览器窗口中，选定“项目函数”，右击鼠标，弹出快捷菜单，单击“新建”选项，如图 9-7 所示。

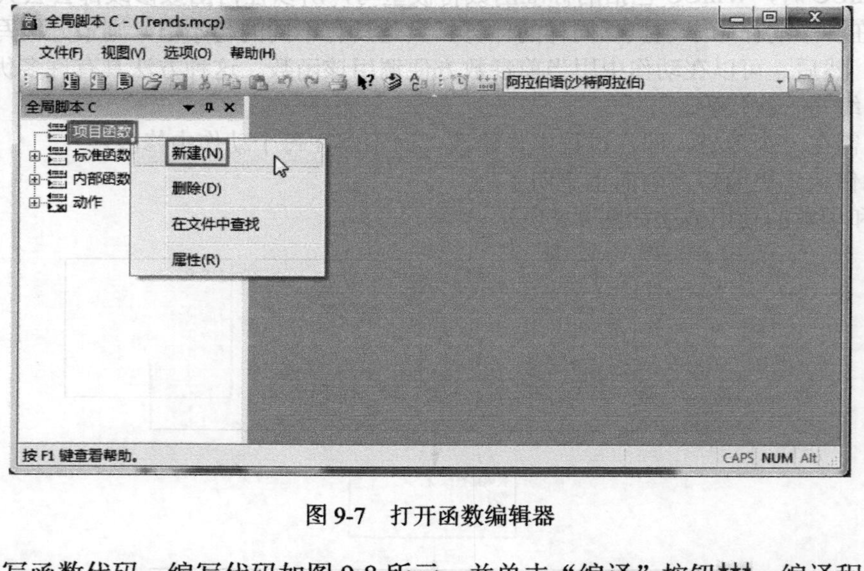

图 9-7 打开函数编辑器

③ 编写函数代码。编写代码如图 9-8 所示，并单击“编译”按钮，编译程序。

④ 插入与函数相关的附加信息，并加密。单击菜单栏的“编辑”→“信息”，弹出如图 9-9 所示的界面，勾选“密码”选项，弹出 9-10 所示界面，在口令和“确认”中输入相同的密码（本例中输入的是“123”），单击“确定”按钮，回到图 9-9 所示的界面，再单击“确定”按钮即可。

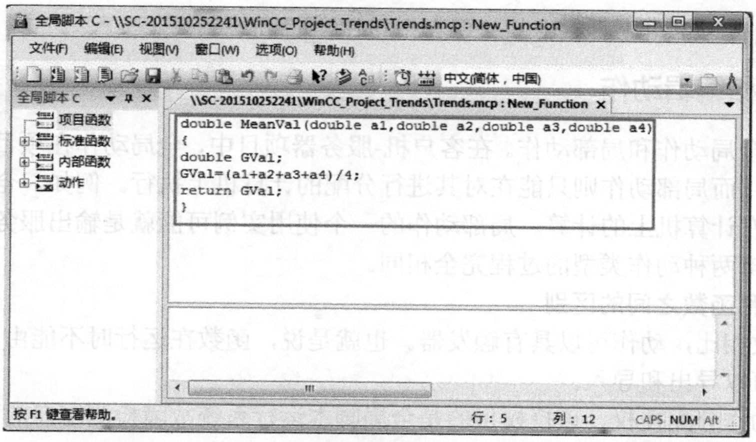

图 9-8 编写代码

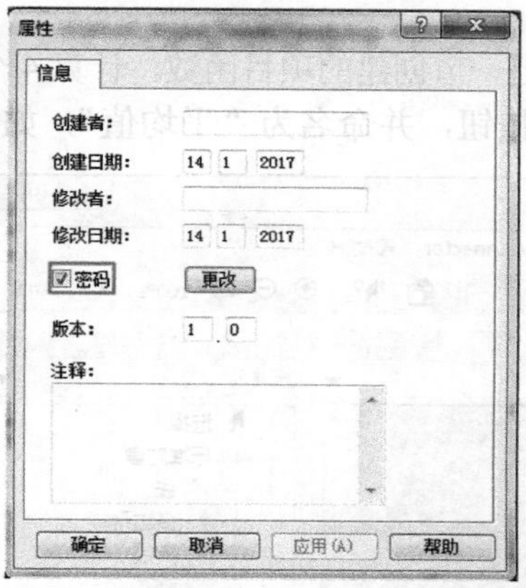

图 9-9 属性

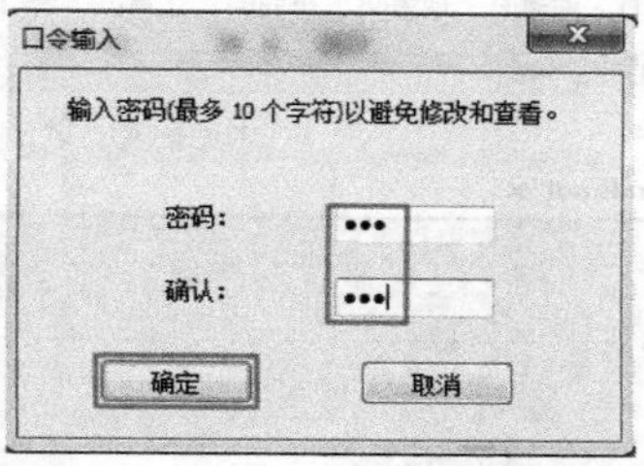

图 9-10 口令输入

⑤ 编译函数。单击工具栏中的“编译”按钮，即可编译函数，编译完成后，编辑器窗口下方显示有几个错误和几个警告（本例显示 0 个错误，0 个警告），如图 9-11 所示。

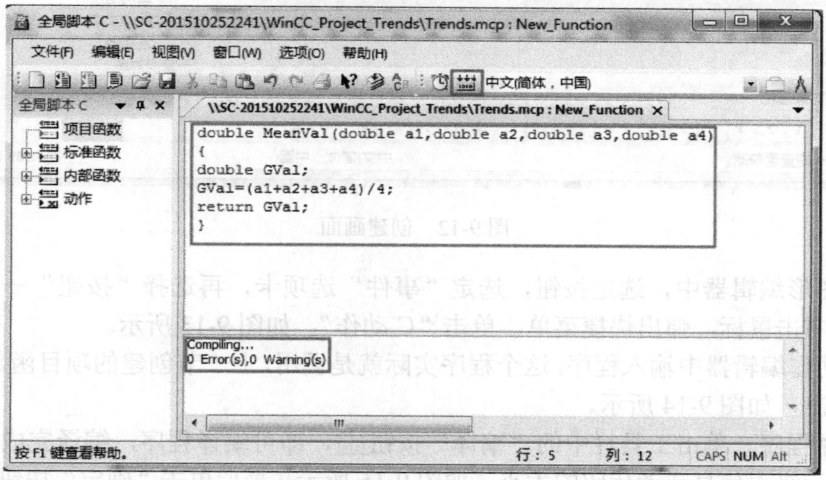

图 9-11 编译结束

⑥ 保存函数。单击工具栏中的“保存”按钮即可。

9.1.4　创建和编辑动作

系统区分全局动作和局部动作。在客户机-服务器项目中，全局动作在项目中的所有计算机上都可执行，而局部动作则只能在对其进行分配的计算机上执行。例如，全局动作可用于完成项目中所有计算机上的计算。局部动作的一个使用实例可能就是输出服务器上的日志文件。创建和编辑两种动作类型的过程完全相同。

（1）动作和函数之间的区别

① 与函数相比，动作可以具有触发器。也就是说，函数在运行时不能由自己来执行。

② 动作可以导出和导入。

③ 可为动作分配授权。该授权指的是全局脚本运行系统故障检测窗口的可操作选项。

④ 动作没有参数。

（2）创建和编辑动作的过程

用一个例子来说明创建和编辑动作的过程。

【例 9-2】 单击图形编辑器中的按钮，调用上一节创建的项目函数，计算 4 个数的平均值。

【解】 ① 创建画面。向图形编辑器中拖入按钮，并命名为“平均值”，如图 9-12 所示。

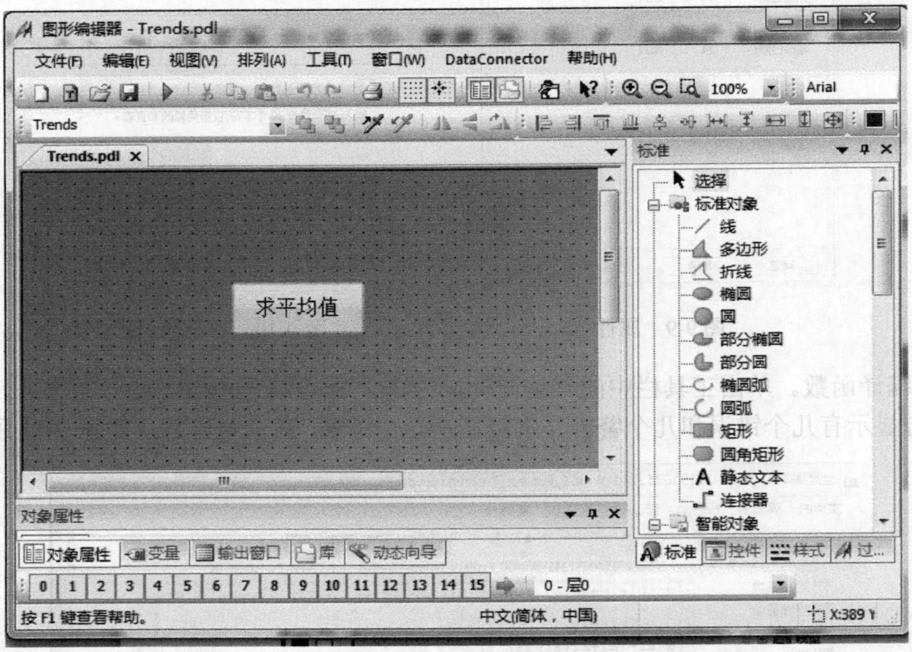

图 9-12　创建画面

② 在图形编辑器中，选定按钮，选定“事件”选项卡，再选择“按钮”→“鼠标”→“按左键”，右击鼠标，弹出快捷菜单，单击“C 动作”，如图 9-13 所示。

③ 向动作编辑器中输入程序，这个程序实际就是调用，上一节创建的项目函数 MeanVal，并将结果输出，如图 9-14 所示。

④ 编译程序。单击工具栏中的“编译”按钮，即可编译程序，编译完成后，编辑器窗口下方显示错误信息或者代码的大小，如图 9-15 所示，最后单击“确定”按钮即可。很明显图中没有错误显示。

图 9-13　对象属性

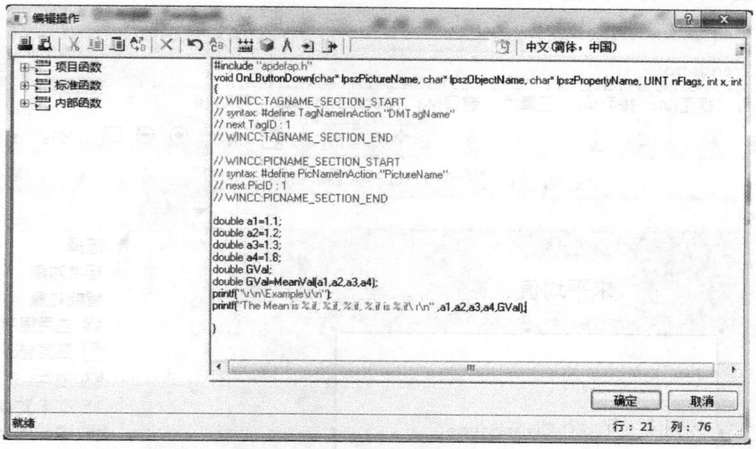

图 9-14　输入程序（1）

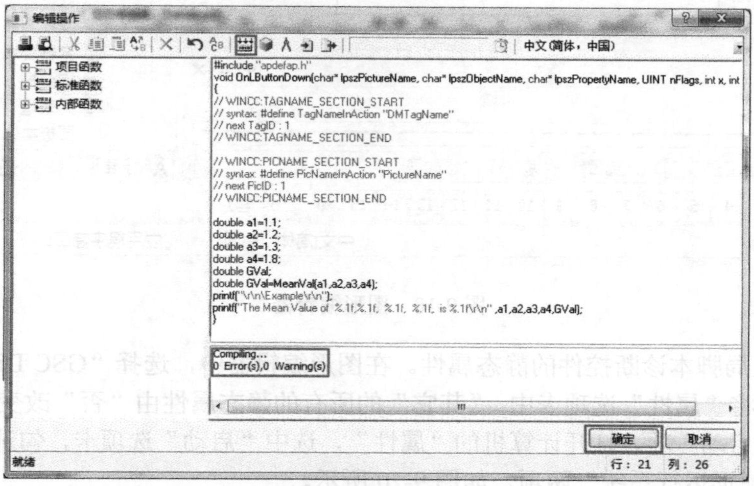

图 9-15　输入程序（2）

⑤ 调试输出。

a. 打开图形编辑器，将“标准”→“智能对象”中的“应用程序窗口”拖入图形编辑器窗口，先弹出如图 9-16 所示界面，选定“全局脚本”，单击“确定”按钮，弹出如图 9-17 所示的界面，选定“GSC Diagnostics”，最后单击“确定”按钮。图形编辑器界面如图 9-18 所示。

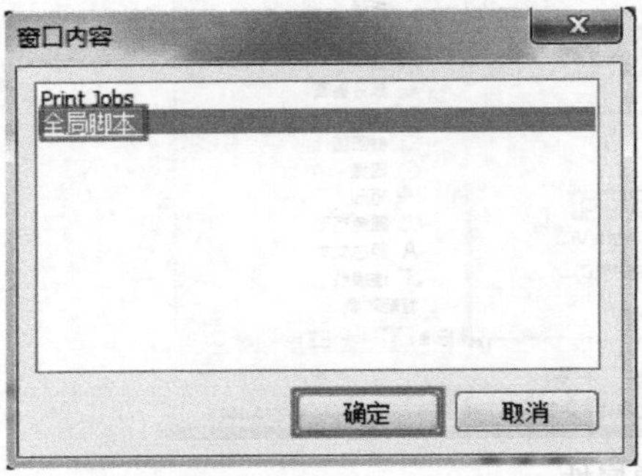

图 9-16 窗口内容

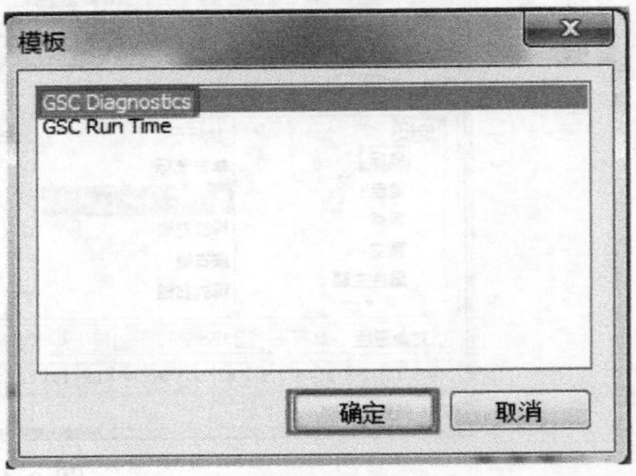

图 9-17 模板

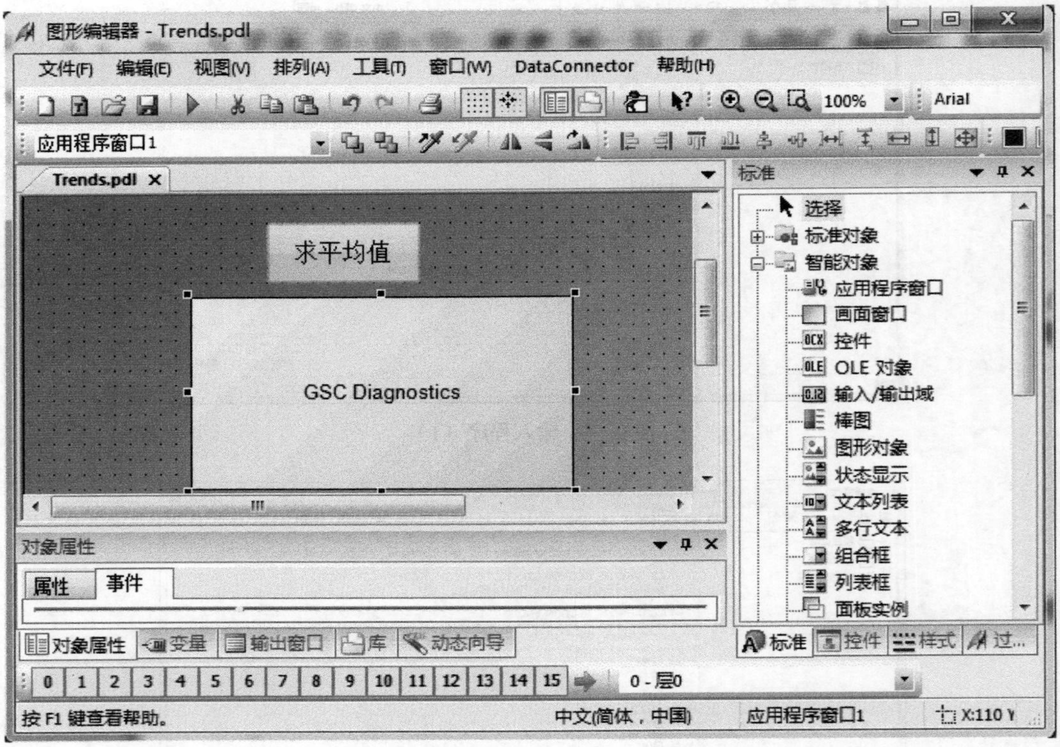

图 9-18 图形编辑器

b. 改变全局脚本诊断控件的静态属性。在图形编辑器中，选择“GSC Diagnostics”，如图 9-19 所示，将“属性”选项卡中 “其它”的所有的静态属性由“否”改变成“是”。

c. 修改“启动”项。打开计算机的“属性”，选中“启动”选项卡，勾选“变量记录运行系统”和“图形运行系统”两项，如图 9-20 所示。

图 9-19 对象属性

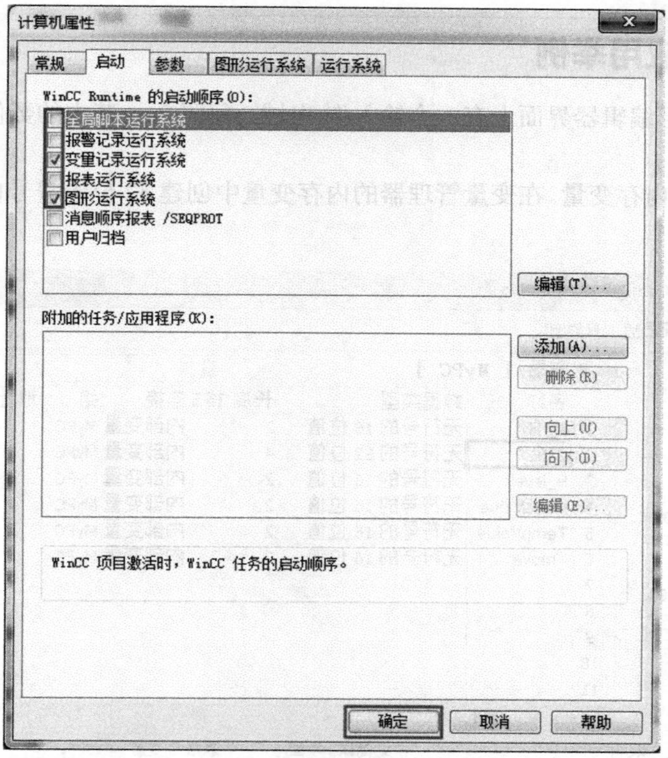

图 9-20 更改“启动”项

d. 运行输出。在图形编辑器中，先单击“保存”按钮，目的是保存前面的操作，再单击“激活”按钮，运行系统。这时，用鼠标左键单击按钮，可以看到如图 9-21 所示的运行结果。实际上是：单击按钮，产生一个事件，这个事件调用求平均值函数，最后将求得的平均值显示在界面上。

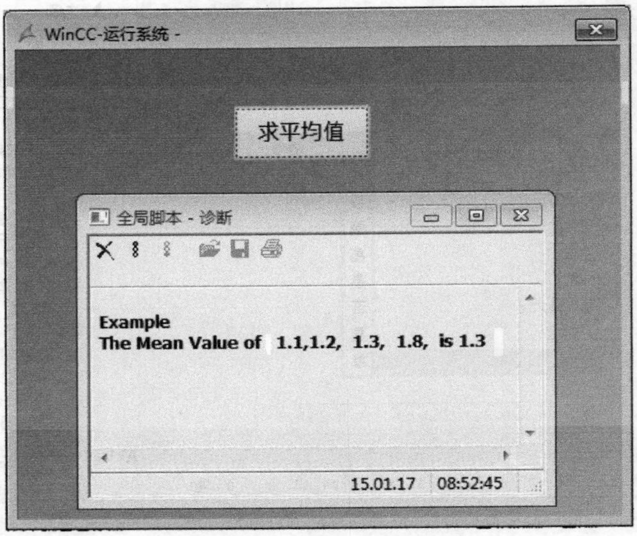

图 9-21 运行结果

9.2 C 脚本应用举例

【例 9-3】 图形编辑器界面上有一个输入/输出域，每隔 2s，其中的数值增加 2，用 C 脚本组态此过程。

【解】 ① 创建内存变量。在变量管理器的内存变量中创建 32 位无符号内存变量“C_fill”，如图 9-22 所示。

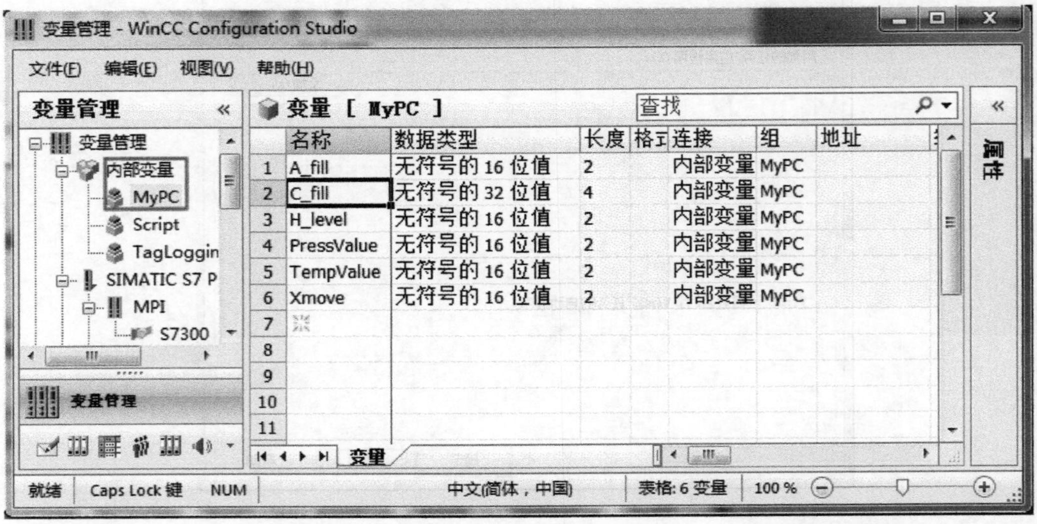

图 9-22 创建内存变量

② 打开图形编辑器，将输入/输出域拖入图形编辑器窗口中，如图 9-23 所示，选中输入/输出域，右击鼠标，单击“组态对话框”选项，弹出输入/输出域组态界面，将输入/输出域与内存变量 C_fill 连接，选项设置如图 9-24 所示。

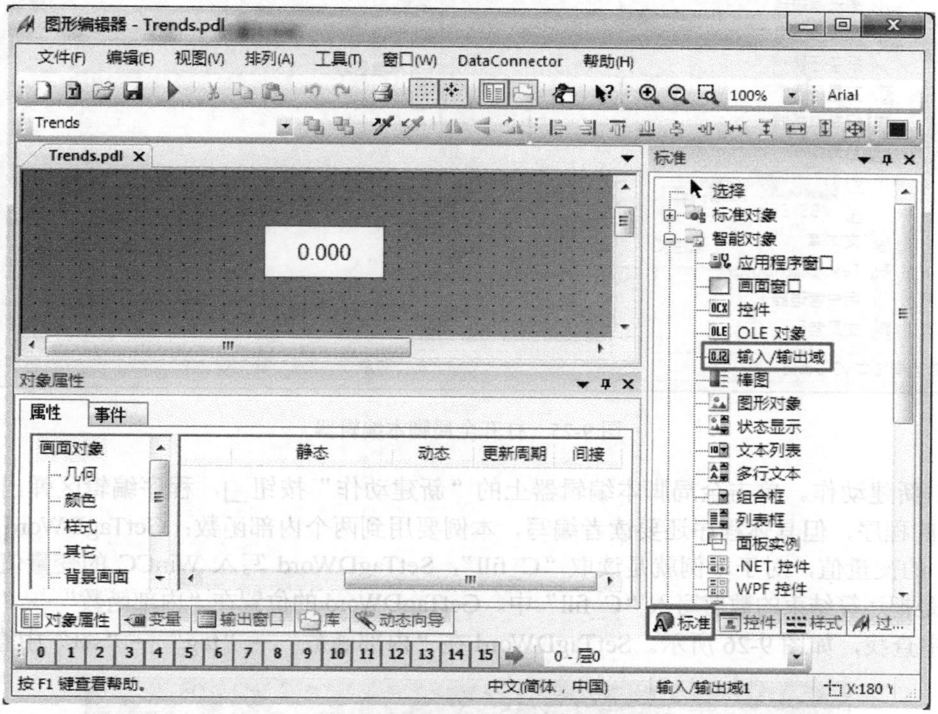

图 9-23　图形编辑器

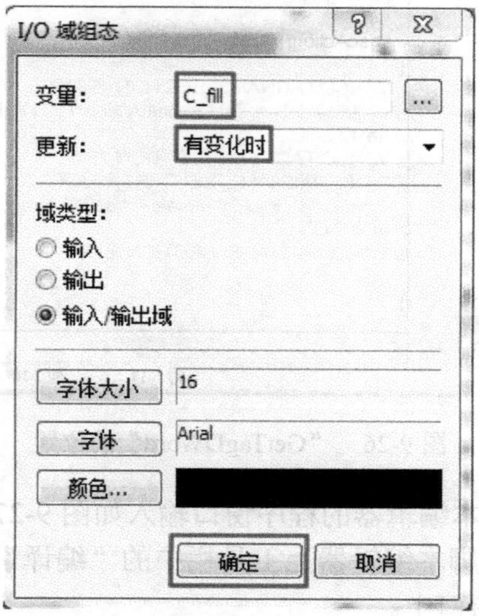

图 9-24　输入/输出域组态

③ 打开 C 脚本全局编辑器。如图 9-25 所示，选中“C-Editor”，右击鼠标，单击“打开”选项即可打开全局脚本编辑器。

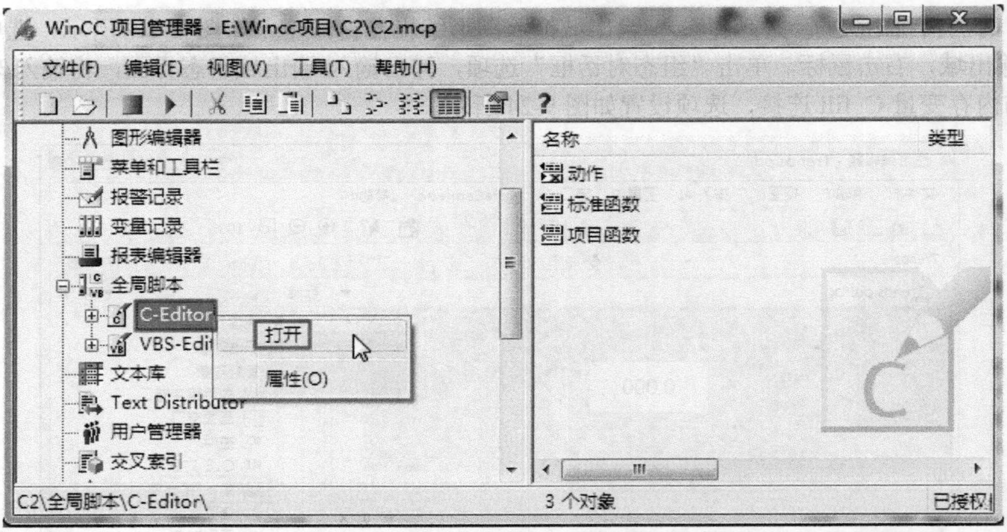

图 9-25 打开全局脚本编辑器

④ 新建动作。单击全局脚本编辑器上的“新建动作”按钮，程序编辑区弹出一个有头文件的程序，但具体程序还要读者编写，本例要用到两个内部函数：GetTagDWord 是读取 WinCC 的变量值，对于本例就是读取“C_fill”，SetTagDWord 写入 WinCC 的变量值，对于本例就是把运算结束的数值写入“C_fill”中。GetTagDWord 的位置在“内部函数”→“tag”→“get”中查找，如图 9-26 所示。SetTagDWord 在“内部函数”→“tag”→“set”中查找。

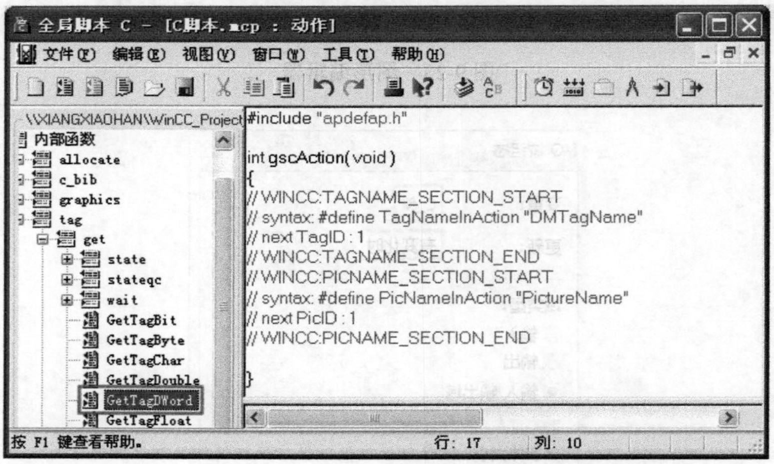

图 9-26 “GetTagDWord”的位置

⑤ 编写程序。在全局脚本编辑器的程序窗口输入如图 9-27 所示的程序。

⑥ 编译程序。单击全局脚本编辑器上工具栏中的“编译”按钮，编译完成后，是否有错误会显示在程序下方的窗口中。

⑦ 设置触发器。单击全局脚本编辑器上工具栏中的“信息/触发”按钮，弹出“属性”界面如图 9-28 所示，选定定时器的“周期”选项，单击“添加”按钮，弹出如图 9-29 所示界面，选择“标准周期”，触发器的名称读者自己命名（本例为 2s），触发器的周期为 2s，最后单击“确定”按钮。

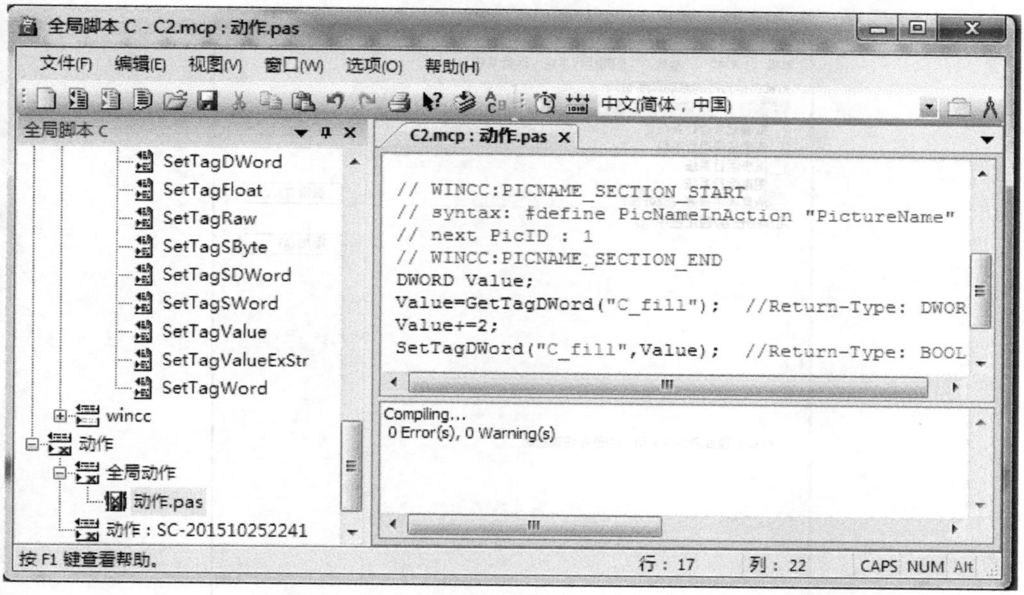

图 9-27 编写程序

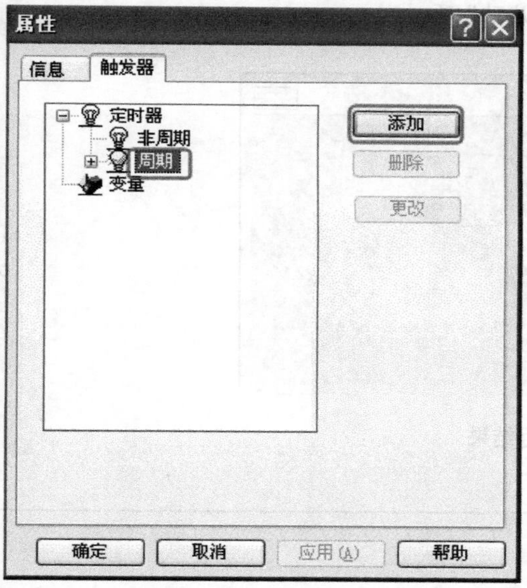

图 9-28 属性

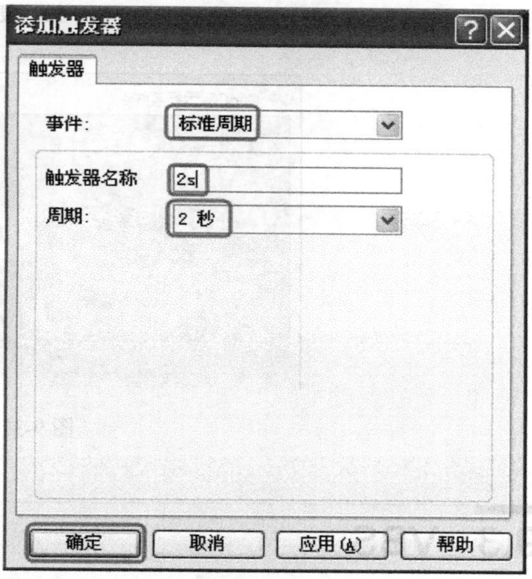

图 9-29 添加触发器

⑧ 保存。单击全局脚本编辑器上工具栏中的“保存”按钮，将以上的信息保存。

⑨ 重新设置“启动”项。打开“计算机属性”，选中“启动”选项卡，勾选“全局脚本运行系统”和“图形运行系统”，如图 9-30 所示，最后单击“确定”按钮即可。

【关键点】 *初学者很容易忽略勾选“全局脚本运行系统”这个选项。*

⑩ 运行输出。在图形编辑器中，先单击“保存”按钮，目的是保存前面的操作，再单击“激活”按钮，运行系统。这时，可以看到如图 9-31 所示的运行结果。实际上是每隔 2s 输入/输出域中的数值增加 2。

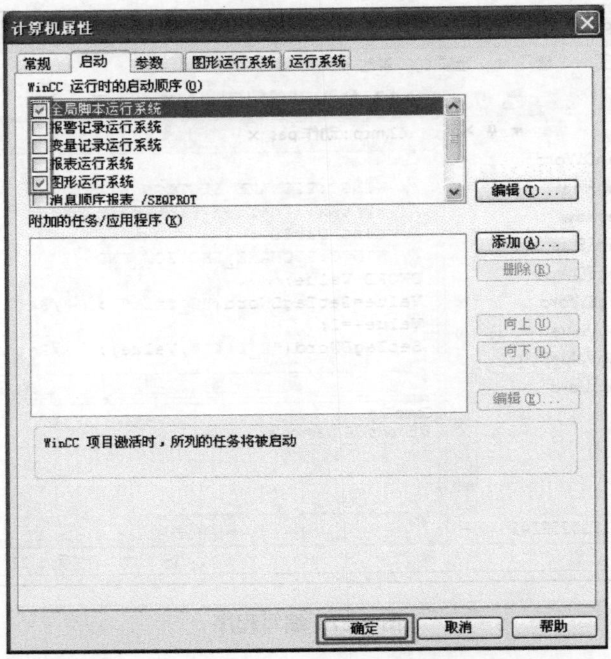

图 9-30 更改“启动”项

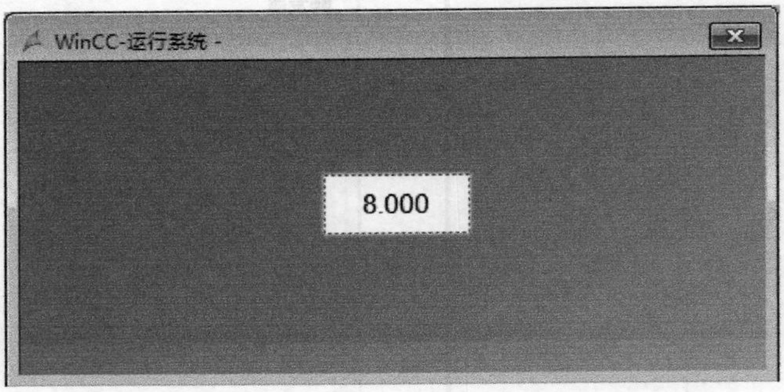

图 9-31 运行结果

9.3 VBS

WinCC V6.0 以后的版本集成了 VBScript（简称 VBS 或者 VB 脚本）。VBS 是微软基于 VB 的程序脚本语言，使用微软标准的工具编辑和调试，使用 VBS 能够访问 ActiveX 控件和其他 Windows 应用的属性和方法。

9.3.1 VBS 脚本基础

VBS 的过程是一组代码，类似于 C 语言中的函数，只要创建一次，就可以多次调用。WinCC 中没有提供预定义的过程，但是提供了代码模板和智能提示来简化编程。VBS 的动作、过程及模块的关系如图 9-32 所示。

WinCC 使用 VBScript 可以实现如下功能：

① 在 WinCC 中实现图形动态化。

② 读写变量、启动报表。

③ 连接数据库。

④ 通过 Microsoft Outlook 发送电子邮件。

⑤ 集成 Microsoft Internet Explorer。

⑥ 连接 Office 应用（Excel，Word，Access）。

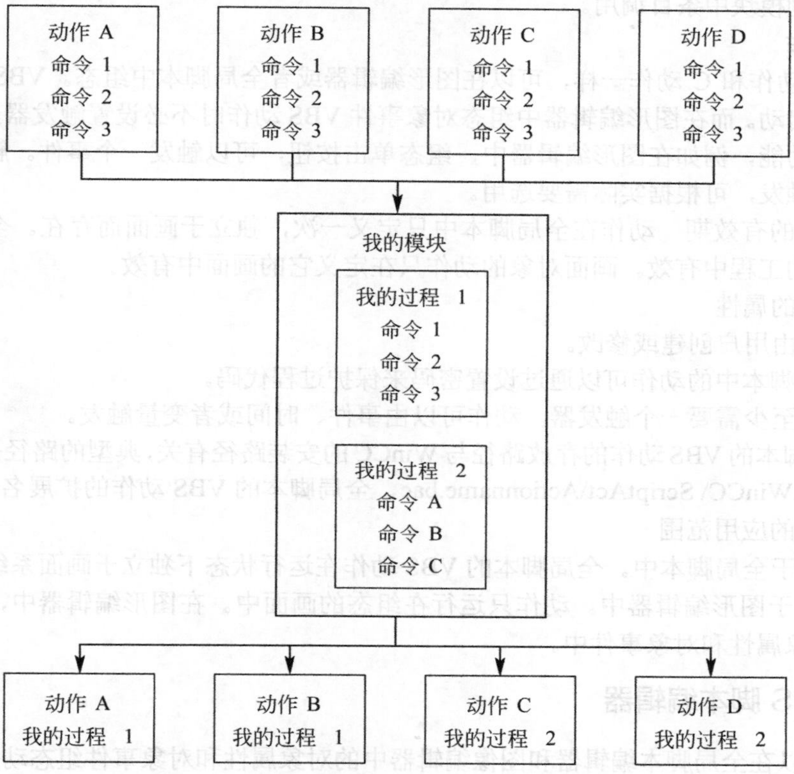

图 9-32　VBS 的动作、过程及模块的关系

（1）过程特征

在 WinCC 中，根据过程适用范围的不同分两种，一种是标准过程，适用于计算上的所有被创建工程；另一种是项目过程，仅仅适用于创建此过程的项目。WinCC 中，过程具有如下属性：

① 由用户创建或修改。

② 可以通过设置密码来保护过程代码。

③ 不需要触发器。

④ 存储在模块中。

在运行状态下，通过动作调用某个过程时，包含此过程的模块也会被加载。所以要合理地组织模块。例如，可以把用于特定系统或画面的过程组织在一个模块中。我们也可以按照功能来构建模块，例如，可以把具有计算功能的过程放在一个模块中。

（2）模块特征

模块是一个文件，存放一个或者多个过程。根据存储在其中的过程的有效性不同，模块有三种类型，具体如下：

① 标准模块：包含所有项目可全局调用的过程。其存放路径与WinCC的安装路径有关，典型的路径是C:\Program files\Siemens\WinCC\ApLib\ScriptLibStd\<Modulname>.bmo。

② 项目模块：包含某个项目可用的过程。其存放路径与WinCC的安装路径有关，典型的路径是C:\Program files\Siemens\WinCC\ApLib \<Modulname>.bmo。

③ 代码模块：由WinCC安装时提供的代码模块，用户在编辑标准模块、项目模块和动作时，可复制模块中条目调用。

（3）动作

VBS的动作和C动作一样，可以在图形编辑器或者全局脚本中组态。VBS的动作同样需要触发器启动。而在图形编辑器中组态对象事件VBS动作时不必设置触发器，因为事件本身具有触发功能，例如在图形编辑器中，组态单击按钮，可以触发一个事件。触发分为时间触发和变量触发，可根据实际需要选用。

① 动作的有效期　动作在全局脚本中只定义一次，独立于画面而存在。全局脚本动作只在它定义的工程中有效。画面对象的动作只在定义它的画面中有效。

② 动作的属性

a．动作由用户创建或修改。

b．全局脚本中的动作可以通过设置密码来保护过程代码。

c．动作至少需要一个触发器。动作可以由事件、时间或者变量触发。

d. 全局脚本的VBS动作的存放路径与WinCC的安装路径有关，典型的路径是C:\Program files\Siemens\WinCC\ ScriptAct\Actionname.bac，全局脚本的VBS动作的扩展名是“.bac”。

③ 动作的应用范围

a．应用于全局脚本中。全局脚本的VBS动作在运行状态下独立于画面系统而运行。

b．应用于图形编辑器中。动作只运行在组态的画面中。在图形编辑器中，动作被组态在画面的对象属性和对象事件中。

9.3.2 VBS脚本编辑器

VBS可以在全局脚本编辑器和图像编辑器中的对象属性和对象事件组态动作。

（1）全局脚本编辑器

在WinCC的项目管理器中的浏览器窗口中，双击“VBS-Editor”，如图9-33所示，可以打开VBS全局脚本编辑器，这和打开全局脚本C编辑器的方法是一样的。

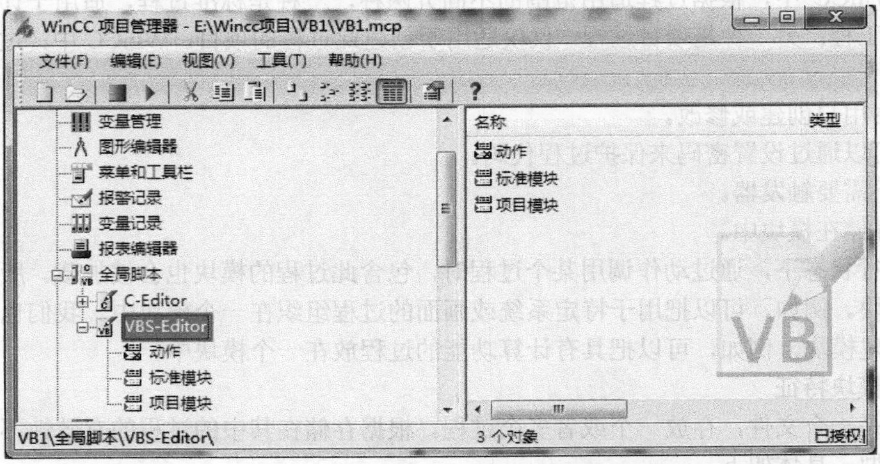

图9-33　打开全局脚本VBS编辑器

全局脚本 VBS 编辑器如图 9-34 所示，以下将对其结构说明。

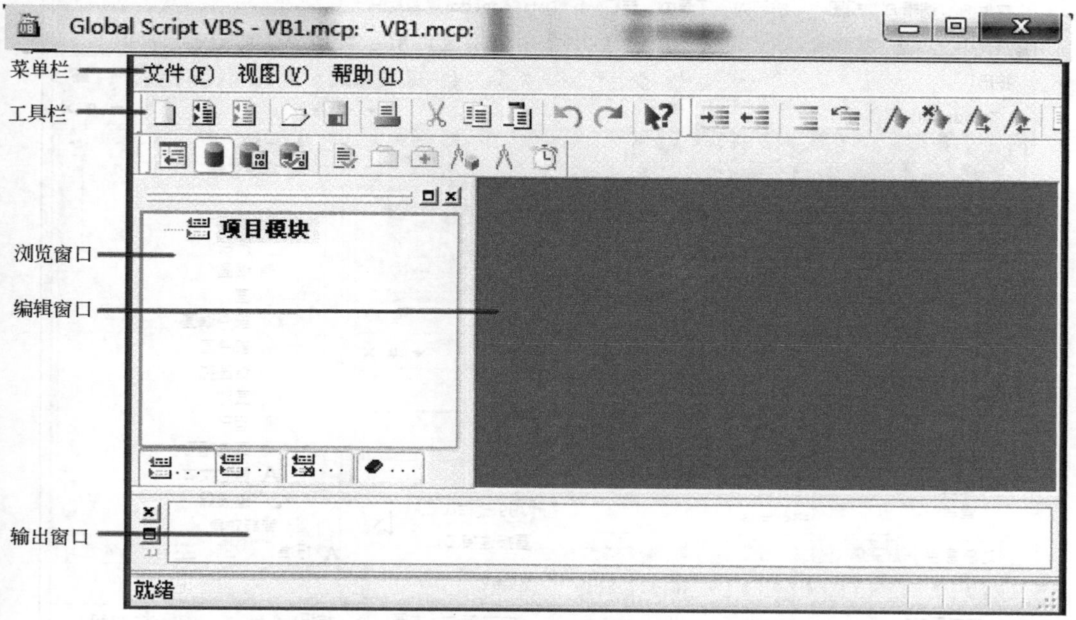

图 9-34 全局脚本 VBS 编辑器

① 菜单栏 菜单栏按钮根据情况而有所不同。它始终可见。

② 工具栏 全局脚本的工具栏中的按钮，可以方便快速地访问 VBS 功能。需要时可使其可见，并可使用鼠标拖动到画面的任何地方。

③ 浏览窗口 浏览窗口用于选择将要编辑或插入到编辑窗口中光标位置处的函数和动作。在浏览器中，函数和动作均按组的多层体系进行组织。函数以其函数名显示。对于动作，显示文件名。

④ 编辑窗口 函数和动作均在编辑窗口中进行写入和编辑。只有在所要编辑的函数或动作已经打开时才显示编辑窗口。每个函数或动作都在单独的编辑窗口中打开。可同时打开多个编辑窗口。

⑤ 输出窗口 单击工具栏中的“检查语法”按钮，可以在此窗口中查看程序是否有错误以及错误的位置。

（2）在图形编辑器中打开 VBS 编辑器

在图形编辑器中，可以对图形对象属性和对象事件编写动作。方法是在图形编辑器选择对象，打开对象属性对话框。以下用一个具体的例子说明此过程。

假设图形编辑器中的对象是按钮控件，打开按钮的对象对话框，如图 9-35 所示，选择“事件”选项卡，选择“鼠标”→“单击鼠标”，单击鼠标右键，单击“VBS 动作”，弹出 VBS 动作编辑器，如图 9-36 所示。

9.3.3 编辑过程和动作

在创建一个新过程的时候，WinCC 自动地为过程分配一个标准的名字“procedure#”，其中#代表序号。可以在窗口中修改过程名，以便动作能够调用此过程。当保存过程后，修改后的过程名就会显示在浏览器窗口中。过程名必须是唯一的，如重名，会被认为是语法错误。

图 9-35 在图形编辑器中打开 VBS 编辑器

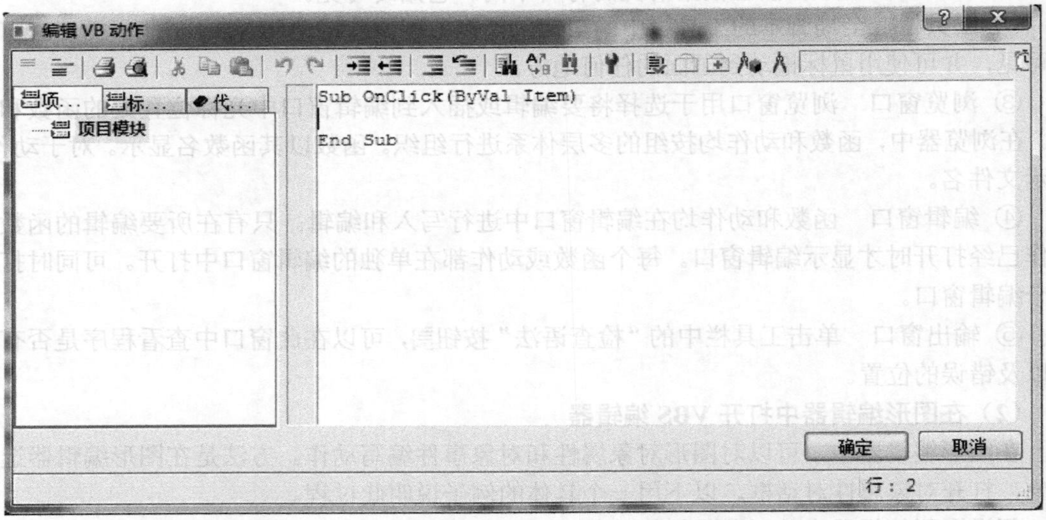

图 9-36 VBS 动作编辑器

VBS 动作主要是用来使图形对象或者图形对象属性在运动时动态化，或者执行独立于画面的全局动作。以下用一个例子来讲解编辑过程和动作的方法。

【例 9-4】 图形编辑器界面上有一个输入/输出域，每隔 2s，其中的数值增加 2，用 VBS 脚本组态此过程。

【解】 ① 创建内存变量。在变量管理器的内存变量中创建 32 位无符号内存变量“C_fill”，如图 9-37 所示。

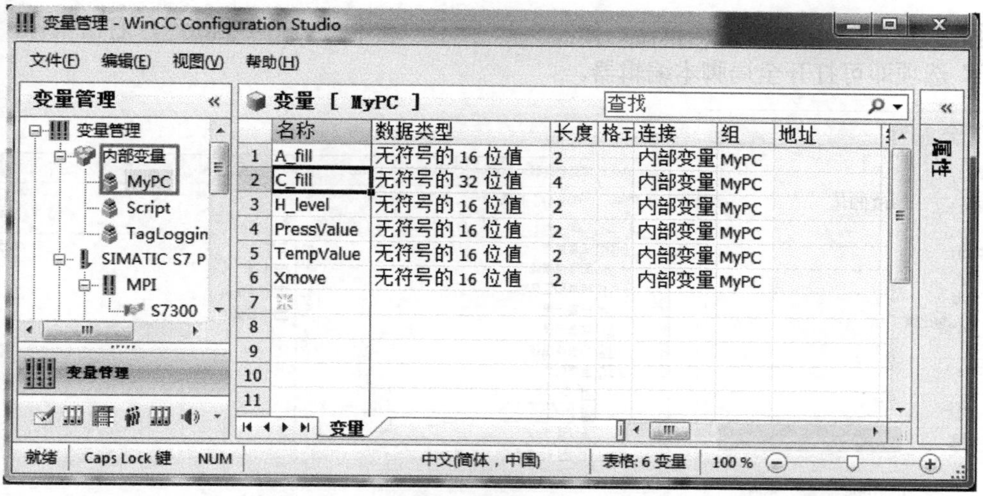

图 9-37 创建内存变量

② 打开图形编辑器，将输入/输出域拖入图形编辑器窗口中，如图 9-38 所示，选中输入/输出域，右击鼠标，单击“组态对话框”选项，弹出输入/输出域组态界面，将输入/输出域与内存变量 C_fill 连接，选项设置如图 9-39 所示。

图 9-38 图形编辑器

③ 打开 VBS 全局脚本编辑器。如图 9-40 所示，选中“VBS-Editor”，右击鼠标，单击“打开”选项即可打开全局脚本编辑器。

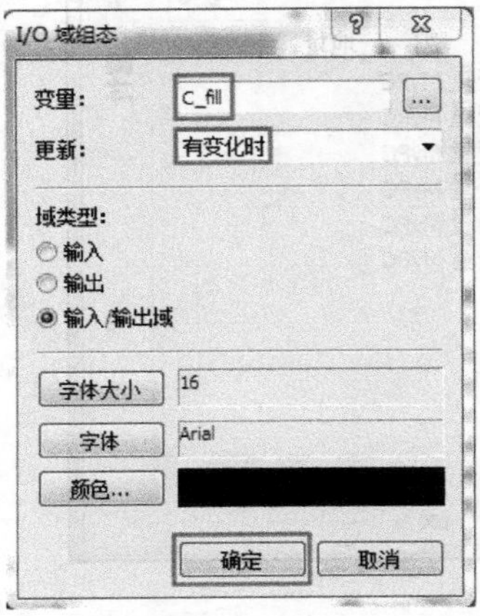

图 9-39　输入/输出域组态

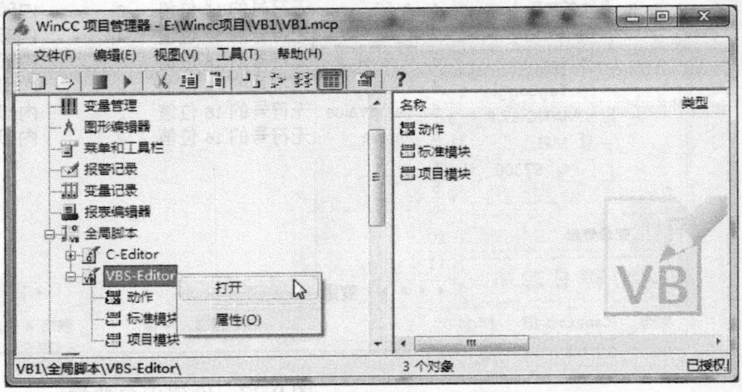

图 9-40　打开 VBS 全局脚本编辑器

④ 在浏览器窗口中，选中“项目模块”或者“标准模块”选项。本例中，选中“项目模块”，右击鼠标，单击“新建”→“项目模块”，即可新建一个过程，如图 9-41 所示。也可以单击工具栏中的“新建”按钮。

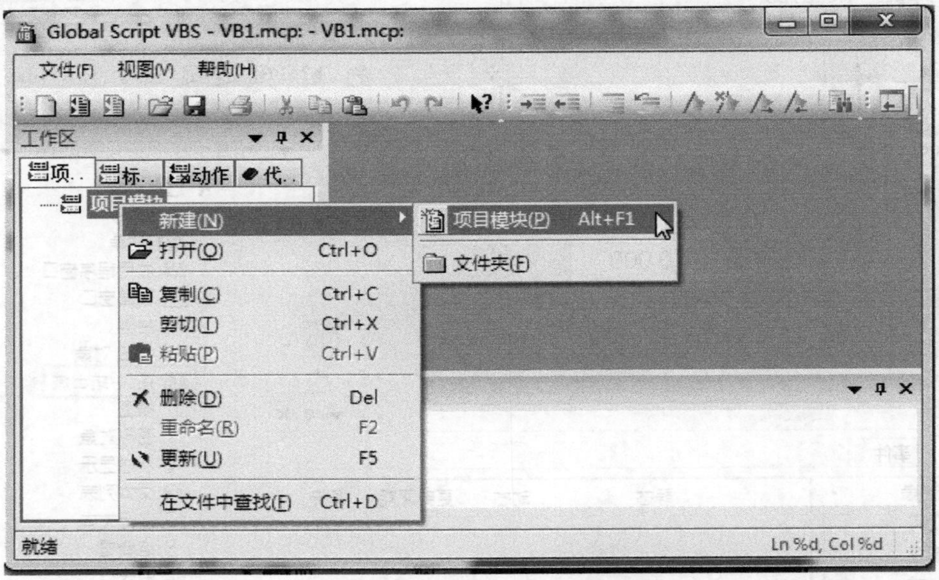

图 9-41　在模块中插入过程

⑤ 在程序编辑窗口，输入如图 9-42 所示的程序代码。再单击“检查语法”按钮，检查语法是否正确。代码的含义是先将内部变量“C_fill”与对象连接，再读出数值，然后进行加 2 计算，最后把加法的结果写入到对象中去。

⑥ 保存过程。单击工具栏中的“保存”按钮，保存过程。

⑦ 编辑全局脚本动作。单击菜单栏中“文件”→“新建”→“动作”，新建动作，如图 9-43 所示。

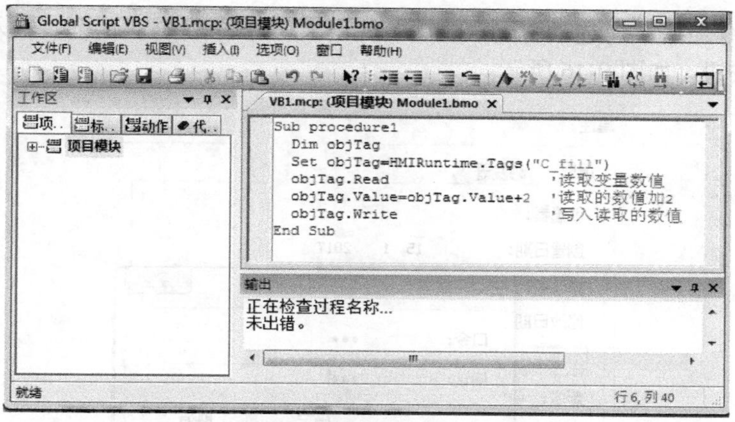

图 9-42 输入代码

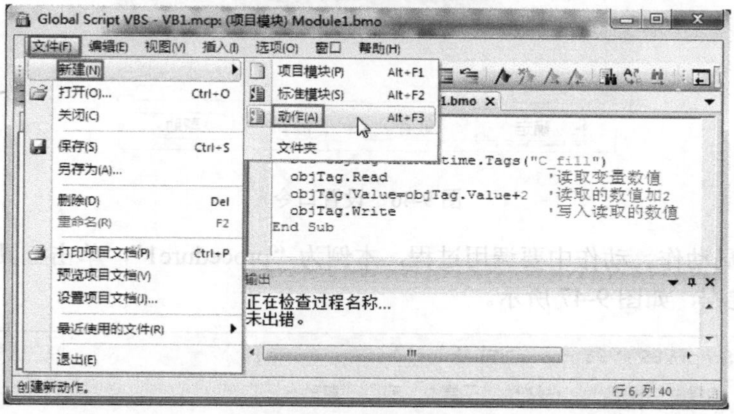

图 9-43 新建动作

⑧ 设置触发器。

a. 单击全局脚本编辑器上工具栏中的“信息/触发”按钮，弹出“属性”界面如图 9-44 所示，选定触发器的“周期性”选项，单击“添加”按钮，弹出如图 9-45 所示界面，选择“标准周期”，触发器的名称读者自己命名（本例为 2S），触发器的周期为 2 秒，最后单击“确定”按钮。

图 9-44 属性

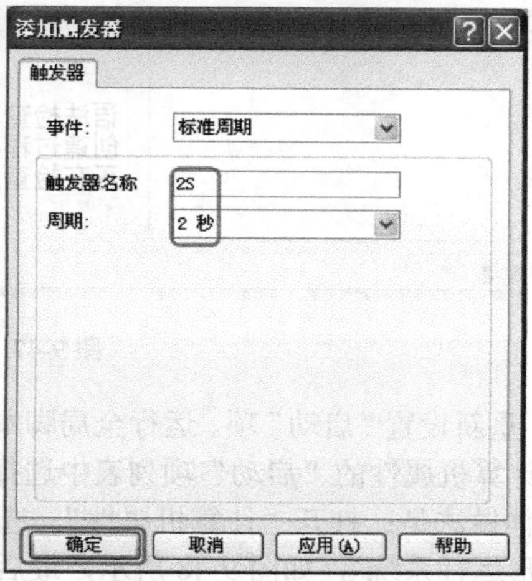

图 9-45 添加触发器

b. 设定口令加密。勾选“密码”选项，弹出“口令-条目”对话框，输入口令“123”，单击“确定”按钮，如图9-46所示。

图9-46 设置口令

⑨ 保存全局动作。动作中要调用过程，本例为“procedure1”，单击工具栏中的“保存”按钮，保存过程，如图9-47所示。

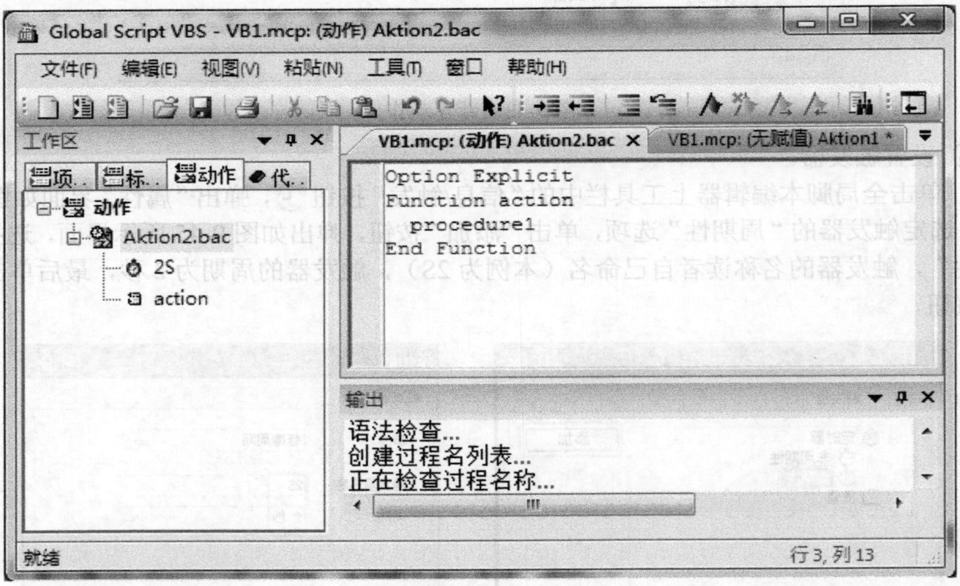

图9-47 保存后的界面

⑩ 重新设置“启动”项。运行全局脚本，无论是C脚本还是VBS，在WinCC运行之前，必须在计算机属性的“启动”项列表中选择“全局脚本运行系统”选项。

具体做法是：打开“计算机属性”，选中“启动”选项卡，勾选“全局脚本运行系统”和“图形运行系统”，如图9-48所示，最后单击“确定”按钮即可。

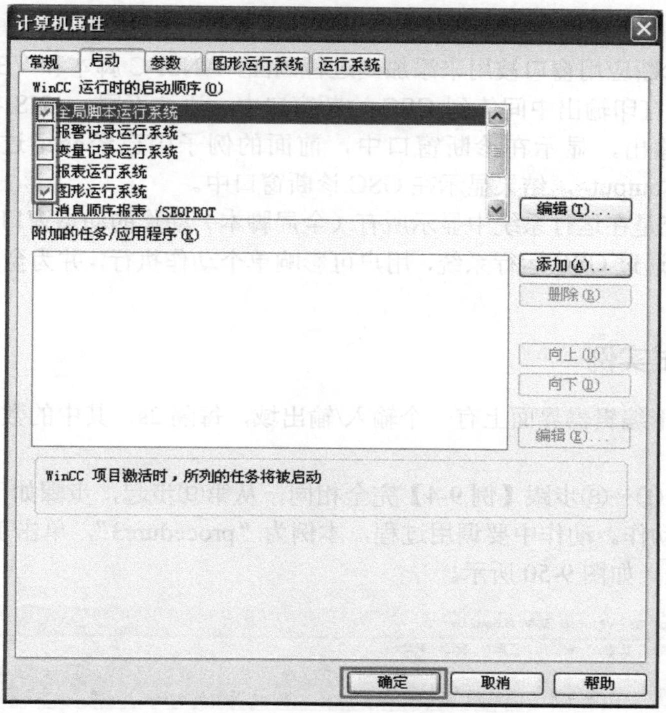

图 9-48　更改“启动”项

【关键点】 初学者很容易忽略勾选“全局脚本运行系统”这个选项。

⑪ 运行输出。在图形编辑器中，先单击“保存”按钮，目的是保存前面的操作，再单击“激活”按钮，运行系统。这时可以看到如图 9-49 所示的运行结果。实际上是每隔 2s 输入/输出域中的数值增加 2。

图 9-49　运行界面

9.4　脚本的调试

9.4.1　脚本调试简介

WinCC 提供了 GSC 运行和 GSC 诊断应用窗口，在运行系统的过程画面中显示。它还提供了运行调试器，作为诊断工具来分析运行状态下的动作执行情况。

GSC 运行和诊断应用窗口被用来添加到过程画面，ANSI-C 脚本和 VBS 用法相同。唯一不同点是，如果要打印输出中间值到 GSC 诊断窗口中，语法不同。ANSI-C 脚本由 printf( ) 函数指定的文本输出，显示在诊断窗口中，前面的例子中已经介绍过。VBS 的语法是 HMIRuntime.trace<output>，结果显示在 GSC 诊断窗口中。

GSC 运行系统是在运行系统中显示所有（全局脚本）动作的动态窗口。另外，运行系统处于活动状态时，通过 GSC 运行系统，用户可影响单个动作执行，并为全局脚本编辑器提供输入点。

9.4.2 脚本调试实例

【例 9-5】 图形编辑器界面上有一个输入/输出域，每隔 2s，其中的数值增加 2，用 VBS 脚本组态此过程。

【解】 本例的①～⑧步跟【例 9-4】完全相同，从第⑨步起，步骤如下：

⑨ 保存全局动作。动作中要调用过程，本例为“procedure3”，单击工具栏中的“保存”按钮，保存过程，如图 9-50 所示。

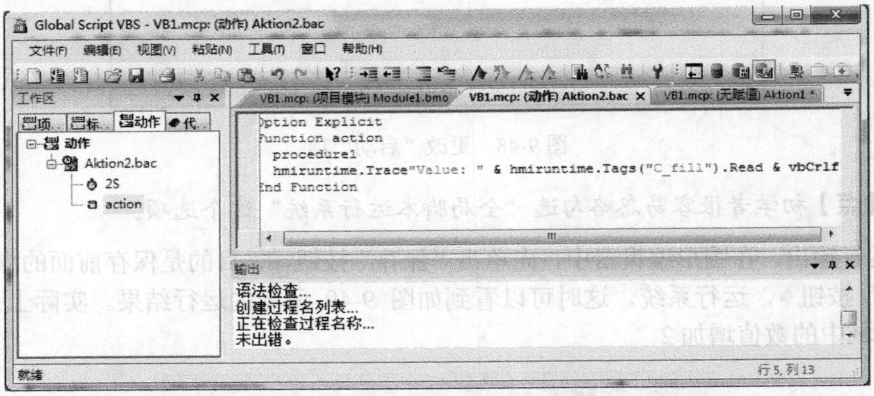

图 9-50 保存后的界面

⑩ 调试输出。

a. 打开图形编辑器，将“标准”→“智能对象”中的应用程序窗口拖入图形编辑器窗口，先弹出如图 9-51 所示界面，选定“全局脚本”（Global Script），单击“确定”按钮，弹出如图 9-52 所示的界面，选定“GSC Diagnostics”，最后单击“确定”按钮。图形编辑器界面如图 9-53 所示。

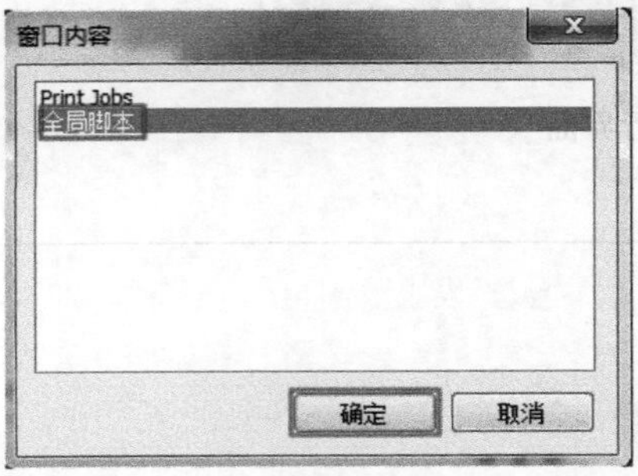

图 9-51 窗口内容

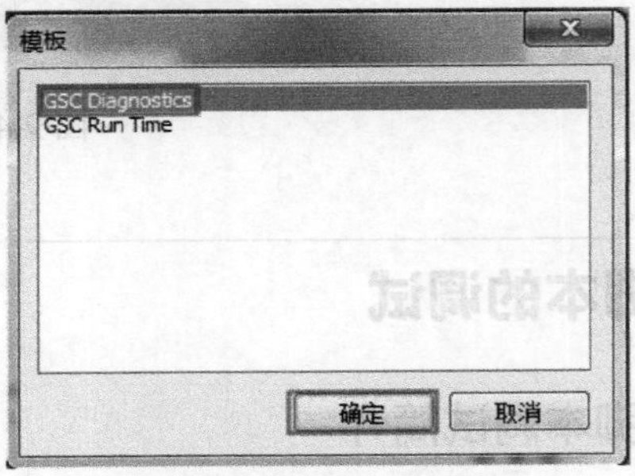

图 9-52 模板

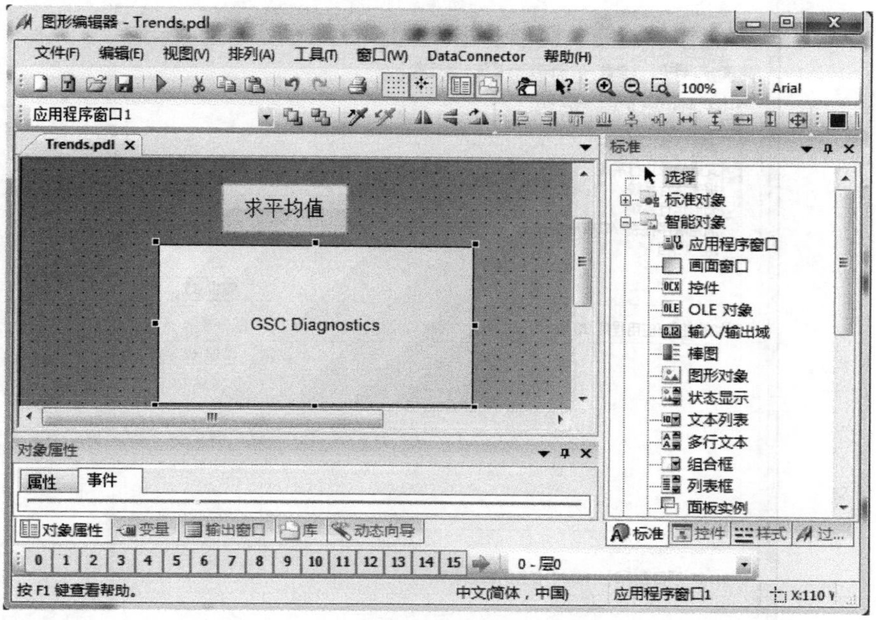

图 9-53　图形编辑器

b．改变全局脚本诊断控件的静态属性。在图形编辑器中，选择“GSC Diagnostics”，如图 9-54 所示，将“属性”选项卡中 “其它”的所有的静态属性由“否”改变成“是”。

图 9-54　对象属性

c．修改“启动”项。打开计算机的“属性”，选中“启动”选项卡，勾选“变量记录运行系统”和“图形运行系统”两项，如图 9-55 所示。

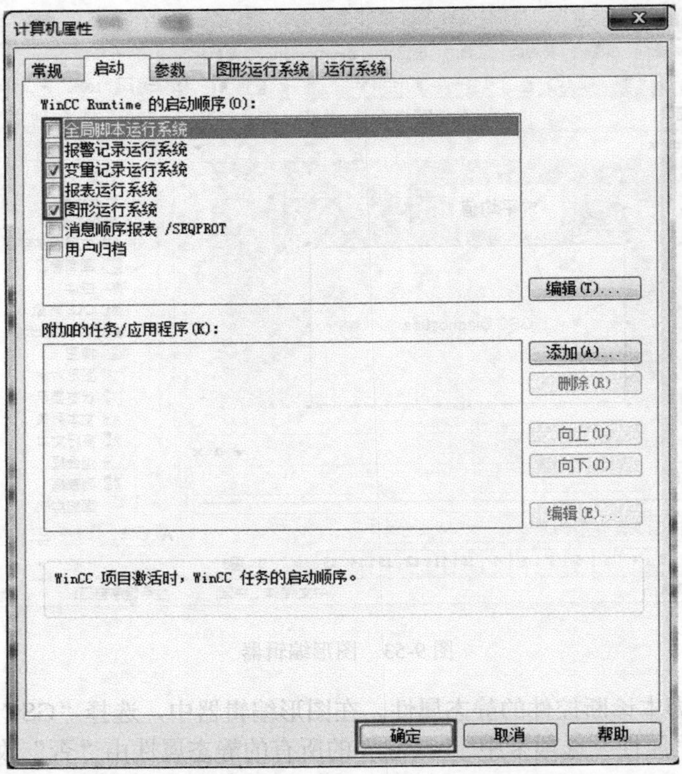

图 9-55 更改“启动”项

d. 运行输出。在图形编辑器中，先单击“保存”按钮，目的是保存前面的操作，再单击“激活”按钮，运行系统。这时，用鼠标左键单击按钮，可以看到如图 9-56 所示的运行结果。

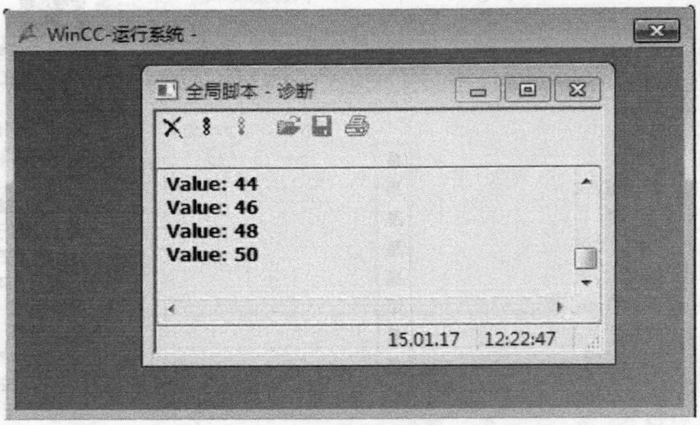

图 9-56 运行结果

9.5 应用实例

VBS 可以访问 WinCC 中的图形编辑器中的所有对象，并可使之动态化。访问图形编辑器中的图形对象，必须先指定这个对象，也就是首先要使用 VB 语言中的 SET 指令。

【例 9-6】 设定图形编辑器中的一个圆的半径为 18，请编写代码。

【解】

```
Sub OnClick(ByVal Item)
Dim objCircle
Set objCircle= ScreenItems("Circle1")    '指定图形对象
objCircle.Radius = 18                    '设置圆的半径
End Sub
```

注意，上面的“Circle1”是图形对象中圆的名称。

【例 9-7】 图形编辑器中有两个对象：一个按钮和一个圆。每单击一次按钮，圆的半径增加 18。

【解】

```
Sub OnLButtonDown(ByVal Item, ByVal Flags, ByVal x, ByVal y)
  Dim objCircle
  Dim objTag
  Set objCircle =ScreenItems("Circle1")
  Set objTag=HMIRuntime.Tags("C_fill")
  objTag.Read
  objTag.Value=objTag.Value+3
  objTag.Write
  objCircle.Radius=objTag.Value+18
End Sub
```

小结

重点难点总结

本章的两个难点同时也是重点，即 VBS 和 CS。对于 CS 主要是要理解常用函数的含义；对于 VBS 则主要理解对象的属性和方法。

习题

① WinCC V7.3 的脚本系统由哪些部分组成？

② 触发器有哪些类型？

③ C 脚本的输出是借助哪种工具实现的？简述其具体组态方法。

④ 简述过程和模块的概念。

⑤ 一个圆的直径，每隔 3s 增加 2mm，使用 VBS 和 CS 两种方法实施，而且其半径值要用输入/输出域实时显示。并用“GSC Diagnostics”仿真输出。

第10章 通信

本章讲述 WinCC 通信的概念、原理以及 WinCC 常见的通信方式，最后用 2 个例子详细介绍 OPC 通信。

10.1 通信基础

10.1.1 通信术语

WinCC 的通信涉及一些术语，以下分别介绍：

（1）通信

通信是指在两个通信伙伴之间进行数据交换。

（2）通信伙伴

通信伙伴是用于与其他网络组件进行通信并交换数据的任何网络组件。在 WinCC 中，通信伙伴可以是自动化系统(AS)中的中央模块和通信模块，也可以是 PC 中的通信处理器。

通信伙伴间传送的数据可以用于不同用途。在 WinCC 中，通信有如下用途：

① 控制过程；

② 调用过程数据；

③ 指示过程中的异常状态；

④ 归档过程数据。

（3）通信驱动程序

通信驱动程序是用于在 AS 和 WinCC 的变量管理之间建立连接的软件组件，这样可以提供 WinCC 变量和过程值。在 WinCC 中，提供了许多用于通过不同总线系统连接各个 AS 的通信驱动程序。每个通信驱动程序一次只能绑定到一个 WinCC 项目。

WinCC 中的通信驱动程序也称为“通道”，其文件扩展名为“*.chn”。计算机中安装的所有通信驱动程序都位于 WinCC 安装目录的子目录“\bin”中。

（4）通道单元

每个通信驱动程序针对不同通信网络会有不同的通道单元。

每个通道单元相当于与一个基础硬件驱动程序的接口，进而也相当于与 PC 中的一个通信处理器的接口。因此，每个使用的通道单元必须分配到各自的通信处理器。

对于某些通道单元，会在系统参数中进行额外的组态。对于使用 OSI 模型传输层（第 4 层）的通道单元，还将定义传输参数。

（5）连接（逻辑）

对 WinCC 和 AS 进行了正确的物理连接后，WinCC 中需要通信驱动程序和相应的通道单元来创建和组态与 AS 的（逻辑）连接。运行期间将通过此连接进行数据交换。

在 WinCC 中，已组态且已逻辑分配的两个通信伙伴之间会有一个用于执行某种通信服务的连接。每个连接都有两个包含必要信息的端点，这些信息包括用来对通信伙伴寻址的必要信息以及用来建立该连接的其他属性。

连接通过特定连接参数在通道单元下组态。一个通道单元下也可以创建多个连接，这取决于通信驱动程序。

10.1.2 WinCC 通信原理

WinCC 的通信主要是自动化系统之间的通信及 WinCC 同其他应用程序之间的通信。

WinCC 使用变量管理的功能集中管理其变量。WinCC 在运行期间会采集和管理在项目中创建的以及在项目数据库中存储的所有数据和变量。

图形运行系统、报警记录运行系统或变量记录运行系统等所有应用程序（全局脚本）必须请求来自变量管理的 WinCC 变量数据。

WinCC 和自动化系统（AS）之间的通信是通过过程总线实现的。WinCC 除了提供了如 SIMATIC S5/S7/505 等系列的 PLC 通道，还提供了如 PROFIBUS-DP/FMS、DDE 和 OPC 等通用通道连接到第三方控制器。此外，WinCC 还以附加件（add-ons）的形式提供连接到其他控制器的通信通道。

与 WinCC 进行工业通信也就是通过变量和过程值交换信息。为了采集过程值，WinCC 通信驱动程序向 AS 发送请求报文。而 AS 则在相应的响应报文中将所请求的过程值发送回 WinCC。WinCC 的通信结构如图 10-1 所示。

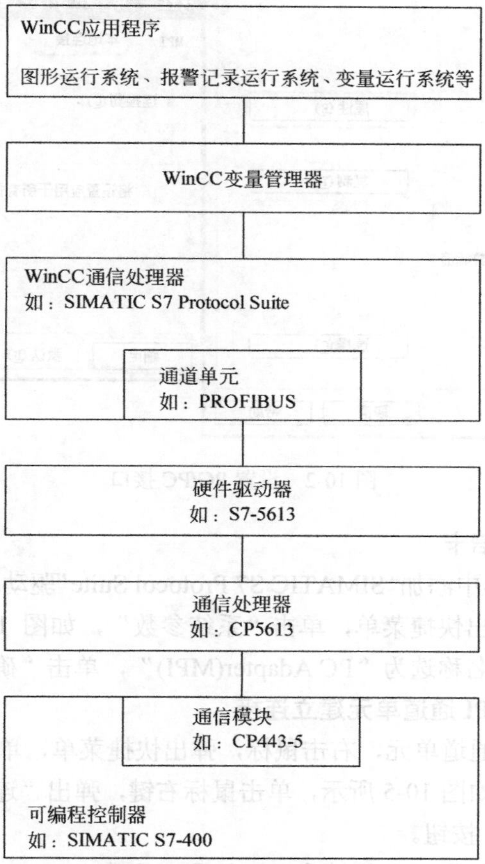

图 10-1 WinCC 的通信结构

10.2 WinCC 与 SIMATIC S7 PLC 的通信

WinCC 与 SIMATIC S7 PLC 的通信一般使用 SIMATIC S7 Protocol 的通信驱动程序。此通信驱动程序支持多种网络协议和类型，通过它的通道单元提供与各种 SIMATIC S7-300 和 S7-400 PLC 的通信。以下将分别以不同通信协议介绍 WinCC 与 SIMATIC S7 PLC 的通信。

10.2.1 WinCC 与 SIMATIC S7 PLC 的 MPI 通信

（1）PC 上 MPI 通信卡的安装和设置

在个人计算机的插槽中，插入通信卡（如 CP5711 卡），也可以使用 MPI 适配器，在计算机的控制面板（经典视图状态）中，单击“设置 PG/PC 接口”，弹出如图 10-2 所示的界面，选择“PC Adapter(MPI)”，单击“属性”按钮，弹出“属性”界面，此界面的“本地连接”选项卡中，“连接到”后面的内容实际就是选择计算机端的通信接口（通常为 USB 或者 RS-232C），最后单击“确定”按钮。

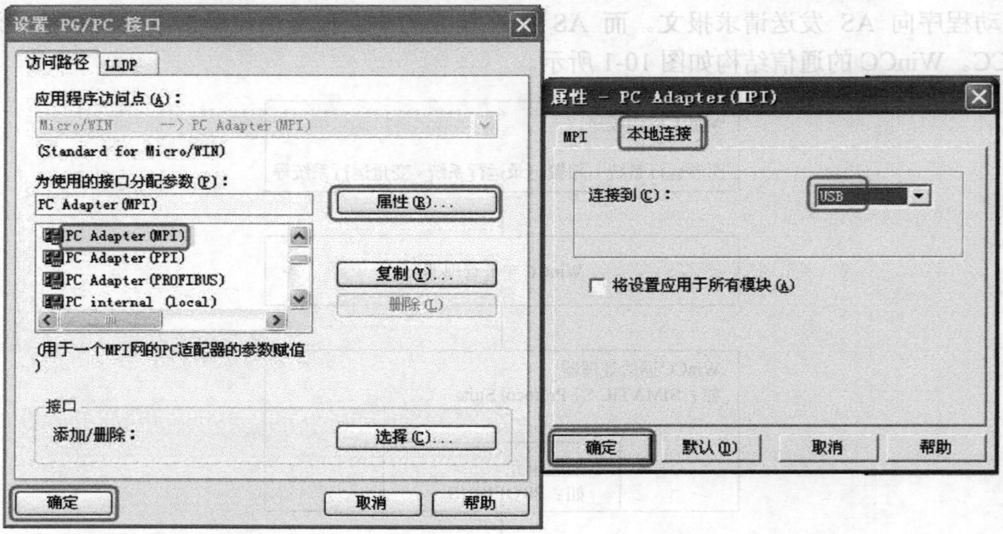

图 10-2 设置 PG/PC 接口

（2）选择 WinCC 通信卡

在 WinCC 变量管理器中添加“SIMATIC S7 Protocol Suite”驱动程序，并选择其中的“MPI”通道单元，右击鼠标，弹出快捷菜单，单击“系统参数”，如图 10-3 所示，弹出如图 10-4 所示的界面，将逻辑设备名称选为“PC Adapter(MPI)”，单击“确定”按钮。

（3）在 WinCC 的 MPI 通道单元建立连接

选择其中的“MPI”通道单元，右击鼠标，弹出快捷菜单，单击“新驱动程序连接”，弹出“连接属性”界面，如图 10-5 所示，单击鼠标右键，弹出“连接参数”界面，将插槽号改为“2”，单击“确定”按钮。

【关键点】插槽号就是 CPU 的插槽号，一般是 2 号槽位。

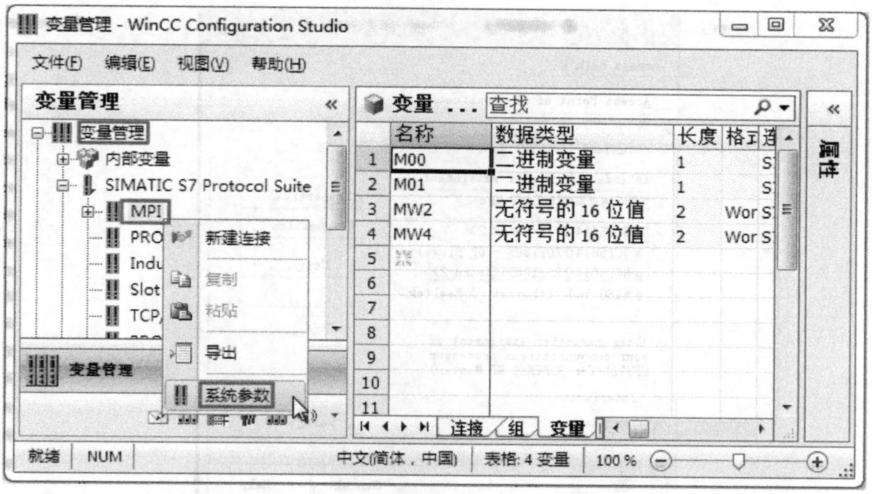

图 10-3 打开“系统参数”

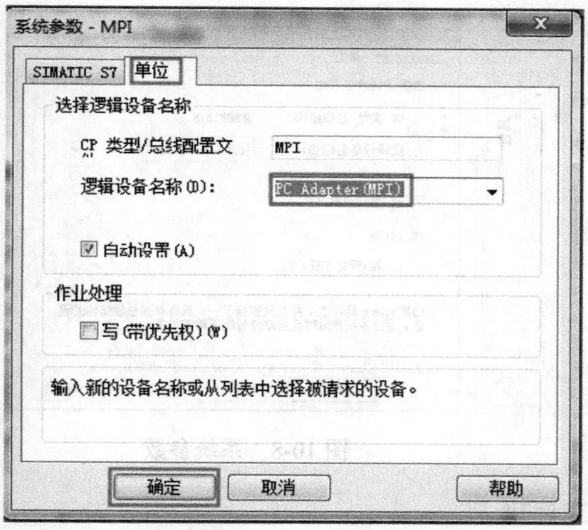

图 10-4 系统参数

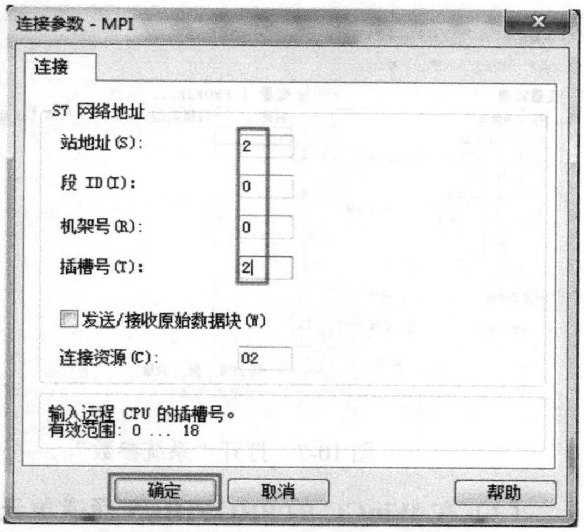

图 10-5 连接属性和连接参数

10.2.2 WinCC 与 SIMATIC S7 PLC 的 PROFIBUS 通信

（1）PC 上 CP5614 A2 通信卡的安装和设置

在个人计算机上，插入通信卡（CP5614 A2），在计算机的控制面板（经典视图状态）中，单击“设置 PG/PC 接口”，弹出如图 10-6 所示的界面，选择“CP5614(PROFIBUS)”，最后单击“确定”按钮。

（2）选择 WinCC 通信卡

在 WinCC 变量管理器中添加“SIMATIC S7 Protocol Suite”驱动程序，并选择其中的“PROFIBUS”通道单元，右击鼠标，弹出快捷菜单，单击“系统参数”，如图 10-7 所示，弹出如图 10-8 所示的界面，将逻辑设备名称选为“CP5614(PROFIBUS)”，单击“确定”按钮。

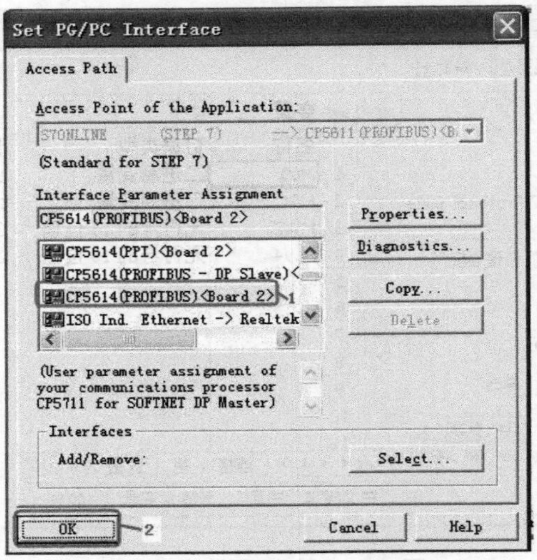

图 10-6　设置 PG/PC 接口

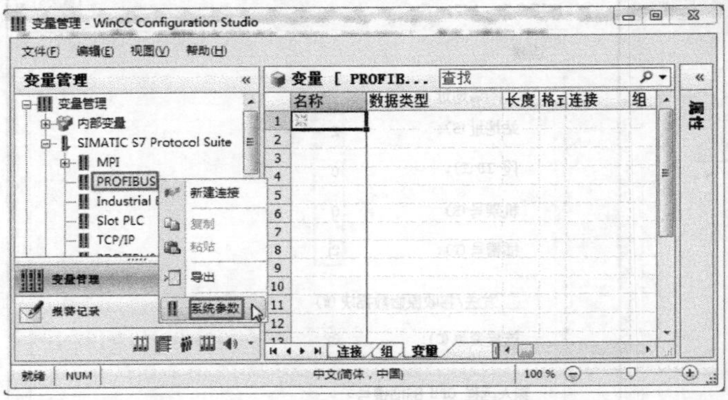

图 10-7　打开“系统参数”

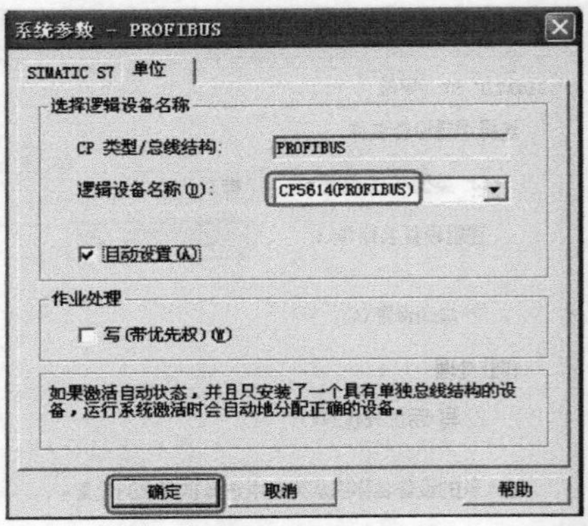

图 10-8　系统参数

（3）在 WinCC 的 PROFIBUS 通道单元建立连接

选择其中的“PROFIBUS”通道单元，右击鼠标，弹出快捷菜单，单击“新驱动程序连接”，弹出“连接属性”界面，如图 10-5 所示，单击“属性”按钮，弹出“连接参数”界面，将插槽号改为“2”，单击“确定”按钮。

10.2.3　WinCC 与 SIMATIC S7 PLC 的 TCP/IP 通信

（1）PC 上以太网卡的安装和设置

在个人计算机的插槽中，插入网卡（CP1613 或者普通网卡），在计算机的控制面板（经典视图状态）中，单击“设置 PG/PC 接口”，弹出如图 10-9 所示的界面，选择“TCP/IP-> Qualcomm Atheros AR816…”（“Qualcomm Atheros AR816…”是作者计算机的网卡，读者在操作时会显示读者的网卡信

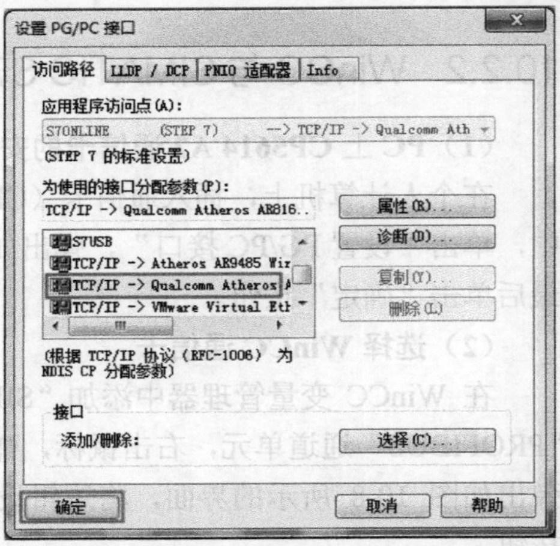

图 10-9　设置 PG/PC 接口

息），最后单击“确定”按钮。

（2）选择 WinCC 通信卡

在 WinCC 变量管理器中添加“SIMATIC S7 Protocol Suite.chn”驱动程序，并选择其中的“TCP/IP”通道单元，右击鼠标，弹出快捷菜单，单击“系统参数”，如图 10-10 所示，弹出如图 10-11 所示的界面，将逻辑设备名称选为“TCP/IP-> Qualcomm Atheros AR816…”（“Qualcomm Atheros AR816…”是作者计算机的网卡，读者在操作时会显示读者的网卡信息），单击“确定”按钮。

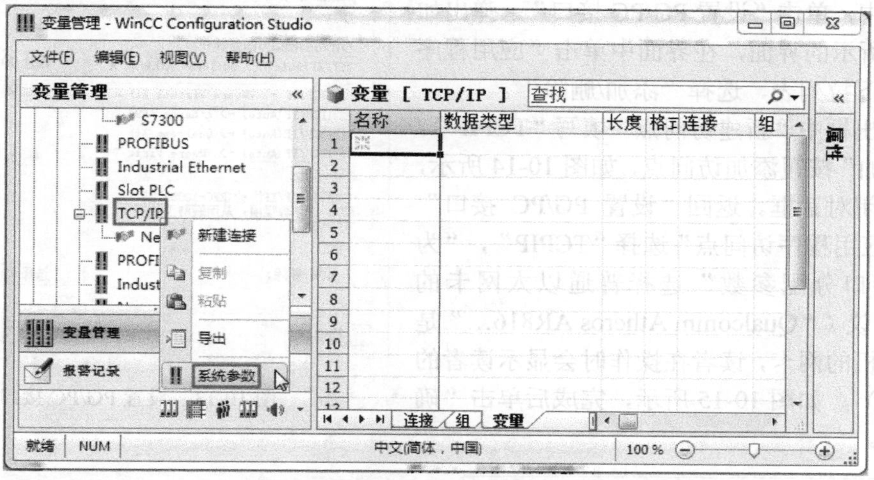

图 10-10 打开“系统参数”

（3）在 WinCC 的 TCP/IP 通道单元建立连接

选择其中的“TCP/IP”通道单元，右击鼠标，弹出快捷菜单，单击“新驱动程序连接”，弹出“连接属性”界面，如图 10-12 所示，单击“属性”按钮，弹出“连接参数”界面，将插槽号改为“2”，单击“确定”按钮。

【关键点】图 10-12 中的以太网址要与 STEP 7 中组态的网址一致。

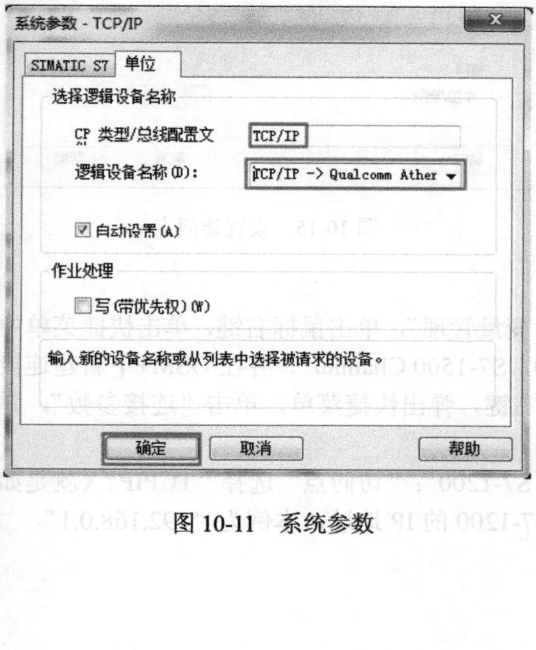

图 10-11 系统参数

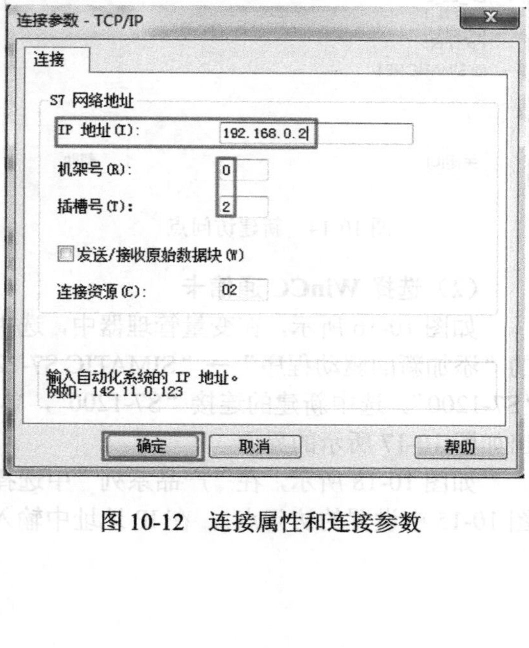

图 10-12 连接属性和连接参数

10.2.4 WinCC 与 SIMATIC S7-1200/1500 的 TCP/IP 通信

早期的版本的 WinCC（WinCC V7.2 之前的版本）没有与 S7-1200/1500 通信的驱动程序，如 WinCC 要与 S7-1200 通信，需要使用 OPC。

（1）PC 上以太网卡的安装和设置

在个人计算机的插槽中，插入网卡（CP1613 或者普通网卡），在计算机的控制面板（经典视图状态）中，单击“设置 PG/PC 接口”，弹出如图 10-13 所示的界面，在界面中单击“应用程序访问点”下拉列表，选择“添加/删除”。

在弹出框中“新建访问点”填写“TCPIP”，单击“添加”按钮添加访问点，如图 10-14 所示，完成后关闭对话框。返回“设置 PG/PC 接口”界面，“应用程序访问点”选择“TCPIP”，“为使用的接口分配参数”选择普通以太网卡的 TCP/IP 协议（“Qualcomm Atheros AR816…”是作者计算机的网卡，读者在操作时会显示读者的网卡信息），如图 10-15 所示，完成后单击“确定”退出。

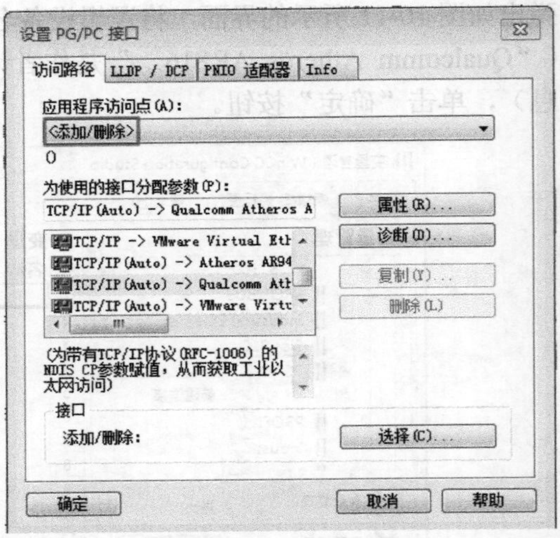

图 10-13 设置 PG/PC 接口

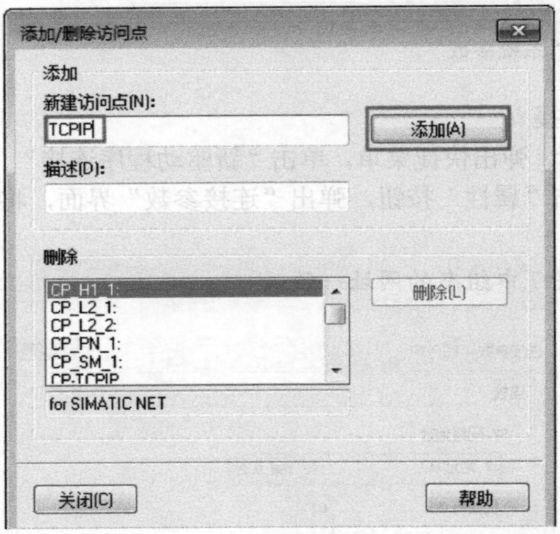

图 10-14 新建访问点

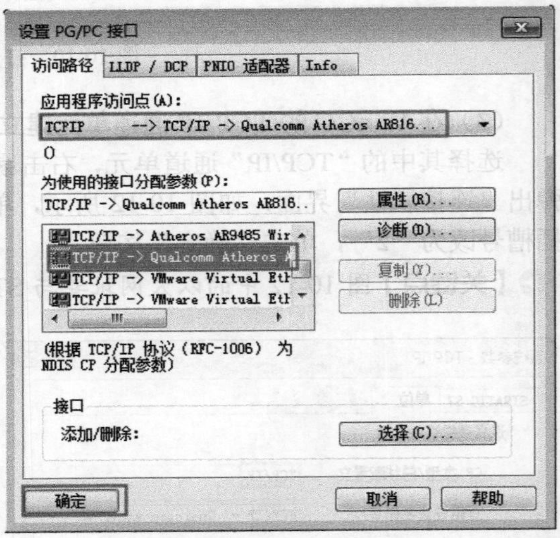

图 10-15 设置访问点

（2）选择 WinCC 通信卡

如图 10-16 所示，在变量管理器中，选中“变量管理”，单击鼠标右键，单击快捷菜单中的“添加新的驱动程序”→“SIMATIC S7-1200，S7-1500 Channel”。并在 OSM+下新建连接“S7-1200”。选中新建的连接“S7-1200”，单击右键，弹出快捷菜单，单击“连接参数”，弹出如图 10-17 所示的界面。

如图 10-18 所示，在“产品系列”中选择“S7-1200”；“访问点”选择“TCPIP”（就是如图 10-15 中设置的访问点）；在 IP 地址中输入 S7-1200 的 IP 地址，本例为“192.168.0.1”。

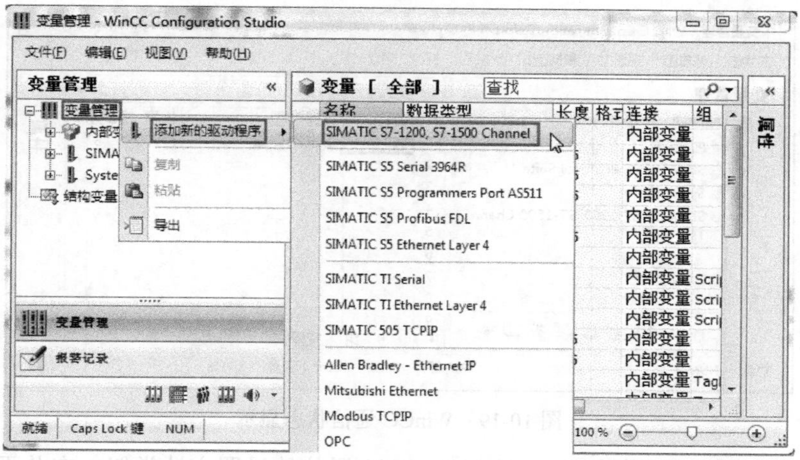

图 10-16　添加驱动程序

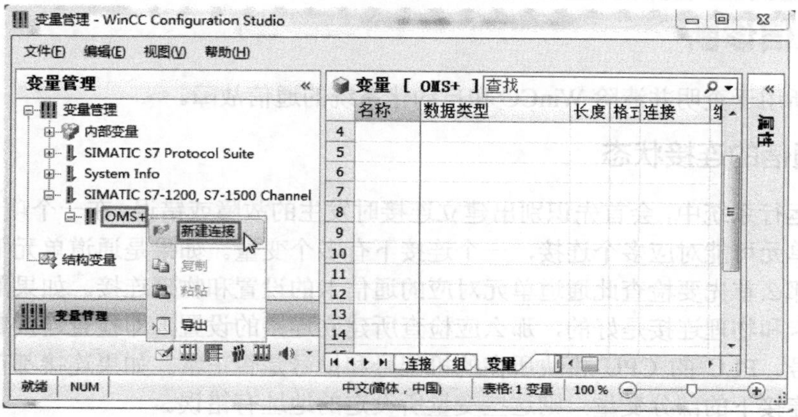

图 10-17　新建连接

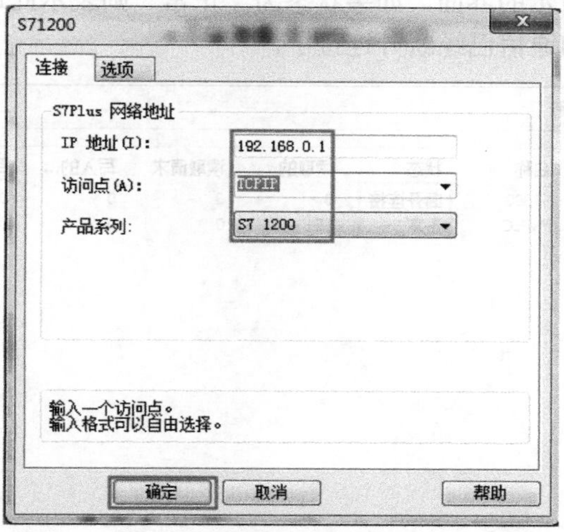

图 10-18　连接参数

项目激活后，在变量管理界面可以直接观察到通信是否建立，绿勾表示通信建立，如图 10-19 所示。如通信连接失败，则是红色感叹号的标识。

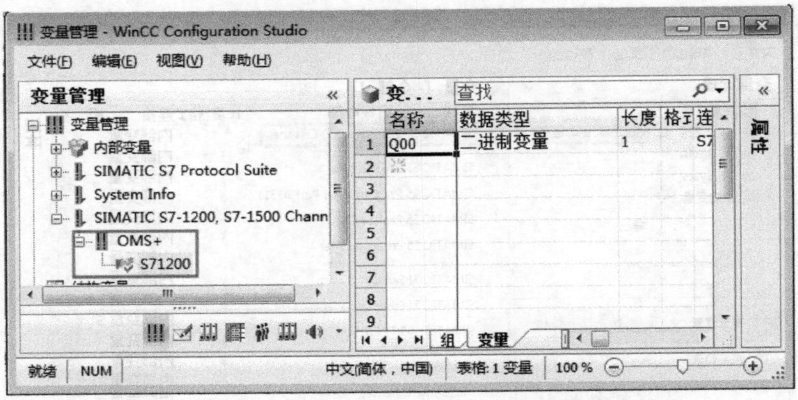

图 10-19 WinCC 通信状态显示

WinCC 与 S7-1500 通信和 WinCC 与 S7-1200 通信的设置方法类似，在此不再赘述。

10.3 通信诊断

通信诊断用于查明并清除 WinCC 和自动化系统的通信故障。

10.3.1 通信的连接状态

通常在运行系统中，会首先识别出建立连接时发生的故障或错误。在一个项目中，WinCC 站上的通道单元可能对应多个连接，一个连接下有多个变量。如果是通道单元下的所有连接都有故障，那么首先要检查此通道单元对应的通信卡的设置和物理连接。如果部分连接无问题，而通信卡和物理连接是好的，那么应检查所建立连接的设置，即检查连接属性中的站地址、网络段号、PLC 的 CPU 模块所在的机架号和槽号是否正常。如果连接都正常，而故障表现在某个连接下的部分变量，则这些变量所设定的地址有错误。

在项目激活状态下，单击 WinCC 项目管理器的菜单的“工具”→“驱动程序连接状态(D)”，打开如图 10-20 所示的界面，如果状态为“正常”则表示此通道连接正常，如状态为“断开连接”，则此通道的通信已经断开连接了。

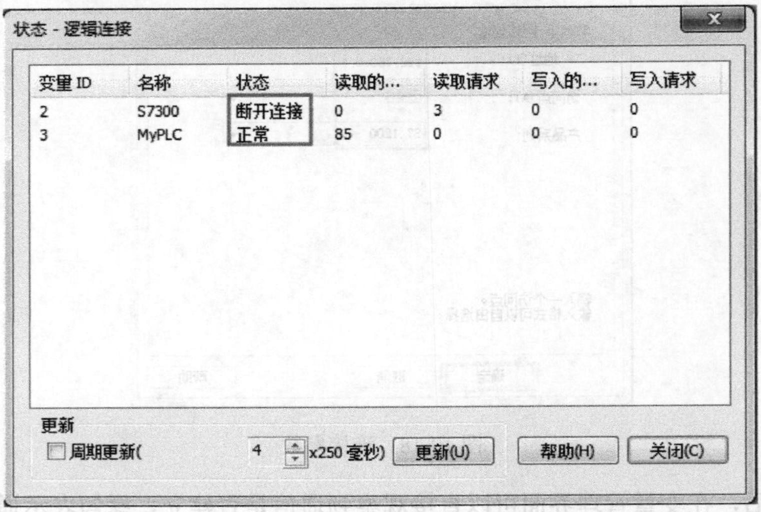

图 10-20 WinCC 驱动程序连接状态

10.3.2 通道诊断

WinCC 提供了一个工具软件 Channnel Diagnosis（通道诊断）。在运行系统中，WinCC 通道诊断为用户既提供激活连接状态的快速预览，又提供有关通道单元的状态和诊断信息。

使用 WinCC 通信诊断工具，单击“所有程序”→“Siemens Automation”→“SIMATIC”→“WinCC”→“Tools”→“Dynamic Wizard Editor”。运行此工具，能查看当前项目中连接的通信状态，绿勾表示通信建立，如图 10-21 所示。如通信连接失败，则是红色叉号的标识。

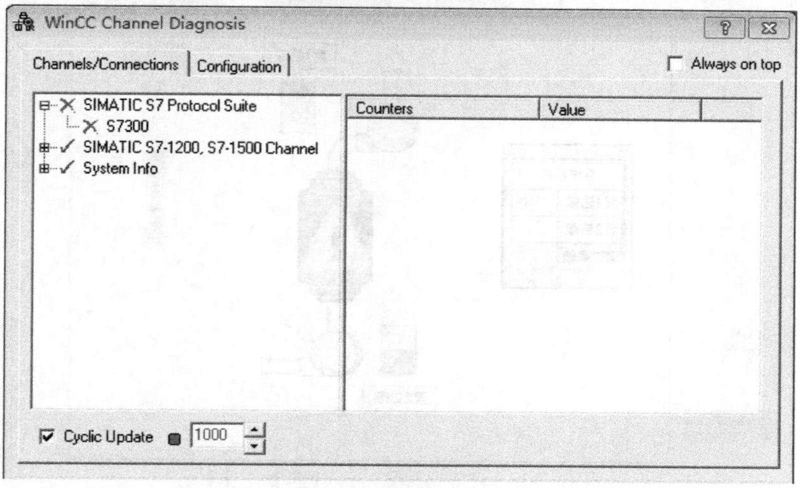

图 10-21 WinCC 通信状态显示

通道诊断的另一种方法是 WinCC 处于运行状态，打开变量管理器如图 10-22 所示，通信连接失败则有红色感叹号“!”握手标记，通信连接成功则有绿色对号“√”握手标记。

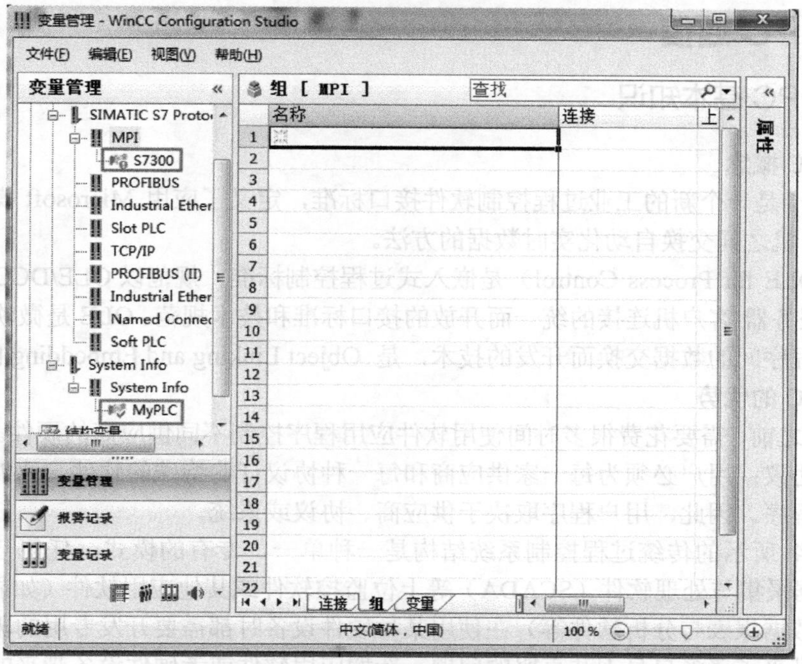

图 10-22 WinCC 通信状态显示

10.3.3 变量诊断

在运行的画面中也可以看出通信连接情况，如图 10-23 所示，可以看到，部分控件上有感叹号“!”，这表示与这个控件关联的通道的通信连接断开或者变量出现问题。如所有的控件上有感叹号“!”，则通道的通信连接断开的可能性较大。

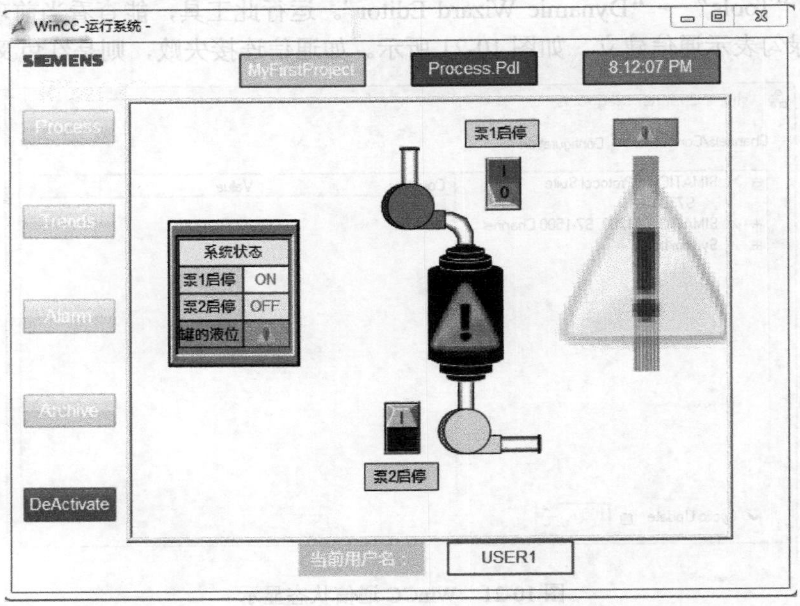

图 10-23 WinCC 通信状态显示

10.4 OPC 通信

10.4.1 OPC 基本知识

（1）OPC 概念

OPC 标准是一个新的工业过程控制软件接口标准，定义了应用 Microsoft 操作系统在基于 PC 的客户机之间交换自动化实时数据的方法。

OPC（OLE for Process Control）是嵌入式过程控制标准，规范以 OLE/DCOM 为技术基础，是用于服务器/客户机连接的统一而开放的接口标准和技术规范。OLE 是微软为 Windows 系统、应用程序间的数据交换而开发的技术，是 Object Linking and Embedding 的缩写。

（2）OPC 的优势

在 OPC 之前，需要花费很多时间使用软件应用程序控制不同供应商的硬件。存在多种不同的系统和协议；用户必须为每一家供应商和每一种协议订购特殊的软件，才能存取具体的接口和驱动程序。因此，用户程序取决于供应商、协议或系统。

图 10-24 所示的传统过程控制系统结构是一种单一、专有的模式，任何一种人机界面（HMI）、数据采集与处理软件（SCADA）等上位监控软件或其他应用软件（如显示软件、趋势图软件、数据报表与分析软件等）在使用某种硬件设备时都需要开发专用的驱动程序。这种结构特点带来了诸多自身无法克服的问题，新增应用软件或者硬件设备带来的只会是驱动

程序种类和数量的迅速增长，开发人员大量的时间和精力耗费在重复性编写通信驱动程序上，原有的驱动程序无法适应升级后的硬件设备。显然，传统的过程控制系统结构不能适应过程控制发展的新要求，我们必须突破旧的模式寻求一种新的解决方法，即OPC。

图10-25中的基于OPC过程控制系统结构采用客户/服务器模式，通常把符合OPC规范的设备驱动程序称为OPC服务器，而将符合OPC规范的应用软件统称为OPC客户。服务器充当客户与硬件设备之间的桥梁，客户对硬件设备的数据读写操作由服务器代理完成，客户不需要同硬件设备直接打交道，或者说客户是独立于设备的（即不管现场设备以何种形式存在，客户都以统一的方式去访问）。

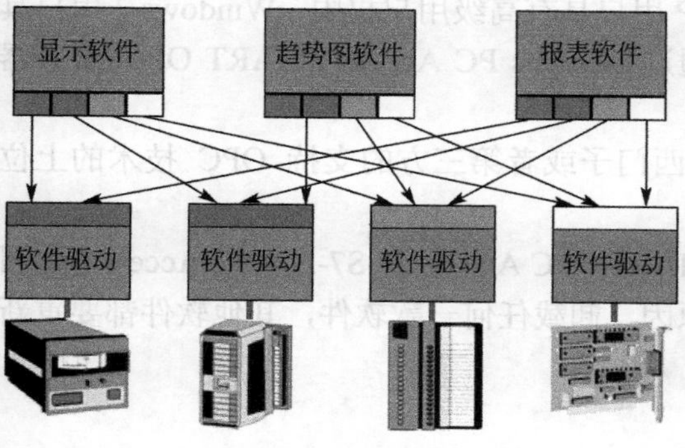

图10-24 传统通信的体系结构

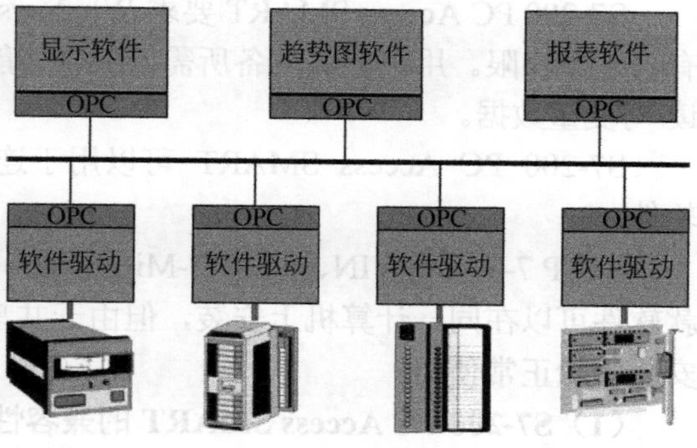

图10-25 基于OPC过程控制通信系统结构

在客户端和服务器端各自定义了统一的标准“接口”，接口具有不变特性，OPC所提供的接口标准事实上是一种“软件接口标准”或“软件总线”，它明确定义了客户同服务器之间的通信机制，是连接客户同服务器的桥梁和纽带。

这样，我们可以自由选择最符合我们实际要求的软、硬件产品，然后将它们像“搭积木”一样组合在一起进行无缝地工作，这一切都来源于OPC所提供的强大互操作性的特点，对此我们可以作一个形象的比喻：尽管家用电器的种类繁多，但它们的电源插头与插座却是统一的。可以这样说，统一的标准接口是OPC的实质和灵魂。

10.4.2 SIMATIC NET 软件简介

SIMATIC NET 是西门子在工业控制层面上提供的一个开放的、多元的通信系统。它意味着可以将工业现场的PLC、主机、工作站和个人电脑联网通信，为了适应自动化工程中的种类多样性，SIMATIC NET 推出了多种不同的通信网络以因地制宜，这些通信网络符合德国或国际标准，它们包括：

- 工业以太网；
- PROFIBUS；
- AS-I；
- MPI。

SIMATIC NET 系统包括：

① 传输介质、网络配件和相应的传输设备及传输技术；

② 数据传输的协议和服务；

③ 连接PLC和电脑到LAN网上的通信处理器（CP模块）。

高级PC Station组态是随SIMATIC NET V6.0以上提供的。Advanced PC Configuration

代表一个PC站的全新、简单、一致和经济的调试和诊断解决方案。一台PC可以和PLC一样，在SIMATIC S7中进行组态，并通过网络装入。PC Station包含了SIMATIC NET通信模块和软件应用，SIMATIC NET OPC server就是允许和其他应用通信的一个典型应用软件。

10.4.3 S7-200 PC Access SMART软件简介

S7-200 PC Access SMART可用来从S7-200 SMART PLC提取数据的一款软件应用程序。可以创建PLC数据变量，然后使用内含的测试客户端进行PLC通信。S7-200 PC Access SMART安装了“Siemens PC Access SMART OPC服务器”以用于数据通信。

S7-200 PC Access SMART要求Windows XP用户具有高级用户权限，Windows 7用户具有管理员权限。用户必须具备所需的权限才能通过Siemens PC Access SMART OPC服务器读/写变量数据。

S7-200 PC Access SMART可以用于连接西门子或者第三方的支持OPC技术的上位软件。

STEP 7-Micro/WIN、STEP 7-Micro/WIN SMART、PC Access和S7-200 PC Access，这四款软件可以在同一计算机上安装，但由于共享原因，卸载任何一款软件，其他软件都要重新安装才能正常使用。

（1）S7-200 PC Access SMART的兼容性

① Windows XP SP3；

② Windows 7（32位和64位）SP1；

③ 可以从S7-200 Micro/WIN SMART项目中导入符号表；

④ 支持以太网电缆（RJ45）；

⑤ 支持多种语言：英语、中文、德语、法语、意大利语、西班牙语。

S7-200 PC Access SMART的软件包和升级包可以在S7-200产品主页上免费下载、安装。但注意，下载免费软件包需要先注册。

（2）S7-200 PC Access SMART的特性

① S7-200 PC Access SMART可向上兼容到Data Access V2.05。

② 支持所有标准OPC客户端。OPC客户端应用程序访问过程数据、消息和OPC服务器归档。

③ 具有易于使用的Windows界面，方便快速安装和设置。例如：

a. 在线状态指示灯提供视觉反馈。

b. 简单的拖放操作用于组织变量和文件夹。

c. 内置OPC测试客户端窗口用于快速验证数据。

d. 高级选项（例如设置限值和定时参数）。

④ 整合STEP 7-Micro/WIN SMART项目的符号：该整合特性支持所有S7-200 SMART CPU数据类型，包括定时器、计数器和字符串。

⑤ 提供预组态的示例项目：

a. 可基于已经包含PLC基本参数的示例模板构建应用程序。

b. S7-200 PC Access SMART提供了Visual Basic.NET（2010及更低版本）和Excel（2010及以下版本）示例。

⑥ 支持适用于局域网(LAN)和广域网(WAN)的S7-200 SMART CPU以太网TCP/IP通信协议：以太网对多个计算机的互连流程进行了标准化，而且能够对网络上的数据流进行控制。

借助以太网，一台PC可连接多台S7-200 SMART PLC。

⑦ 提供全面的帮助系统：

a. 贯穿整个产品提供“F1”上下文相关帮助。

b. 可将该帮助系统用作用户手册。

10.4.4 OPC实例1——WinCC与S7-200 SMART的通信

WinCC中没有提供S7-200 SMART系列PLC的驱动程序，要用WinCC对S7-200 SMART PLC进行监控，必须使用OPC通信，以下用一个简单的例子讲解这个过程。

【例10-1】 WinCC对S7-200 SMART PLC进行监控，在WinCC画面上启动和停止S7-200 SMART PLC的一盏灯，并将灯明暗状态显示在WinCC画面上。

【解】 所需要的软硬件如下：

- 1套S7-200 PC Access SMART V2.0；
- 1套STEP 7-Mincro/Win SMART V2.1；
- 1套WinCC V7.3；
- 1台CPU ST40；
- 1根网线电缆；
- 1台个人计算机（具备安装和运行WinCC V7.3的条件）。

具体步骤如下：

（1）在S7-200 PC Access SMART中创建OPC

① 新建OPC项目。打开S7-200 PC Access SMART软件（此软件可以在西门子的官网上免费下载），新建项目如图10-26所示。

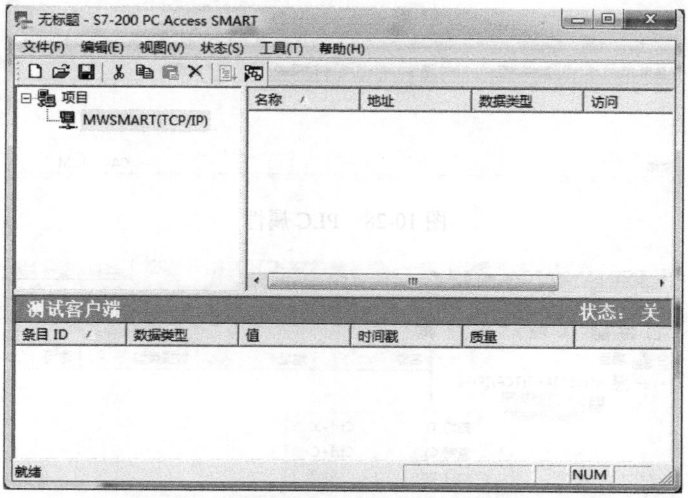

图10-26 新建OPC项目

② 新建PLC。在左侧的浏览器窗口中，如图10-27所示，选中“MWSMART(TCP/IP)”，单击鼠标右键，弹出快捷菜单，单击“新建PLC（N）...”命令。如图10-28所示，将PLC命名为“200SMART”，单击“确定”按钮。

③ 新建变量。在左侧的浏览器窗口中，选择以上步骤中创建的PLC“200SMART”，右击鼠标，弹出快捷菜单，单击“新建（N）”→“条目”，如图10-29所示。

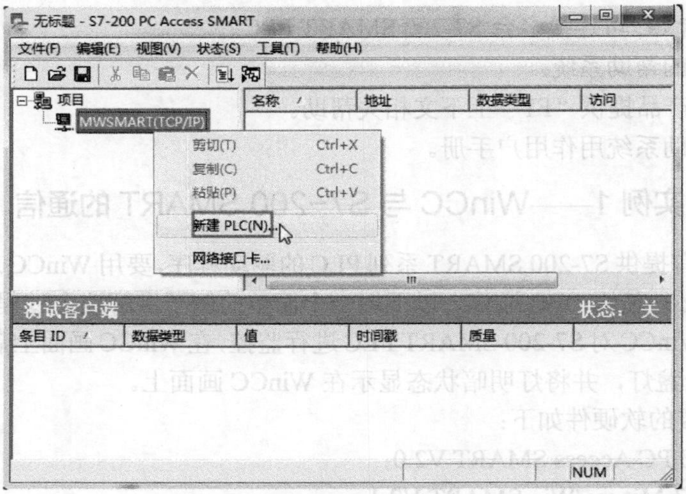

图 10-27　新建 PLC

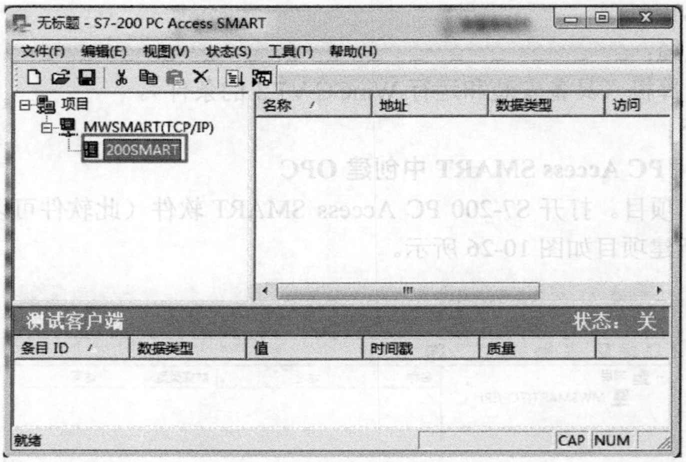

图 10-28　PLC 属性

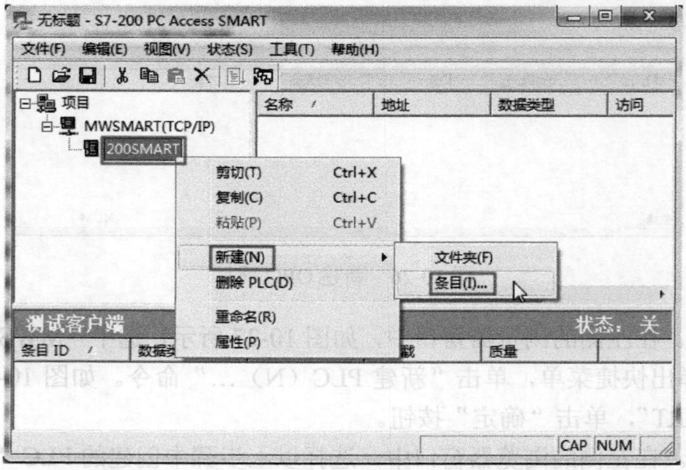

图 10-29　新建变量（1）

如图 10-30 所示，在“名称”中输入“START”，在“地址”中输入“M0.0”，最后单击“确定”按钮。这样做的结果表明，变量“START”的地址是“M0.0”。用同样的方法操作，使变量“STOP”的地址是“M0.1”，使变量“MOTOR”的地址是“Q0.0”。操作完成后所有的变量和地址都显示在如图 10-31 所示的界面上。

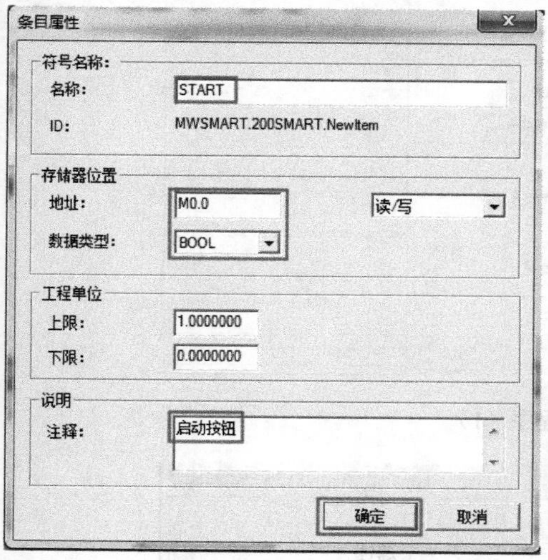

图 10-30　新建变量（2）

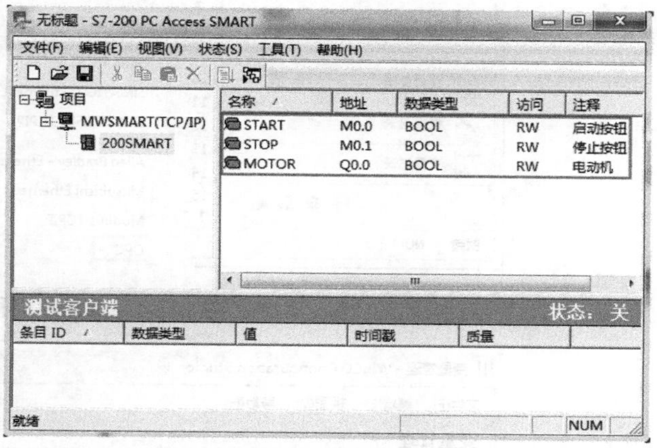

图 10-31　新建变量（3）

④ 保存 OPC。单击工具栏中的“保存”按钮，弹出如图 10-32 所示的界面，命名为“200SMART.sa”，单击“保存（S）”按钮。

（2）在 WinCC 中创建工程，完成通信

① 新建 WinCC 项目。单击工具栏上的“新建”图标，弹出如图 10-33 所示的界面，将项目名称定为“OPC”，单击“创建（E）”按钮。

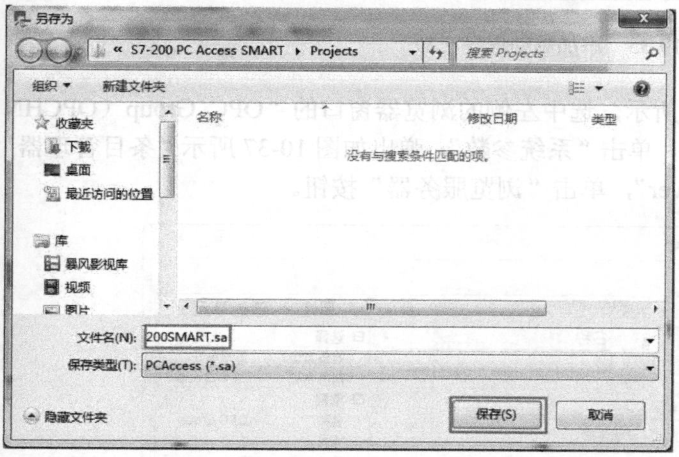

图 10-32　保存 OPC

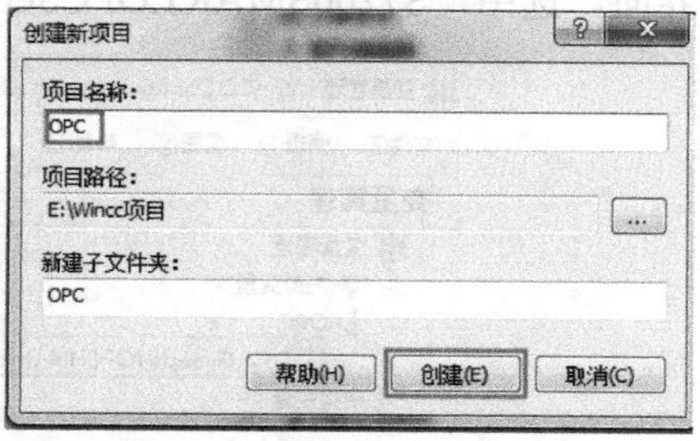

图 10-33　新建 WinCC 项目

② 添加驱动程序。选中左侧的浏览器窗口的变量管理器，双击打开变量管理器。如图 10-34 所示，选中左侧的浏览器窗口的“变量管理”，右击鼠标，弹出快捷菜单，单击“添加新的驱动程序”→“OPC”，弹出如图 10-35 所示界面，可以看到 OPC 通道已经添加了。

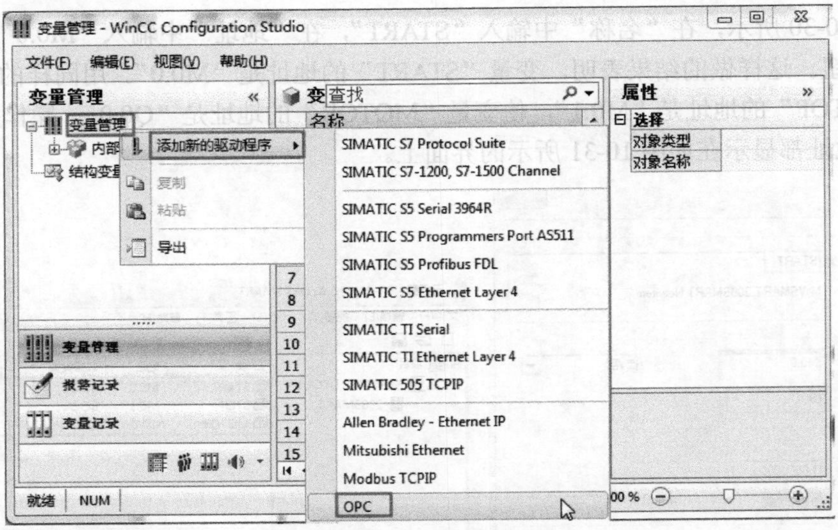

图 10-34 添加驱动程序（1）

图 10-35 添加驱动程序（2）

③ 打开系统参数。如图 10-36 所示，选中左侧的浏览器窗口的“OPC Group（OPCHN Unit#1）”，右击鼠标，弹出快捷菜单，单击“系统参数”，弹出如图 10-37 所示“条目管理器”界面，选中“S7200SMART.OPCServer”，单击“浏览服务器”按钮。

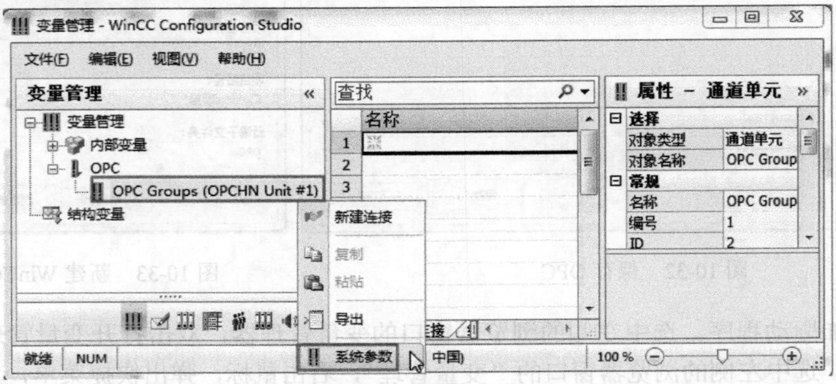

图 10-36 打开系统参数

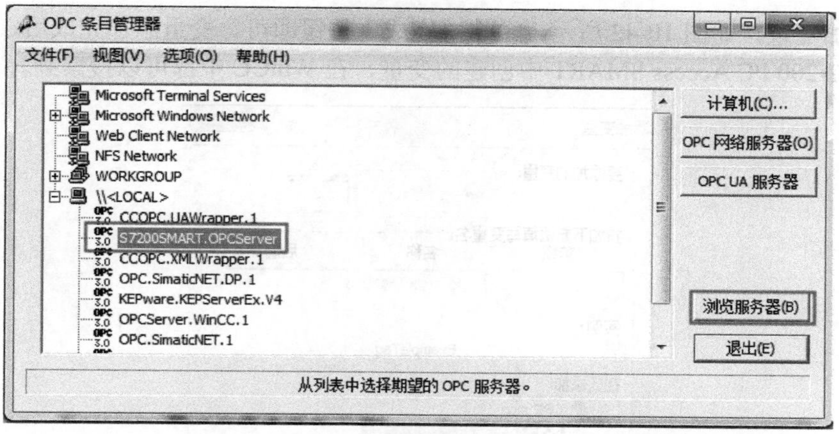

图 10-37　OPC 条目管理器

注意：如果计算机配置较低，搜索到“S7200SMART.OPCServer”条目可能需要时间等待。

如图 10-38 所示，单击“下一步”按钮，弹出如图 10-39 所示的界面，单击“添加条目”按钮。

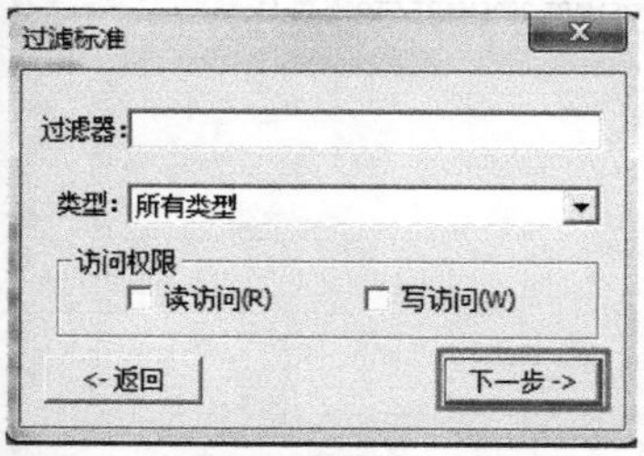

图 10-38　过滤标准

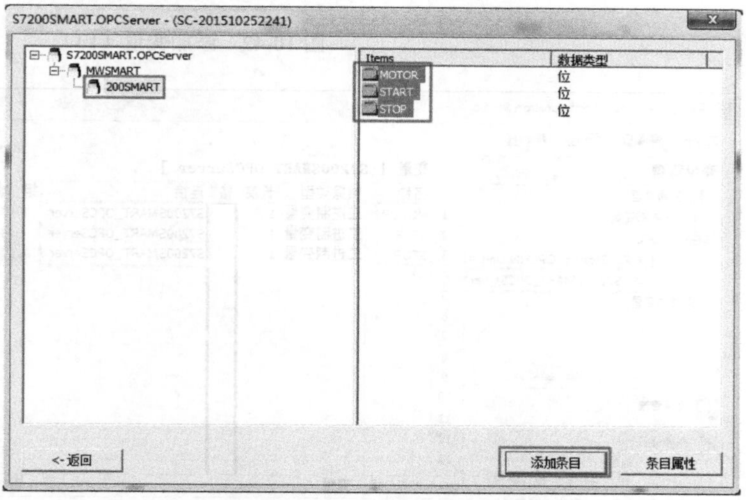

图 10-39　添加条目

④ 添加连接。单击“是”按钮，如图 10-40 所示，弹出如图 10-41 所示的界面，输入连接名称为“S7200SMART_OPCServer”，单击“确定”按钮。

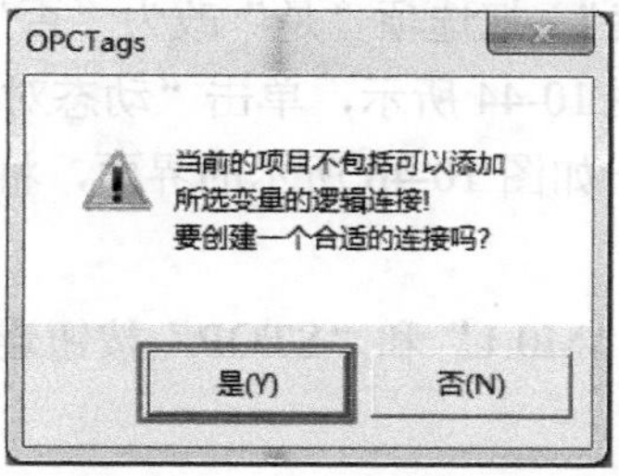

图 10-40　添加连接（1）

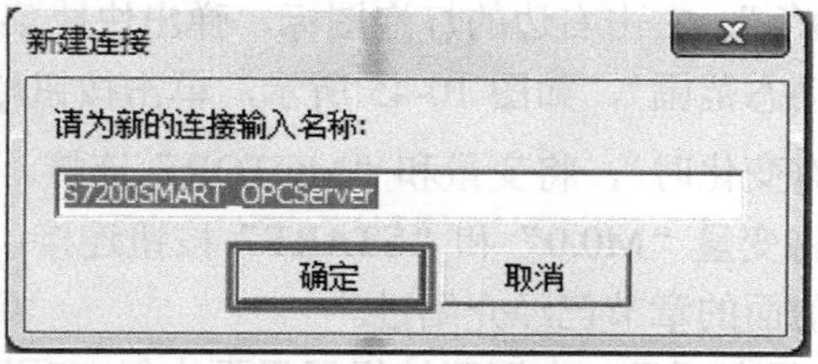

图 10-41　添加连接（2）

⑤ 添加变量。如图 10-42 所示，单击“完成”按钮即可。变量添加完成后，如图 10-43 所示，在 S7-200 PC Access SMART 中创建的变量，在 WinCC 中都可以搜索到。

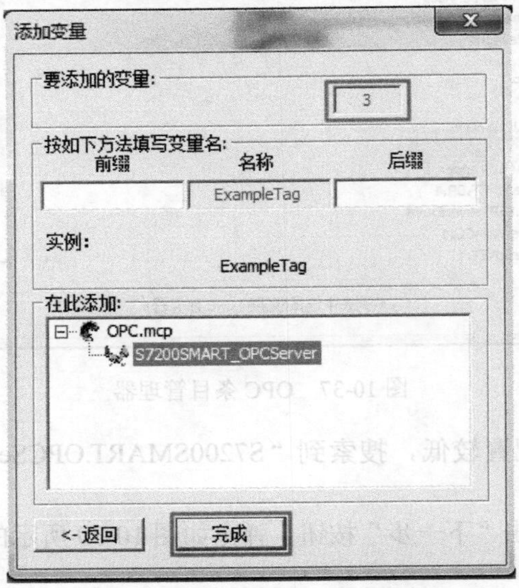

图 10-42 添加变量（1）

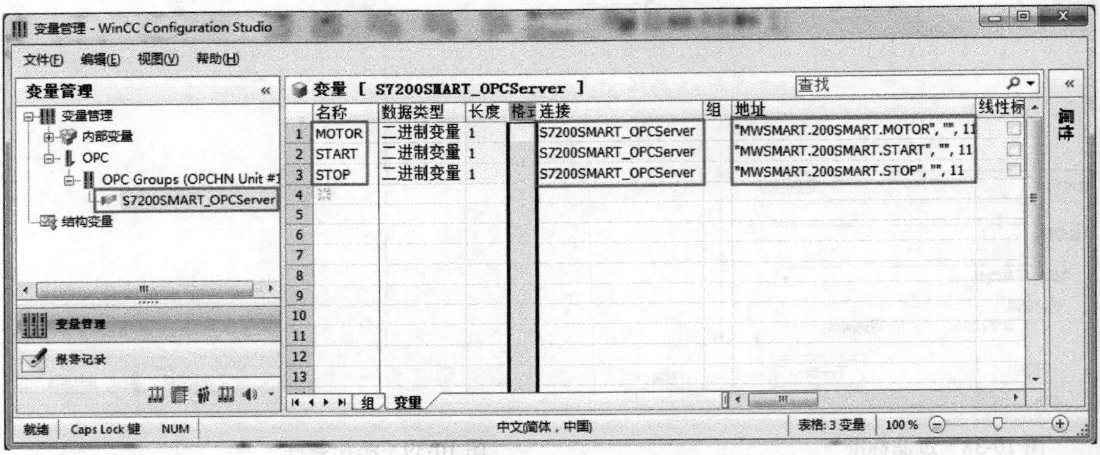

图 10-43 添加变量（2）

⑥ 动画连接。新建画面，打开画面，在图形编辑器中，拖入一个圆，选中此圆，再选中“属性”选项卡，接着选中“效果”→“全局颜色方案”，把选项“是”改为“否”，选择“背景颜色”，右击右边的灯泡图标，弹出快捷菜单，如图 10-44 所示，单击“动态对话框”，弹出“动态范围”，如图 10-45 所示，单击按钮 ，弹出如图 10-46 所示的界面，将触发器改为“有变化时”，将变量和“MOTOR”连接。

再将变量“M0.0”和“START”按钮连接，将变量“M0.1”和“STOP”按钮连接，此方法在前面的章节已经介绍过。

⑦ 保存项目。在图形编辑器界面中保存项目。

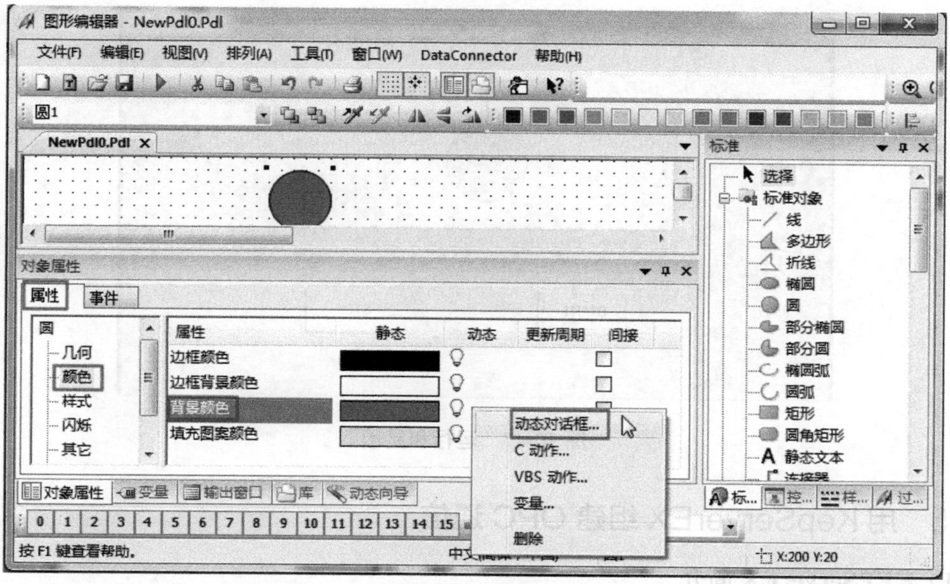

图 10-44 对象属性设置

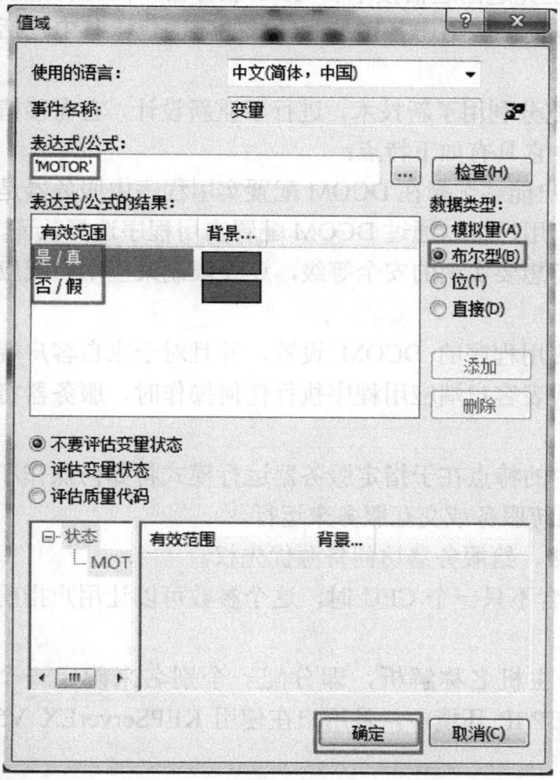

图 10-45 动态范围

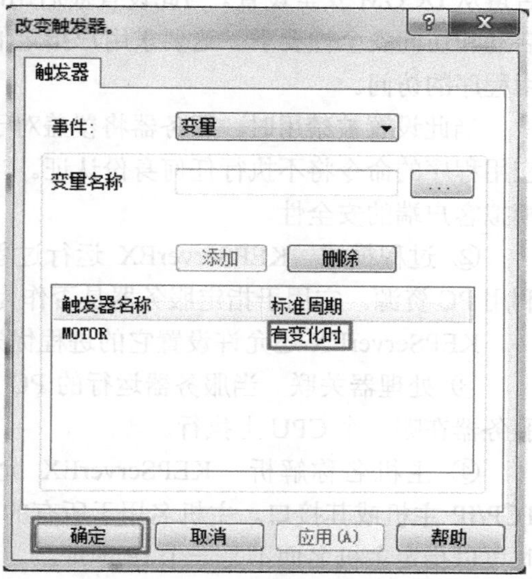

图 10-46 改变触发器

⑧ 运行和显示。在图形编辑器界面中，单击“激活”按钮▶，再单击“START”按钮，灯为红色，单击“STOP”按钮，灯为灰色，如图 10-47 所示。

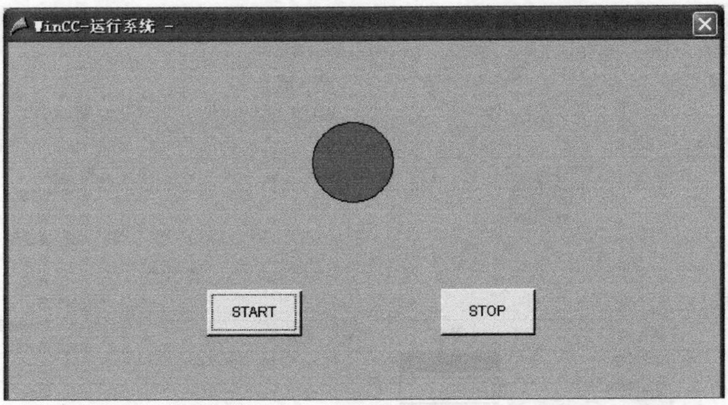

图 10-47　运行和显示

10.4.5 用 KepServerEX 组建 OPC 通信

（1）KEPServerEX 简介

KEPServerEX 是凯谱华（Kepware）通信技术的产品，历经了十多年的发展，在结构和功能上都得到了增强。KEPServerEX 是市场上先进的通信技术和 OPC 服务器，而且将继续作为未来 Kepware 发展的基础。Kepware 可以提供应用于各种工业领域的驱动包，其中包括楼宇自动化、石油及天然气、水和废水等。

KEPServerEX V5.8 是目前的最新版本，充分利用了新技术，进行了重新设计，它在移植到新的自动化平台时也提供对旧系统的兼容。它具有如下特点：

① OPC 连接安全性　默认功能安全使用户能够选择在 DCOM 配置实用程序中服务器是否遵从 DCOM 安全设置。当此设置被启用时，用户可以通过 DCOM 配置实用程序选择认证、启动和访问安全性要求。这要求用户指定他们想要实现的安全等级，还要限制某些用户或应用程序的访问。

当此设置被禁用时，服务器将覆盖对于应用程序的 DCOM 设置，并且对于来自客户端应用程序的命令将不执行任何身份认证。当代表客户端应用程序执行任何操作时，服务器将模拟客户端的安全性。

② 过程模式　KEPServerEX 运行过程中的特点在于指定服务器运行模式将如何操作和利用 PC 资源。它用于指定服务器是否作为系统服务或交互服务来运行。

KEPServerEX 还允许设置它的进程优先级，给服务器访问资源优先权。

③ 处理器关联　当服务器运行的 PC 包含不只一个 CPU 时，这个参数可以让用户指明服务器在哪一个 CPU 上执行。

④ 主机名称解析　KEPServerEX 允许主机名称解析，即分配一个别名来确定一个 TCP/IP 主机或其接口。主机名用于所有的 TCP/IP 环境中，且用户在使用 KEPServerEX V5 时可以指定主机名而不是一个 IP 地址。

⑤ OPC UA（统一架构）KEPServerEX 支持 OPC UA 客户端连接和 OPC DA 的数据集。

⑥ OPC AE（Events）KEPServerEX 对 OPC AE 客户端应用程序完全公开事件日志数据。事件服务器工作在运行和服务模式时，支持三类事件（通知、警告、错误）。KEPServerEX 还支持 AE 客户端通过事件类型、严重性、分类以及 OPC 兼容性对事件进行筛选。

⑦ 服务器管理属性　服务器的用户管理系统控制用户在一个服务器项目能够进行哪些操作。用户属性对话框用于配置每个账户的姓名、密码和特权。

⑧ 其他特点

a．自动降级功能；

b．自动生成数据库获取标签；

c．以太网封装；

d．支持调制解调器；

e．应用程序连接；

f．OPC Quick Client；

g．提供 2h 的试用版。

（2）安装 KEPServerEX V5 的要求

① 操作系统的要求　以下操作系统的任何一个都符合要求。

- Windows 2000 SP4；
- Windows XP SP2；
- Windows 7；
- Windows Server 2003 SP2；
- Windows Vista Business/Ultimate；
- Windows Server 2008 / 2008 R2。

② 最低系统硬件要求

- 2.0 GHz 处理器；
- 1 GB 内存；
- 180 MB 可用磁盘空间；
- 以太网卡；
- 超级 VGA (800×600)或更高分辨率的视频；
- CD-ROM 或 DVD 驱动。

10.4.6 OPC 实例 2——WinCC 与 S7-300 的 OPC 通信

WinCC 中虽然提供 S7-300 系列 PLC 的驱动程序，但有的 PLC 如三菱 FX 系列、西门子 WinCC 并未提供驱动程序，因此学习第三方的 OPC 软件也是必需的。本书讲解的用 WinCC 对 S7-300 PLC 进行监控，使用 OPC 通信，主要目的是介绍 KEPServerEX V5 软件的使用。以下用一个简单的例子讲解这个过程。

【例 10-2】 WinCC 对 S7-300 PLC 进行监控，在 WinCC 画面上启动和停止 S7-300 PLC 的一盏灯，并将灯明暗状态显示在 WinCC 画面上。

【解】（1）所需要的软硬件

① 1 套 KEPServerEX V5.2；

② 1 套 STEP 7 V5.5 SP4；

③ 1 套 WinCC V7.3；

④ 1 台 CPU314-2PN/DP；

⑤ 1 根网线；

⑥ 1 台个人计算机（具备安装和运行 WinCC V7.3 的条件，带网卡）。

（2）OPC 通信的创建过程

① 打开 KEPServerEX 软件，添加一个新通道。先打开 KEPServerEX 软件，单击“click to add a channel”选项，如图 10-48 所示，弹出新通道界面如图 10-49 所示，可以修改“Channel name”（通道名称），也可使用默认值，单击“下一步”按钮。

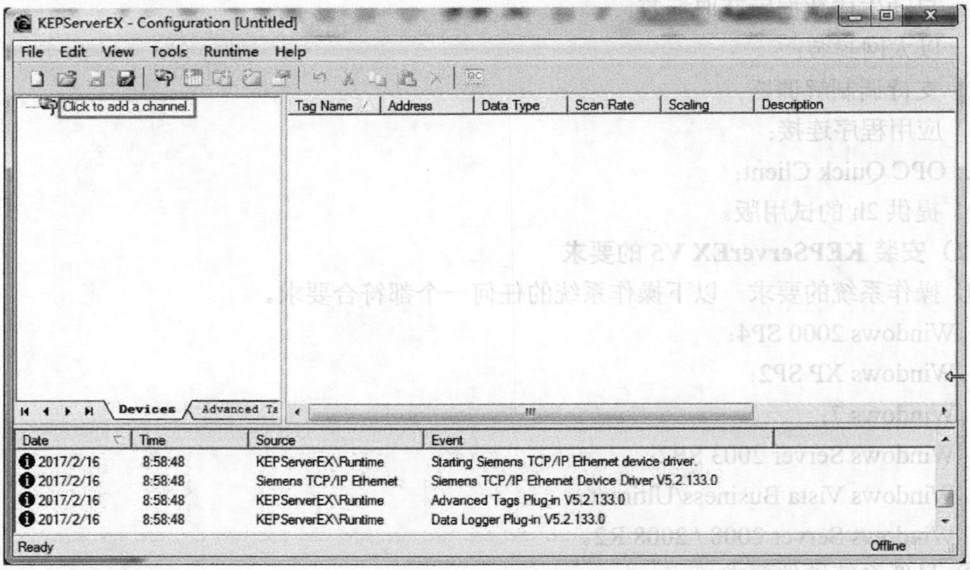

图 10-48 添加一个新通道（1）

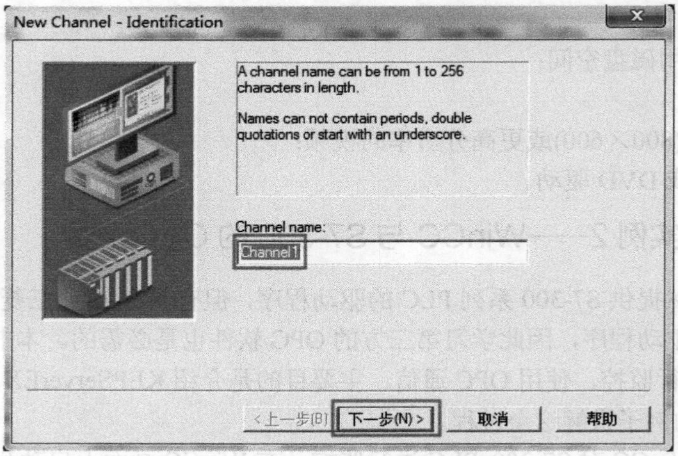

图 10-49 添加一个新通道（2）

② 添加驱动。由于要用 WinCC 和 S7-300 进行以太网通信，故选择驱动程序为“Siemens TCP/IP Ethernet”如图 10-50 所示，单击“下一步”按钮。

③ 选择适配器的 IP 地址。网络适配器（网卡）的 IP 地址实际上是安装 WinCC 电脑的 IP 地址，其 IP 的设置方法在前面的章节已经讲述过。如图 10-51 所示，本例设置 IP 为“192.168.0.98”，要注意此 IP 地址与 CPU314-2PN/DDP 的 IP 地址必须在同一个网段，CPU314-2PN/DDP 的 IP 地址的设置在硬件组态时进行，例如本例设置为“192.168.0.1”。本例的适配器的 IP 地址可以选择为“Default”（默认）。

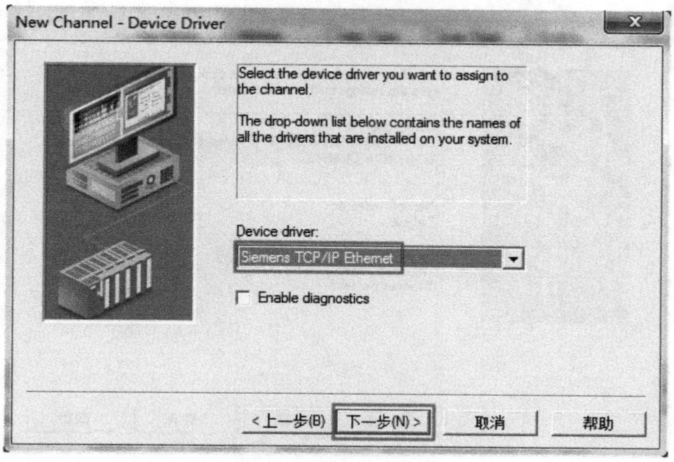

图 10-50 添加驱动

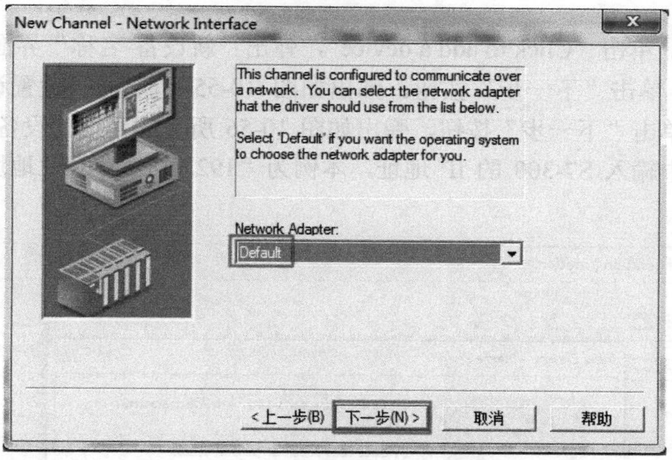

图 10-51 选择适配器的 IP 地址

④ 完成添加新通道。如图 10-52 所示，单击“下一步”按钮，弹出如图 10-53 所示的界面，单击“完成”按钮即可。

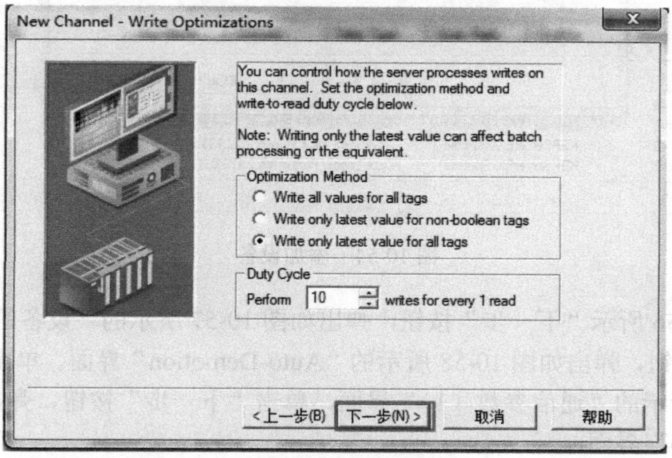

图 10-52 优化处理

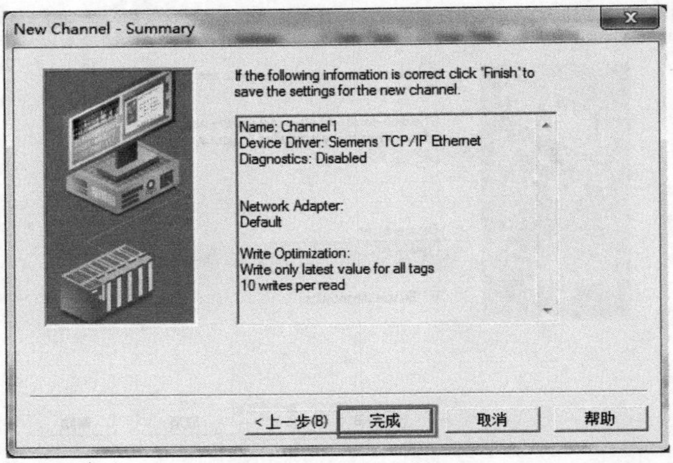

图 10-53　完成通道添加

⑤ 添加设备。单击“Click to add a device”，弹出“新设备-名称”界面如图 10-54 所示，可以不更改名称，单击“下一步”按钮。弹出如图 10-55 所示的“设置设备类型”界面，选择“S7-300”，单击“下一步”按钮，弹出如图 10-56 所示的“设置设备 IP 地址”界面，在“Device ID”中输入 S7-300 的 IP 地址，本例为“192.168.0.1”（此地址用 STEP 7 V5.5 设置）。

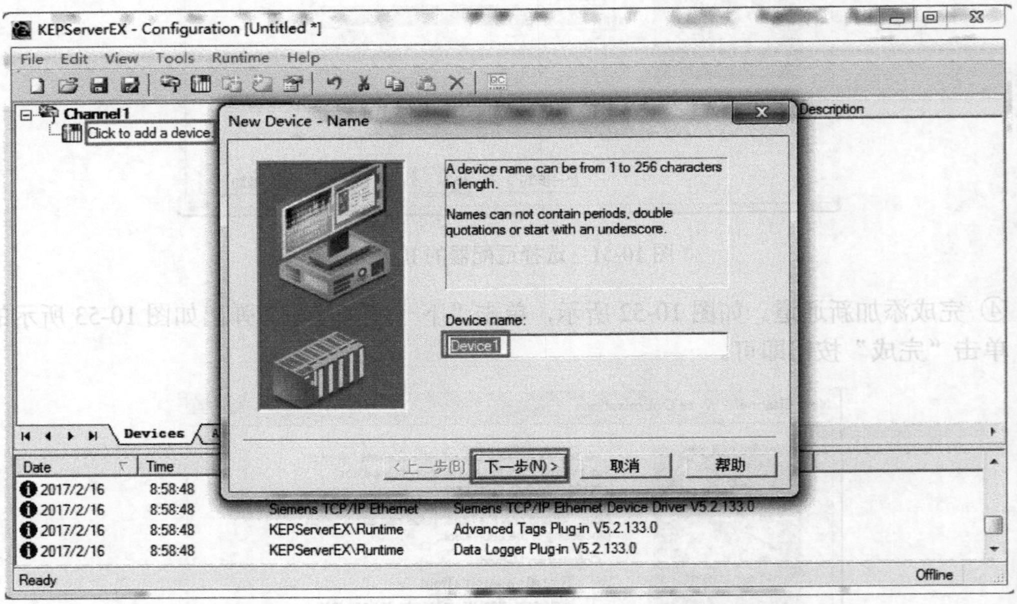

图 10-54　添加设备

单击如图 10-56 所示“下一步”按钮，弹出如图 10-57 所示的“设备的时间参数”界面。单击“下一步”按钮，弹出如图 10-58 所示的“Auto-Demotion”界面。单击“下一步”按钮，弹出如图 10-59 所示的“通信参数（1）”界面，单击“下一步”按钮，弹出如图 10-60 所示的“通信参数（2）”界面。

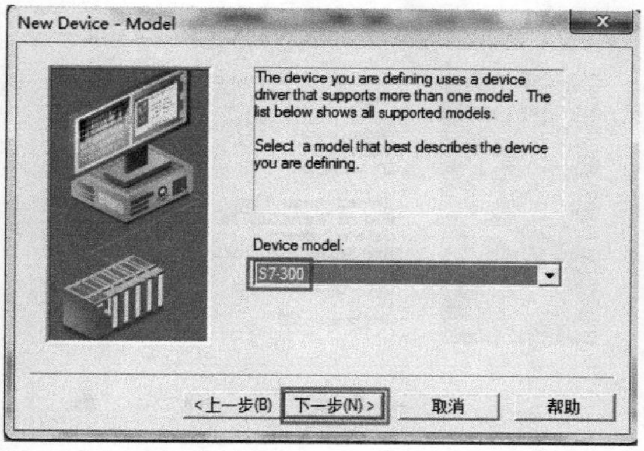

图 10-55 设置设备类型

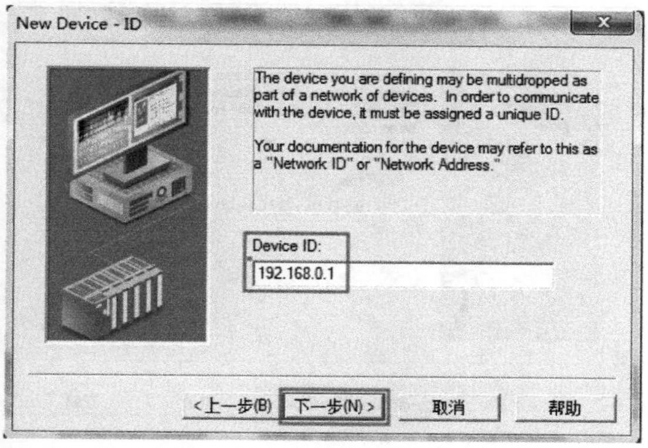

图 10-56 设置设备的 IP 地址

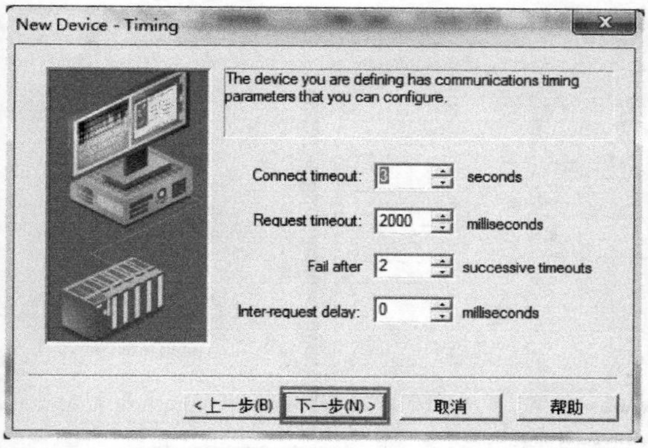

图 10-57 设备的时间参数

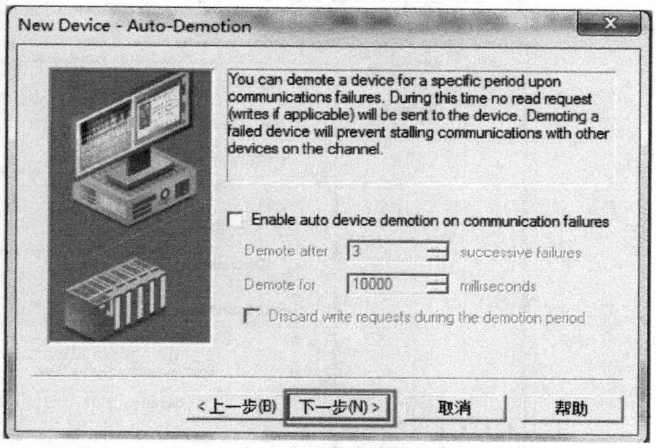

图 10-58 Auto-Demotion

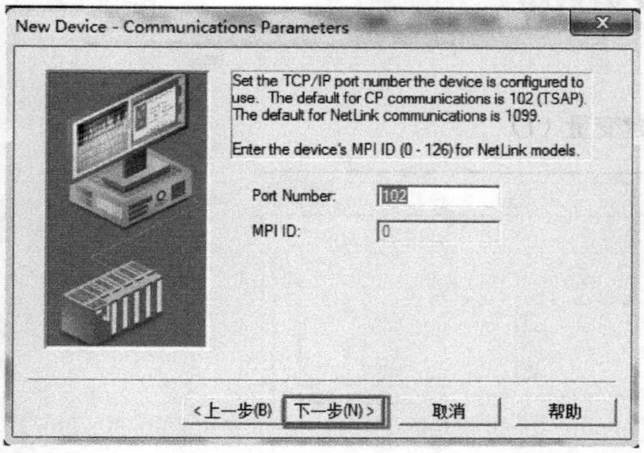

图 10-59 通信参数（1）

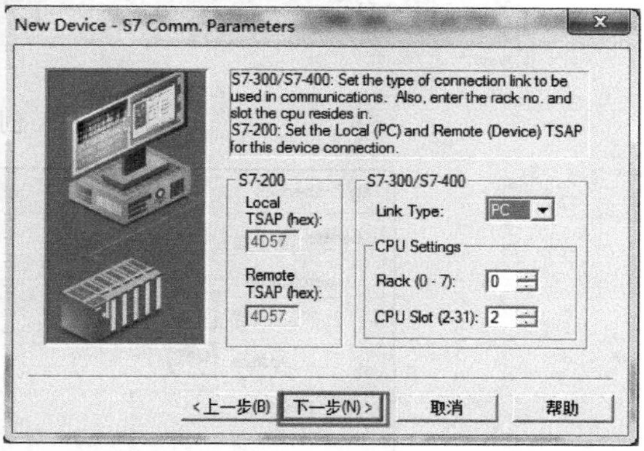

图 10-60 通信参数（2）

如图 10-61 所示，单击“下一步”按钮，弹出如图 10-62 所示的“完成设备添加”界面。单击“完成”按钮，完成设备添加。

⑥ 创建变量。如图 10-63 所示，单击“Click add a static tag，…”选项，弹出“Tag Properties”（变量属性）界面如图 10-64 所示，“Name”（变量名）为“Start”，“Adress”（变量的地址）为“M0.0”，“Data type”（数据类型）改为“Boolean”（布尔型），单击“确定”按钮。

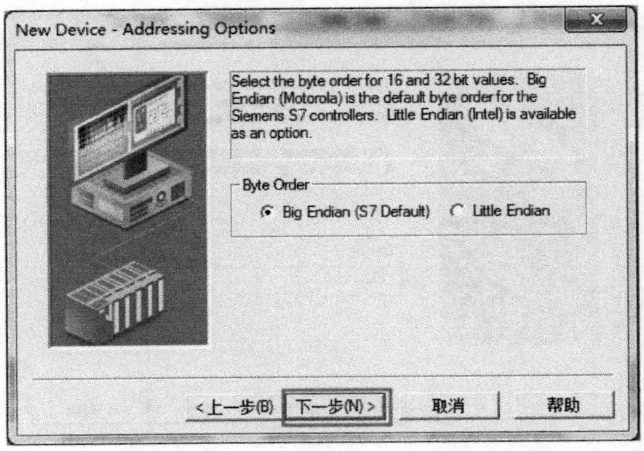

图 10-61　寻址选项

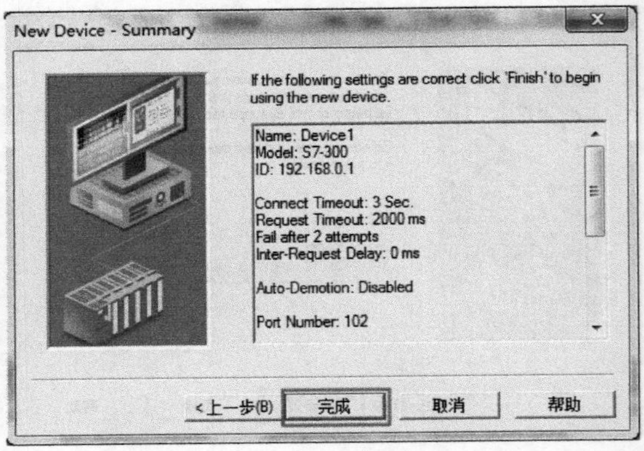

图 10-62　完成设备添加

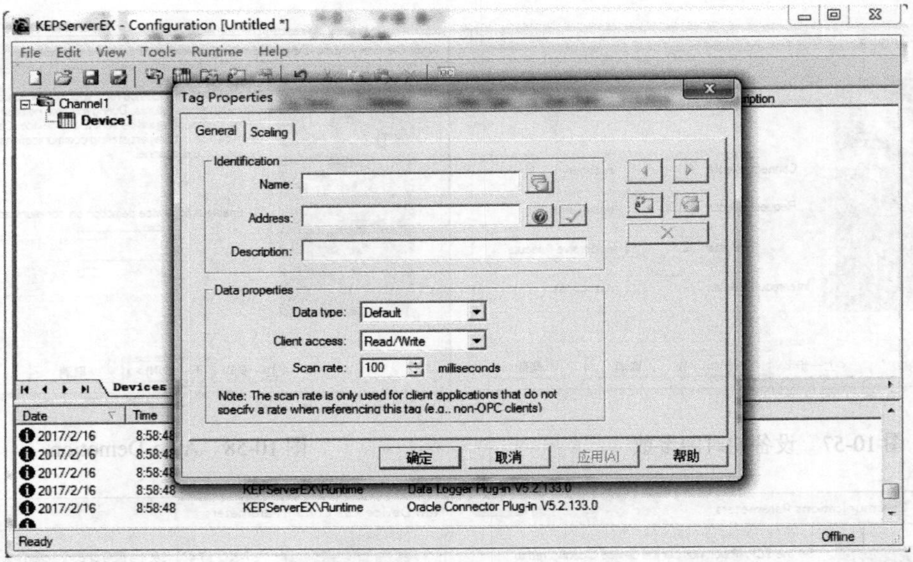

图 10-63　创建变量（1）

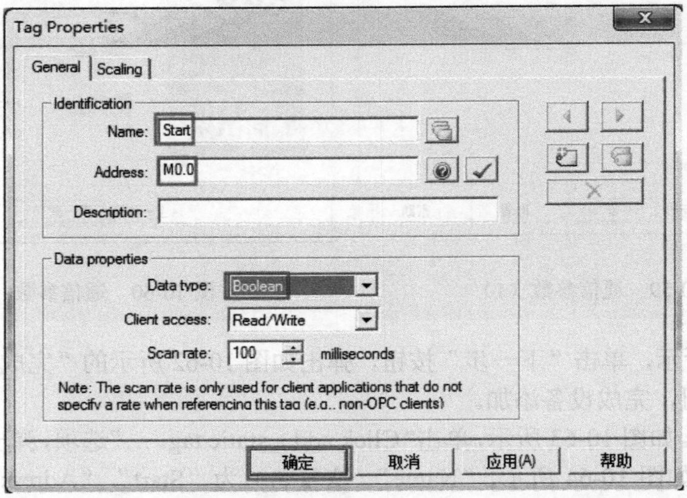

图 10-64　创建变量（2）

用同样的办法再创建两个变量，分别是：布尔型变量“Stop”，变量地址为“M0.1”；布尔型变量“Motor”，变量地址为“Q0.0”。

⑦ 用 OPC 监控变量。如图 10-65 所示，单击“Runtime”（实时运行）→“Connect…”（连接）之后，“Quick Client”按钮QC变为亮色，单击此按钮，弹出如图 10-66 所示的界面。

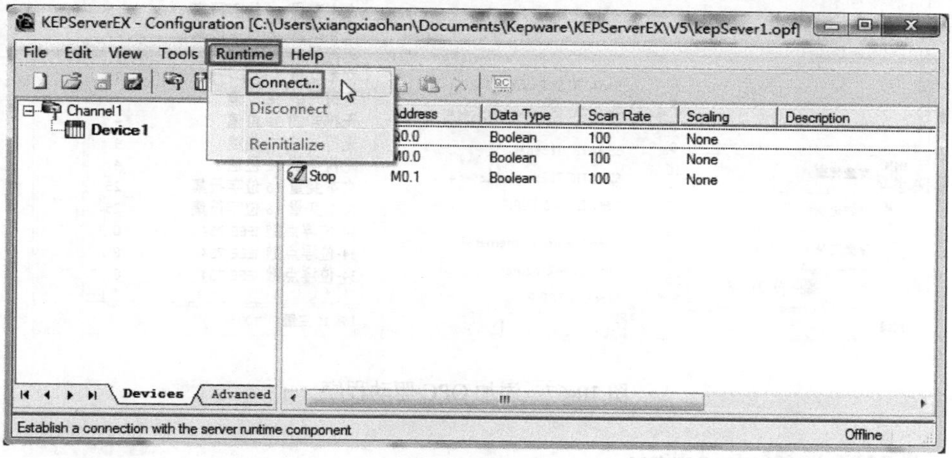

图 10-65 连接 OPC Quick Client

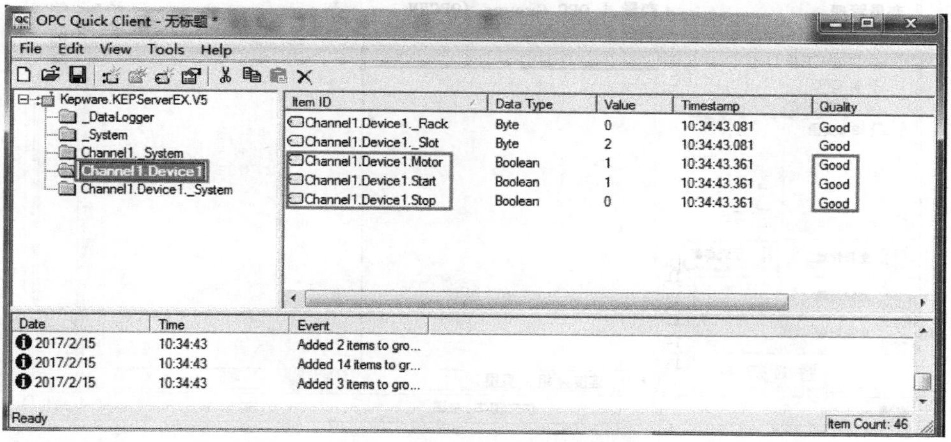

图 10-66 OPC 监控变量

如图 10-66 所示，单击“Channel1.Device1”，可以看到新创建变量“Channel1.Device1.Motor”“Channel1.Device1.Start”和“Channel1.Device1.Stop”，其监控质量为“Good”，说明 OPC 创建成功。

⑧ 新建项目，并打开变量管理器。新建 WinCC 项目“KEPSever”，打开变量管理器，添加 OPC 驱动程序，如图 10-67 所示。

⑨ 插入系统参数。如图 10-68 所示，选择“OPC”→“OPC…”，单击“系统参数”，弹出“条目管理器”界面。

⑩ 连接变量。在 KEPSever 中创建的变量，必须要连接 WinCC 中。如图 10-69 所示“条目管理器”界面，选择“\\<LOCAL>”→“Kepware.KEPSeverEX.V5”，单击“浏览服务器（B）”，弹出如图 10-70 所示“过滤标准”界面，单击“下一步”按钮，弹出“添加条目”界面。注意搜索出“\\<LOCAL>”条目，需要一定的时间，需要等待。

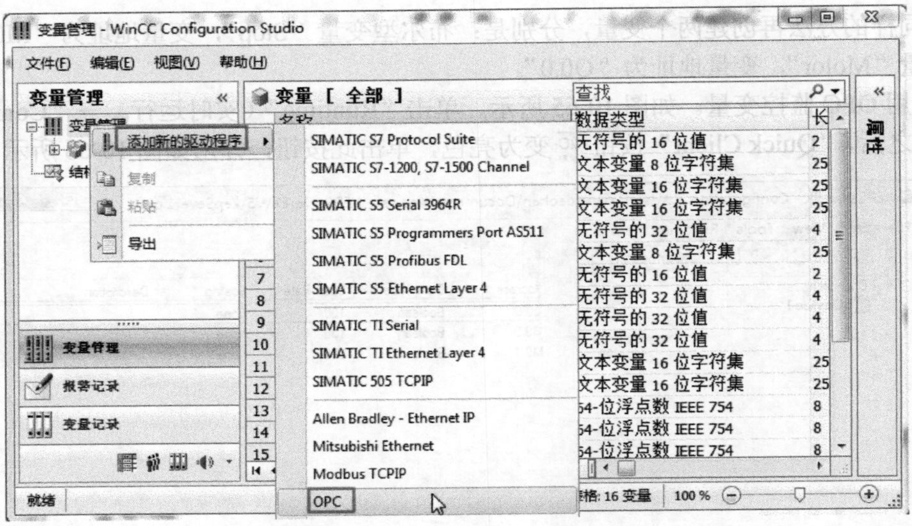

图 10-67　添加 OPC 驱动程序

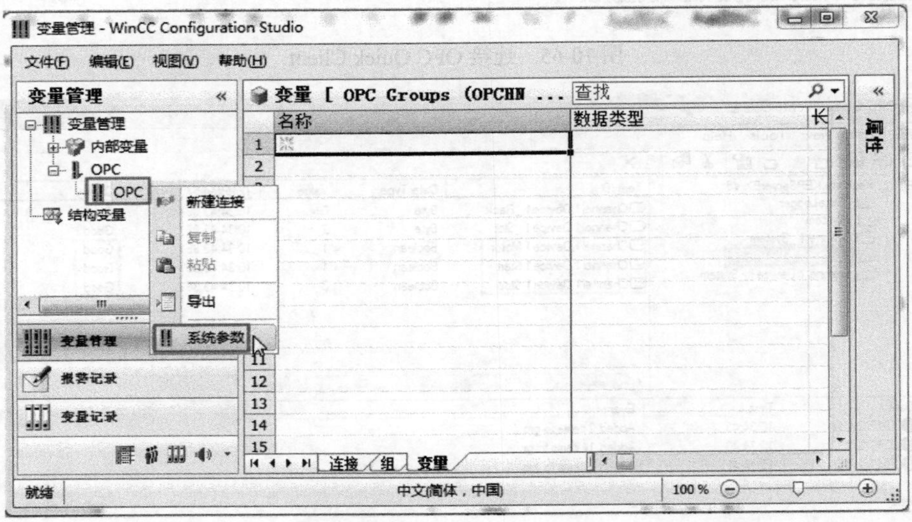

图 10-68　插入系统参数

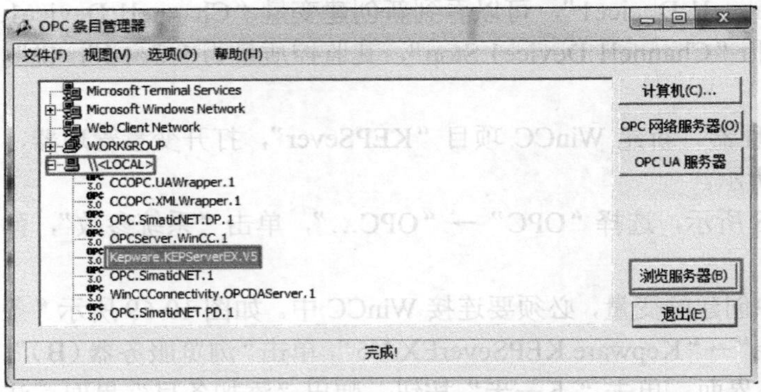

图 10-69　条目管理器

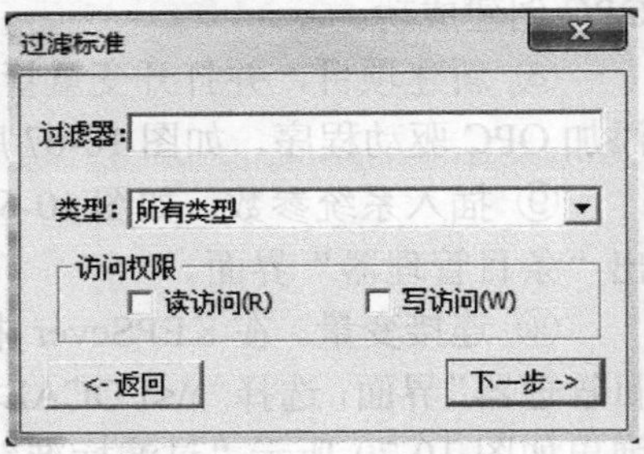

图 10-70　过滤标准

如图 10-71 所示，在项目树中，选中“Kepware.KEPSeverEX,V5”→“Channel1”→“Device1”，全部选择变量“Motor”“Start”和“Stop”，单击“添加条目”按钮，弹出“新建连接”界面。

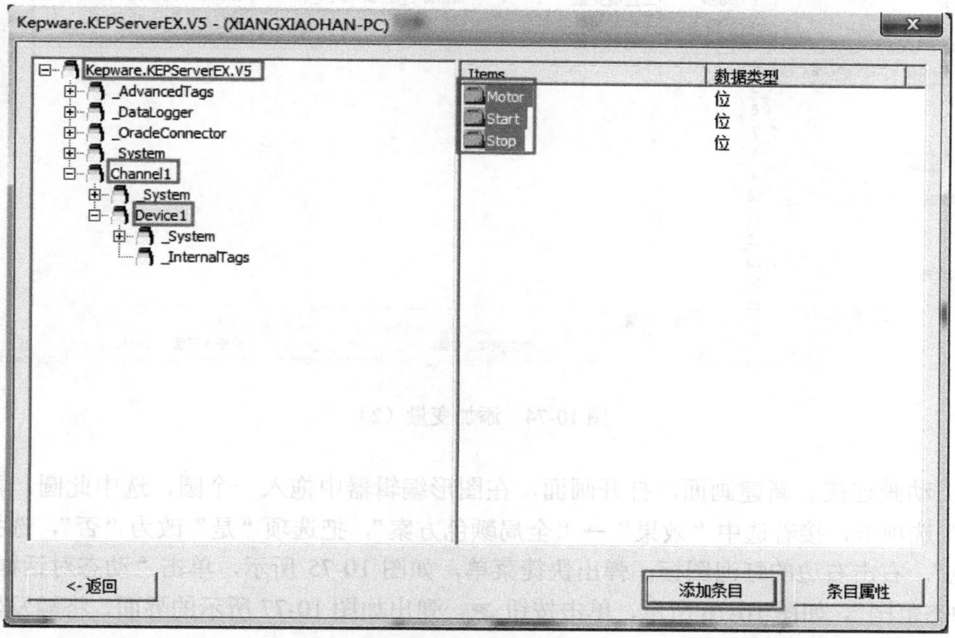

图 10-71 添加条目

如图 10-72 所示，选择默认连接“Kepware_KEPSeverEX_V5”，单击确定按钮，弹出如图 10-73 所示的“添加变量（1）”界面，选择“Kepware_KEPSeverEX_V5”，单击“完成”按钮，变量的连接建立完成。此时，变量管理器如图 10-74 所示，可以看到三个变量“Motor”“Start”和“Stop”的详细信息，如数据类型和地址等。

图 10-72 新建连接

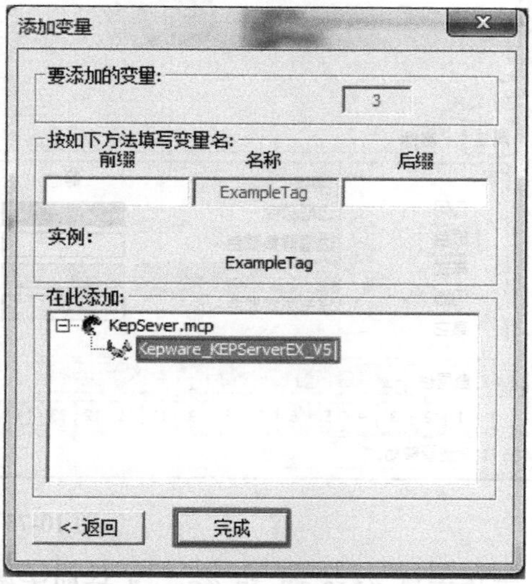

图 10-73 添加变量（1）

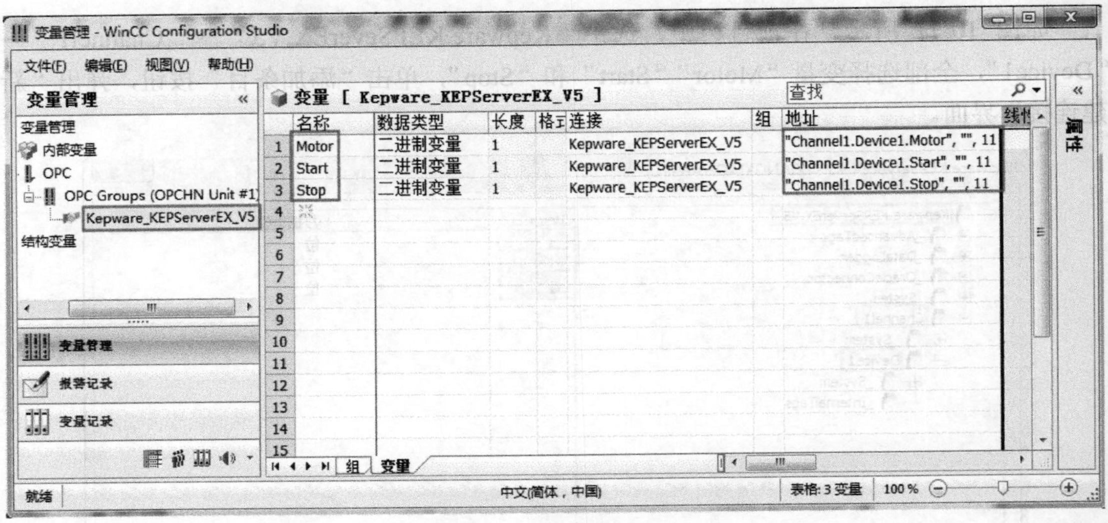

图 10-74 添加变量（2）

⑪ 动画连接。新建画面，打开画面，在图形编辑器中拖入一个圆，选中此圆，再选中“属性”选项卡，接着选中“效果”→“全局颜色方案”，把选项“是”改为“否”，选择“背景颜色”，右击右边的灯泡图标，弹出快捷菜单，如图 10-75 所示，单击“动态对话框”，弹出“动态范围”，如图 10-76 所示，单击按钮，弹出如图 10-77 所示的界面，将触发器改为“有变化时”，将变量和“Motor”连接。

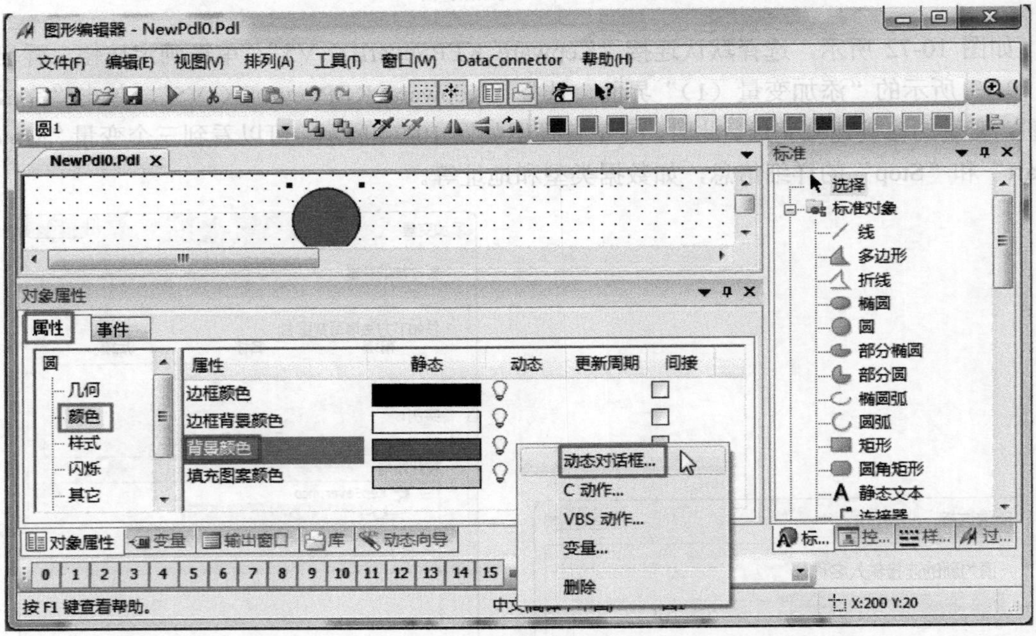

图 10-75 对象属性设置

再将变量“M0.0”和“Start”按钮连接，将变量“M0.1”和“Stop”按钮连接，此方法在前面的章节已经介绍过。

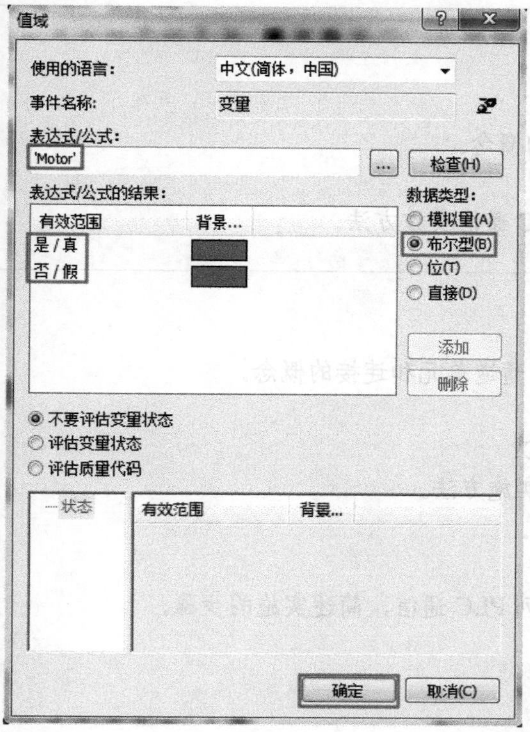

图 10-76　动态范围

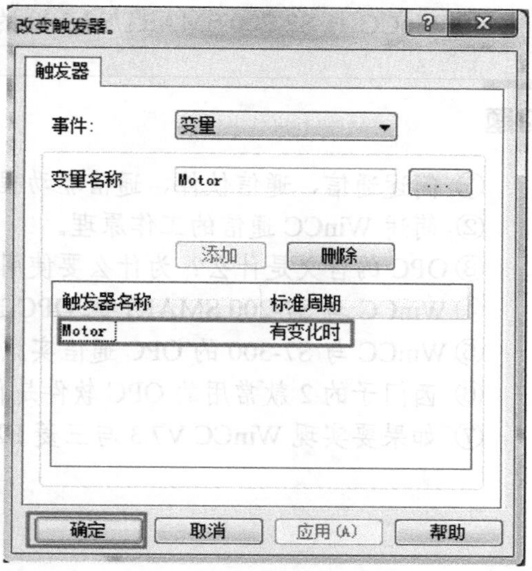

图 10-77　改变触发器

⑫ 保存工程。在图形编辑器界面中保存工程。

⑬ 运行和显示。在图形编辑器界面中，单击“激活”按钮▶，再单击“Start”按钮灯为红色，单击“Stop”按钮，灯为灰色，如图 10-78 所示。

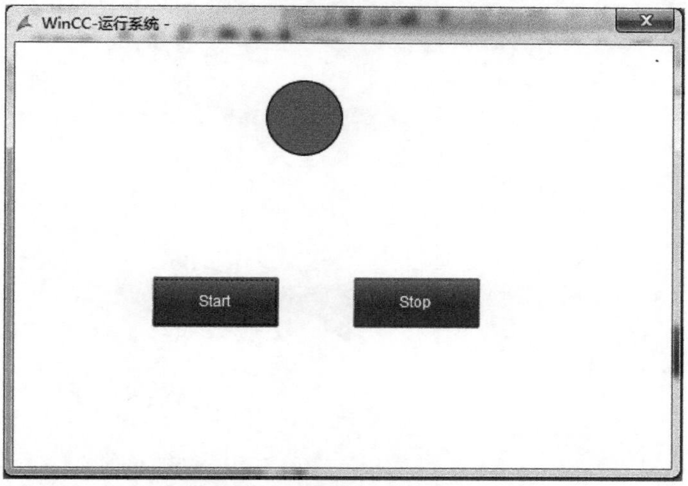

图 10-78　运行和显示

【关键点】从 WinCC V6.0 开始，不再提供三菱等 PLC 品牌的驱动程序，如果读者要用 WinCC 与非西门子的品牌的 PLC 通信，则要使用 OPC 软件，比较有名的软件是 KEPServerEX。

小结

重点难点总结

① WinCC 通信的概念和原理、OPC 通信的概念。
② WinCC 常见的通信方式的组态方法。
③ WinCC 与 S7-200 SMART/S7-300 的 OPC 通信实施方法。

习题

① 简述通信、通信伙伴、通信驱动程序、通道单元和连接的概念。
② 简述 WinCC 通信的工作原理。
③ OPC 的含义是什么？为什么要使用 OPC？
④ WinCC 与 S7-200 SMART 的 OPC 通信实施方法。
⑤ WinCC 与 S7-300 的 OPC 通信实施方法。
⑥ 西门子的 2 款常用的 OPC 软件是什么？
⑦ 如果要实现 WinCC V7.3 与三菱 FX 系列 PLC 通信，简述实施的步骤。

第11章 数据存储和访问

本章主要介绍 WinCC 数据库的结构、类型和访问数据库的方法。

11.1 WinCC 数据库

在 WinCC V6.0 以前的版本中采用优秀的小型数据库 Sybase Anywhere 7，从 WinCC V6.0 版以后不再采用这个数据库，WinCC V6.0 采用的是微软的 MicroSoft SQL Server 2000 中型数据库，而 WinCC V7.0 采用的是微软的 MicroSoft SQL Server 2005 数据库，WinCC V7.3 采用的是微软的 MicroSoft SQL Server 2008 R2 数据库。MicroSoft SQL Server 及其实时响应、性能和工业标准，已经全部集成在 WinCC 中。MicroSoft SQL Server 数据库作为组态数据和归档数据的存储数据库，同时也提供了 ANSI-C 及 VBScript 脚本编写，集成了 VBA 编辑器，提供多种 OPC 服务。

11.1.1 WinCC 数据库的结构

WinCC 数据库的组成如图 11-1 所示。

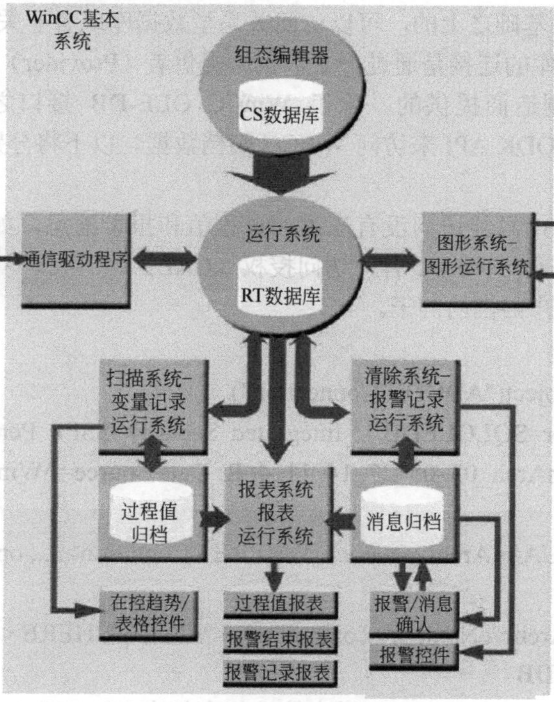

图 11-1　WinCC 数据库的组成

WinCC 采用标准的 MS SQL Server 数据库作为组态数据和归档数据的存储数据库，MS SQL Server 及其实时响应、性能和工业标准，已经全部集成在 WinCC 中。

WinCC 数据主要分为组态数据和运行数据，分别保存在组态数据库和运行数据库。具体的数据库文件见表 11-1。

表 11-1　数据库文件

类　型		名　称	路　径
运行数据库文件（主数据库文件）		ProjectnameRT.mdf 例如：WinCCtestRT.mdf	WinCC 项目文件夹的根目录下
组态数据库文件		Projectname.mdf 例如：WinCCtest.mdf	WinCC 项目文件夹的根目录下
变量记录	快速归档	<computername>_<projectname>_TLG_F_StartTimestamp_Endtimestamp.mdf 或<computername>_<projectname>_TLG_F_YYYYMMDDhhmm.mdf 例如：xiangxiaohan_OpPack_TLG_F_201205180538_201206180558.mdf	WinCC 项目路径的 Archive Manager 文件夹下的 TagLoggingFast 文件夹
	慢速归档	<computername>_<projectname>_TLG_S_StartTimestamp_Endtimestamp.mdf 或<computername>_<projectname>_TLG_S_YYYYMMDDhhmm.mdf 例如：xiangxiaohan_OpPack_TLG_S_201205180538_201206180558.mdf	WinCC 项目路径的 Archive Manager 文件夹下的 Tag LoggingSlow 文件夹
报警记录		<computername>_<projectname>_ALG_StartTimestamp_Endtimestamp.mdf 或<computername>_<projectname>_ALG YYYYMMDDhhmm.mdf 例如：xiangxiaohan_OpPack_ ALG 201205180538_201206180558.mdf	WinCC 项目路径的 Archive Manager 文件夹下的 Alarm Logging 文件夹

11.1.2　WinCC 数据库的访问

OLE-DB 是一种快速访问不同数据的开放性标准,它与通常熟悉的 ODBC 标准不同。ODBC 是建立在 Windows API 函数基础上的，通过它只能访问关系型数据库。而 OLE-DB 是建立在 COM 和 DCOM 基础之上的，可以访问关系型数据库或者非关系型数据库。

OLE-DB 层和数据库的连接是通过一个数据库提供者（Provider）而建立的。OLE-DB 接口提供者是由不同的制造商提供的。除了 WinCC OLE-DB 接口之外，还可以通过 MS OLE-DB、OPC HAD、ODK API 来访问 WinCC 归档数据。以下将分别介绍。

（1）MS OLE-DB

使用 MS OLE-DB，只能访问没有压缩的过程值和报警消息。如果远程访问 MS SQL Server 数据库，则需要一个 WinCC 客户访问授权（CAL）。

以下是一个读写用户归档的例子。

① 建立连接

Set conn = CreateObject("ADODB.Connection")

conn.open "Provider=SQLOLEDB.1; Integrated Security=SSPI; Persist Security Info=false; Initial Catalog=CC_OpenArch_03_05_27_14_11_46R; Data Source=.\WinCC"

② 读值

SELECT * FROM UA#<ArchiveName>[WHERE <Condition>...., optional]

③ 写值

UPDATE * UA#<ArchiveName>.<Column_n>=<Value>[WHERE <Condition>...., optional]

（2）WinCC OLE-DB

通过 WinCC OLE-DB Provider，可以直接访问存储在 MS SQL Server 数据库中的数据。

在 WinCC 中，采样周期小于或者等于某一设定时间周期的数据归档，以一种压缩的方式存放在数据库中。WinCC OLE-DB Provider 允许直接访问这些值。

① WinCC OLE-DB Provider 访问数据库的方法

a．与归档数据库建立连接。使用 ActiveX 数据对象 ADO 建立与数据库的连接，其中最重要的参数是连接字符串。连接字符串包含所访问数据库必需的信息。连接字符串的结构是：

Provider = Name of the OLE-DB Provider（如：WinCCOLEDBProvider.1）；Catalog = Database Name（如：CC_display_04_07_28_01_30_15R）；Data Source = Server Name（如：.\WinCC）。连接字符串的参数说明见表 11-2。

表 11-2　连接字符串的参数说明

参　数	描　述
Provider	OLE DB Provider 的名称 WinCCOLEDBProvider.1
Catalog	WinCC 数据库的名称 ① 使用 WinCC RT 数据库时，将使用以“R”结尾的数据库名称，如：<Databasename_R> ② 如果用 WinCC 归档连接交换出 WinCC 归档，则使用它的符号名称
Data Source	服务器名称 ① 本地：“.\WinCC”或者“<计算机名称>\WinCC” ② 远程：“<计算机名称>\WinCC”

b．查询过程值归档语法。查询过程语法如下：

TAG:R, <ValueID or ValueName>,<TimeBegin>,<TimeEnd>[,<SQL_clause>] [,<TimeStep>]

以上选择绝对时间参数说明见表 11-3。

表 11-3　选择绝对时间参数说明

参　数	描　述
ValueID	数据库表中的 ValueID
ValueName	“ArchiveName\ValueName”格式的 ValueName 值 ValueName 必须用单引号
TimeBegin	起始时间格式 YYYY-MM-DD hh.mm.ss.mmm
TimeEnd	终止时间格式 YYYY-MM-DD hh.mm.ss.mmm

c．查询报警信息归档语法。查询报警信息归档的语法如下：

ALARMVIEW:SELECT * FROM <ViewName>[WHERE <Condition>...., optional]

查询报警信息归档的语法参数说明见表 11-4。

表 11-4　查询报警信息归档的语法参数说明

参　数	描　述
ViewName	数据库表的名称。数据表由期望的语言来指定 AlgViewDeu：德语消息归档数据 AlgViewEnu：英语消息归档数据 AlgViewEsp：西班牙语消息归档数据 AlgViewFra：法语消息归档数据 AlgViewIta:意大利语消息归档数

续表

参　数	描　述
Condition	过滤条件，e.g.: DateTime>'2003-06-01' AND DateTime<'2003-07-01' DateTime>'2003-06-01 17:30:00' MsgNr = 5 MsgNr in (4, 5) State = 2 用时间过滤，只能用绝对时间

② WinCC OLE-DB 和 MS OLE-DB 的区别　WinCC OLE-DB 和 MS OLE-DB 的区别见表 11-5。

表 11-5　WinCC OLE-DB 和 MS OLE-DB 的区别

参　数	描　述
WinCC OLE-DB	• 透明地访问压缩归档 • 用该接口访问数据时，数据文件是隐藏起来的 • 支持的接口（测试、文档、实例） • 数据库的任何变化，对用户的访问没有影响，用户不必去关注
MS OLE-DB	• 得到的压缩数据是一个 Blob(二进制大对象数据)；如果项目中不使用压缩归档，可能引发性能问题 • 用户必须知道数据文件名称 • 基本包未发布该接口 • 如果将来数据库的结构有变化，用户必须要相应地修改自己的程序

（3）应用实例

【例 11-1】 将变量 Tag1 最后 10 分的值从 WinCC 运行数据库中读出，并显示在一个 ListView 中。

【解】

① 创建一个变量，命名为 Tag1。

② 创建一个过程值归档，命名为 PVArchive1。将 Tag1 与归档相连接。归档组态完成的画面如图 11-2 所示。

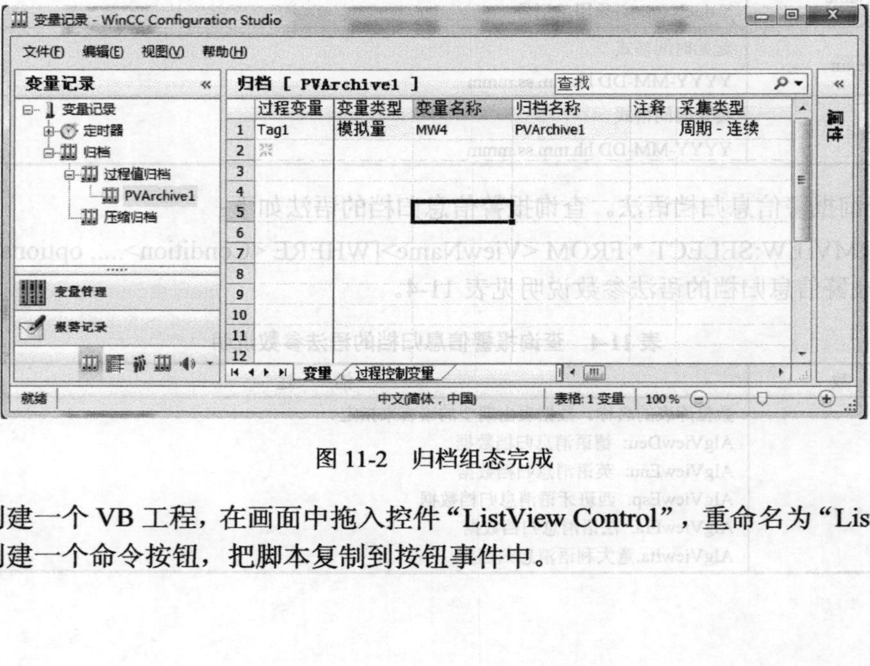

图 11-2　归档组态完成

③ 创建一个 VB 工程，在画面中拖入控件“ListView Control”，重命名为“ListView1”。

④ 创建一个命令按钮，把脚本复制到按钮事件中。

⑤ 本例的脚本中的 WinCC Runtime Database 的名称为“CC_Archive1_17_02_06_10_03_49R”，读者应改为自己工程数据库的名称。打开工程数据库的方法是，单击“所有程序”→“Microsoft SQL Server 2008 R2”→“SQL Server Management Studio”，单击“Connect”按钮，弹出如图 11-3 所示的画面，可以看到自己的工程数据库。

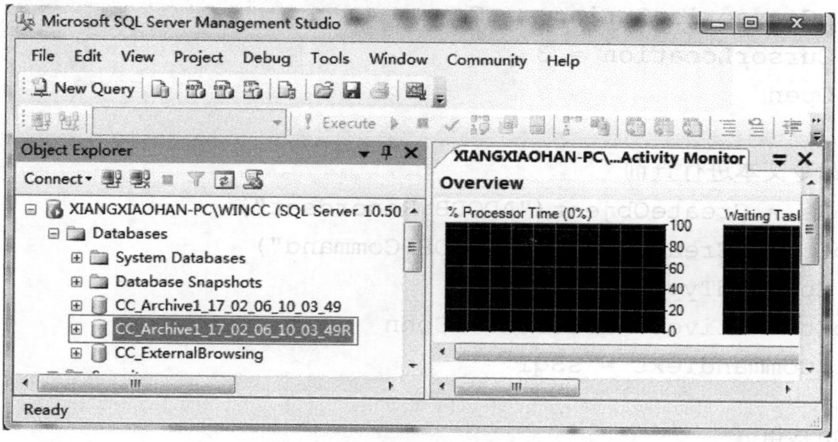

图 11-3　工程数据库的位置

⑥ 激活 WinCC 工程，启动 VB 应用程序。

⑦ 单击“命令”按钮。VB 程序如下：

```
Dim sPro As String
Dim sSer As String
Dim sDsn As String
Dim sCom As String
Dim sSql As String
Dim comm As Object
Dim oRs As Object
Dim oCom As Object
Dim oItem As ListItem
Dim m,n,s

'为 ADODN 创建连接字符
sPro="Provider= WinCCOLEDBProvider.1;"
sDsn= "Catalog= CC_Archivel_12_05_11_08_37_02R;"
sSer= "Data Source=.\WinCC"
sCom= sPro+ sDsn+ sSer

'定义命令文本
sSql="TAG:R,'PVArchive\Tag1', '0000-00-00 00:10: 00.000',
'000-00-0000:00:00.000'"
'sSql="TAG:R,1,'0000-00-00 00:10: 00.000',
'000-00-0000:00:00.000'"
```

```
MsgBox "Open with: "& vbCr & sCon & vbCr & sSql & vbCr
'建立连接
Set conn = CreateObject("ADODB.Connection")
Conn. ConnectionString = sCom
Conn.CursorLocation = 3
Conn.Open

'使用命令文本进行查询
Set oRs = CreateObject("ADODB.Recordset")
Set oCom = CreateObject("ADODB.Command")
oCom.CommandType = 1
Set oCom.ActiveConnection = Conn
oCom. CommandText = sSql

'填充记录集
Set oRs = oCom.Execute
m = oRs.Fields.Count

'用记录集填充标准 ListView 对象
ListView1.ColumnHeaders.clear
ListView1.ColumnHeaders.Add,,CStr(oRs.Fields(1).Name,140
ListView1.ColumnHeaders.Add,,CStr(oRs.Fields(2).Name,70
ListView1.ColumnHeaders.Add,,CStr(oRs.Fields(3).Name,70
If m>0 then
oRs.MoveFirst
n = 0
Do While not oRs.EOF
n = n + 1
s = Left(CStr(oRs.Fields(1).Value),23)
Set oItem = ListView1.ListItems.Add
oItem.Text = Left(CStr(oRs.Fields(1).Value),23)
oItem.SubItems(1) = FormatNumber(oRs.Fields(2).Value),4)
oItem.SubItems(2) = Hex(oRs.Fields(3).Value))
if n > 1000 then Exit Do
oRs.MoveNext
Loop
oRs.Close
Else
End if
Set oRs = nothing
conn.Close
Set conn = nothing
```

11.2 用 VBS 读取变量归档数据到 Excel

（1）概述

介绍如何在 WinCC 项目中使用 VBS 脚本读取变量归档值，并把数据保存成新的 Excel 文件。实例代码适用于以绝对时间间隔的方式访问。

（2）软件环境

Windows XP SP3 中文版、WinCC 7.0 SP1 ASIA 和 Microsoft office Excel 2003。

（3）工作原理

WinCC 变量归档数据是以压缩的形式存储在数据库中，需要通过 WinCC 连通性软件包提供的 OLE-DB 接口才能解压并读取这些数据。

当使用 OLE-DB 方式访问数据库时，需要注意连接字符串的写法和查询语句的格式。连接字符串的格式为“Provider=WinCCOLEDBProvider.1; Catalog= ***; Data Source= ***;”其中 Catalog 为 WinCC 运行数据库的名称，当修改项目名称或在其他计算机上打不开原项目时，Catalog 会发生变化。推荐使用 WinCC 的内部变量“@DatasourceNameRT”获得当前项目的 Catalog。Data Source 为服务器名称，格式为“<计算机名称>\WinCC”。

（4）组态过程

① 新建工程和新建变量如图 11-4 所示。

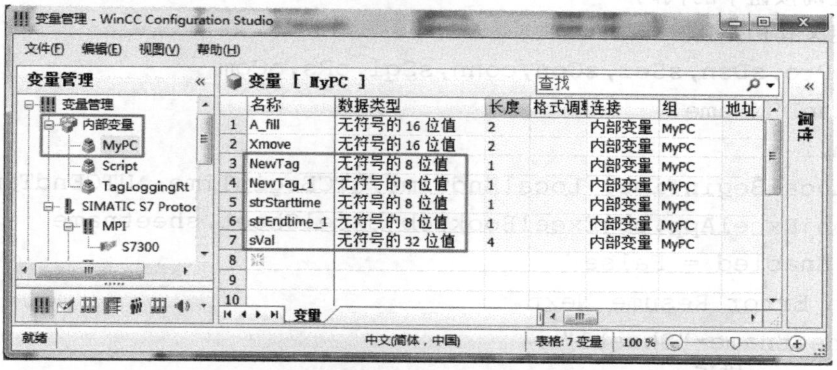

图 11-4 新建 WinCC 项目和新建变量

② 组态过程变量的归档，组态结果如图 11-5 所示。

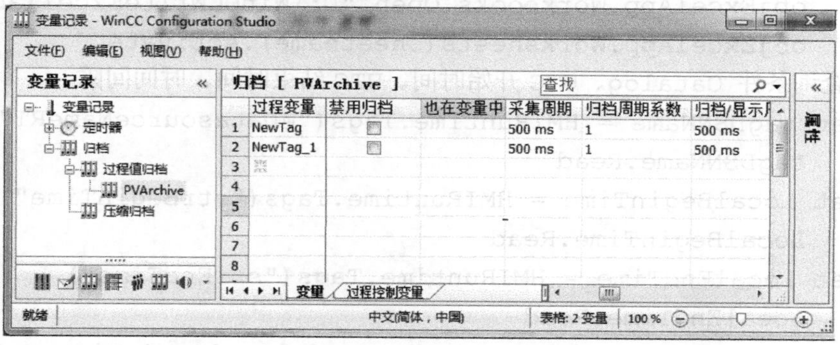

图 11-5 归档组态完成

③ 创建 Excel 模板。在特定的路径下预先创建一个 Excel 文档作为模板，这样可以很好

控制输出格式。本例在 D:\WinCCWriteExcel 下创建一个名称为 abc.xlsx 的 Excel 文档。

④ 组态查询画面。在画面上新建三个 I/O 域，分别用于输入开始时间、结束时间和间隔时间。按钮用于执行访问变量归档数据的 VBS 脚本。查询界面如图 11-6 所示。

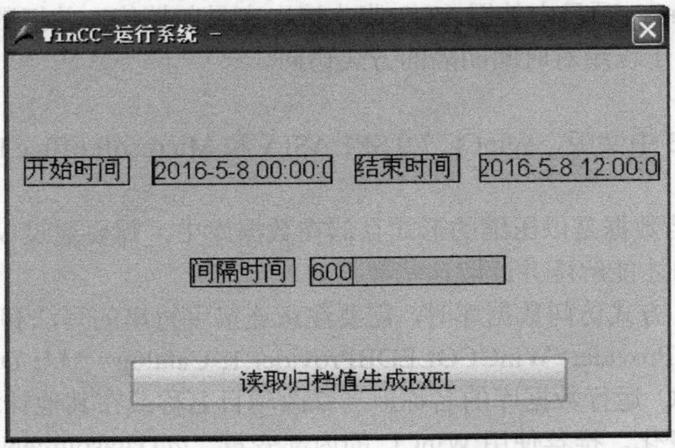

图 11-6 查询界面

（5）编写脚本代码

```
'此为查询按钮中的代码
'变量定义和初始化
Dim sPro,sDsn,sSer,sCon,conn,sSql,oRs,oCom
Dim tagDSNName
Dim m,i
Dim LocalBeginTime, LocalEndTime,UTCBeginTime, UTCEndTime,sVal
Dim objExcelApp,objExcelBook,objExcelSheet,sheetname
item.Enabled = False
    On Error Resume Next
    sheetname="Sheet1"
'打开 Excel 模板
    Set objExcelApp = CreateObject("Excel.Application")
        objExcelApp.Visible= False
        objExcelApp.Workbooks.Open "D:\WinCCWriteExcel\abc.xlsx"
        objExcelApp.Worksheets(sheetname).Activate
'准备查询条件 Catalog、UTC 开始时间、UTC 结束时间、时间间隔
    Set tagDSNName = HMIRuntime.Tags("@DatasourceNameRT")
        tagDSNName.Read
    Set LocalBeginTime = HMIRuntime.Tags("strBeginTime")
        LocalBeginTime.Read
    Set LocalEndTime = HMIRuntime.Tags("strEndTime")
        LocalEndTime.Read
        UTCBeginTime = DateAdd("h" ,-8,LocalBeginTime.Value)
        UTCEndTime= DateAdd("h" ,-8,LocalEndTime.Value)
       UTCBeginTime =Year(UTCBeginTime) &"-" & Month(UTCBeginTime)
```

```
& "-" & Day(UTCBeginTime) & " " & Hour(UTCBeginTime) & ":" & Minute
(UTCBeginTime) & ":" & Second(UTCBeginTime)
        UTCEndTime = Year(UTCEndTime) & "-" & Month(UTCEndTime) &
"-" & Day(UTCEndTime) & " " & Hour(UTCEndTime) & ":" & Minute(UTCEndTime)
& ":" & Second(UTCEndTime)
        HMIRuntime.Trace "UTC Begin Time: " & UTCBeginTime & vbCrLf
        HMIRuntime.Trace "UTC end Time: " & UTCEndTime & vbCrLf
    Set sVal = HMIRuntime.Tags("sVal")
        sVal.Read
 '创建数据库连接
    sPro = "Provider=WinCCOLEDBProvider.1;"
    sDsn = "Catalog=" &tagDSNName.Value& ";"
    sSer = "Data Source=.\WinCC"
    sCon = sPro + sDsn + sSer
    Set conn = CreateObject("ADODB.Connection")
        conn.ConnectionString = sCon
        conn.CursorLocation = 3
        conn.Open
 '定义查询的命令文本 SQL
    'sSql = "Tag:R,('PVArchive\NewTag'),'" & UTCBeginTime & "','"
& UTCEndTime & "'"
    'sSql = "Tag:R,('PVArchive\NewTag'),'0000-00-00
00:10:00.000','0000-00-00 00:00: 00.000'"
    'sSql = "Tag:R,('PVArchive\NewTag';'PVArchive\NewTag_1'),'" &
UTCBeginTime & "','" & UTCEndTime & "',"
    'sSql = "Tag:R,('PVArchive\NewTag'),'" & UTCBeginTime & "','"
& UTCEndTime & "', 'order by Timestamp DESC','TimeStep=" & sVal.Value
& ",1"
    sSql = "Tag:R,('PVArchive\NewTag'),'" & UTCBeginTime & "','"
& UTCEndTime & "',"
    sSql=sSql+"'order by Timestamp ASC','TimeStep=" & sVal.Value
& ",1'"
    MsgBox sSql
    Set oRs = CreateObject("ADODB.Recordset")
    Set oCom = CreateObject("ADODB.Command")
        oCom.CommandType = 1
    Set oCom.ActiveConnection = conn
        oCom.CommandText = sSql
 '填充数据到 Excel 中
    Set oRs = oCom.Execute
        m = oRs.RecordCount
    If (m > 0) Then
```

```
        objExcelApp.Worksheets(sheetname).cells(2,1).value=oRs.
Fields(0).Name
        objExcelApp.Worksheets(sheetname).cells(2,2).value=oRs.
Fields(1).Name
        objExcelApp.Worksheets(sheetname).cells(2,3).value=oRs.
Fields(2).Name
        objExcelApp.Worksheets(sheetname).cells(2,4).value=oRs.
Fields(3).Name
        objExcelApp.Worksheets(sheetname).cells(2,5).value=oRs.
Fields(4).Name
        oRs.MoveFirst
        i=3
        Do While Not oRs.EOF               '是否到记录末尾，循环填写表格
            objExcelApp.Worksheets(sheetname).cells(i,1).value=
oRs.Fields(0).Value
            objExcelApp.Worksheets(sheetname).cells(i,2).value=
GetLocalDate(oRs.Fields(1). Value)
            objExcelApp.Worksheets(sheetname).cells(i,3).value=
oRs.Fields(2).Value
            objExcelApp.Worksheets(sheetname).cells(i,4).value=
oRs.Fields(3).Value
            objExcelApp.Worksheets(sheetname).cells(i,5).value=
oRs.Fields(4).Value
            oRs.MoveNext
            i=i+1
        Loop
        oRs.Close
    Else
        MsgBox "没有所需数据……"
        item.Enabled = True
        Set oRs = Nothing
        conn.Close
        Set conn = Nothing
        objExcelApp.Workbooks.Close
        objExcelApp.Quit
        Set objExcelApp= Nothing
        Exit Sub
    End If
'释放资源
    Set oRs = Nothing
        conn.Close
    Set conn = Nothing
```

```
'生成新的文件,关闭 Excel
Dim patch,filename
    filename=CStr(Year(Now))&CStr(Month(Now))&CStr(Day(Now))&CS
tr(Hour(Now))+CStr(Minute(Now))&CStr(Second(Now))
    patch= "d:\"&filename&"demo.xlsx"
    objExcelApp.ActiveWorkbook.SaveAs patch
    objExcelApp.Workbooks.Close
    objExcelApp.Quit
    Set objExcelApp= Nothing
    MsgBox "成功生成数据文件!"
    item.Enabled = True

'此为全局脚本中的时间转换代码
Function GetLocalDate(vtDate) '得到当地时间，从格林尼治时间转换过来的
Dim DoY
Dim dso
Dim dwi
Dim strComputer, objWMIService, colItems, objItem
Dim TimeZone
Dim vtDateLocalDate
'----------------------------
'get time zone bias
'----------------------------
strComputer = "."
Set objWMIService = GetObject("winmgmts:" &
"{impersonationLevel=impersonate}!\\" & strComputer & "\root\cimv2")
Set colItems = objWMIService.ExecQuery("Select * from
Win32_TimeZone")
For Each objItem In colItems
   TimeZone = objItem.Bias / 60    'offset TimeZone In hours
Next
'----------------------------
'check parameter vtDate
'----------------------------
If IsDate(vtDate) <> True Then
  IS_GetLocalDate = False
  Exit Function
End If
'----------------------------
'get day of the year
'----------------------------
DoY = DatePart("y", vtDate)
```

```
dso = DatePart("y", "31.03") - DatePart("w", "31.03") + 1
dwi = DatePart("y", "31.10") - DatePart("w", "31.10") + 1
If DoY >= dso And DoY < dwi Then
  'sommer
  TimeZone = TimeZone + 1 'additional offset 1h in summer
End If
'----------------------------
'correction of date
'----------------------------
vtDateLocalDate = DateAdd("h", 1 * TimeZone, vtDate)
'----------------------------
'return UTC date and time
'----------------------------
GetLocalDate = vtDateLocalDate
End Function
```

小结

重点难点总结

WinCC 访问数据库的方法，VBS 程序的编写。

习题

① 简述 WinCC V7.3 的数据库的结构和特点。

② WinCC 访问数据库有哪些方法？

③ WinCC OLE-DB 和 MS OLE-DB 的区别有哪些？

第12章 用户管理

用户管理系统组态 WinCC 用户的访问权限。在 WinCC 系统运行时，可能需要创建某些重要的参数，如温度、时间参数的设定值，修改 PID 的控制参数等，甚至某些界面不允许无关人员浏览和查看。显然，这些重要的操作只能允许某些指定的专业人员来完成，必须防止未经授权的人员对这些重要的数据的访问和操作。

12.1 用户管理基础

“用户管理器”编辑器用于设置用户管理系统。编辑器用于对允许用户访问组态系统单个编辑器的授权进行分配和检查，以便在运行系统中对功能进行访问。在“用户管理器”中，将对 WinCC 功能访问权限（即授权）进行分配。这些授权，既可以分配给单个用户，也可以分配给用户组。还可以在运行系统中分配权限。

当用户登录系统时，用户管理器将检查该用户是否已经注册。如果用户没有注册，将不会赋予其任何授权。也就是说，用户既不能调用或者查看数据，也不能执行控制操作。

如果已经注册的用户调用一个受访问权限保护的功能，使用该功能，用户可通过诸如使用功能键切换所设置的变量值登录工作站。一段时间后自动注销用户也将在“用户管理器”中进行组态。

如果安装了 WinCC“芯片卡”选项，则“用户管理器”将提供用于芯片卡维护的功能。

12.2 用户管理器

用户管理器的用户界面包括菜单栏、导航区、表格区、编辑器选择区、属性和状态栏，如图 12-1 所示。

（1）导航区域

在此树形视图中，可以创建用户组和用户。

（2）属性

此处，显示所选对象的属性，并可在此对其进行编辑。

（3）表格区域

该表格显示分配给树形视图中所选文件夹的元素。

① 在此创建并显示组名称、用户名称、组密码、用户密码、智能卡登录和变量登录等。

② 显示和设置用户和用户组的权限。例如可以设定该用户是否可以进行“数据输入”和“画面改变”等功能。

通过列标题的快捷菜单，可以使用表格区域的其他功能，如排序、过滤、隐藏列和显示其他列等。表格的使用方法类似于 Excel。

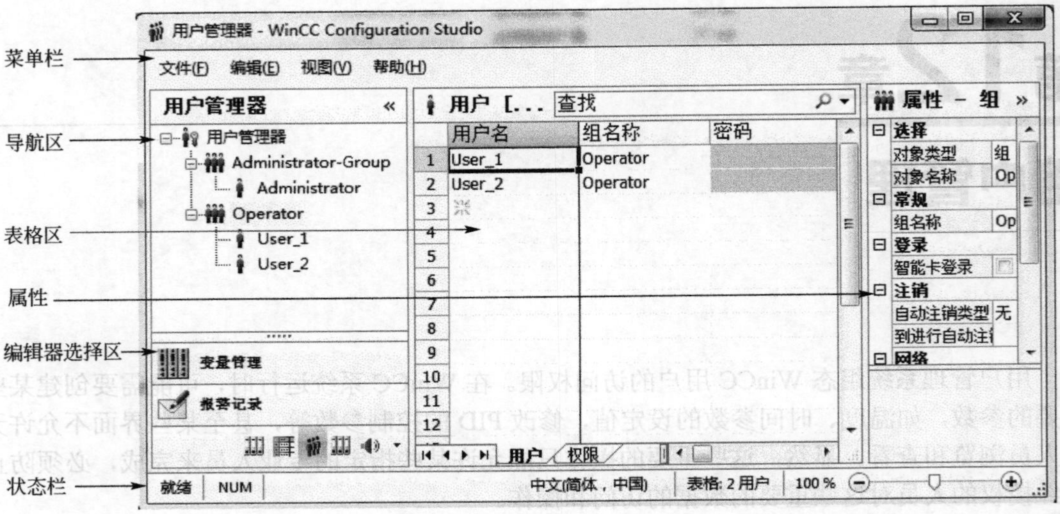

图 12-1 用户管理器

（4）编辑器选择区域

编辑器选择区域显示在树形视图下方的区域。由此，可以访问其他的 WinCC 编辑器（如变量管理、报警记录）。导航栏的显示可以调整。

（5）状态栏

状态栏位于编辑器底部。在状态栏中，可以找到以下信息：

① 系统状态（就绪等）、Caps Lock 键及 NumLock 键等功能键的状态。

② 当前输入语言。

③ 所选文件夹中的对象数目（如归档、变量、定时器等）。

④ 所选对象数目大于 1 时的对象数目。

⑤ 缩放状态的显示、用于缩小和放大显示的滑块。

（6）菜单栏

菜单栏包含“文件”“编辑”“视图”和“帮助”菜单，菜单栏的菜单和使用方法与老版本差异较大。

12.3 用户管理

12.3.1 创建用户组

（1）用户组简介

具有相同访问权限或区域的用户会分组在一起。用户管理器仅允许一个组级别。不可创建任何子组。

组的授权由组成员继承，就是继承授权。在组中创建用户时，组的授权将根据设置自动应用到用户。随后可为各个用户调整授权。

（2）管理用户组

在用户管理器中,可实现以下用户组相关的管理任务：

① 更改用户组名称。

② 删除用户组。

（3）创建用户组

选中“用户管理器”，单击鼠标右键，再单击快捷菜单中的“添加新组”选项，如图 12-2 所示，即可完成用户组创建，通常需要修改其用户组名。

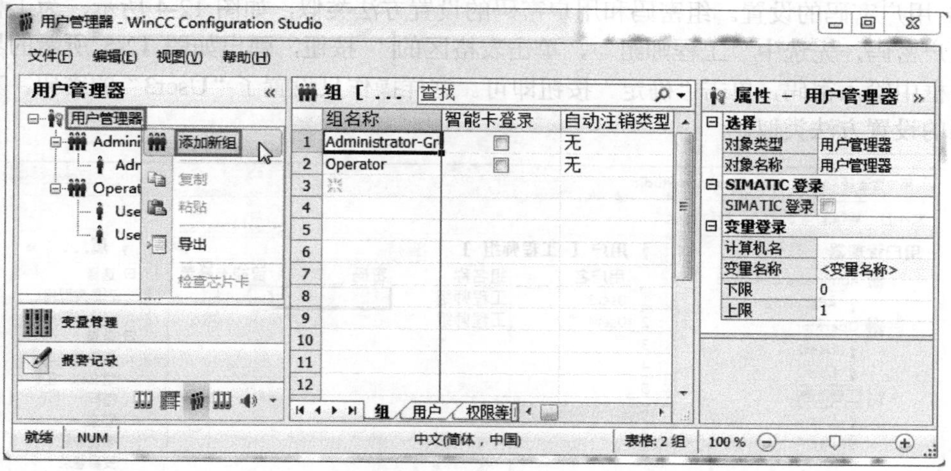

图 12-2　创建用户组

12.3.2　创建新用户

（1）创建新用户的方法

选中图 12-2 中新建的用户组“Group_1”，将其重命名为“工程师组”，单击鼠标右键，再单击快捷菜单中的“添加新用户”选项，如图 12-3 所示，即可完成用户创建，通常需要修改其用户名。

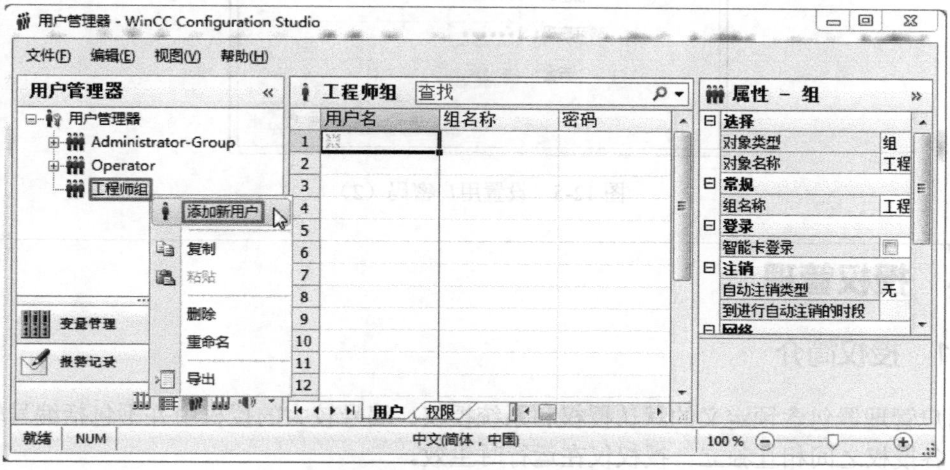

图 12-3　添加新用户

（2）管理用户

① 在用户管理器中可实现以下用户相关的管理任务：

a. 更改用户名。

b. 更改用户密码。

c. 复制带有设置的特定用户。

d. 将用户移动到其他组。

e. 删除用户。

f. 为 WinCC 服务模式定义用户

② 用户密码的设置。组密码和用户密码的设置方法类似，如图 12-4 所示，为工程师组设置用户密码，先选中“工程师组”，单击表格区的 ... 按钮，弹出如图 12-5 所示的界面，在空白框中输入密码，单击“确定”按钮即可。这样操作只设置了“User3”的密码，其余用户密码的设置方法类似。

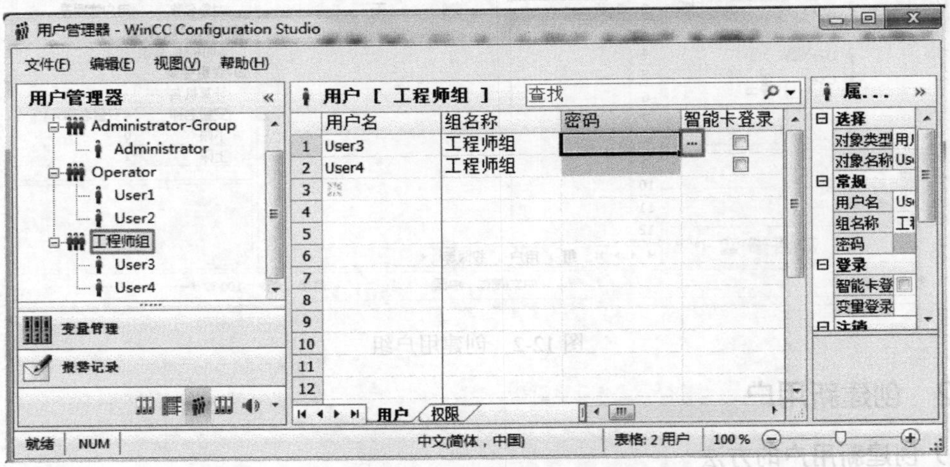

图 12-4　设置用户密码（1）

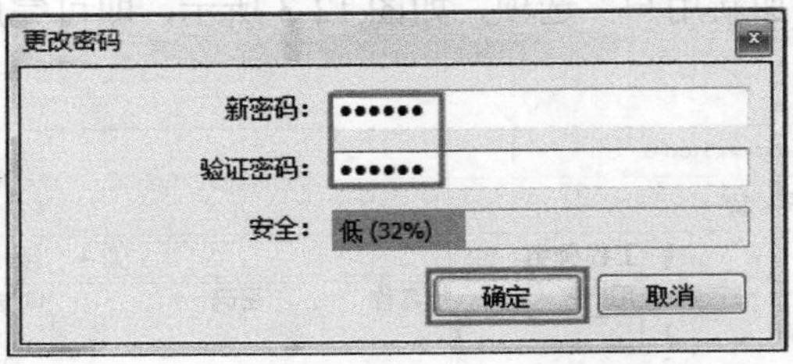

图 12-5　设置用户密码（2）

12.4　授权管理

12.4.1　授权简介

用户管理器包含预定义的默认授权和系统授权。编号较大的授权中并不包括编号较小的授权。各授权之间相互独立。授权仅在运行时生效。

（1）默认授权

可添加、删除和更改授权。可删除或编辑除“用户管理”之外的所有授权。17 个默认授权如下：

① 编号 1：用户管理。

用户可以访问用户管理并进行更改。

② 编号 2：数值输入。

用户可以手动输入值，例如在 I/O 字段中。

③ 编号3：过程控制。

用户可以操作过程。

④ 编号4：画面编辑。

用户可以更改画面和画面元素。

⑤ 编号5：画面切换。

用户可以触发画面更改，并打开其他组态的画面。

⑥ 编号6：窗口选择。

用户可以在 Windows 中切换应用程序窗口。

⑦ 编号7：硬拷贝。

用户可以建立当前过程画面的硬拷贝。

⑧ 编号8：确认消息。

用户可以确认消息。

⑨ 编号9：锁定消息。

用户可以锁定消息。

⑩ 编号10：解锁消息。

用户可以解锁消息。

⑪ 编号11：消息编辑。

用户可以在“报警记录”编辑器（例如使用 ODK）中编辑消息。

⑫ 编号12：启动归档。

用户可以启动归档过程。

⑬ 编号13：停止归档。

用户可以结束归档。

⑭ 编号14：归档值编辑。

用户可以组态归档变量的计算。

⑮ 编号15：归档编辑。

用户可以控制并更改归档。

⑯ 编号16：动作编辑。

用户可以运行和编辑脚本（例如使用 ODK）。

⑰ 编号17：项目管理器。

用户可以不受限制访问 WinCC 项目管理器。

（2）系统授权

系统授权由系统自动生成。用户无法编辑、删除或创建新系统授权。系统授权只能分配给用户。

系统授权在组态系统和运行系统中生效。 例如，在组态系统中，系统授权会阻止未针对该项目进行注册的用户对其进行访问。系统授权如下：

① 编号1000：远程激活。

用户可通过另一台计算机启动和终止运行系统。

② 编号1001：远程组态。

用户可通过另一台计算机组态和编辑项目。

③ 编号1002：Web 访问-仅监视。

（3）基本过程控制权限

如果“基本过程控制”(Basic Process Control)选项已安装，则可在用户管理器中为用户定义特定区域的访问权限。预定义授权和 PCS 7 中组态的体系的区域在经过 OS 项目编辑器处理之后可供使用。

可添加、删除和更改授权。预定义授权不能删除或更改。编号较大的授权中并不包括编号较小的授权。 各授权之间相互独立。授权仅在运行时生效。基本过程控制权限编号如下：

① 编号 1：用户管理。

用户可以访问用户管理并进行更改。

② 编号 2：区域权限。

用户可以在授权的系统区启用画面选择。

③ 编号 3：系统更改。

用户可以触发状态更改（例如结束运行系统）。

④ 编号 4：监视。

用户可以监视但不能控制过程（例如选择批生产可视化）。

⑤ 编号 5：过程控制。

用户可以操作过程。

⑥ 编号 6：高级过程控制。

用户可以执行对过程产生永久作用的控制操作（例如修改控制器的限值）。

⑦ 编号 7：报表系统。

系统已不再使用该权限。

12.4.2 授权管理

用户可以添加、删除授权。举例说明创建“User3”的使用权限，如图 12-6 所示，先选中导航区域的“工程师组”→“User3”，再选择数据区的“权限”选项卡，勾选“改变画面”和“窗口选择”，这样操作后，“User3”用户就具备勾选的两项功能权限了，但不具备其他功能权限，如“数据输入”权限。

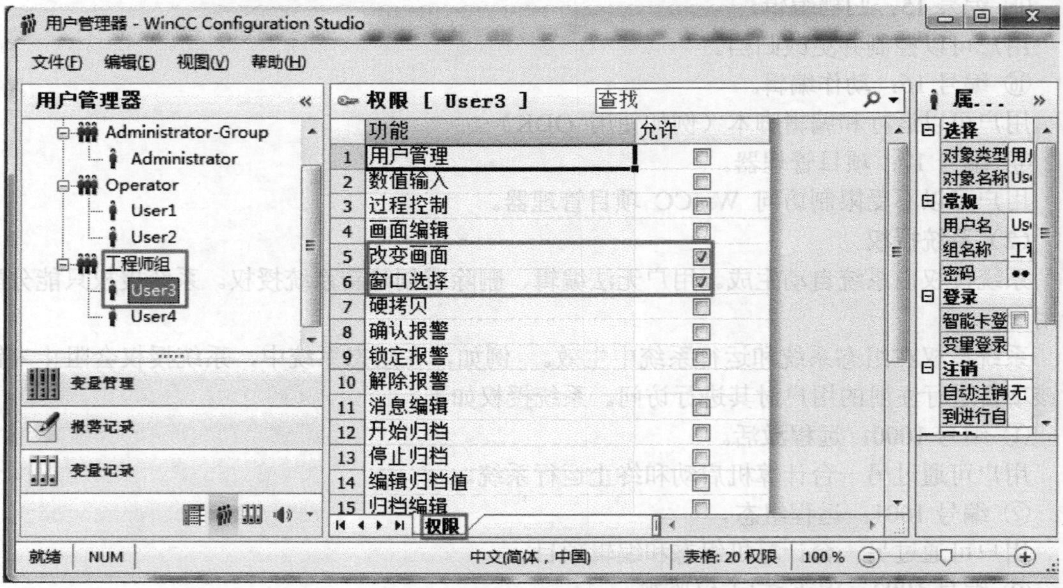

图 12-6 设置用户权限

12.5 应用实例

本实例是第 8 章实例的后续部分。

【例 12-1】 WinCC 项目的用户管理需要完成如下功能。

① 当 WinCC 项目处于运行状态时，按下计算机的“Alt+L”键，弹出密码对话框，输入正确密码才能进入主画面。

② 按下计算机的“Alt+0”键，退出运行状态。

③ 主画面上的按钮，User1~ User4 有权限使用其他按钮，但必须授权；此外，User3 和 User4 有报警确认的权限，User1 和 User2 没有。

④ 主画面上显示正在登录的用户名称。

【解】 ① 打开用户管理器。在项目管理器界面，右击鼠标，在弹出的快捷菜单中，单击“打开”命令，如图 12-7 所示，打开用户管理器。

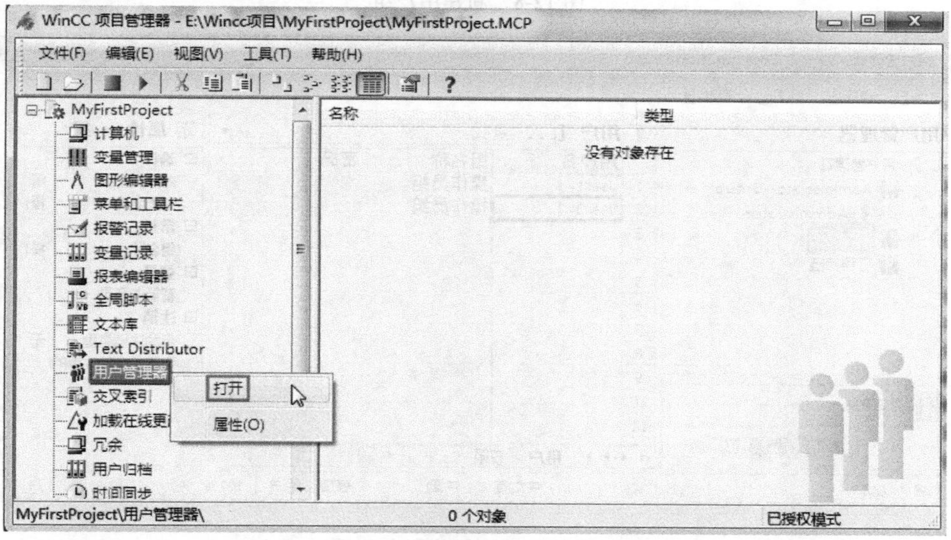

图 12-7 打开用户管理器

② 新建用户组和用户，并重命名。在用户管理器界面，右击鼠标，在弹出的快捷菜单中，单击“添加新组”，如图 12-8 所示，此步骤重复 1 次，新建 2 个用户组，并将其重命名为“操作员组”和“工程师组”。

选中导航区域中的“操作员组”，在表格区的“用户名”栏下直接输入“User1”和“User2”，实际上就是创建了 2 个“操作员组”中新的用户，如图 12-9 所示。用同样的方法，创建“工程师组”中的新用户“User3”和“User4”。

③ 设置用户密码。把“User1”和“User2”的登录密码设置为“012345”，把“User3”和“User4”的登录密码设置为“456789”。在数据区，如图 12-10 所示，选中“密码”栏，其右侧出现 ... 按钮，单击它，弹出如图 12-11 所示的界面，输入密码，单击“确定”按钮，密码设置完成，其余用户的设置方法也是类似的，不再重复说明。

④ 设置用户功能权限。选中导航区域中的“操作员组”，选中“权限”选项卡，在表格区的“功能”栏，右侧勾选“改变画面”和“窗口选择”，如图 12-12 所示，由于组的授权由组成员继承，因此“User1”和“User2”都具有此功能权限。

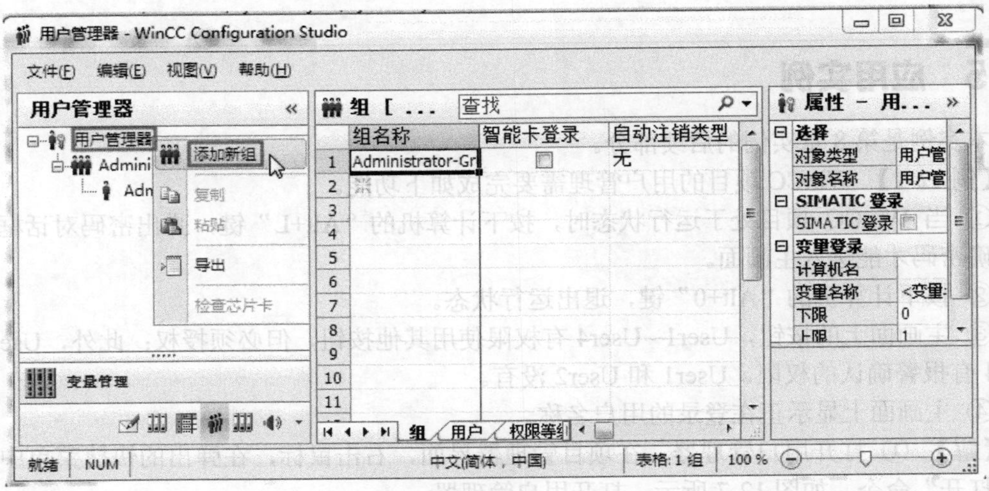

图 12-8 新建用户组

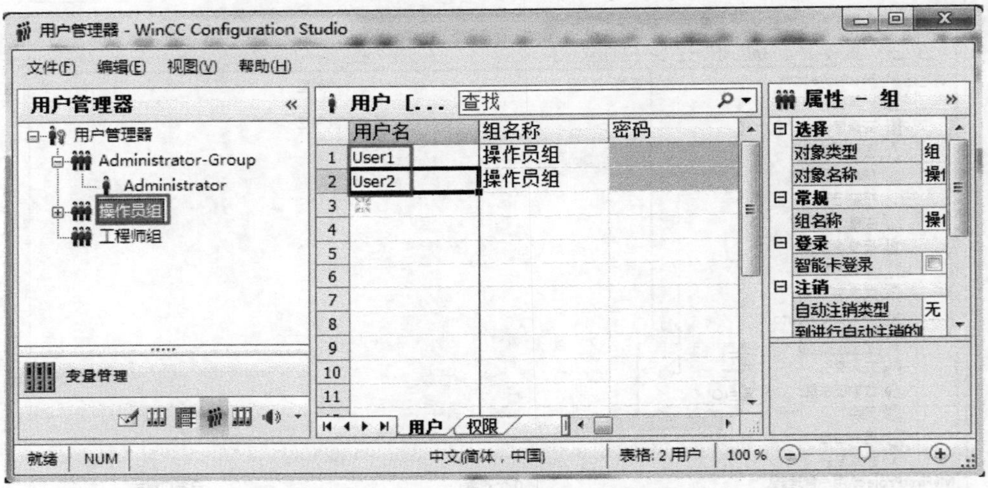

图 12-9 新建用户

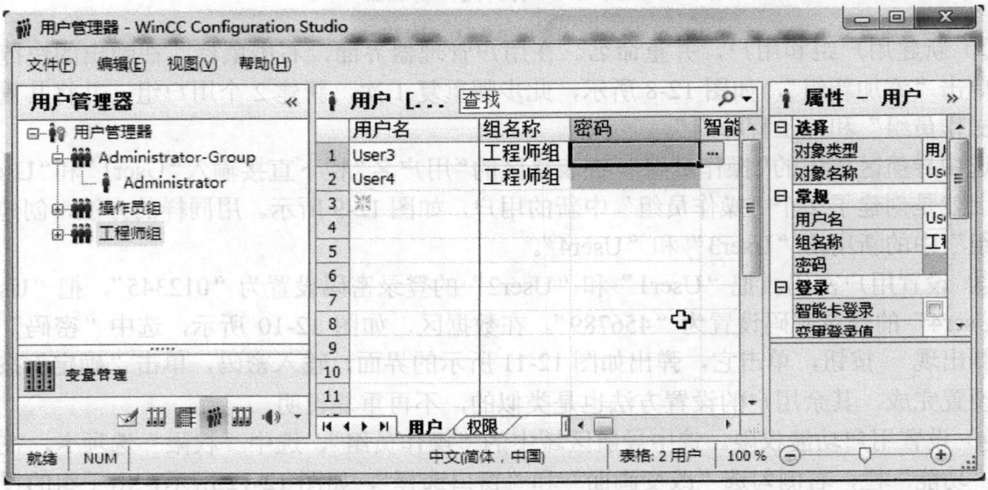

图 12-10 设置用户密码（1）

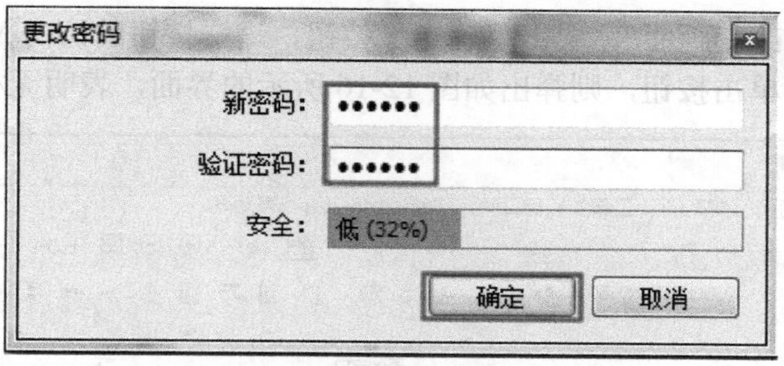

图 12-11 设置用户密码（2）

图 12-12 设置操作员组的功能权限

选中导航区域中的“工程师组”，选中“权限”选项卡，在表格区的“功能”栏，右侧勾选“改变画面”“窗口选择”等选项，如图 12-13 所示，由于组的授权由组成员继承，因此“User3”和“User4”都具有此功能权限。

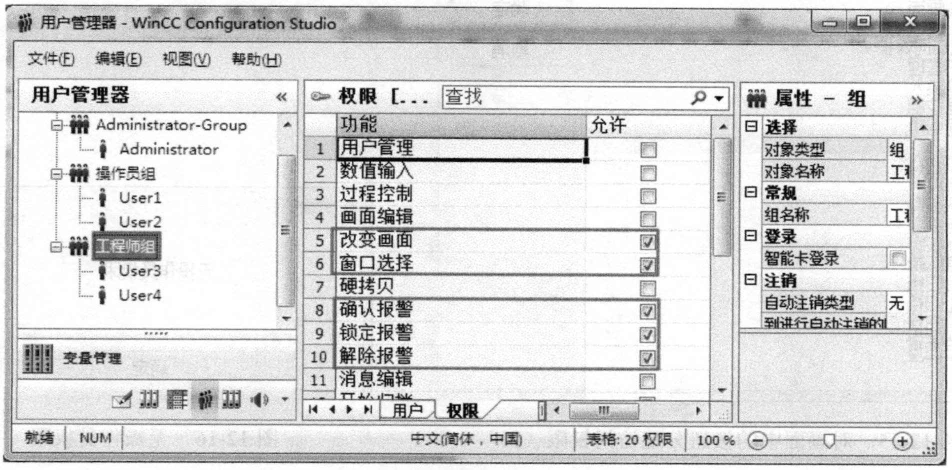

图 12-13 设置工程师组的功能权限

⑤ 对画面中的按钮分配访问权限。打开主画面（Main.pdl），先选中左上方的 4 个按钮，再选中“属性”→“多重选择”→“其它”，如图 12-14 所示，双击“授权”，弹出如图 12-15

所示的界面，选择“改变画面”，单击“确定”按钮，这样按钮的访问权限分配完成。

如果没有登录，单击按钮，则弹出如图 12-16 所示的界面，表明无权使用此按钮。

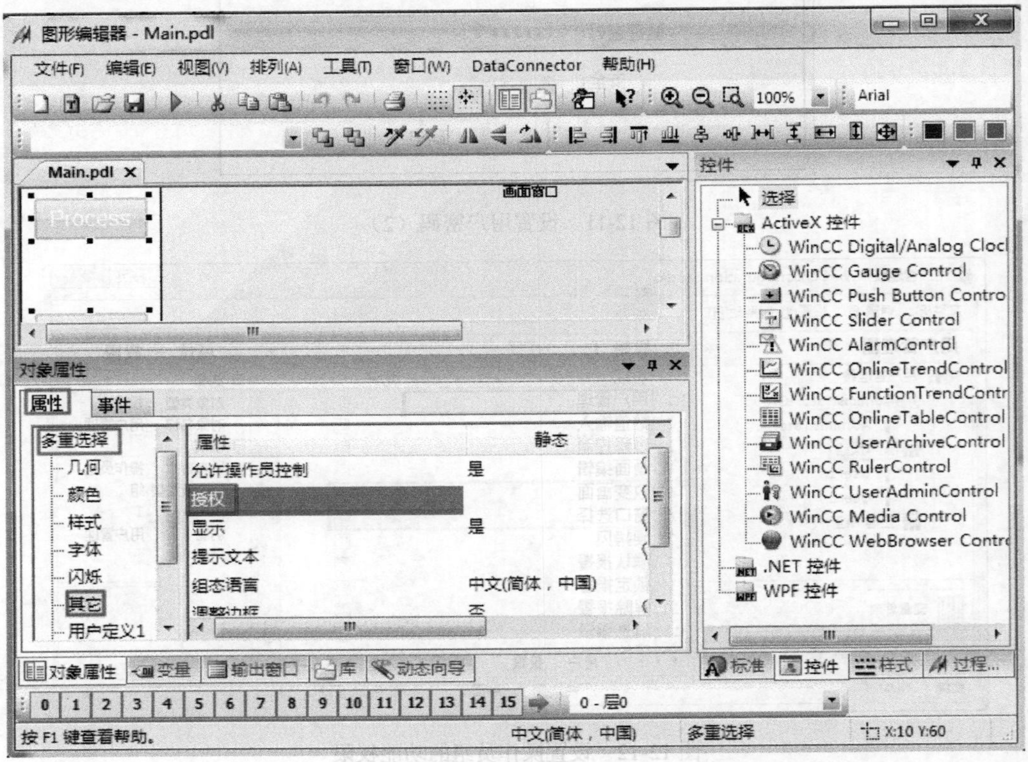

图 12-14 对画面中的按钮分配访问权限（1）

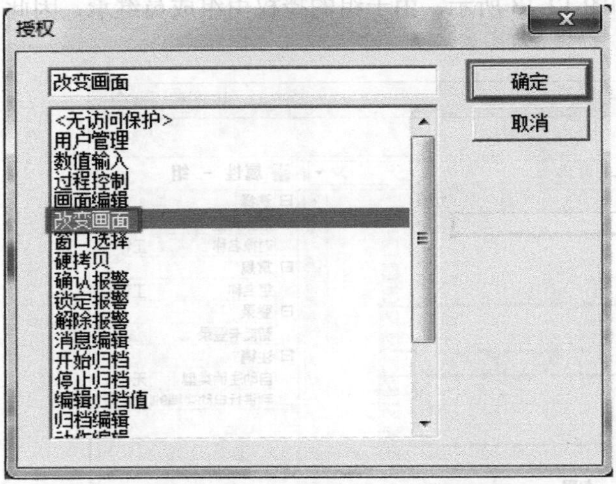

图 12-15 对画面中的按钮分配访问权限（2）

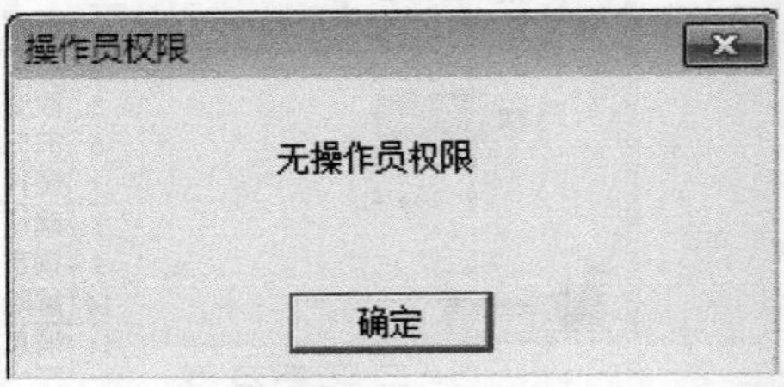

图 12-16 无操作员权限

⑥ 用户显示。拖入 2 个静态文本框，更改其文本如图 12-17 所示，并修改其文本。

选中“文本框”，再选中“属性”→“静态文本”→“字体”→“文本”，如图 12-18 所示，单击鼠标右键，单击快捷菜单的变量，弹出如图 12-19 所示的界面，选中“内部变量”→“@CurrentUserName”，再单击“确定”按钮。这样运行系统并登录用户后，文本框中显示的是当前用户名。

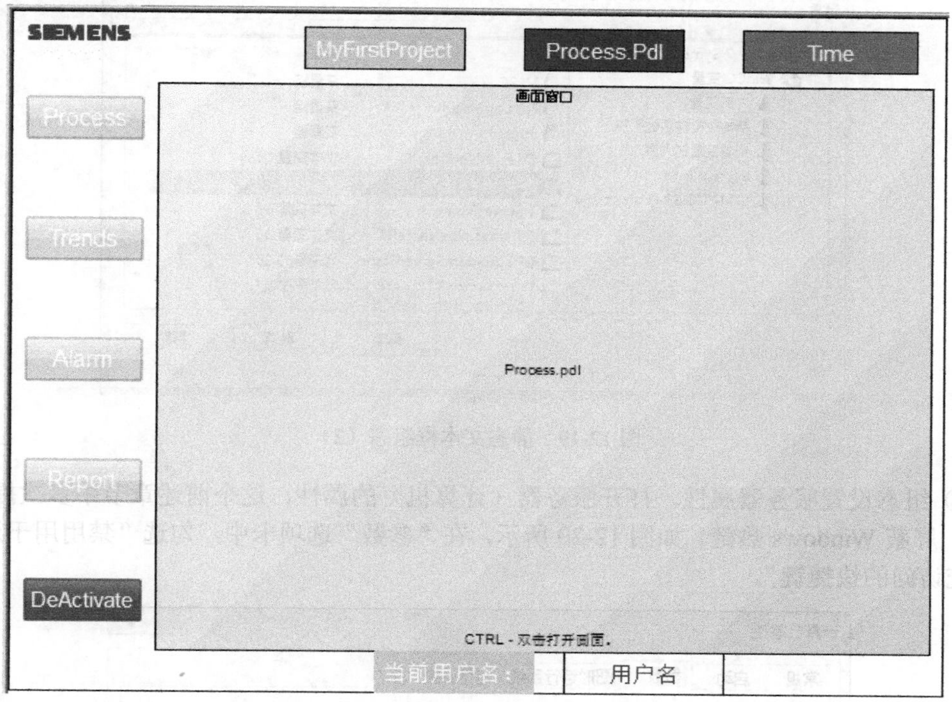

图 12-17　拖入 2 个静态文本框

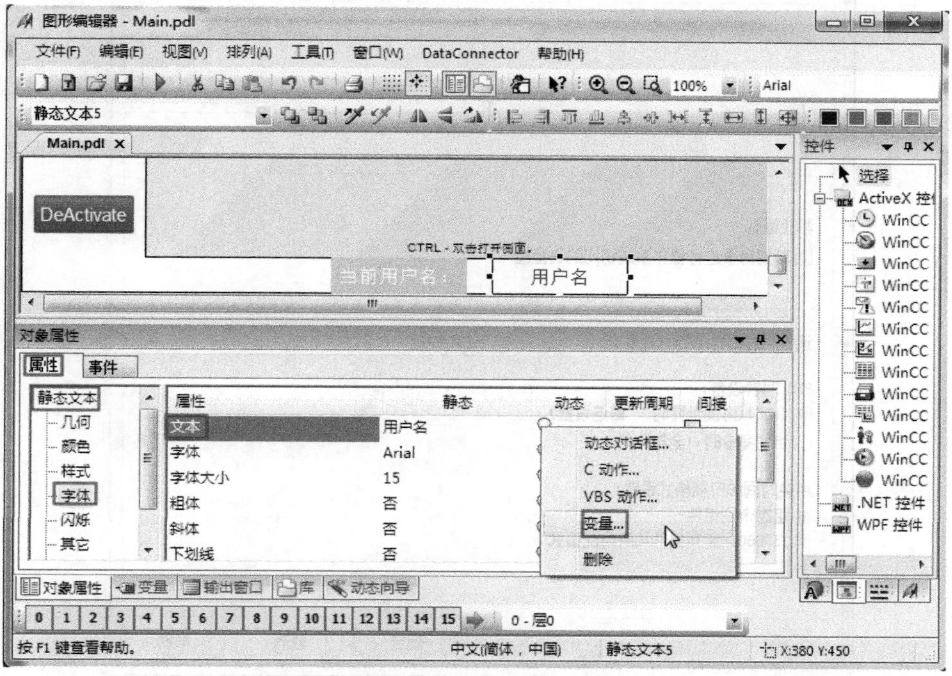

图 12-18　静态文本框组态（1）

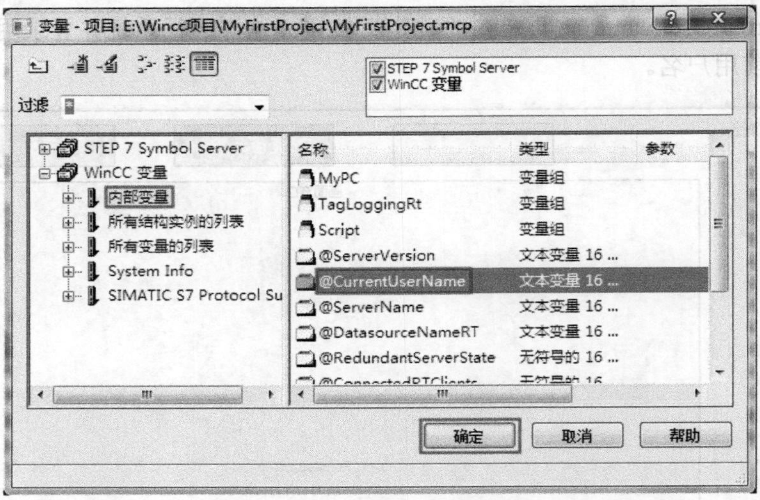

图 12-19　静态文本框组态（2）

⑦ 组态设置服务器属性。打开服务器（计算机）的属性，这个前述章节中多次提及。

a. 屏蔽 Windows 热键。如图 12-20 所示，在“参数”选项卡中，勾选“禁用用于进行操作系统访问的快捷键”。

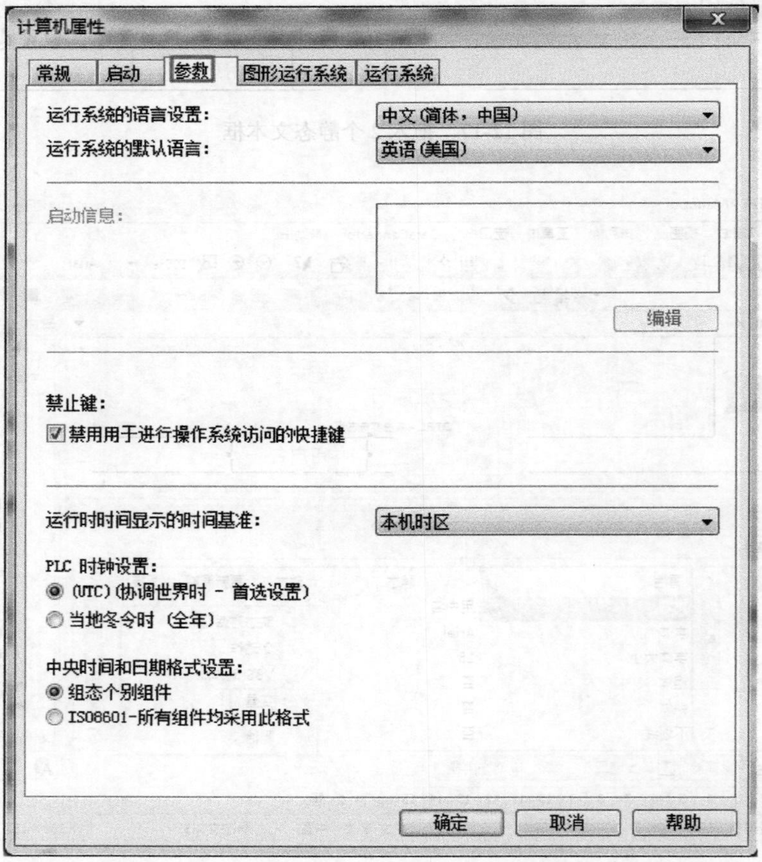

图 12-20　屏蔽 Windows 热键

b. 如图 12-21 所示，在“图形运行系统”选项卡中，勾选如图所示的选项，单击“确定”按钮。

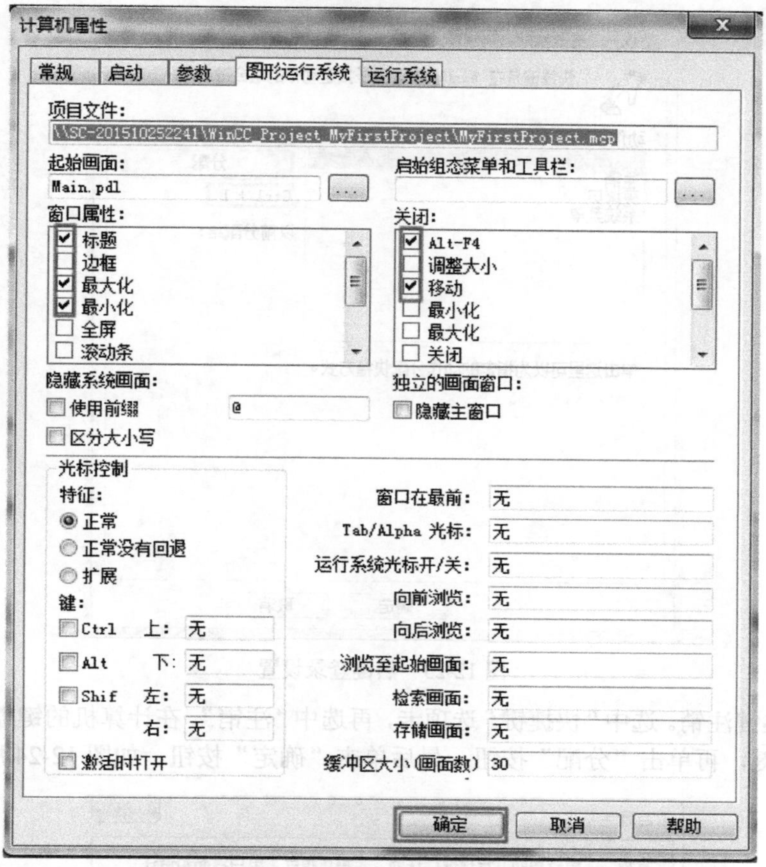

图 12-21　使能“图形运行系统”属性

⑧ 调用热键登录和热键退出。

在项目管理器中，选中项目名称（本例为 MyFirstProject），右击鼠标，如图 12-22 所示，单击“属性”，打开项目属性界面。

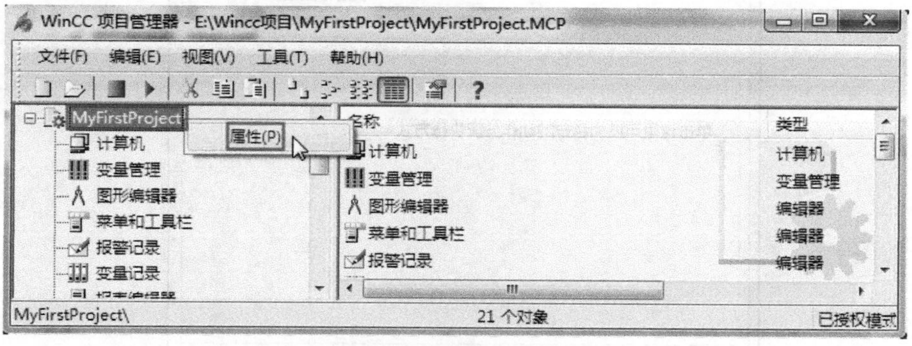

图 12-22　打开项目属性界面

a. 调用热键登录。选中“快捷键”选项卡，再选中“登录”，在计算机的键盘上按下“Ctrl”

和“L”两个键，再单击“分配”按钮，如图 12-23 所示。

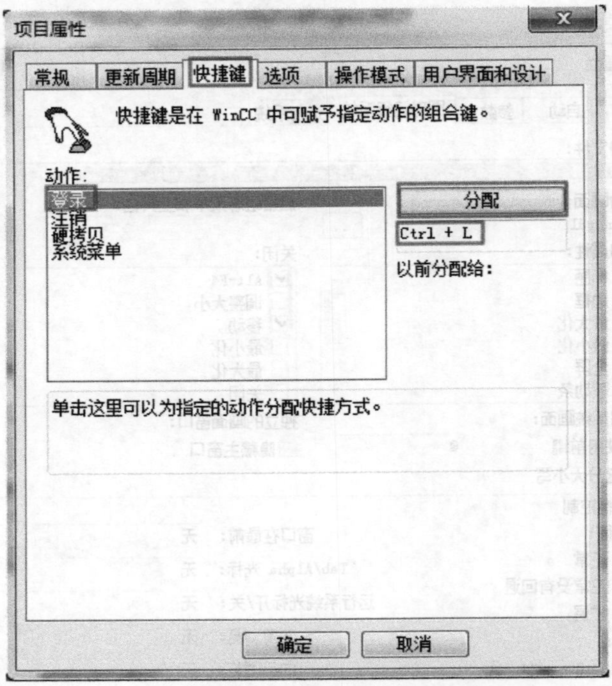

图 12-23 热键登录设置

b. 调用热键注销。选中“快捷键”选项卡，再选中“注销”，在计算机的键盘上按下“Ctrl”和“O”两个键，再单击“分配”按钮，最后单击“确定”按钮，如图 12-24 所示。

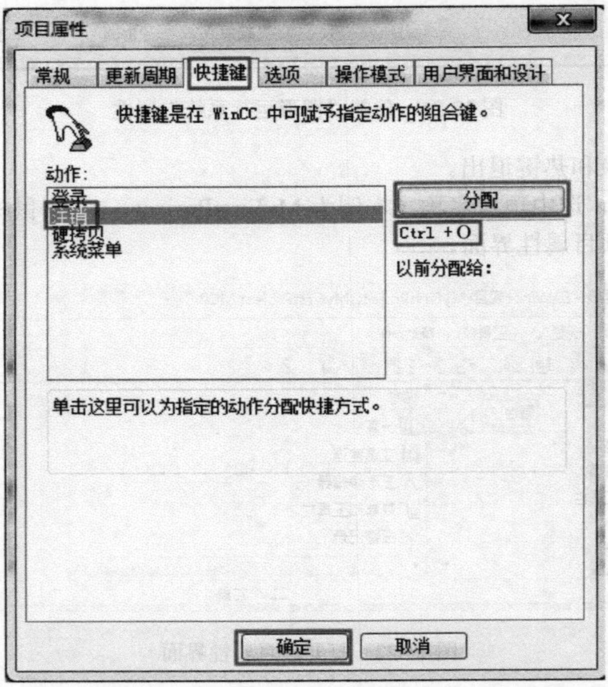

图 12-24 热键注销设置

⑨ 运行系统。先运行系统，在计算机的键盘上按下“Ctrl”和“L”两个键，弹出如图 12-25 所示的界面，输入正确的“用户名”和“密码”，单击“确定”按钮，如图 12-25 所示。弹出如图 12-26 所示的界面，在下面的静态文本框中显示了目前登录的用户是“User3”。

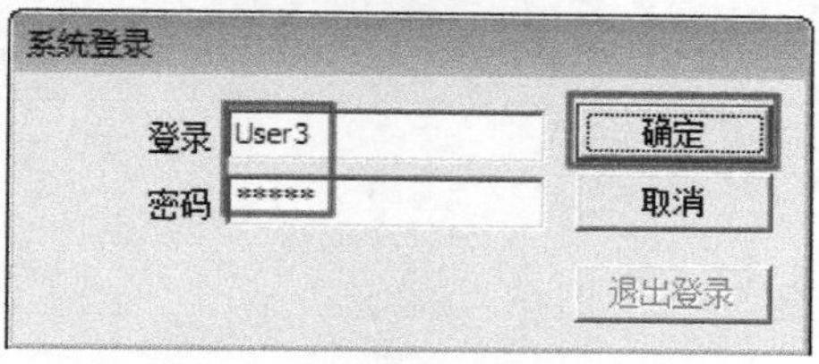

图 12-25　系统登录

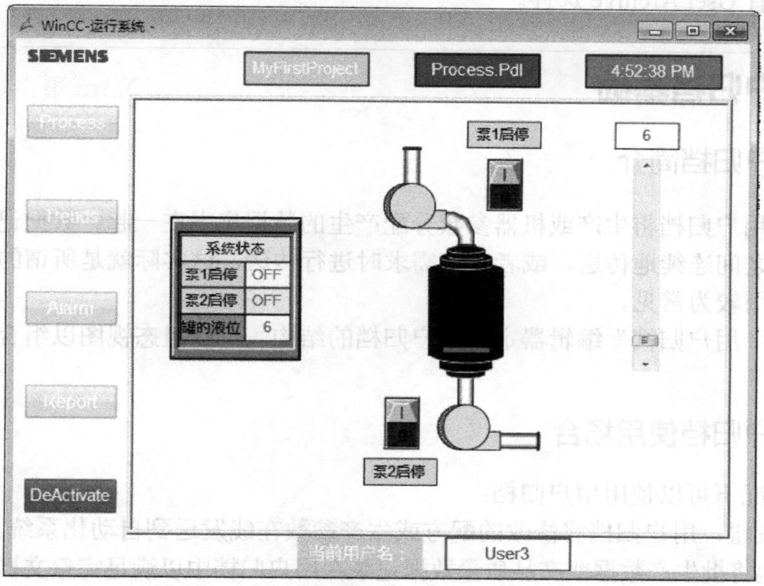

图 12-26　运行画面

小结

重点难点总结

WinCC 用户管理的组态过程。

习题

① 简述 WinCC V7.3 的用户管理器的结构。

② 简述 WinCC 用户管理的组态过程。

第13章

用户归档

用户归档（User Archive）是 WinCC V7.3 的选件之一，需要授权才能使用，WinCC V7.3 的安装光盘中有 User Archive 选件。

13.1 用户归档基础

13.1.1 用户归档简介

可以使用用户归档将生产或机器参数分配产生的数据集中在一起。数据记录在用户归档和自动化系统之间连续地传送，或者当有需求时进行传送，这实际就是所谓的“配方”，在生产实际中应用较为常见。

可以使用“用户归档”编辑器定义用户归档的结构。可以组态视图以组合来自不同用户归档的数据。

13.1.2 用户归档使用场合

在下列情况下可以使用用户归档：

① 按下按钮，用户归档将修改的配方或生产参数在线发送到自动化系统。

② 不断地将批生产数据或产品质量数据记录在用户归档中以满足完整文档的合法要求。

③ 通过用户归档分析自动化系统的操作数据。

④ 在运行系统中，可以通过 CSV 文件将存储在外部数据库中的生产数据导入到用户归档中，然后将生产数据传送到自动化系统。

⑤ 使用 SQL 选择用户归档数据来表示视图中的选择。

⑥ 用户归档的数据显示为 WinCC 函数趋势控件中的参考趋势，可使设定值与来自过程值归档的值进行比较。

13.2 用户归档组态

13.2.1 用户归档编辑器

在“用户归档”编辑器的用户界面中，可以创建用户归档或视图，也可以将编辑器中的数据提供给归档使用。

“用户归档”编辑器的结构如图 13-1 所示。

（1）导航区域

在导航区域中，“用户归档”的对象显示在树形视图中。顶级文件夹包括归档和视图。分配给所选文件夹的元素（例如，归档、视图、字段等）显示在表格区域。

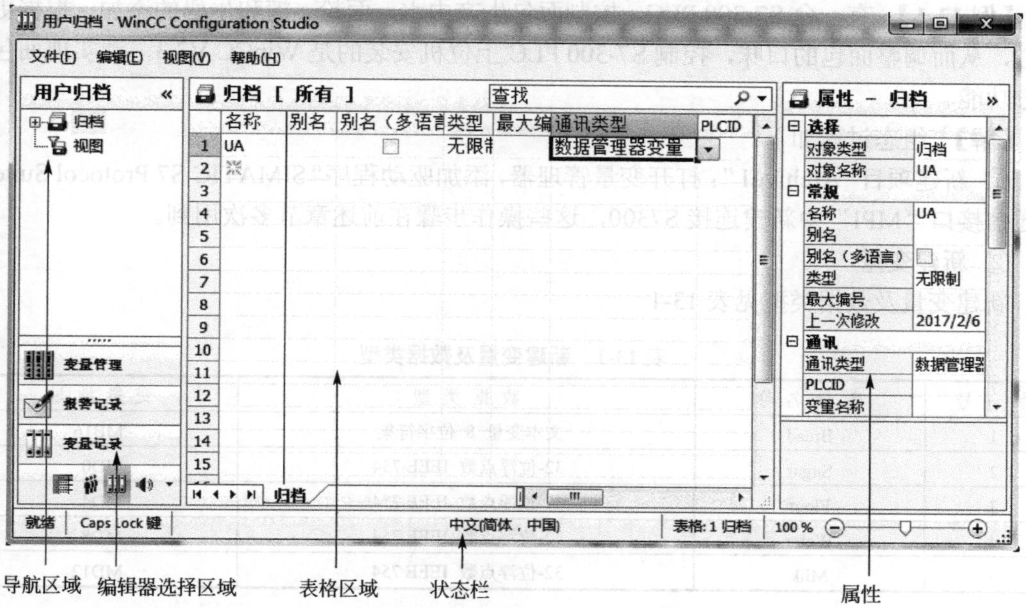

图 13-1 “用户归档”编辑器的结构

（2）编辑器选择区域

导航栏显示在树形视图下方的区域。由此可以访问其他的 WinCC 编辑器（如变量管理、变量记录等）。可以调整导航栏的显示。

（3）表格区域

表格会显示分配给树形视图中所选文件夹的元素。例如，可以选择显示某个归档的所有字段。

可以在表格区域中创建新字段。可以直接在此输入或编辑数据。

通过列标题的快捷菜单，可以使用表格区域的其他功能，如排序、过滤。

选项卡会根据所选文件夹显示在表格下方。这些选项卡可用于以表格形式显示较低级别的元素。

导航键用于选择选项卡。单击选项卡可以选择选项卡，也可以利用导航键或从导航键的快捷菜单中选择。

（4）属性

显示所选对象的属性，并可在此对其进行编辑。

（5）状态栏

状态栏位于编辑器底部。在此可以找到以下信息：当前输入语言、系统状态（就绪等）、Caps Lock 键及 Num Lock 键等功能键的状态、所选文件夹中的对象（如归档、数据记录、视图等）数目、所选对象数目大于 1 时的对象数目缩放状态的显示、用于缩小和放大显示的滑块，或者，也可以在移动鼠标滚轮的同时按住“Ctrl”键来改变显示的大小。

13.2.2 用户归档组态应用

WinCC V7.3 的用户归档的组态较以前的版本有较大的区别，相对而言，WinCC V7.3 的用户归档组态变得更加简洁。以下用一个较为完整的例子介绍用户归档组态的一般过程。

【例 13-1】 有一台 S7-300 PLC，控制面包生产中水、面粉、糖和牛奶的添加，根据更改配方，从而调整面包的口味，控制 S7-300 PLC 上位机安装的是 WinCC V7.3，请实现面包的配方功能。

【解】 组态过程如下：

① 新建项目“Archive1”；打开变量管理器，添加驱动程序“SIMATIC S7 Protocol Suite”；在通信接口“MPI”中新建连接 S7300，这些操作步骤在前述章节多次用到。

② 新建变量

新建变量及数据类型见表 13-1。

表 13-1 新建变量及数据类型

序 号	变 量 名 称	数 据 类 型	变 量 地 址
1	Bread	文本变量 8 位字符集	MB16
2	Sugar	32-位浮点数 IEEE 754	MD0
3	Flour	32-位浮点数 IEEE 754	MD4
4	Water	32-位浮点数 IEEE 754	MD8
5	Milk	32-位浮点数 IEEE 754	MD12

新建变量及数据类型的变量管理器如图 13-2 所示。

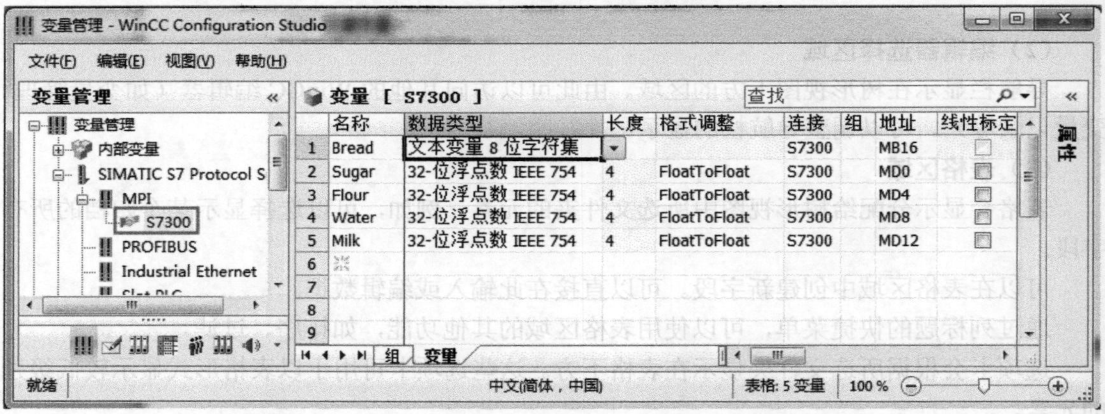

图 13-2 新建变量及数据类型的变量管理器

③ 打开用户归档管理器。在项目管理器中选中“用户归档”，单击右键，单击“打开”命令，如图 13-3 所示，即可打开用户归档编辑器。也可以双击“用户归档”，打开用户归档编辑器。

④ 在用户归档编辑器的表格区域，如图 13-4 所示，在名称栏目中输入归档名称，本例为“UA”，在通信类型栏目中输入通信类型，本例为“数据管理器变量”。

⑤ 添加“域”。在用户归档编辑器中，选中“归档”→“UA”，再选中“域”选项卡，如图 13-5 所示，在数据区域的名称栏目中分别输入 Bread、Flour、Water、Sugar 和 Milk；在起始值栏目中输入 70、10、5、15，这个数值可以根据实际情况调整；在变量名称栏目中，分别与如图 13-2 所示中创建的变量 Bread、Sugar、Flour、Water 和 Milk 关联。

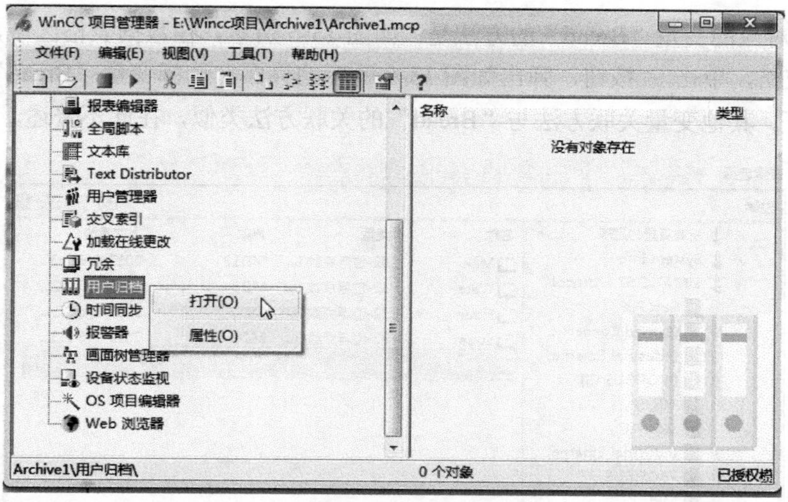

图 13-3　打开用户归档编辑器

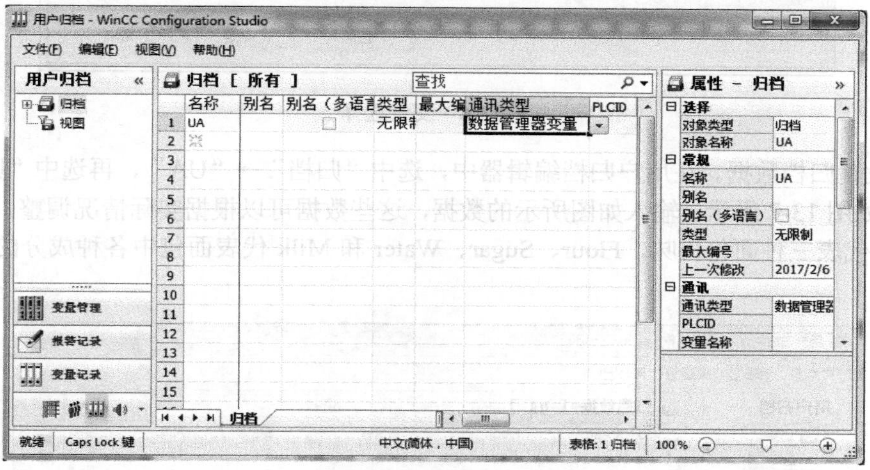

图 13-4　组态用户归档

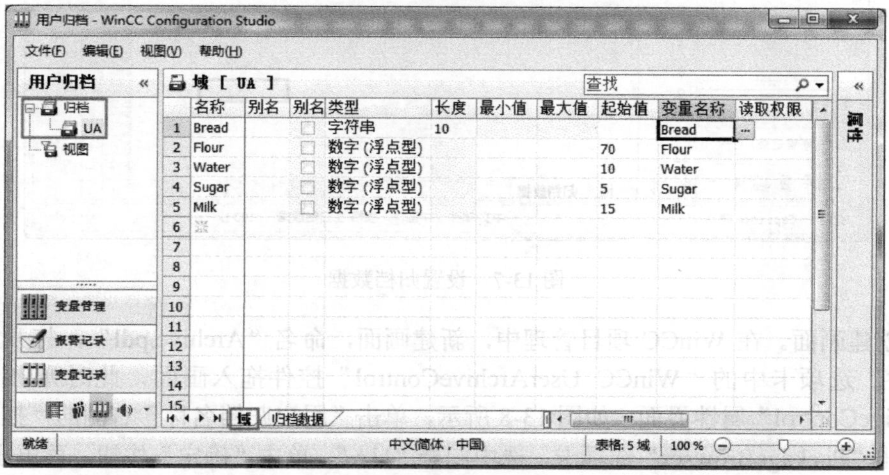

图 13-5　添加“域”

Bread 与对应的变量“Bread”的方法是：如图 13-5 所示，在数据表格区域，选中变量名称栏目下的空格，单击 ··· 按钮，弹出如图 13-6 所示的界面，选择变量“Bread”，单击“应用”按钮即可。其他变量关联方法与“Bread”的关联方法类似，在此不赘述。

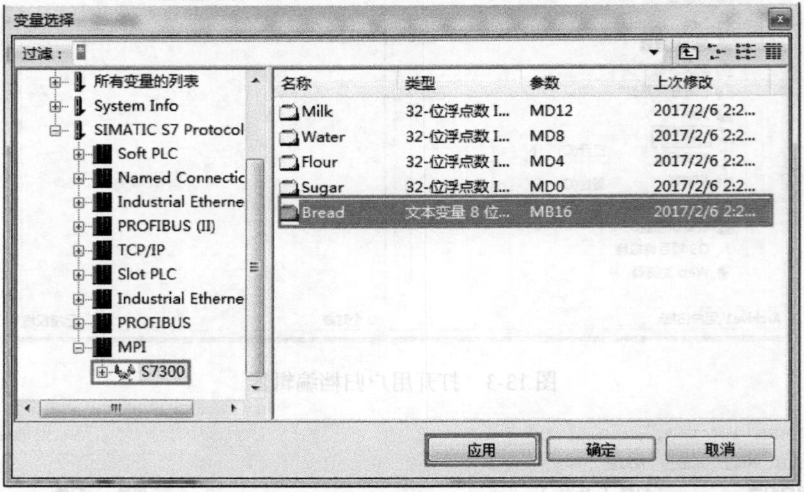

图 13-6 变量选择

⑥ 设置归档数据。在用户归档编辑器中，选中“归档”→“UA”，再选中“归档数据”选项卡，如图 13-7 所示，输入如图所示的数据，这些数据可以根据实际情况调整。其中 A1、A2 和 A3 代表三种面包口味，Flour、Sugar、Water 和 Milk 代表面包中各种成分的重量或者比例。

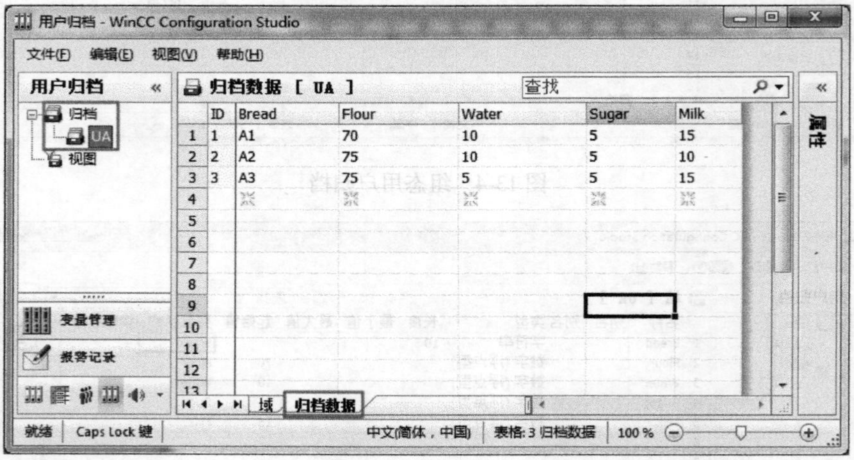

图 13-7 设置归档数据

⑦ 创建画面。在 WinCC 项目管理中，新建画面，命名“Archive.pdl”，打开此画面，将“控件”选项卡中的“WinCC UserArchiveControl”控件拖入画面，此时弹出“WinCC UserArchiveControl”属性界面，如图 13-8 所示，单击“用户归档名称”右侧的“打开”按钮 ，弹出“PackageBrowser”选项卡，选中归档“UA”，单击“确定”按钮，再单击“确定”按钮。之后界面如图 13-9 所示。

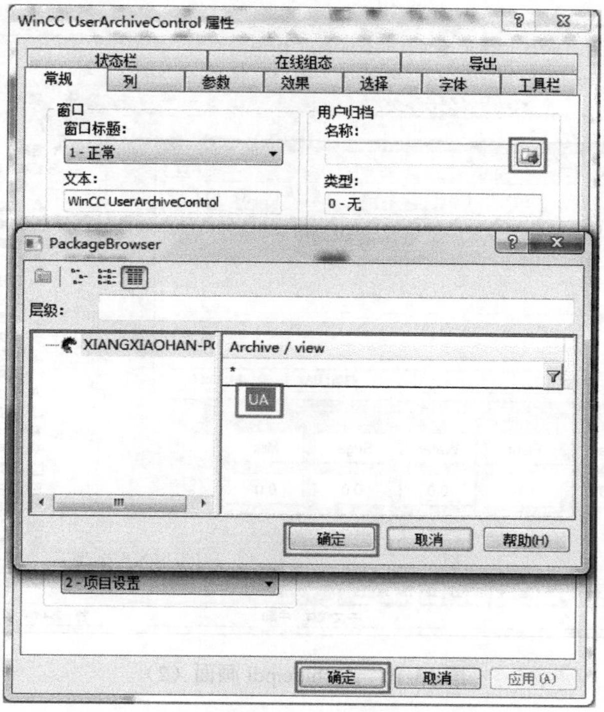

图 13-8 “WinCC UserArchiveControl”属性

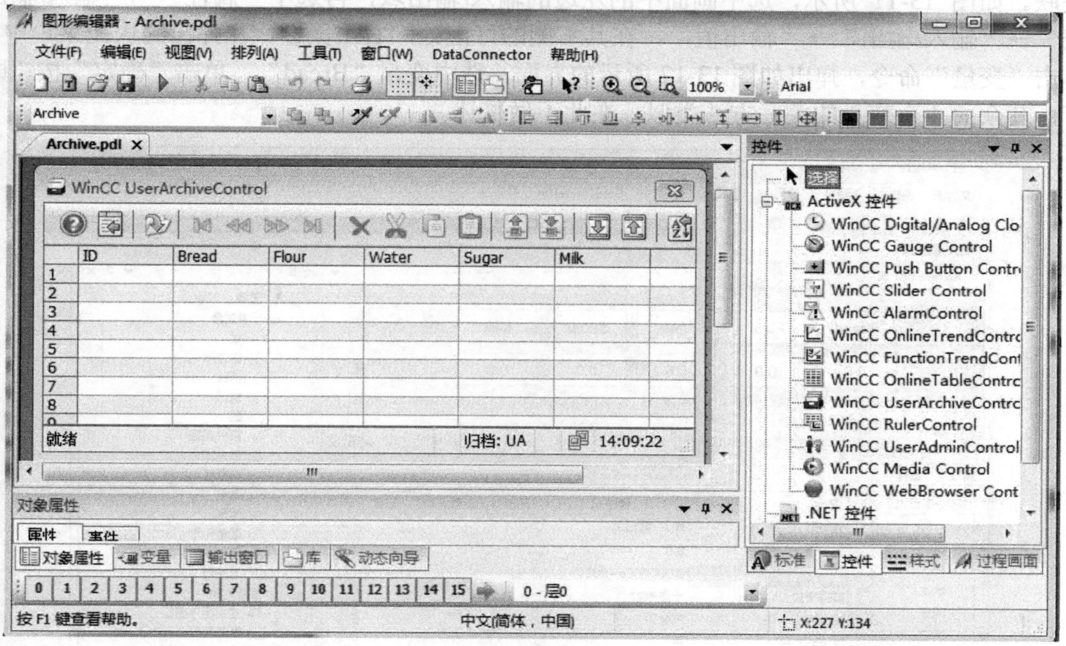

图 13-9 Archive.pdl 画面（1）

⑧ 编辑 Archive.pdl 画面。拖入 5 个静态文本框到 Archive.pdl 画面，并将其静态文本依次修改为：Bread、Flour、Water、Sugar 和 Milk；之后再拖入 5 个输入/输出域到 Archive.pdl 画面，如图 13-10 所示。

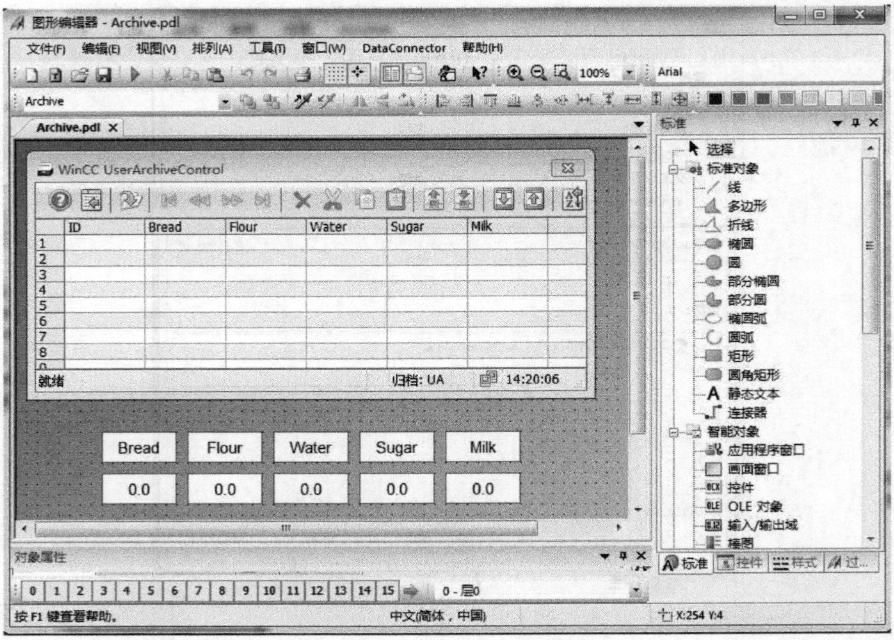

图 13-10 Archive.pdl 画面（2）

将 5 个输入/输出域从左到右依次与前面创建的变量 Bread、Flour、Water、Sugar 和 Milk 关联。如图 13-11 所示，选中画面中的左边的输入/输出域，再选中“属性”→“输入/输出域”→“输入/输出”→“输出值”，在其右侧的灯泡处，右击鼠标，在弹出的快捷菜单中，单击“变量”命令，弹出如图 13-12 所示的界面，选中变量“Bread”，单击“确定”按钮即可，其余的 4 个变量的关联方法类似，在此不做赘述。

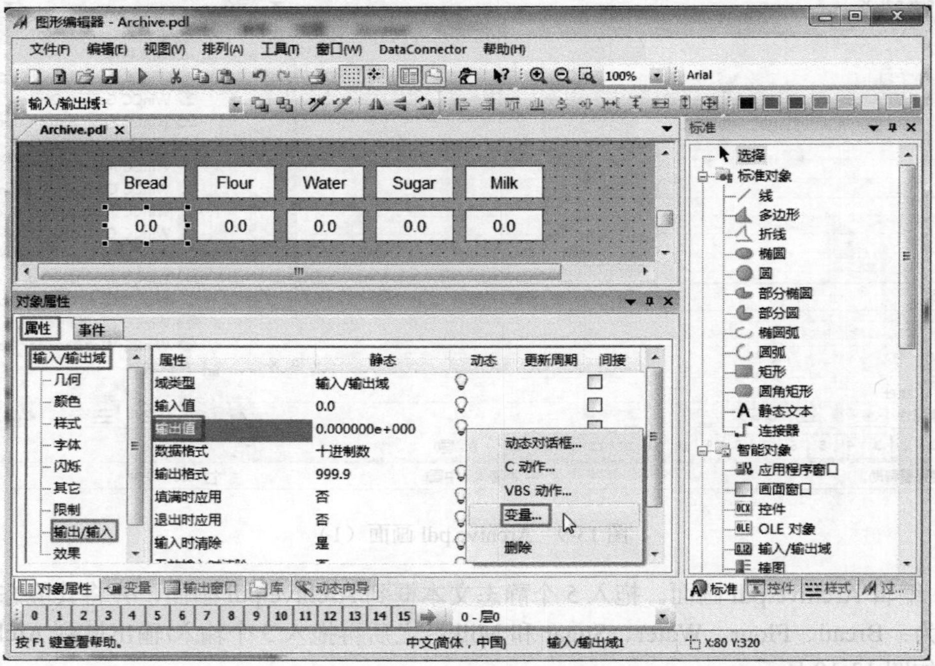

图 13-11 连接变量（1）

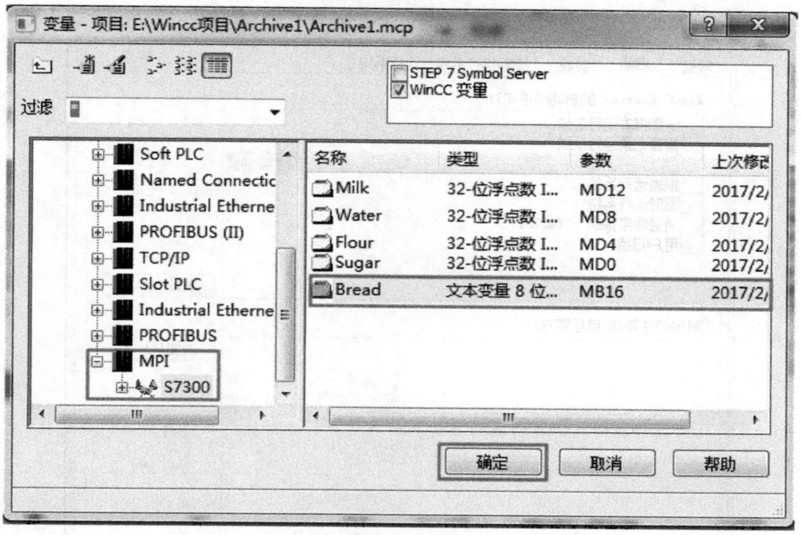

图 13-12 连接变量（2）

⑨ 编写 S7-300 PLC 程序，并将程序下载到 PLC 中，将 S7-300 PLC 置于“运行”（RUN）状态。也可以使用仿真器，如图 13-13 所示。在仿真器中插入 MD0、MD4、MD8、MD12 和 MB16，将仿真器置于“运行”状态，可以看到以上 5 个变量均为 0，原因是 WinCC 的数据没有下载到仿真器中。

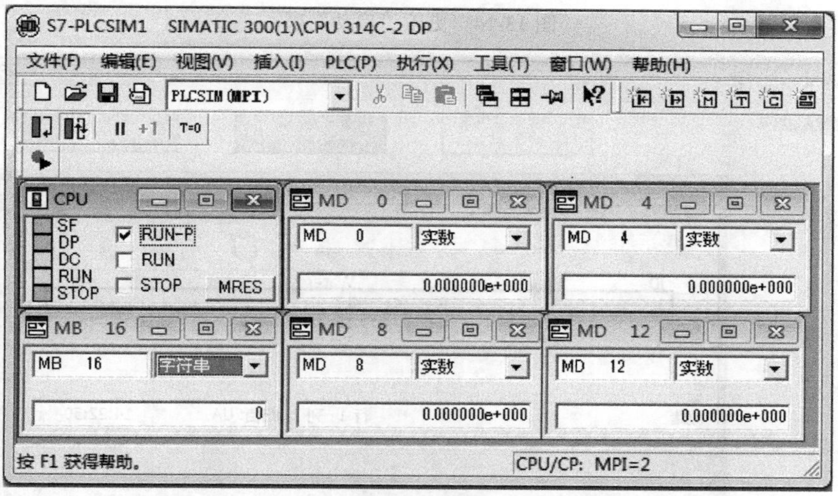

图 13-13 仿真器

⑩ 修改“启动”项。打开计算机的“属性”，选中“启动”选项卡，勾选“用户归档”和“图形运行系统”两项，如图 13-14 所示。

⑪ 运行输出。在运行输出之前，先把安装有 WinCC 的计算机和 PLC 连接。单击图形编辑器中工具栏上的“激活”按钮，归档和显示如图 13-15 所示，选中“A1”配方，单击画面中的“下载”按钮，配方数据下载到 S7-300 PLC（本例为仿真器）中，从如图 13-16 所示的仿真器可以看到，数据已经下载成功。

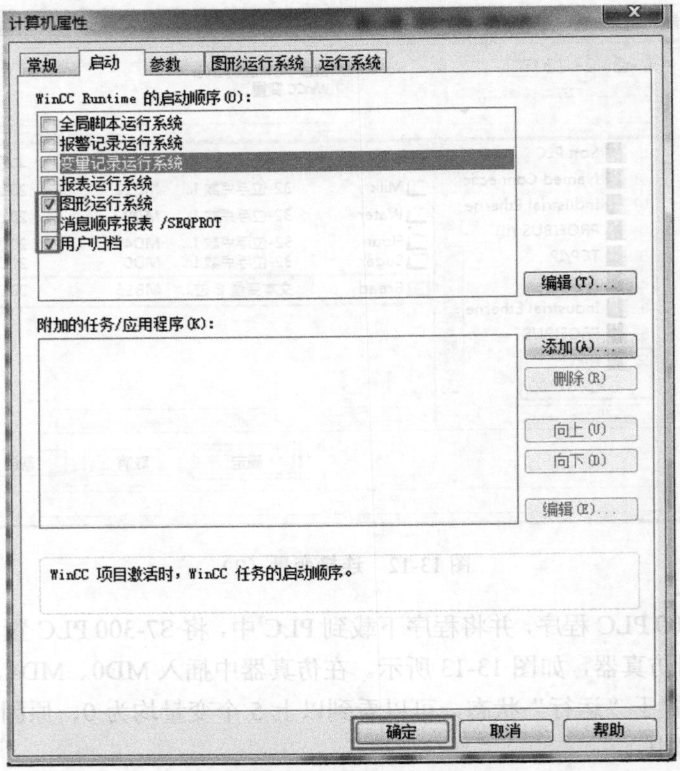

图 13-14 更改“启动”项

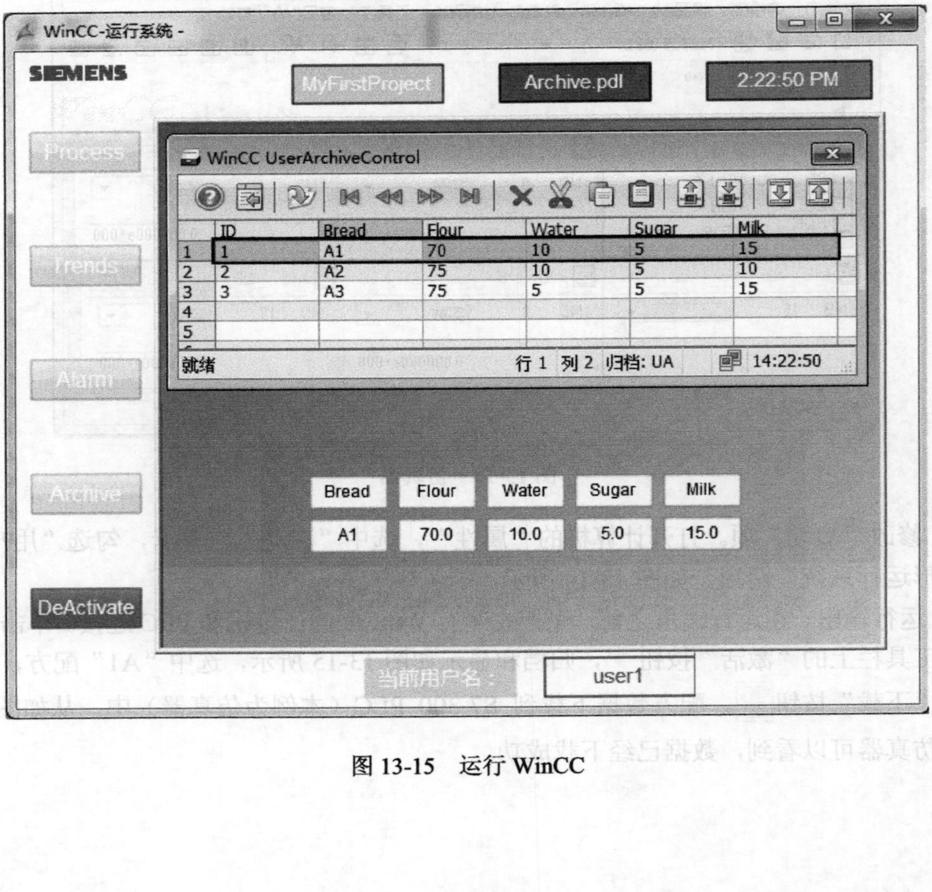

图 13-15 运行 WinCC

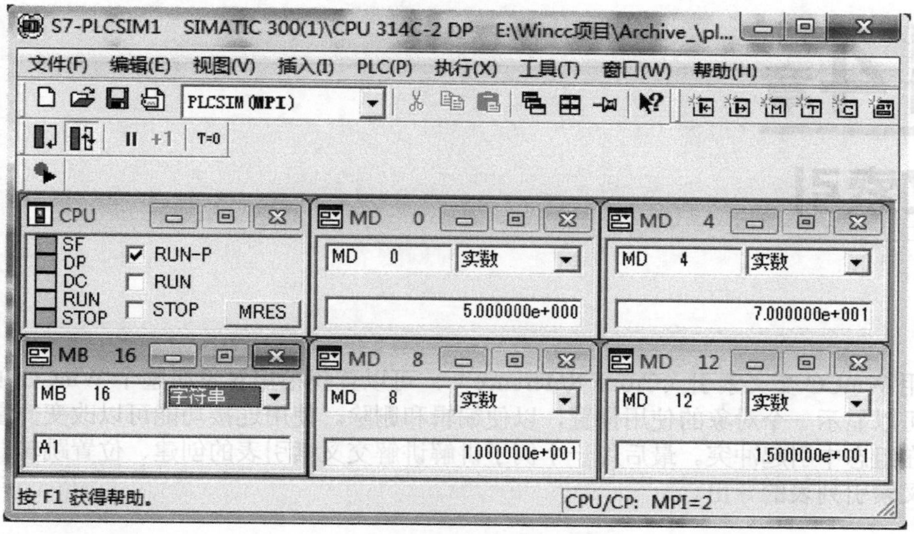

图 13-16　仿真器（下载数据后）

如果在 S7-300 PLC 侧修改了数据，也可以用“上传”按钮，把数据上传到 WinCC 中。

小结

重点难点总结

WinCC 配方的组态过程。

习题

① 简述 WinCC V7.3 的用户归档编辑器的结构。

② 简述配方的作用。

③ 简述 WinCC 配方的组态过程。

第14章 交叉索引

使用 WinCC 交叉索引（Cross Reference），可以查找指定对象在整个 WinCC 项目中的位置，可以显示一个对象的使用位置，以便编辑和删除。使用连接功能可以改变变量的名称而不会在组态中引起冲突。最后用一个例子讲解讲解交叉索引表的创建、位置跳转、变量连接和交叉索引列表的导出。

14.1 交叉索引基础

14.1.1 交叉索引简介

“交叉索引”编辑器提供了项目中使用的所有变量、画面、函数和布局的总览。打开编辑器时，将自动生成更新的列表。

在如下编辑器中进行变量搜索，这些编辑器是：图形编辑器、报警记录、变量记录、全局脚本、报表编辑器、用户归档和报警器。

14.1.2 交叉索引的功能

交叉索引提供以下功能：

① 在项目对象的列表中引用 WinCC 项目的所有引用对象。

② 使用过滤器限制项目对象的显示。

③ 在使用位置列表中显示项目对象的使用位置。

④ 可以直接访问项目对象的使用位置，以更改或删除该位置的对象。

⑤ 对于画面中的变量，可以使用“连接”功能来更改一个或多个变量的名称，而不会在项目中产生不一致的情况。可以搜索和替换变量名称中的各个字符。

⑥ 可以搜索不存在的变量的使用位置，以更改或删除该使用位置。

⑦ 可以查找项目的多个现有过程画面之间的关系，以将过程可视化的现有结构应用于项目扩展。

⑧ 可以打印项目对象列表和使用位置列表，或者导出或复制列表条目以进行进一步处理。

⑨ 如果在交叉索引打开时在 WinCC 辑器中更改组态，则可以手动更新列表。

14.2 交叉索引的应用

在前述章节已经创建了一个项目“MyFirstProject”，以下内容将以此项目为例进行讲解。

14.2.1 交叉索引列表的创建和过滤

（1）交叉索引列表创建

要使用交叉索引，必须先创建交叉索引列表，创建交叉索引列表的步骤如下：

打开已经创建完成的项目，此项目通常有画面和变量，本例的项目为前述章节已经创建的项目“MyFirstProject”。在 WinCC 项目管理器界面，选中“交叉索引”，右击鼠标，在弹出的快捷菜单中，单击“打开”命令，如图 14-1 所示，打开“交叉索引列表”。一般较大的项目和配置较低的计算机打开交叉索引需要的时间较长，需要耐心等待。

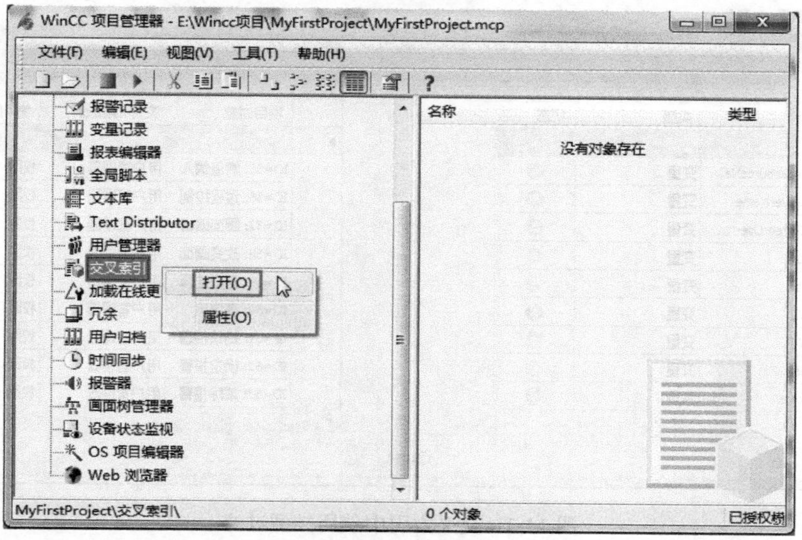

图 14-1　打开交叉索引

（2）交叉索引列表的过滤

启动“交叉索引”后，将显示所有项目对象的列表和所有使用位置的列表。使用过滤器和相关选项可限制列出的对象。

① 如何过滤列表条目　在列表上方，有一个可填写各个列过滤条件的输入框。默认设置为“无过滤”或 ▼。

a. 首先过滤项目对象列表。在“名称”列输入字母串并按“Enter”键。查找的字母串将在列出的名称中高亮显示（黄色显示）。本例要查找包含“M”字符的变量，所以输入“M”，如图 14-2 所示。

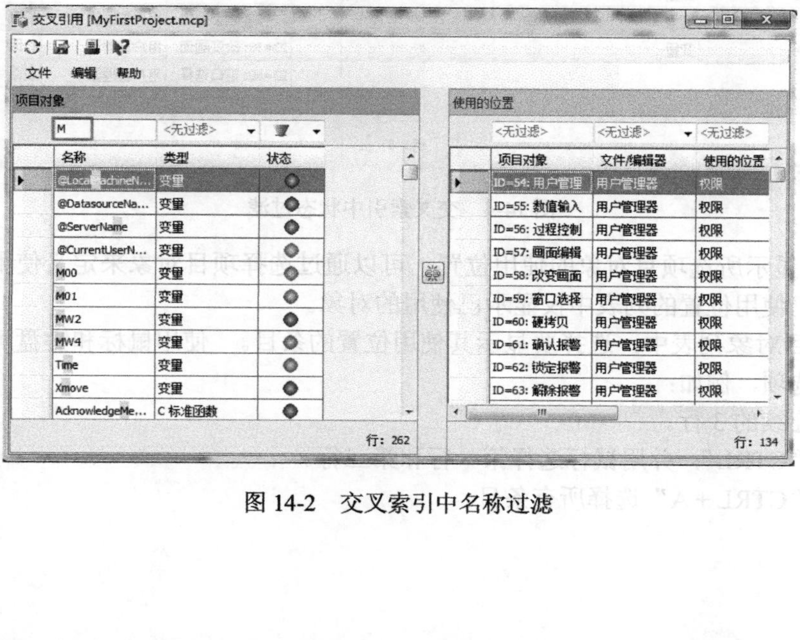

图 14-2　交叉索引中名称过滤

b. 使用类型或状态进一步限制项目对象的显示。使用类型中有变量、画面和文本等类型，本例选择“变量”，如图 14-3 所示，显示条目减少了。

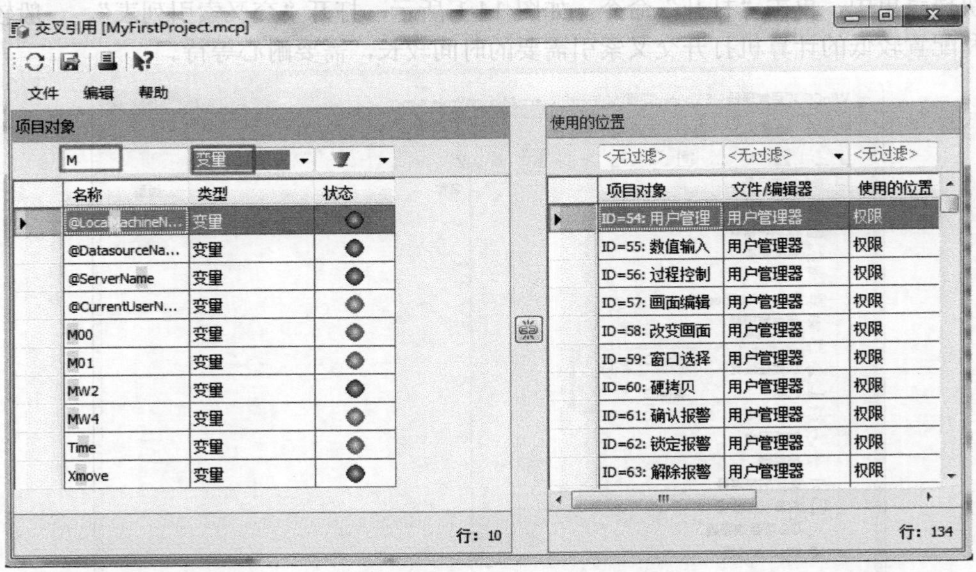

图 14-3 交叉索引中使用类型过滤

c. 如有必要，可以进行状态过滤，使用状态有无过滤、未使用、已使用和不存在选项。本例选择“已使用”（绿色的灯显示），如图 14-4 所示，显示条目进一步减少。

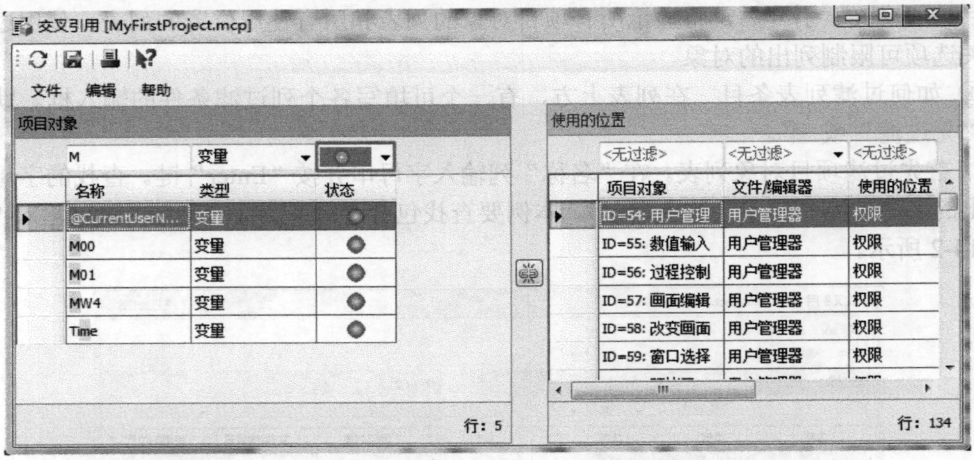

图 14-4 交叉索引中状态过滤

② 如何显示所选项目对象的使用位置　可以通过选择项目对象来定义使用位置列表中的条目。在已使用位置的列表中仅显示已使用的对象。

a. 在项目对象列表中，选择要显示其使用位置的条目。 使用鼠标和键盘可访问列表中的所有选择选项，例如：

- 选择连续的 3 行。
- 按住“CTRL”，并用鼠标选择第一行和第三行。
- 使用“CTRL + A”选择所有条目。

b. 单击表格之间的[按钮]。在使用位置列表中，将仅显示所选项目对象的条目。使用列表的列可过滤并进一步限定列表条目，如图 14-5 所示，右侧的条目明显减少。

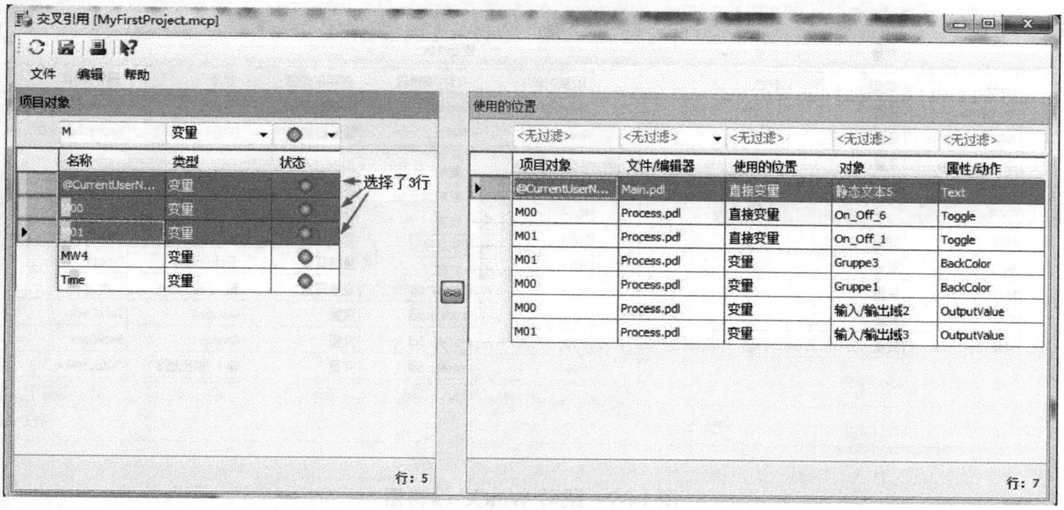

图 14-5　交叉索引中显示所选项目对象的使用位置（1）

c. 单击“连接”[按钮]可再次显示完整或过滤的使用位置列表，如图 14-6 所示，右侧的条目明显增多。

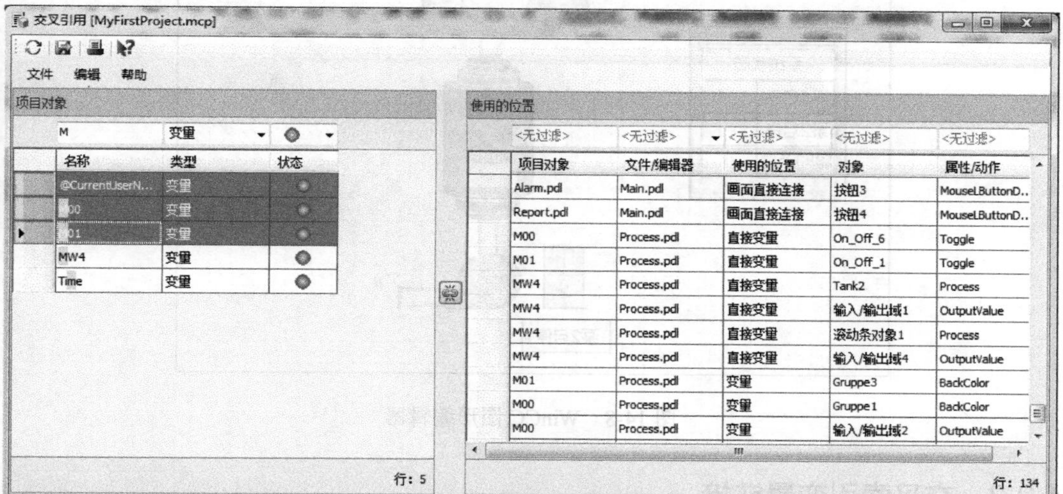

图 14-6　交叉索引中显示所选项目对象的使用位置（2）

14.2.2　交叉索引应用位置跳转

在使用位置列表中，可以跳转到项目对象对应的 WinCC 编辑器。以下仍然使用前述章节的项目“MyFirstProject”，具体步骤如下：

① 在使用位置列表中选择合适的项目对象，本例选择变量“M00”。

② 如图 14-7 所示，单击鼠标右键，在快捷菜单中，选择“跳转到”命令或按“F4”键，将打开图形的编辑器，如图 14-8 所示，直接跳转到变量“M00”关联的按钮上。

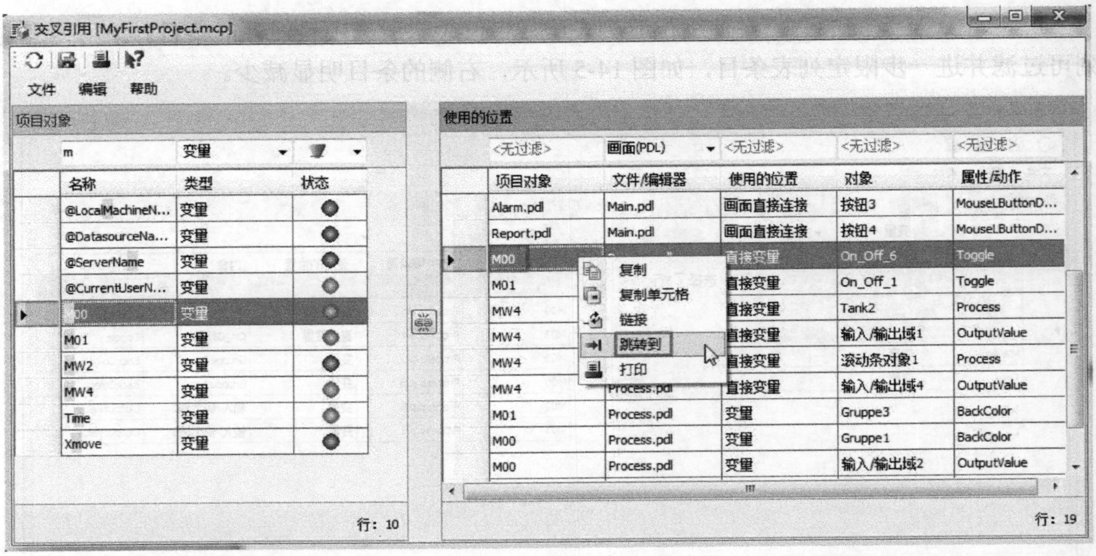

图 14-7　跳转 WinCC 编辑器

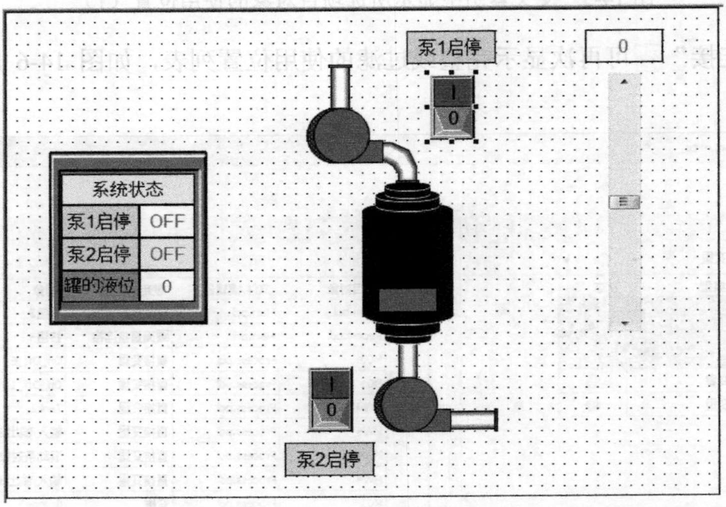

图 14-8　WinCC 图形编辑器

14.2.3　交叉索引变量链接

使用连接功能可更改项目使用位置中变量的名称，而不会导致使用的变量名称不一致。只能更改画面中变量的名称。可以搜索和替换变量名称中的单个或多个字符。

以下介绍如何将一个变量名称替换为另一个名称，具体步骤如下：

① 在使用位置列表中，选择要替换的变量名称，本例选择变量“M00”。需要注意，与变量“M00”关联的编辑器（如图形编辑器）要关闭。

② 在快捷菜单或“编辑”菜单中选择“链接”命令，如图 14-9 所示，将打开“链接”对话框。所选变量显示在“变量名”列中，本例为“M00”。替换为中输入“MM00”，单击“应用”按钮，如图 14-10 所示。

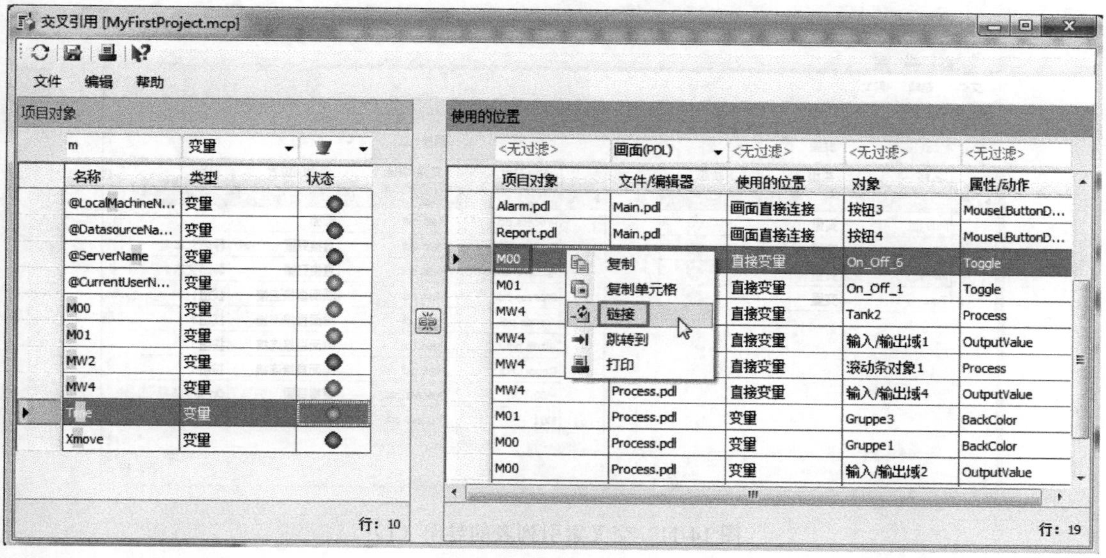

图 14-9　打开链接

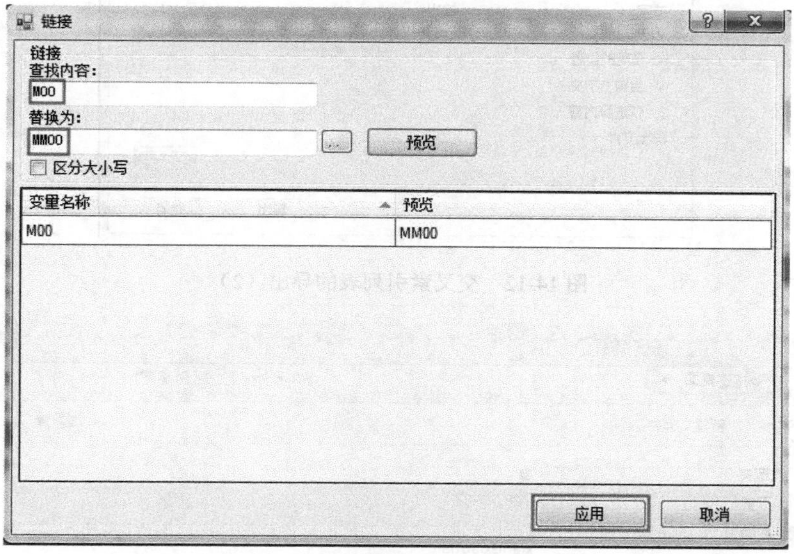

图 14-10　链接

14.2.4　交叉索引列表的导出

（1）交叉索引列表的导出简介

交叉索引列表的导出，使得在除 WinCC 以外的编辑器中使用交叉索引列表变为现实。交叉索引可以导出为“csv”“xml”或“xls”格式的列表。当然也可以复制所选的列表条目，再粘贴到 Word 等文档中去。

（2）交叉索引列表的导出方法

① 如图 14-11 所示，在交叉索引编辑器的工具栏中，单击“导出”按钮，弹出如图 14-12 所示界面，选择导出文件的格式，本例为“.xls”。再单击按钮，弹出如图 14-13 所示的界面。

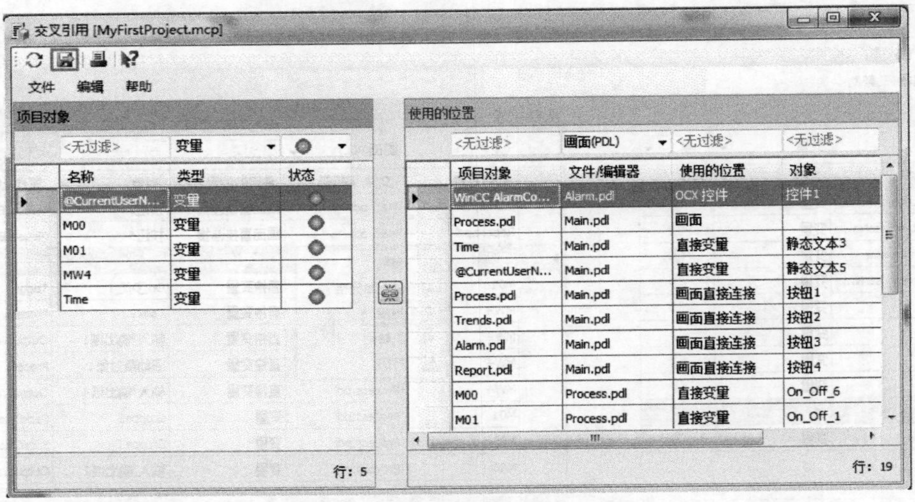

图 14-11　交叉索引列表的导出（1）

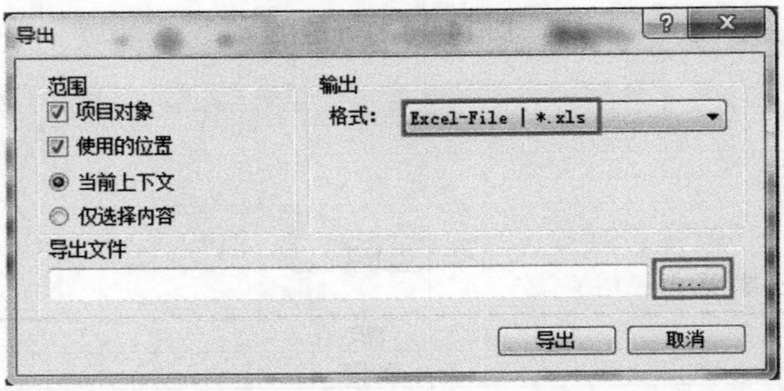

图 14-12　交叉索引列表的导出（2）

图 14-13　交叉索引列表的导出（3）

② 如图 14-13 所示，先指定文件的保存位置，本例为桌面，当然也可以是其他位置。保存的文件名为“123”，单击“保存”按钮即可。可以在桌面看到 123_Src.xls 文件，此文件可以用 Excel 打开。

小结

重点难点总结

① 交叉索引的功能。

② 交叉索引的使用。

习题

① 简述交叉索引的功能。

② 简述交叉索引的使用方法。

③ 如何导出交叉索引列表。

第15章 全集成自动化与故障诊断

全集成自动化（Totally Integrated Automation，简称 TIA）是通过集成的数据管理、集成的通信网络和集成的编程组态为用户提供优化、集成的产品和方案。WinCC 作为全集成自动化的一部分，在 STEP 7 全集成自动化的框架内进行项目的创建和管理，实现 AS（Automation Station）组态和 OS（Operation Station）组态的集成。

在 AS 和 OS 集成环境下，对 WinCC 进行组态，可以节约开发时间、降低开发成本和提高开发效率。此外，还有如下优点：

① 数据管理、工程环境和通信网络的一致性。

② 变量和文本到 WinCC 项目传送更加简单。

③ 在过程连接期间，可以直接访问 STEP 7 符号。

④ 具有统一的消息组态。

⑤ 可以在 SIMATIC 管理器中启动 STEP 7。

⑥ 可经组态数据装载到运行系统 OS 上。

⑦ 包含扩展的诊断支持。

15.1 WinCC 集成在 STEP 7 中的组态

WinCC 与 AS 站之间的通信组态有两种方式：一种是独立组态方式，就是将 AS 站和 OS 站分别进行组态，它们之间的通信组态是通过 WinCC 中的变量通信通道来完成的，在相应的通信通道中定义变量，并设置变量地址来读写 AS 站的内容，这是大部分工程项目的组态方法，特别是当 AS 站不是西门子产品时，只能用这种方法。另一种是集成组态方式，采用 STEP 7 的全集成自动化框架来管理 WinCC 工程，这种方法中 WinCC 不用组态变量和通信，在 STEP 7 中定义的变量和通信参数，可以直接传输到 WinCC 工程中，工程组态的任务量可以大幅减少，并且可以减少组态错误的发生。这种做法通常在 DCS 系统中应用，如用户想使用这种组态方法，则必须用 WinCC 光盘中的 AS-OS Engineering 组件，安装这个组件的前提是计算机上已经安装了 STEP 7。运行 WinCC 的安装程序，在安装项目中选择 AS-OS Engineering 组件，如图 15-1 所示。

SIMATIC 管理器创建 WinCC 项目时，可以采取两种不同的方法存储 WinCC 项目，描述如下：

① 作为 PC 工作站中的 WinCC 应用程序。

② 作为 SIMATIC 管理器中的操作站 OS。

一般情况下，在创建新的 WinCC 项目时，通常采用作为 PC 站中的 WinCC 程序，这与 OS 站相比有如下优点：

① 在网络组态中，可对 PC 站进行显示和参数化。

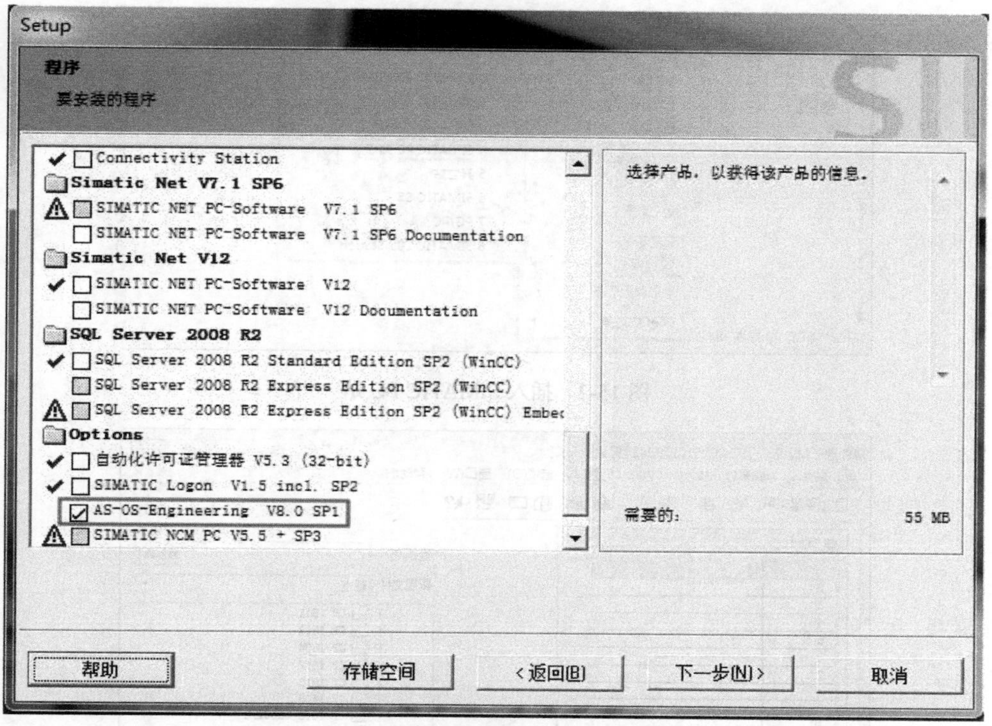

图 15-1　安装 AS-OS Engineering 组件对话框

② 操作站的接口和访问点可以自动确定。

③ 在项目装载时，操作站上的当前的运行系统数据库不会被覆盖，归档和消息列表的内容会被保留。

15.2　WinCC 作为 PC 站的组态

在 STEP 7 项目中，SIMATIC PC 站代表一台类似于自动化站 AS 的 PC，它包括自动化所需要的软件和硬件组件。为了将 WinCC 和 STEP 7 集成，需要在所建的 PC 站中添加一个 WinCC 应用程序，WinCC 的应用程序有不同的类型，根据需要进行选择，即：

① 多用户项目中的主站服务器，在 PC 站中的名称为“WinCC 应用程序”。

② 多用户项目中用作冗余伙伴的备用服务器，在 PC 站中的名称为“WinCC 应用程序（Stby.）”。

③ 多用户项目中的客户机，在 PC 站中的名称为“WinCC 应用程序客户机”。

WinCC 作为 PC 站集成于 STEP 7 中的组态步骤如下：

（1）在 SIMATIC Manager 中建立 PC 站

打开 STEP 7 软件，新建项目为“PC”，在 SIMATIC Manager 中插入 SIMATIC PC 站，如图 15-2 所示，将 PC 站的名称修改为 WinCC 工程所在计算机的计算机名称（本机为 SC-201510252241）。打开 PC 站的硬件组态，在 PC 站的硬件组态中分别插入通信卡（本例使用的是以太网通信，插入 IE 通用）如图 15-3 所示，弹出通信卡参数设置框，如图 15-4 所示，把 IP 地址设置为 WinCC 服务器的 IP 地址。

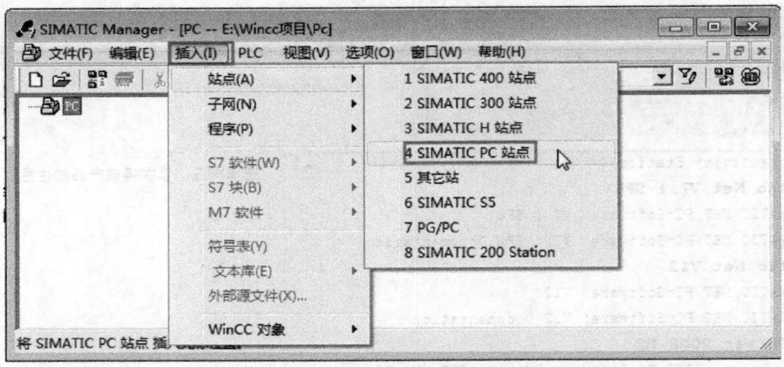

图 15-2　插入 SIMATIC PC 站

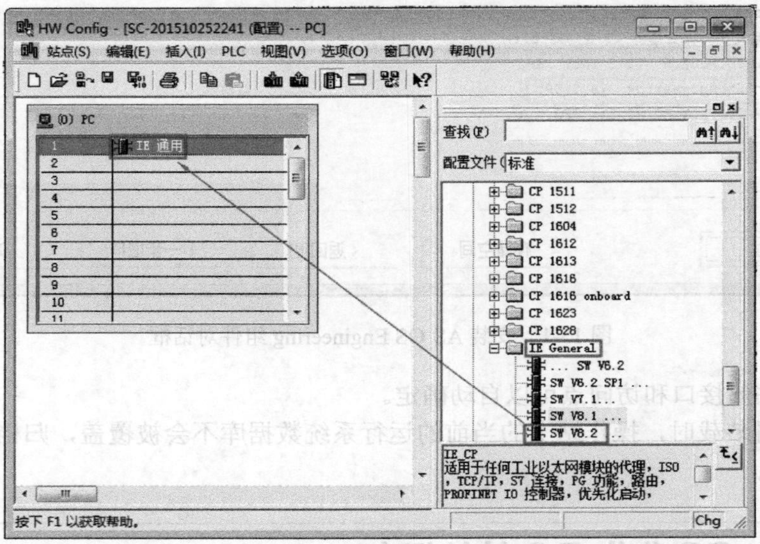

图 15-3　插入 IE 通用

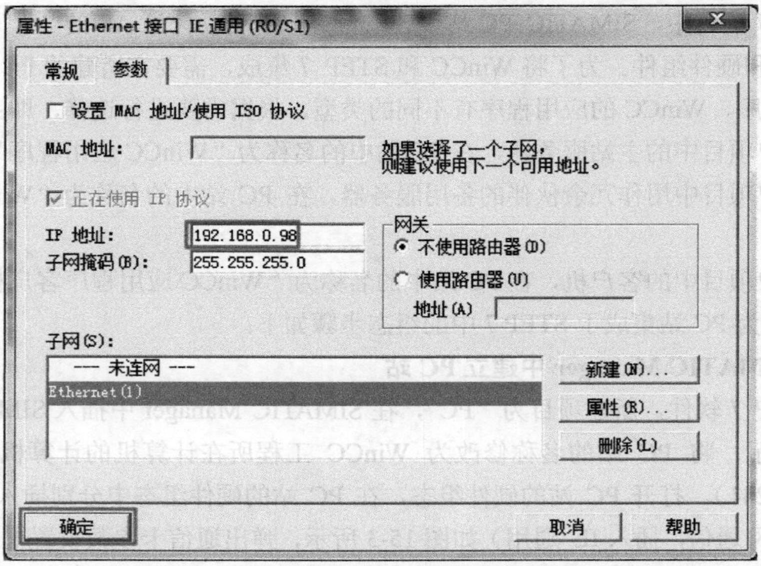

图 15-4　通信卡参数设置

把 WinCC 应用程序插入第二个插槽，如图 15-5 所示，最后单击“保存和编译”按钮，保存和编译硬件组态。

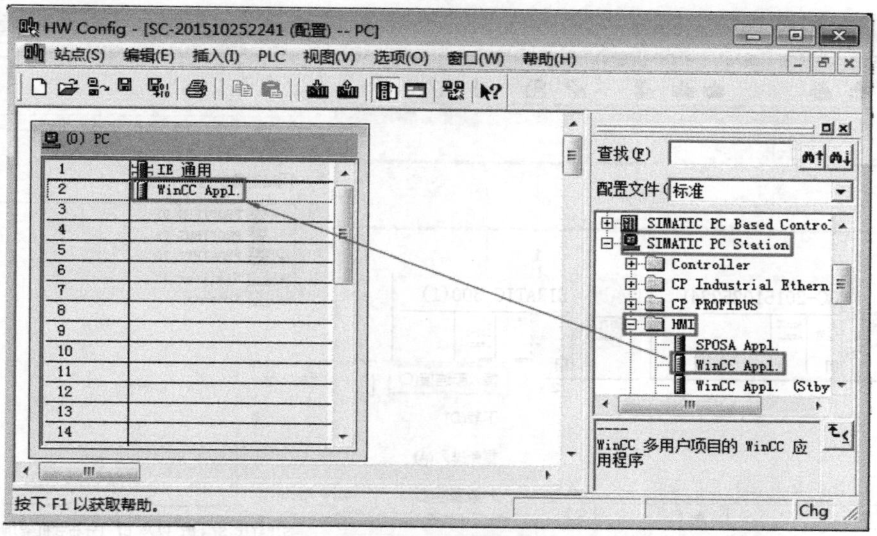

图 15-5　插入 WinCC 应用程序

（2）在 PC 站中的 WinCC 应用程序下插入 OS

在 SIMATIC Manager 界面中，如图 15-6 所示，选中“WinCC Appl.”，单击右键，弹出快捷菜单，单击“插入新对象”→“OS”，并将 OS 的名称修改为 WinCC 工程名称，系统自动在 STEP 7 工程的“wincprj”目录下建立所插入的 WinCC 应用程序。

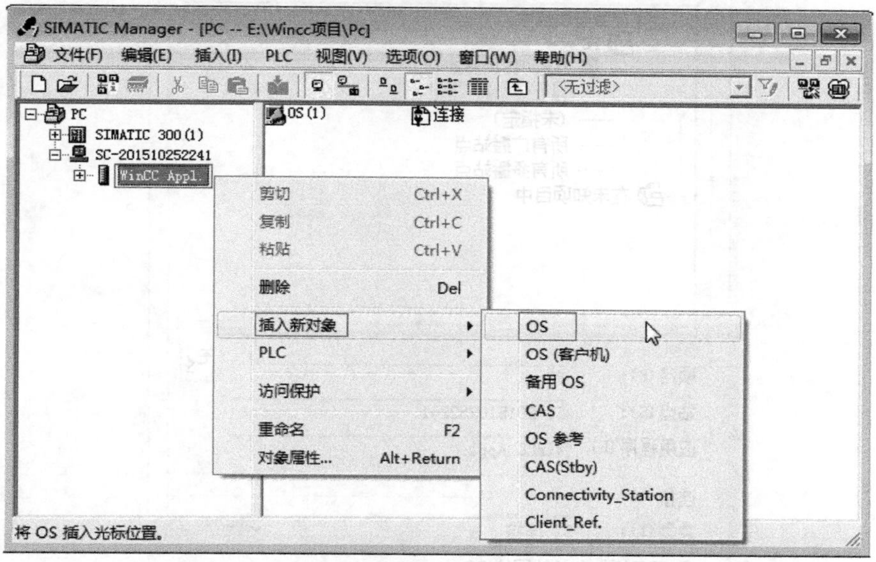

图 15-6　插入 OS

（3）建立 PC 站与 AS 之间的通信连接

在 SIMATIC Manager 界面，单击“组态通信”按钮，打开网络组态界面，如图 15-7 所示，选中“1”处，右击鼠标，弹出快捷菜单，单击“插入新连接”，弹出如图 15-8 所示的界面，单击“应用”按钮，弹出如图 15-9 所示的界面，不需要修改任何参数，单击“确定”按钮即可。此时，PC 站与 AS 之间的通信连接已经建立完毕。

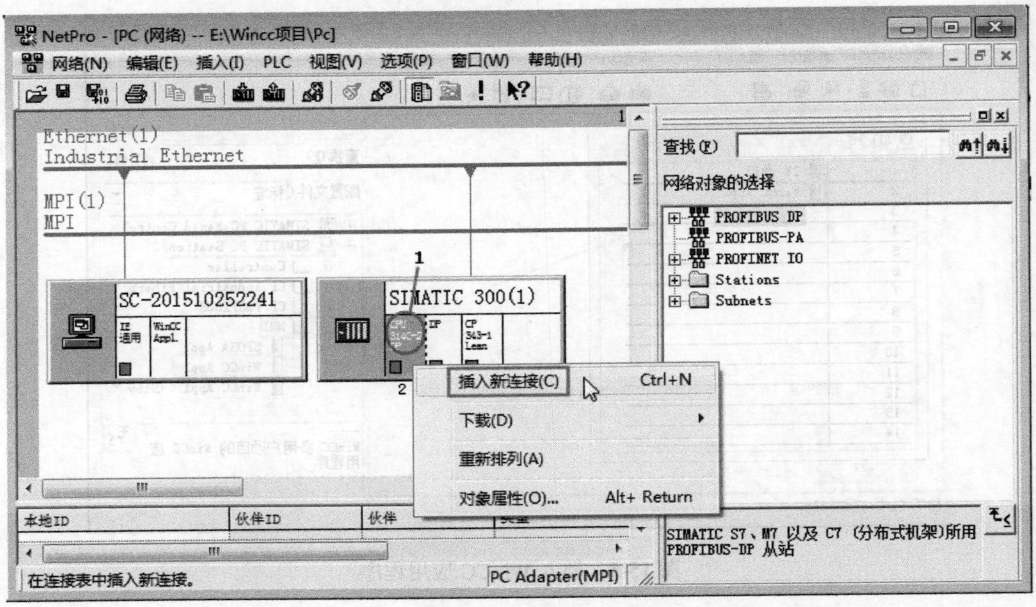

图 15-7 插入新连接（1）

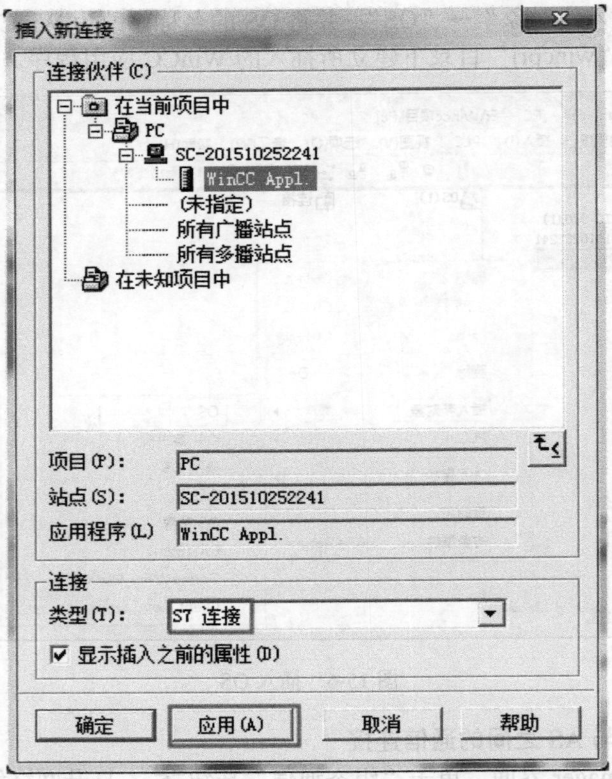

图 15-8 插入新连接（2）

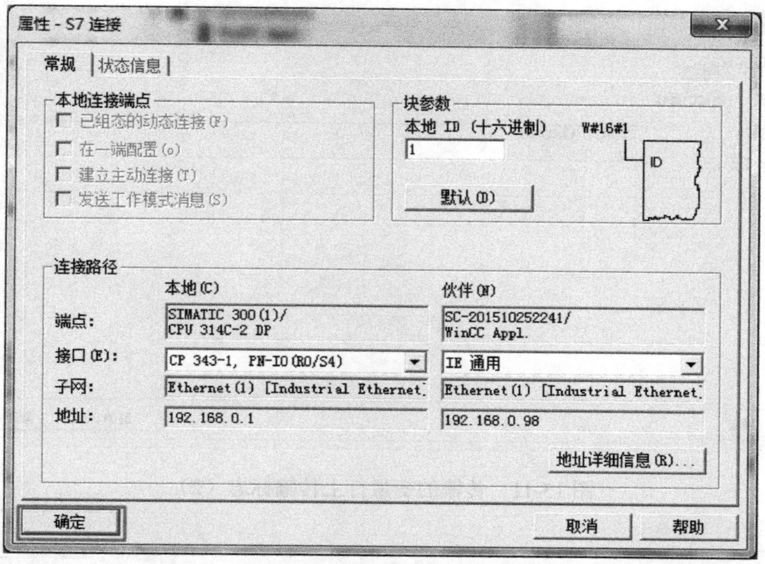

图 15-9　属性-S7 连接

（4）为 STEP 7 中的变量加传输标志

打开 STEP 7 的符号表，为要传输的变量打上传输标志。符号表是已经编辑完成的，如图 15-10 所示，选中变量，右击鼠标，弹出快捷菜单，单击“特殊对象属性”→“操作员监控”，弹出如图 15-11 所示的界面，勾选“操作员监视”，接着单击“确定”按钮，当出现绿色小旗，表示打上了传输标志。最后保存结果。

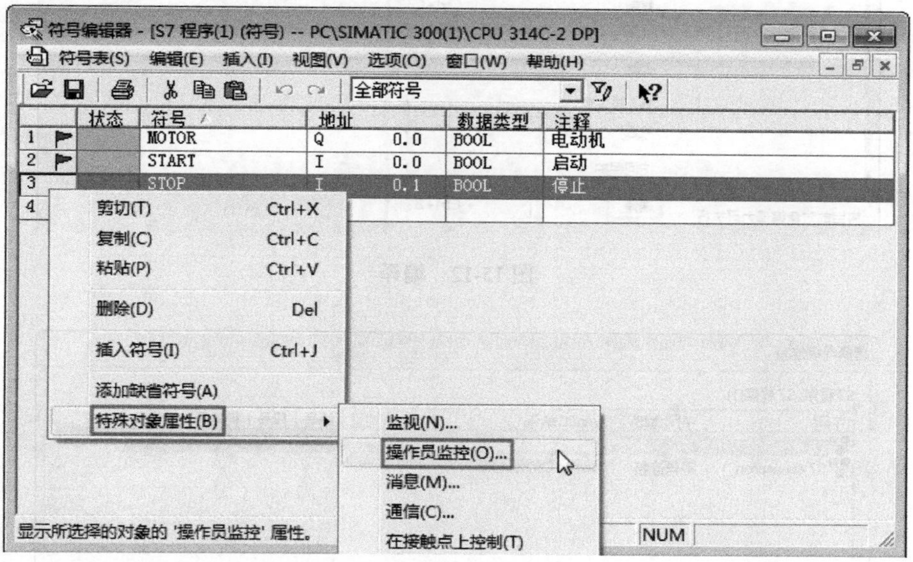

图 15-10　传输的变量打上传输标志（1）

（5）将变量从 STEP 7 传输到 WinCC 中

在 SIMATIC Manager 界面，右击 WinCC 应用程序，如图 15-12 所示，在弹出的快捷菜单中，单击“编译”选项。

在编译过程中，选择要使用的网络连接，如图 15-13 所示，单击“确定”按钮。

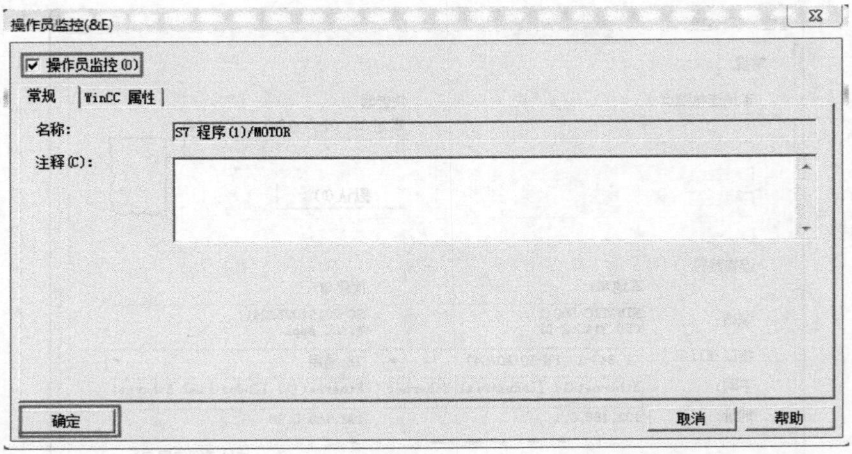

图 15-11 传输的变量打上传输标志（2）

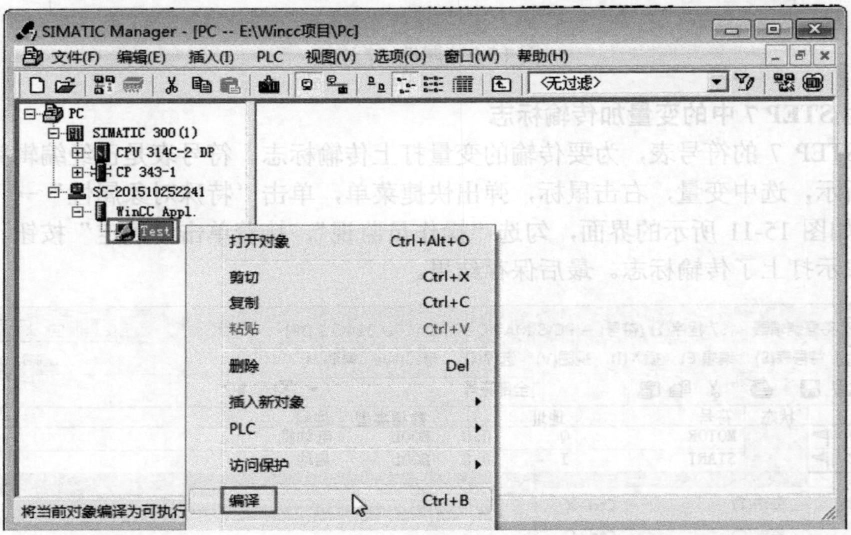

图 15-12 编译

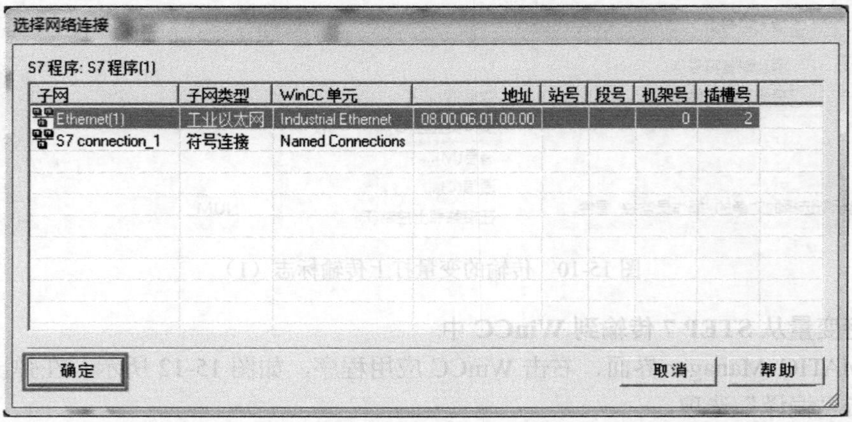

图 15-13 选择要使用的网络连接

编译过程如图 15-14 所示。编译成功后，会显示编译成功的信息，同理，若编译失败也会显示编译失败的信息。

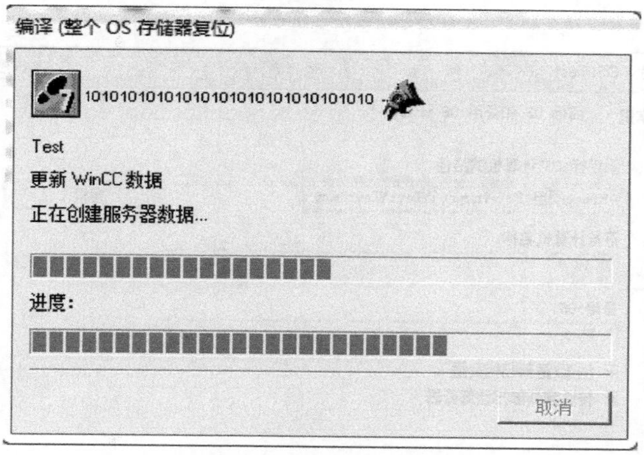

图 15-14　编译过程

打开 WinCC 项目文件。双击如图 15-12 所示的“Test”，打开 WinCC 项目文件，再打开变量管理器，如图 15-15 所示，表明 STEP 7 的变量已经连接到 WinCC 了。为保持数据的一致性，传输过后的变量，不能从 WinCC 里修改或者删除，必须从 STEP 7 项目文件中进行修改，并再次编译。

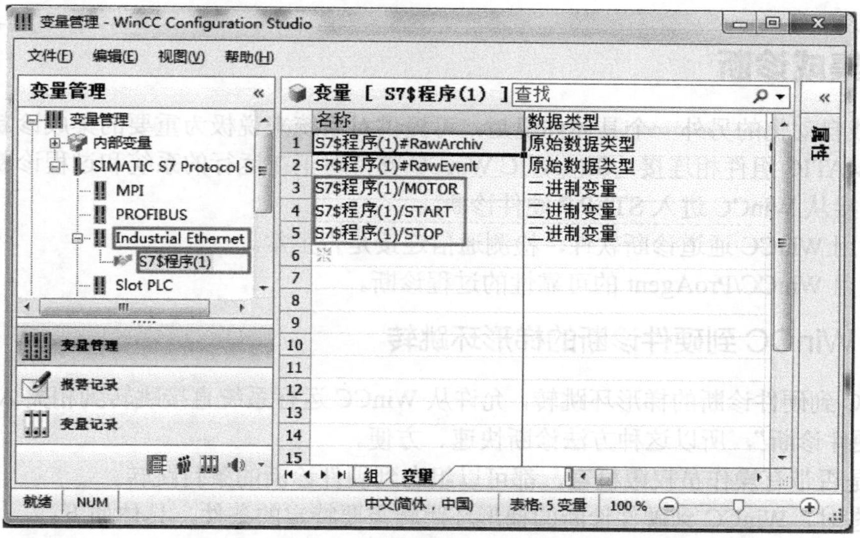

图 15-15　编译后为 WinCC 传输的变量

（6）设置目标计算机路径

在 SIMATIC Manager 界面，右击 WinCC 应用程序，如图 15-12 所示，在弹出的快捷菜单中，单击“对象属性”选项，弹出如图 15-16 所示，选择“目标 OS 和备用 OS 计算机”选项卡，可直接输入目标计算机的路径或者通过“搜索”按钮，选择网络中 WinCC 应用程序所在计算机的文件夹。

在确定了 WinCC 应用程序所在的目标计算机路径后，就可以在 STEP 7 中实现 WinCC

应用程序的下载功能，首先选择 WinCC 应用程序，在工具栏中选择“下载”按钮，在弹出的对话框中，选择下载操作范围，下载范围分为“整个 WinCC 项目”和“修改”，根据实际情况进行选择。

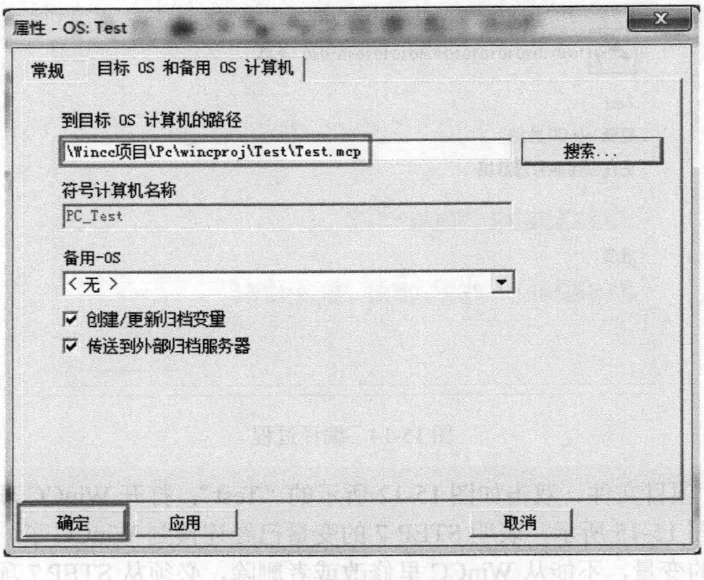

图 15-16　设定目标计算机的路径

15.3　集成诊断

全集成自动化的另外一个具体体现是：可提供对系统来说极为重要的集成诊断功能。与其他的 SIMATIC 组件相连接，SIMATIC WinCC 支持对正在运行的系统和过程诊断，即：

① 直接从 WinCC 进入 STEP 7 硬件诊断。

② 应用 WinCC 通道诊断软件，检测通信连接是否正常。

③ 应用 WinCC/ProAgent 的可靠性的过程诊断。

15.3.1　WinCC 到硬件诊断的梯形环跳转

WinCC 到硬件诊断的梯形环跳转，允许从 WinCC 运行系统直接跳转到相关 AS 的 STEP 7 功能“硬件诊断”，所以这种方法诊断快速、方便。

无论是否带有操作员权限检查，都可以组态到硬件诊断的条目跳转。

在组态时，WinCC 到硬件诊断的梯形环跳转需要特定的条件，具体如下：

① 已经执行了“编译 OS”功能。

② 如果即将组态专门操作员控制等级的操作员权限，则必须已经使用用户管理器创建了该等级。

③ AS 的连接参数必须通过过程变量确定，因此，在“编译 OS”操作期间，过程变量必须已经存在于 S7 连接中。STEP 7 符号可在变量选择对话框中隐含地“编译”。

WinCC 到硬件诊断的梯形环跳转的操作步骤如下：

① 新建画面“Main.pdl”，将图形对象“按钮”插入到画面中，如图 15-17 所示。

② 用鼠标选择对象“按钮”，再选择“动态向导”→“标准动态”，单击“网络跳入”，

如图 15-17 所示。

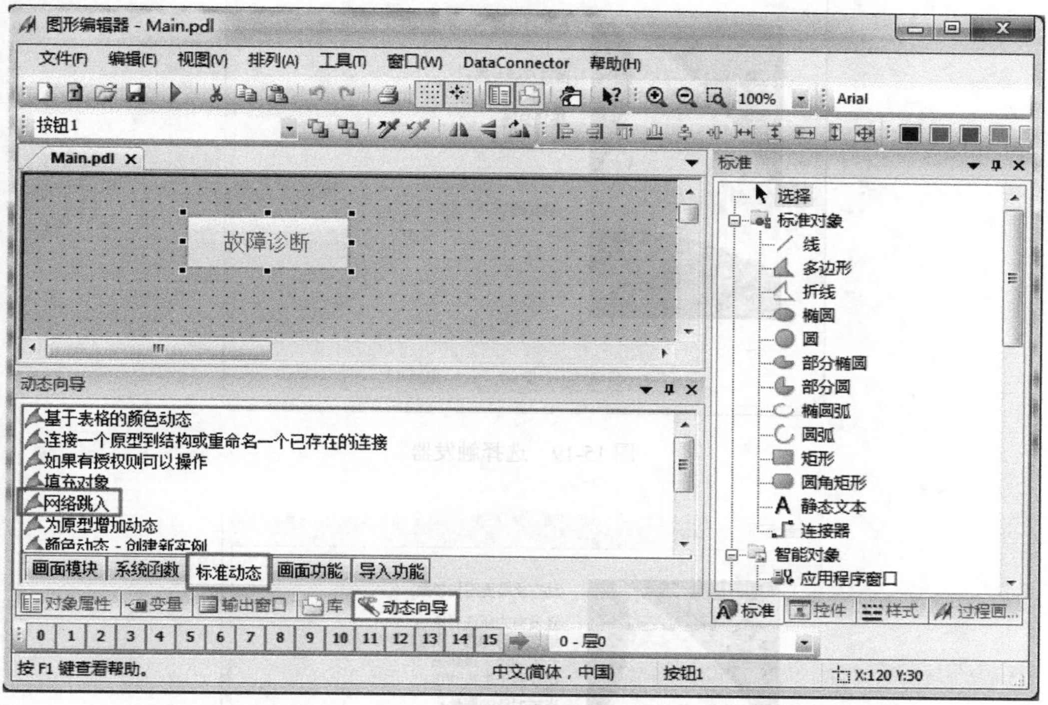

图 15-17 在动态向导中选择网络跳入

③ 如图 15-18 所示，单击“下一步”按钮。

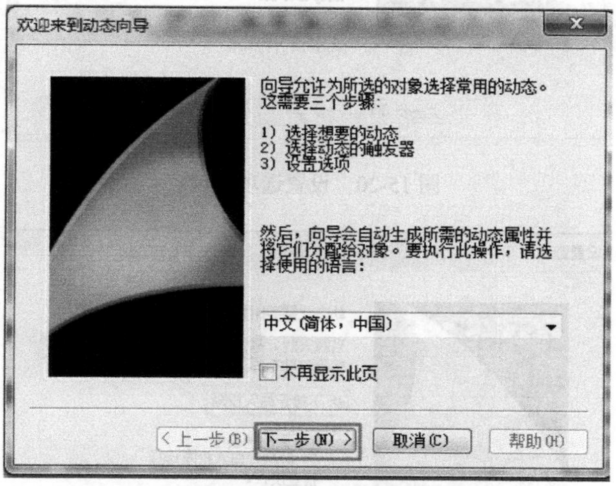

图 15-18 欢迎来到动态向导

④ 如图 15-19 所示，选择“鼠标点击”，单击“下一步”按钮，选择触发器。

⑤ 如图 15-20 所示，在“当前对象的属性”栏目下，选择“ToolTipText”，该属性将连接到所选择的变量上，在“变量名”选择中可以打开“变量选择”对话框选择变量。

⑥ 如图 15-21 所示，需要选择在跳入时，是否检查 STEP 7 写入权限，如果要执行检查，需要设置等级权限，本例选择“不检查写入权限”。

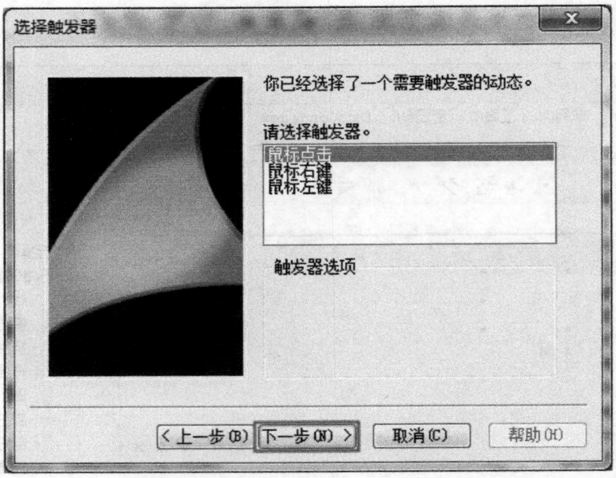

图 15-19 选择触发器

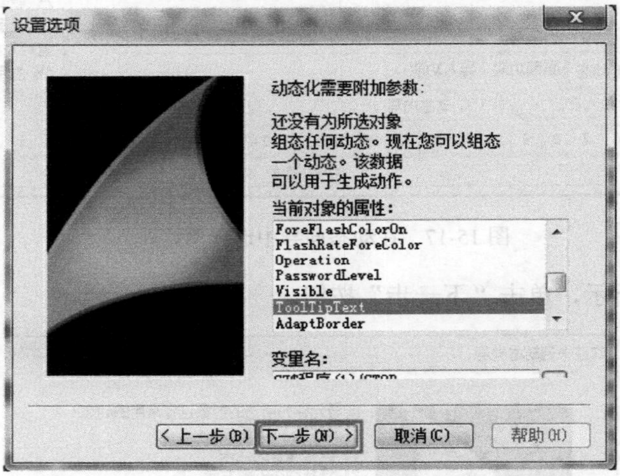

图 15-20 设置选项（1）

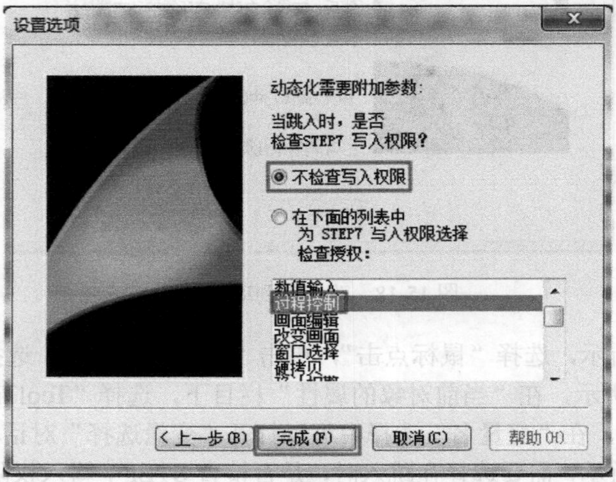

图 15-21 设置选项（2）

⑦ 打开 C 脚本编辑器。在主画面中，如图 15-22 所示，先选中对象按钮，再选中“属性”→“按钮”→“鼠标”→“单击鼠标”，再双击“C”标识，打开 C 脚本编辑器，如图 15-23 所示。

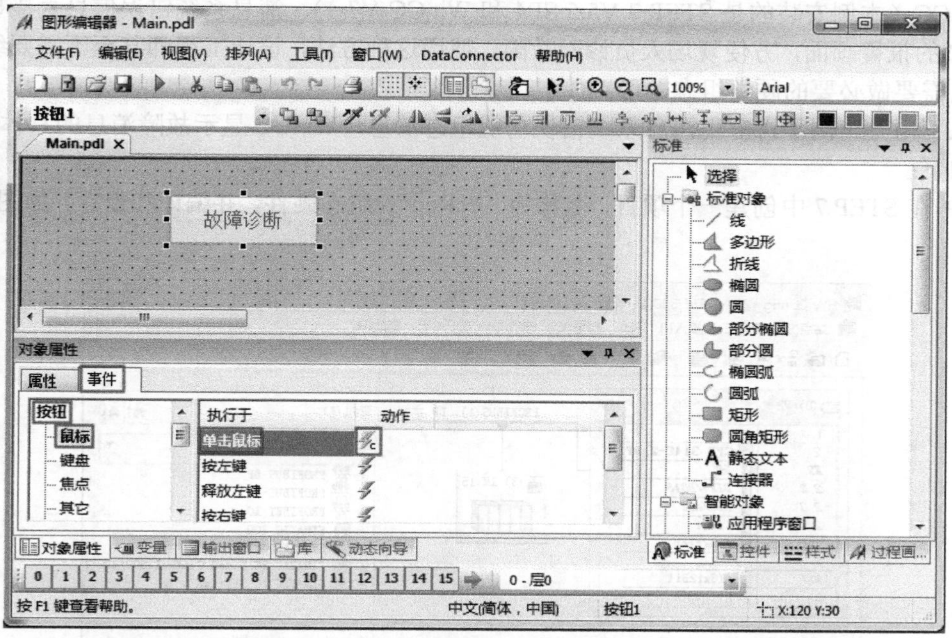

图 15-22　打开 C 脚本编辑器

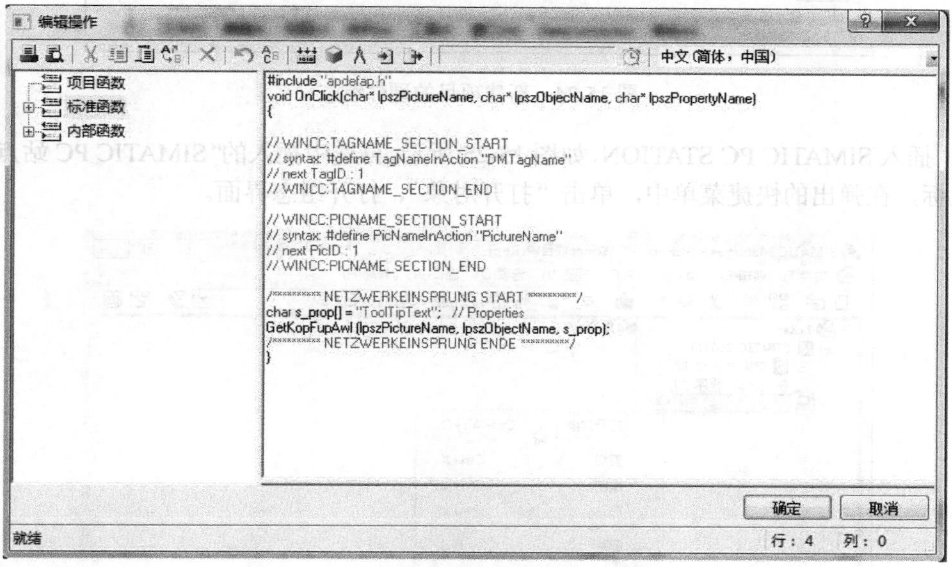

图 15-23　C 脚本编辑器

⑧ 修改脚本。用 GetHWDiag 对 GetKopFupAwl 进行替换，关闭对话框，并编译已经修改的脚本。

⑨ 当运行 WinCC 时，单击“Main.pdl”界面中的“故障诊断”按钮，光标自动跳转到梯形图中。

15.3.2 用消息系统错误功能组态消息，WinCC显示故障消息

用消息系统错误功能组态消息，WinCC显示故障消息的前提是，计算中必须安装STEP 7和WinCC（本例安装的是STEP 7 V5.5 SP4和WinCC V7.3）。消息系统错误信息直接显示在WinCC的报警画面，方便现场人员诊断故障，使用这种方法，设计工程师甚至不需要编写指令，只需要做必要的硬件组态即可。

以下用一个例子讲解用消息系统错误功能组态消息，WinCC显示故障消息的具体过程，步骤如下：

① 在STEP 7中创建一个项目，名称为“PcRep”，组态硬件，并编译和保存，如图15-24所示。

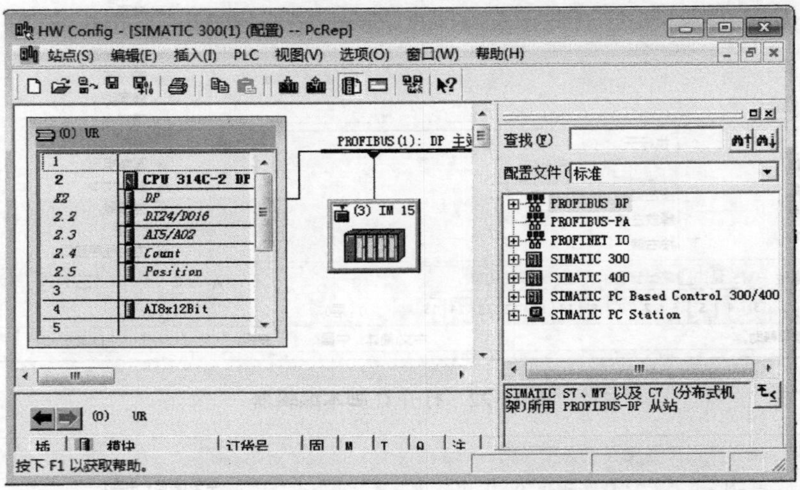

图15-24 新建项目的硬件组态

② 插入SIMATIC PC STATION，如图15-25所示，再选中插入的“SIMATIC PC站点(1)”，右击鼠标，在弹出的快捷菜单中，单击“打开对象”，打开组态界面。

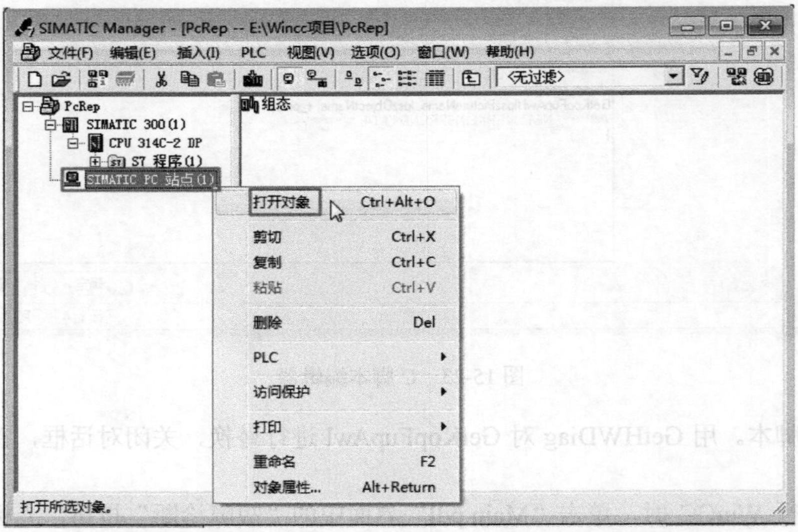

图15-25 插入SIMATIC PC STATION，打开组态界面

③ 在硬件组态界面，如图 15-26 所示，插入 WinCC Appl.（WinCC Appl.的目录是：SIMATIC PC STATION\HMI\ WinCC Appl.）；再插入 CP5613 A3（老版的 CP5611，Wimdows 7 以后的操作系统不支持），如图 15-27 所示，CP5613 A3 的目录是：SIMATIC PC STATION\CP PROFIBUS\CP5613 A3\SW V12…。

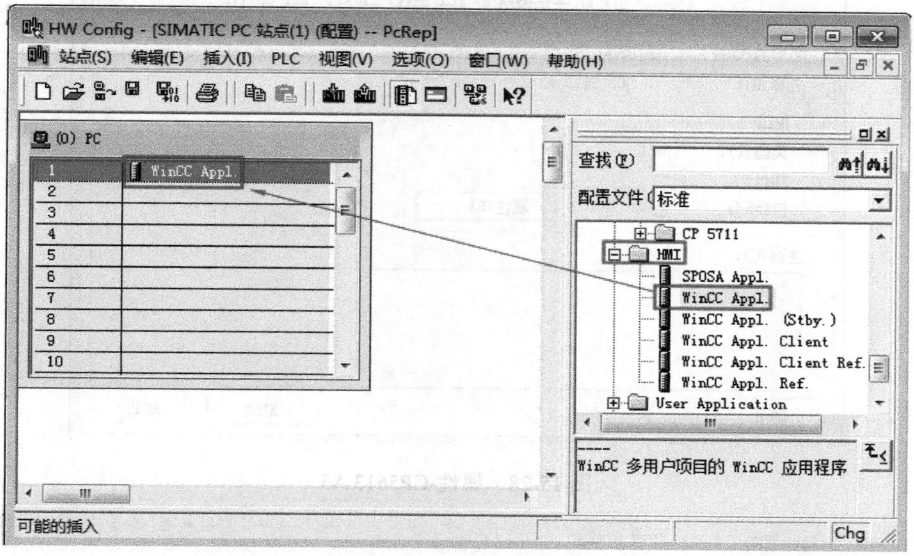

图 15-26　插入 WinCC Appl.

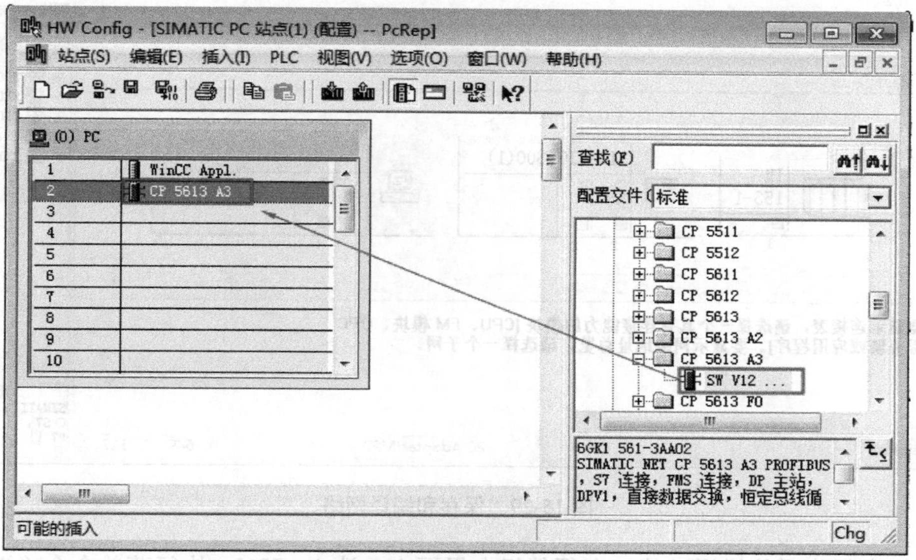

图 15-27　插入 CP5613 A3

选中并双击 CP5613 A3，弹出“属性-CP5613 A3”界面，把通信类型修改成 MPI，CP5613 A3 的 MPI 通信地址修改成 1，单击“确定”按钮，如图 15-28 所示。编译和保存硬件组态。

④ 单击“组态网络”按钮，打开组态网络界面，如图 15-29 所示，单击“保存和编译”按钮，保存和编译网络，在此操作之前，要确保 MPI 和 PROFIBUS 网络处于连通状态。

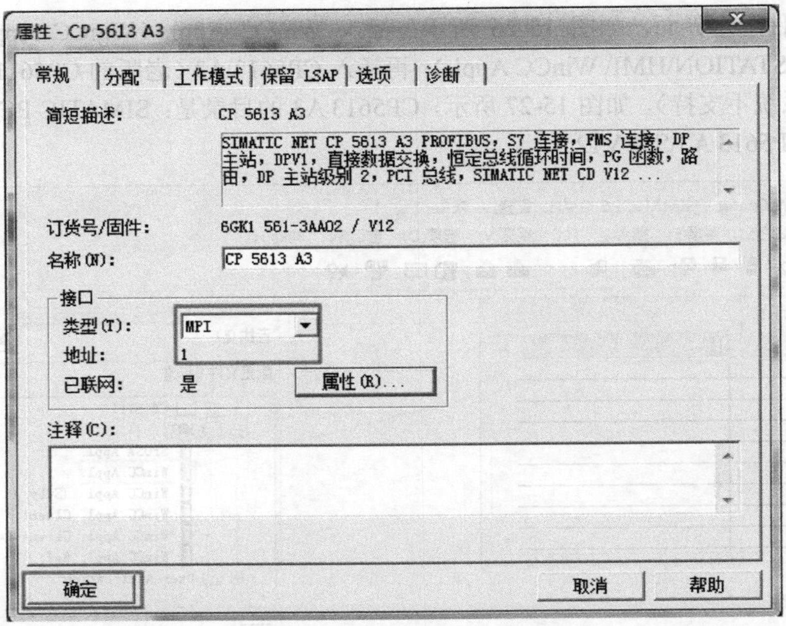

图 15-28　属性-CP5613 A3

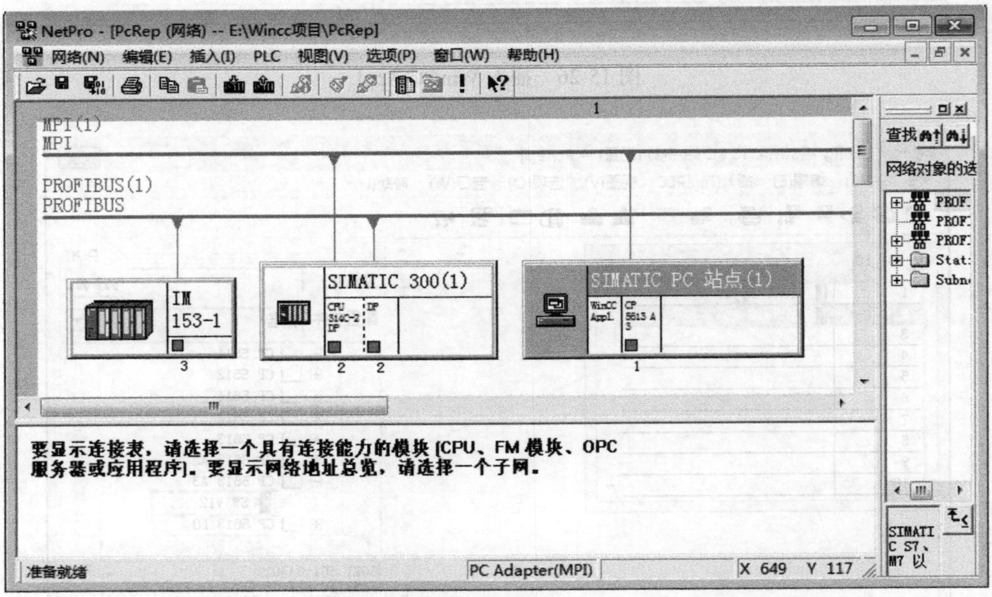

图 15-29　保存和编译网络

⑤ 组态报告系统错误功能。在硬件组态界面中，选中 CPU，执行菜单命令“选项”→“报告系统错误”，如图 15-30 所示，弹出如图 15-31 所示的界面，在“OB 组态”选项卡中，做图示的设置，切换到“STOP 模式中的 CPU”选项卡，设置选项如图 15-32 所示，切换到“消息”选项卡，设置选项如图 15-33 所示，最后单击“生成”按钮。在 SIMATIC Manager 的块中生成了功能块和功能，如图 15-34 所示。当系统产生相关的报警错误，将调用这些功能或者功能块，并把报警信息发送到 WinCC。

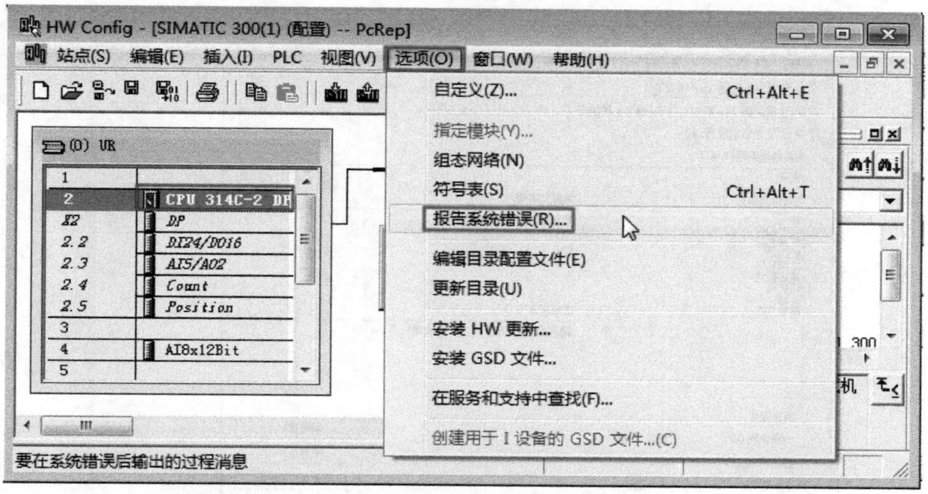

图 15-30　打开报告系统错误界面

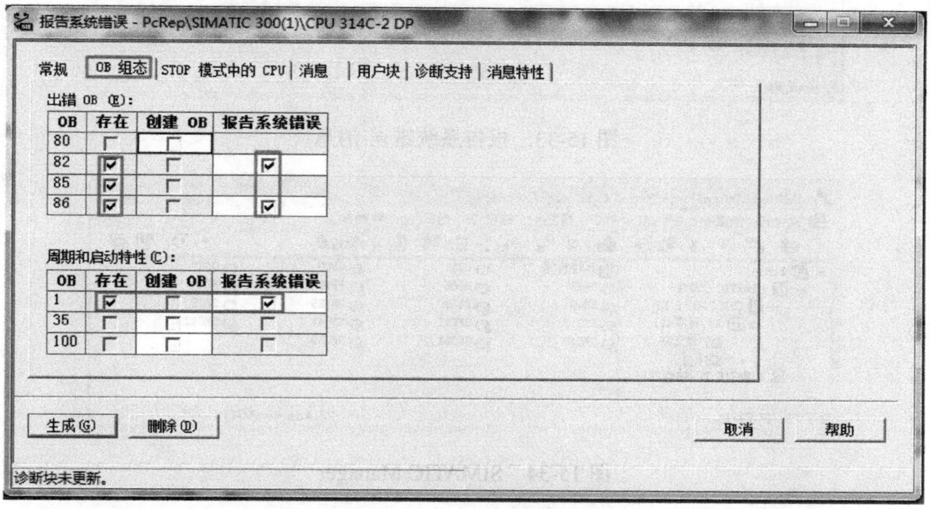

图 15-31　报告系统错误-OB 组态

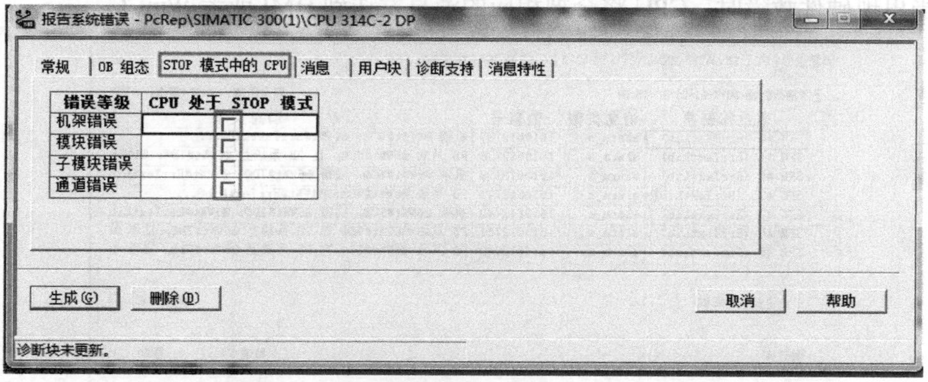

图 15-32　报告系统错误-STOP 模式中的 CPU

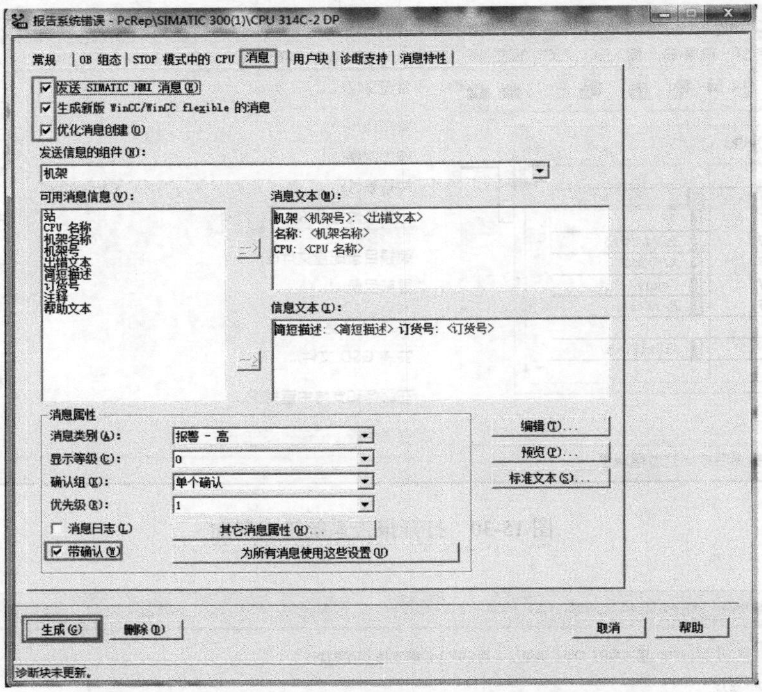

图 15-33 报告系统错误-消息

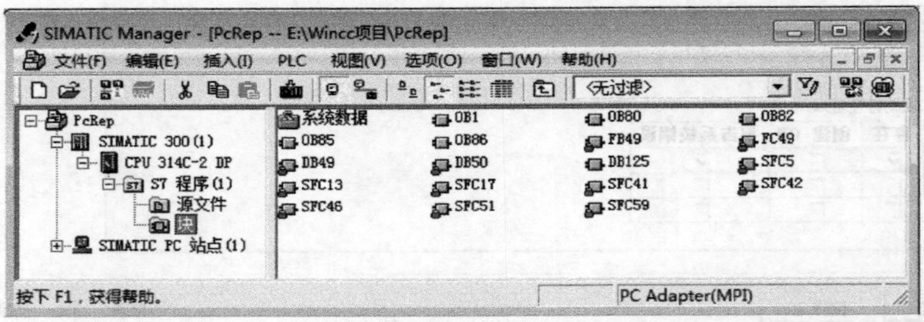

图 15-34 SIMATIC Manager

打开程序编辑器中的 OB1，选中 FB49，右击鼠标，弹出快捷菜单，单击命令“特殊对象属性”→“消息”，在“消息组态”对话框中，可以看到 STEP 7 生成的大量消息，如图 15-35 所示。当出现硬件故障时，CPU 将会把相应的消息发送到 HMI 或者 WinCC。

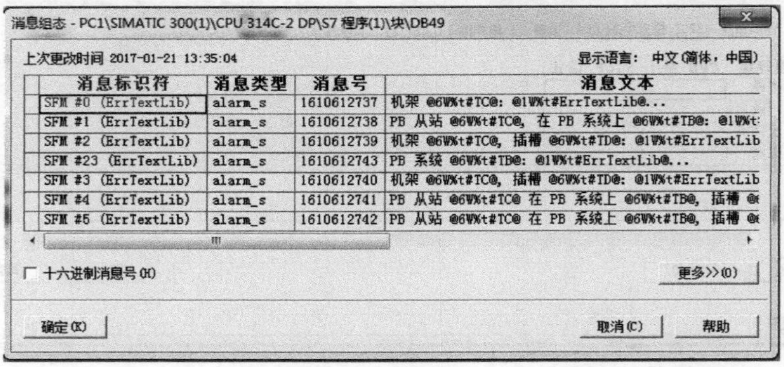

图 15-35 “消息组态”对话框

⑥ 编译 OS。回到 SIMATIC Manager 界面，如图 15-36 所示，选中“OS”，右击鼠标，在弹出的快捷菜单中，单击“编译”，打开组态界面。

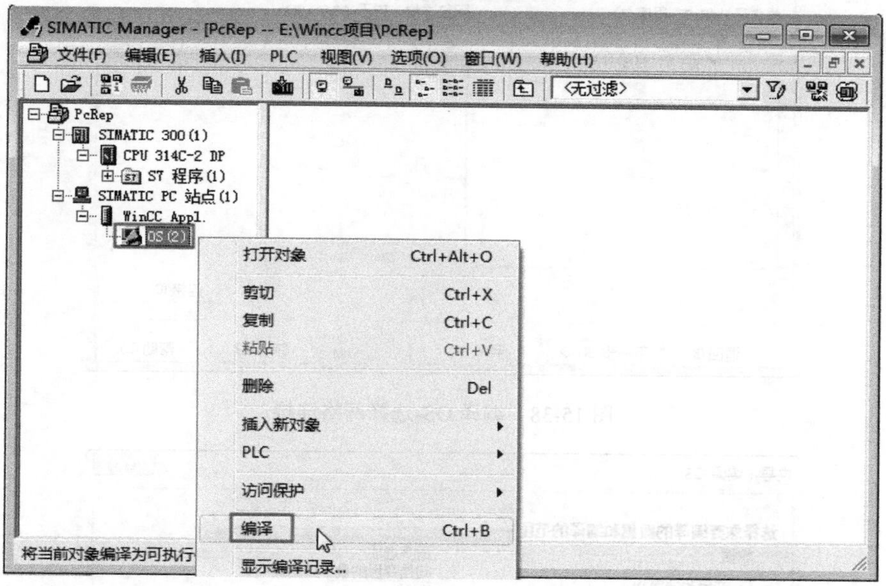

图 15-36　打开 OS 编译

单击“下一步”按钮，如图 15-37 所示，弹出如图 15-38 所示的界面，选择右侧的 MPI 网络，这一步很关键，单击“下一步”按钮。

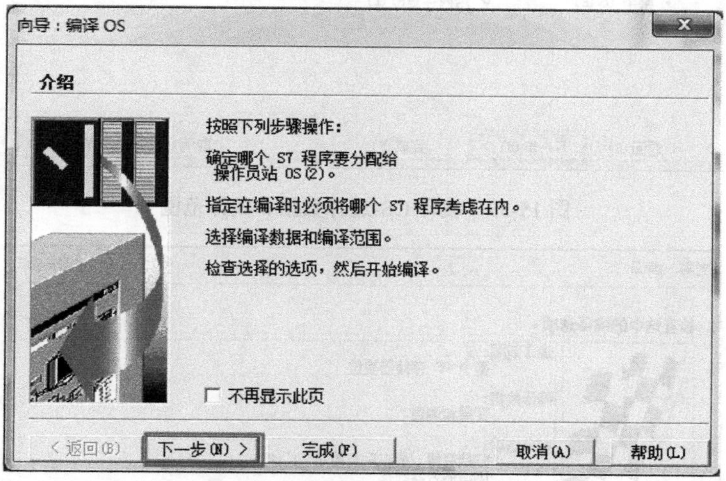

图 15-37　编译 OS-第一步

如图 15-39 所示，全部选择默认选项，单击“下一步”按钮。

如图 15-40 所示，单击“编译”按钮，编译开始，弹出如图 15-41 所示的界面，此界面是正在进行编译的界面，持续时间相对较长，编译完成后，弹出如图 15-42 所示的界面，单击“完成”即可。

⑦ 打开 WinCC。在 SIMATIC Manager 界面，双击 OS 即可打开 WinCC。

注意：只能在 STEP 中打开 WinCC。

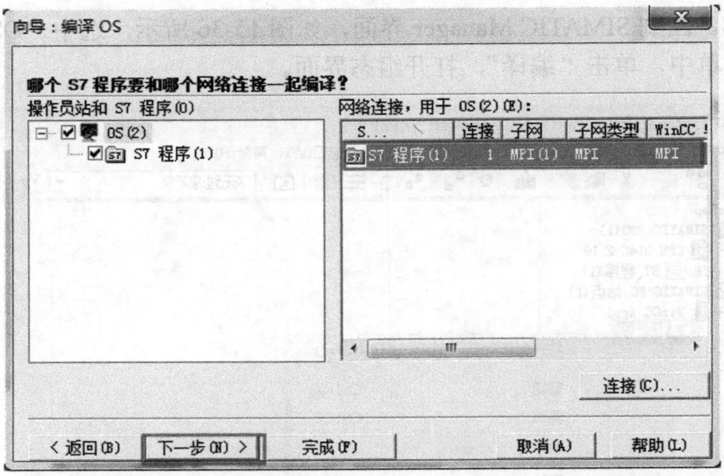

图 15-38　编译 OS-选择网络连接

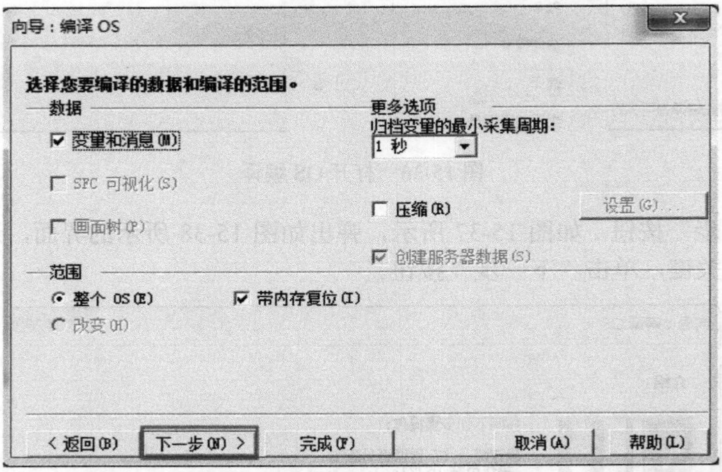

图 15-39　编译 OS-选择数据和编译范围

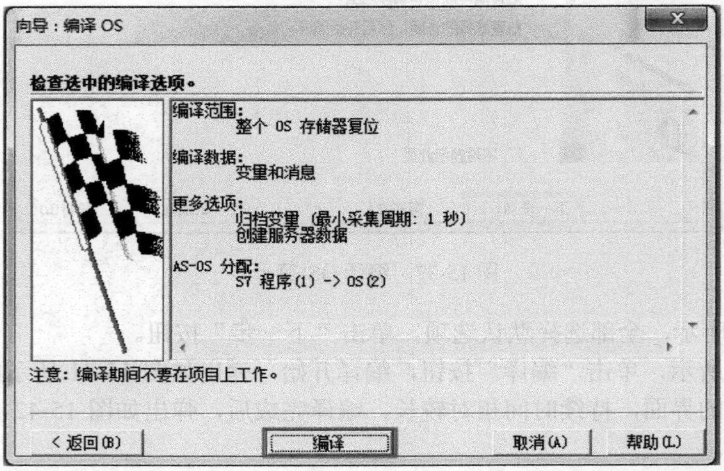

图 15-40　编译 OS-开始

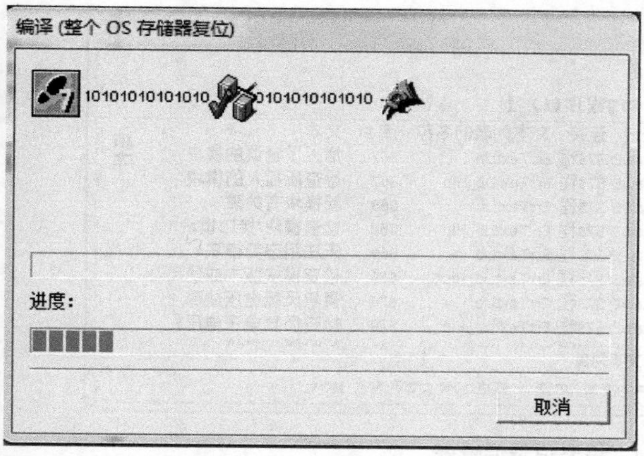

图 15-41　编译 OS-正在进行

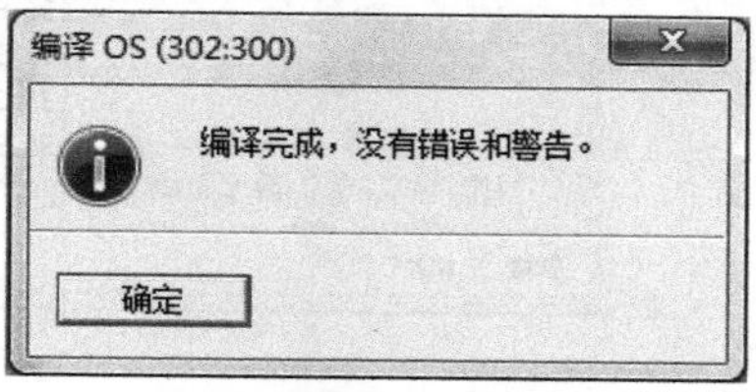

图 15-42　编译 OS-完成

⑧ 设置 WinCC 的启动属性。在 WinCC 的项目管理器界面，选择“计算机”，右击鼠标，弹出快捷菜单，单击“属性”选项，打开“计算机属性”，选择“启动”选项卡，选择“报警记录运行系统”和“图形运行系统”，如图 15-43 所示，单击“确定”按钮。

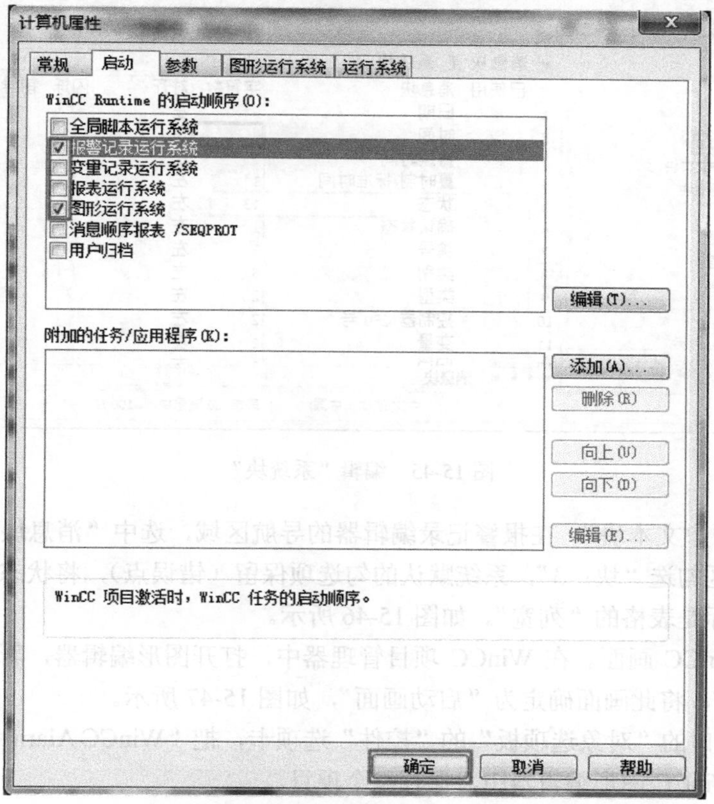

图 15-43　设置 WinCC 的启动属性

⑨ 设置报警控件的显示内容和属性。

a. 打开报警记录编辑器。在 WinCC 项目管理器中打开报警记录管理器，如图 15-44 所示，可以看到生成的报警信息。

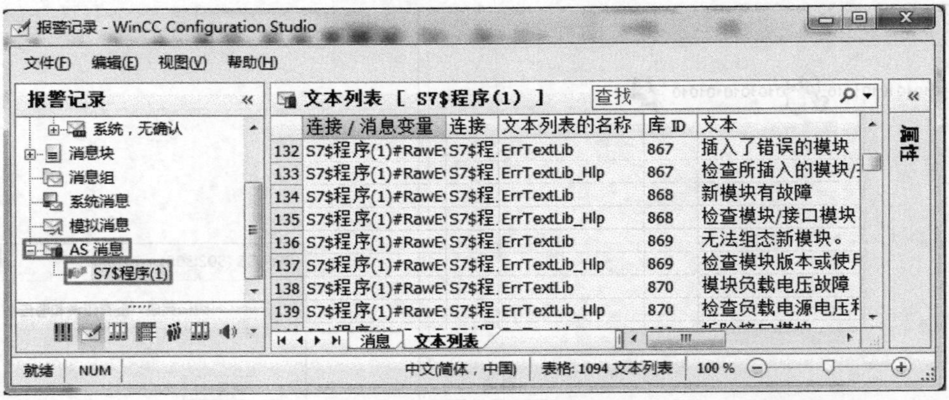

图 15-44 报警记录编辑器

b. 编辑“系统块”。在报警记录编辑器的导航区域，选中“消息块”→“系统块”，再在表格区勾选“状态”，系统默认的勾选项保留（如编号），将状态的“字符数”改为“13”，这实际是表格的“列宽”，如调试时列宽不合适，还可以调整。如图 15-45 所示。

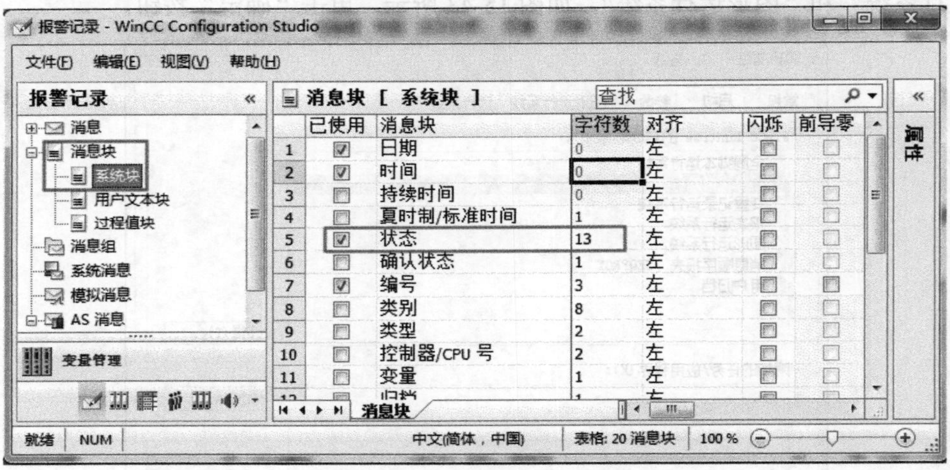

图 15-45 编辑“系统块”

c. 编辑“用户文本块”。在报警记录编辑器的导航区域，选中“消息块”→“用户文本块”，再在表格区勾选“块：3”，系统默认的勾选项保留（错误点），将状态的“字符数”改为“95”，这实际是表格的“列宽”。如图 15-46 所示。

⑩ 组态 WinCC 画面。在 WinCC 项目管理器中，打开图形编辑器，新建画面，并重命名为“Main.pdl”，将此画面确定为“启动画面”，如图 15-47 所示。

选中右边窗口的“对象选项板”的“控件”选项卡，把“WinCC Alarm Control”用鼠标拖入画面。在 WinCC 图形编辑器中，保存整个项目。

⑪ 运行显示。

a. 下载程序。先把项目“PcRep”下载到 STEP 7 的仿真器 PLCSIM 中，并将仿真器置于“RUN”或者“RUN-P”（作者认为置于“RUN-P”更加方便）。

b. 打开机架故障界面。选中仿真器 PLCSIM 菜单中的“执行”→“触发错误 OB(T)”，单击“机架故障（OB86）（R）”命令，如图 15-48 所示，弹出机架错误界面。

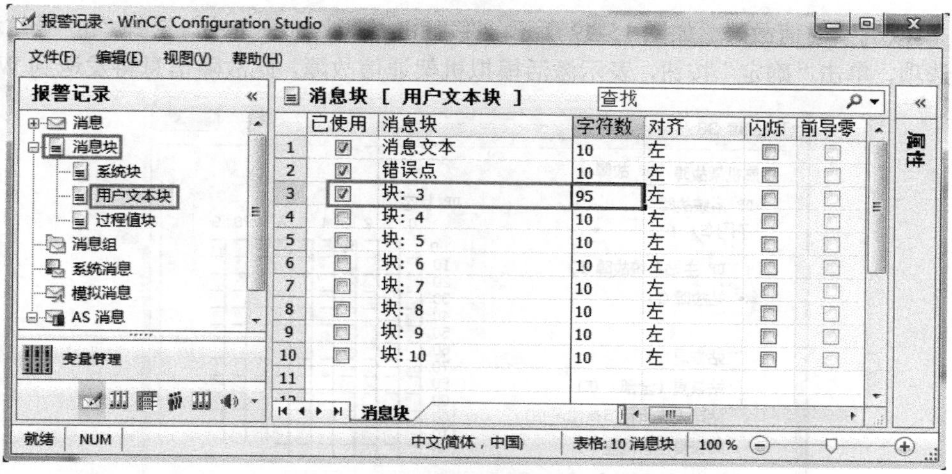

图 15-46　编辑“用户文本块”

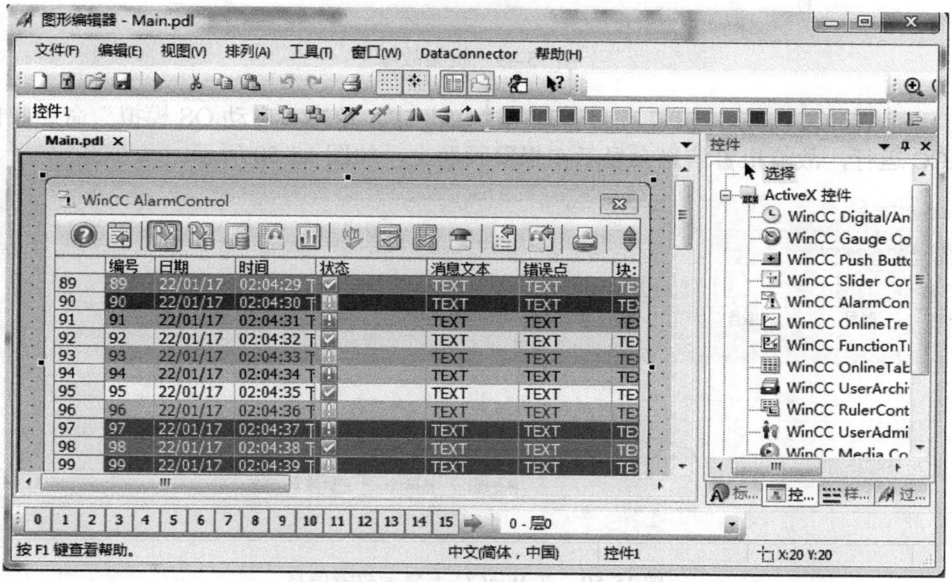

图 15-47　在图形编辑器中插入“WinCC Alarm Control”控件

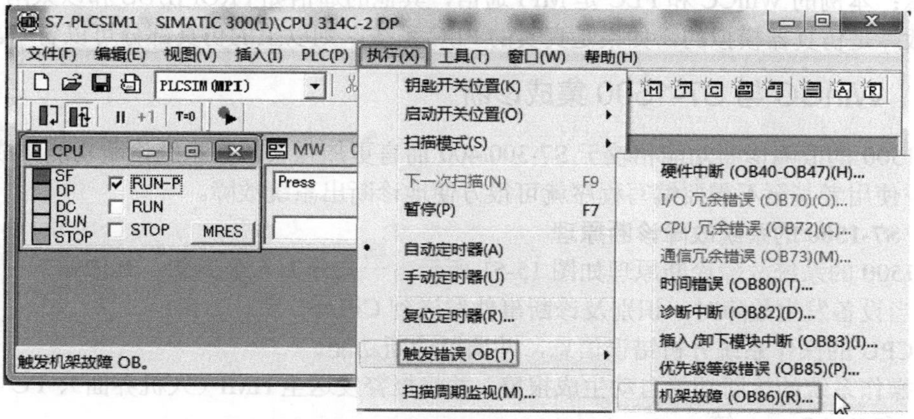

图 15-48　打开触发机架故障界面

c. 模拟机架通信故障。如图15-49所示，在“DP故障”选项卡中，选择“3”号站和“站故障”选项，单击“确定”按钮，表示激活模拟机架通信故障，此故障信息将发送到WinCC。

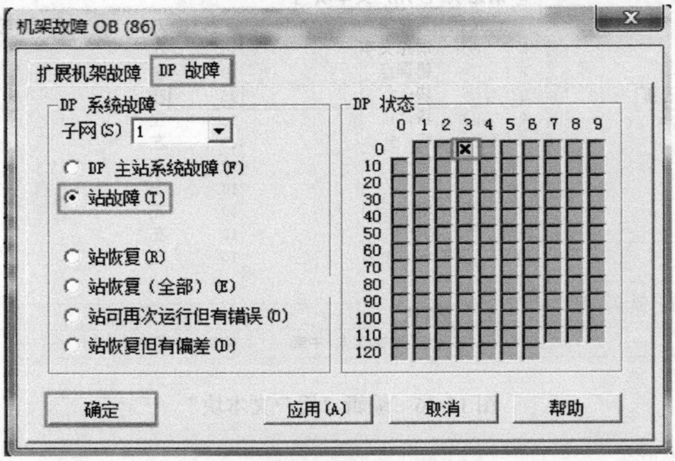

图15-49 机架故障

d. 运行WinCC。在STEP 7项目管理的“OS”中，单击“启动OS模拟”命令，自动启动WinCC运行，故障报警信息会显示在报警画面上，如图15-50所示。

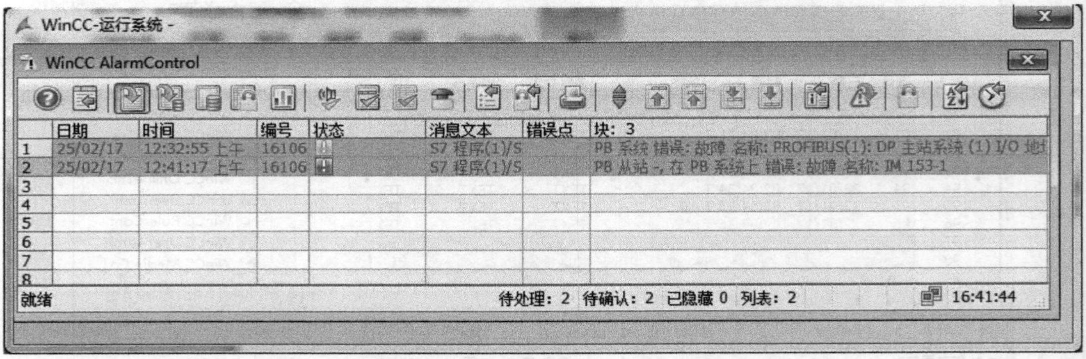

图15-50 在WinCC上显示故障信息

注意：本例的WinCC和PLC是MPI通信，其他的通信如PROFIBUS和以太网也可以。本例的故障是仿真器模拟的，如果是真实的PLC系统，则以上的仿真部分可以省略。

15.3.3 WinCC与S7-1500集成诊断

S7-1500的故障诊断功能相较于S7-300/400而言更加强大，其系统诊断功能集成在操作系统中，使用者甚至不需要编写程序就可很方便地诊断出系统故障。

（1）S7-1500的系统故障诊断原理

S7-1500的系统故障诊断原理如图15-51所示，一共分为5个步骤，具体如下：

① 当设备发生故障时，识别及诊断事件发送到CPU。

② CPU的操作系统分析错误信息，并调用诊断功能。

③ 操作系统的诊断功能自动生成报警，并将报警发送至HMI（人机界面）、PC（如安装WinCC）和WebServer等。

④ 在 HMI 中，自动匹配报警文本到诊断事件。

⑤ 报警信息显示在报警控件中，便于使用者诊断故障。

（2）S7-1500 系统诊断的优势

① 系统诊断是 PLC 操作系统的一部分，无需额外编辑。

② 无需外部资源。

③ 操作系统已经预定义报警文本，减少了设计者编辑工作量。

④ 无需大量测试。

⑤ 错误最小化，降低了开发成本。

（3）WinCC 与 S7-1500 集成诊断实例

以下用一个实例介绍 WinCC 与 S7-1500 集成诊断的过程。

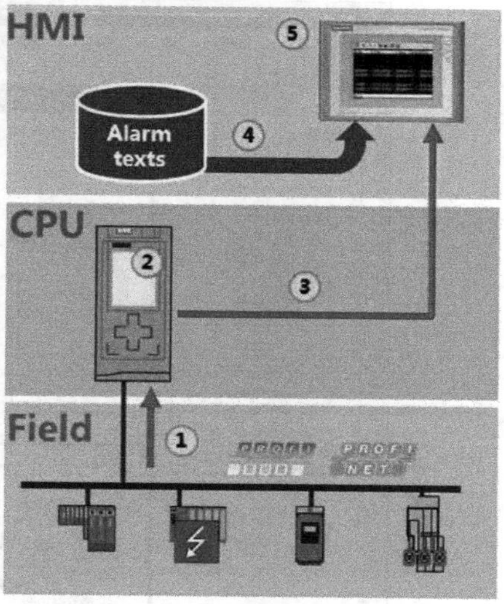

图 15-51　S7-1500 的系统故障诊断原理

① 新建项目。打开 POTAL V13 软件，新建项目，本例为“Diagnose”，在左侧的硬件目录中，拖入硬件“CPU 1511-1 PN”，如图 15-52 所示。

图 15-52　新建项目

② 设置 CPU 的 IP 地址。在项目树中选中“设备与网络”，再选中设备视图中的“接口”，再选中“属性”选项卡，选中“以太网地址”，输入 IP 地址，本例为“192.168.0.1”，如图 15-53 所示。最后，单击工具栏的“编译”按钮，编译项目，单击工具栏的“保存”按钮，保存此项目。

图 15-53 设置 CPU 的 IP 地址

③ 打开仿真器，下载程序到仿真器。打开 S7-PLCSIM V13 仿真器，新建仿真器项目，本例项目名称为“Diagnose”。单击 PORTAL 工具栏的“下载”按钮，弹出如图 15-54 所示的界面，先按照标记“1”处选择选项，再单击“开始搜索”按钮，当搜索到 CPU 后，单击“下载”按钮，下载程序到仿真器中。

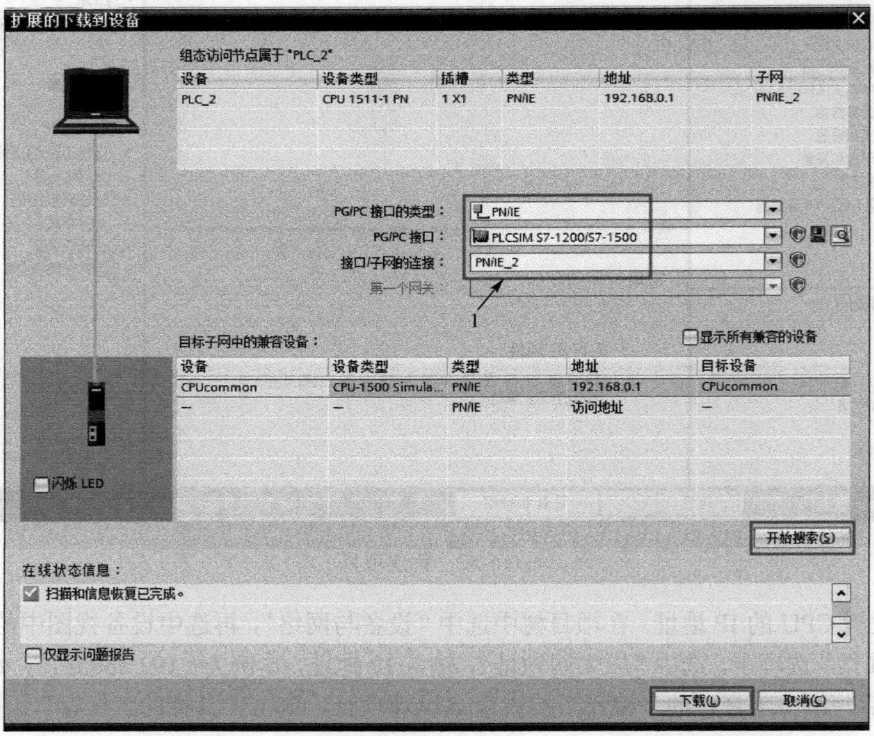

图 15-54 下载设置

④ 设置接收报警。先单击 PORTAL 工具栏的“在线”按钮 转到在线，使得 CPU 和 S7-PLCSIM V13 仿真器处于在线状态，此时，项目树上出现橙色条，如图 15-55 所示。选中 PLC_2，单击鼠标右键，在弹出的快捷菜单中勾选“接收报警”。当 PLC 停机时，图 15-55 下方有报警显示。

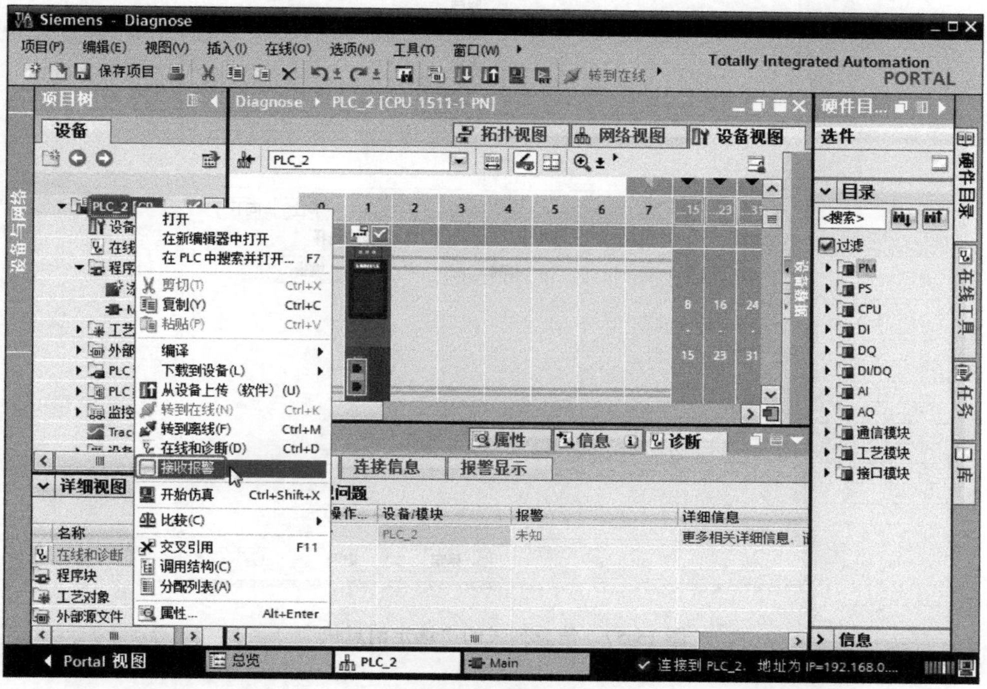

图 15-55 设置接收报警

⑤ 新建 WinCC 项目和连接。新建 WinCC 项目，本例项目名为“S7-1500”。打开变量管理器，添加驱动程序“SIMATI S7-1200，S7-1500 Channel”，再新建连接，本例为“s7_1500”，如图 15-56 所示。

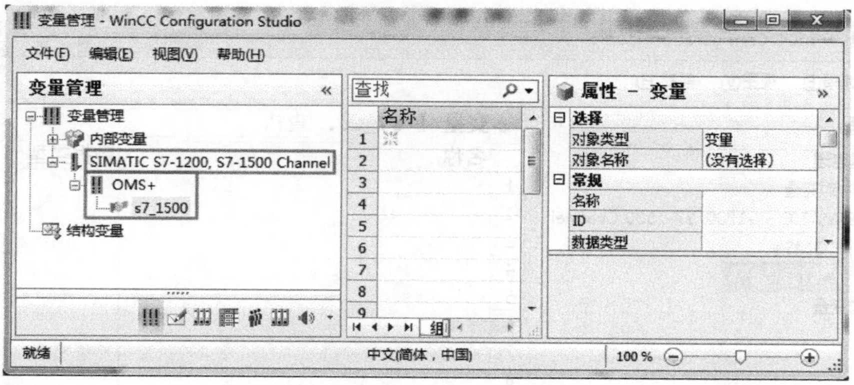

图 15-56 新建连接

⑥ 新建画面。打开 WinCC 的图形编辑器，新建画面，本例为“Main.pdl”，再将报警控件“WinCC AlarmControl”拖入画面。双击报警控件“WinCC AlarmControl”，弹出其属性，选中“消息列表”选项卡，使能“选定消息快”选项如图 15-57 所示，单击“确定”按钮。

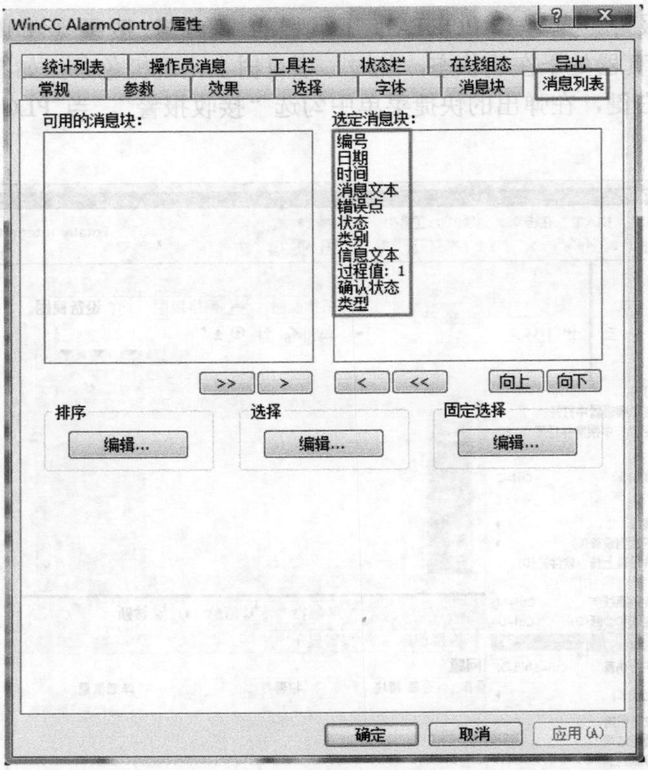

图 15-57 消息列表的“选定消息块”

⑦ 运行 PORTAL、S7-PLCSIM V13 仿真器和 WinCC 运行系统。先运行 PORTAL 和 S7-PLCSIM V13 仿真器。再勾选 WinCC 的“启动项”的“报警记录运行系统”和“图形运行系统”，最后运行 WinCC，确保 WinCC 与 S7-PLCSIM V13 仿真器处于连接状态。打开变量管理器，如图 15-58 所示，可以看到：连接“s7_1500”前面有绿色的对号“√”，这表明 WinCC 与 S7-PLCSIM V13 仿真器处于连接状态。

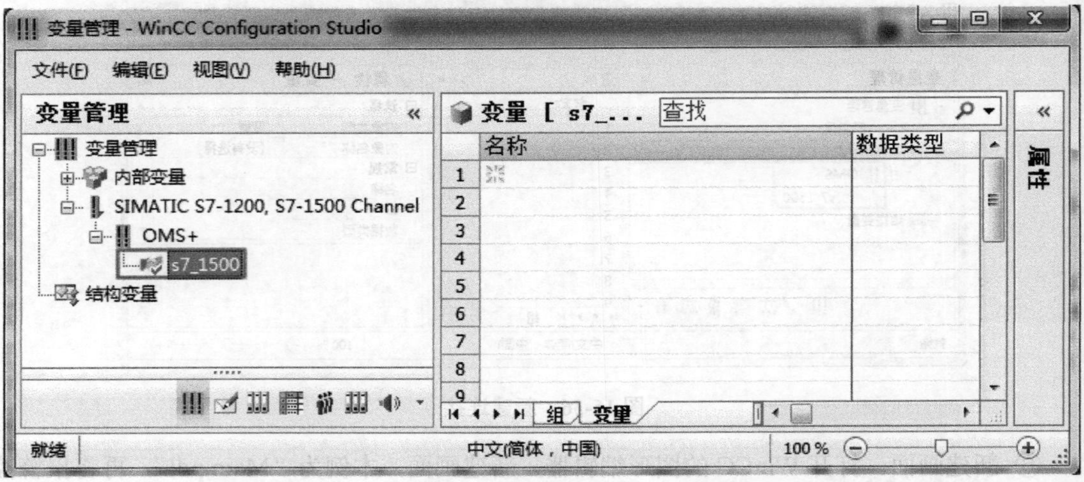

图 15-58 WinCC 和 S7-PLCSIM V13 仿真器的连接

⑧ 从 AS 中加载消息。打开 WinCC 的报警记录管理器，如图 15-59 所示，选中“s7_1500”，单击鼠标右键，弹出快捷菜单，单击“从 AS 加载”命令，消息加载到右侧的表格中。

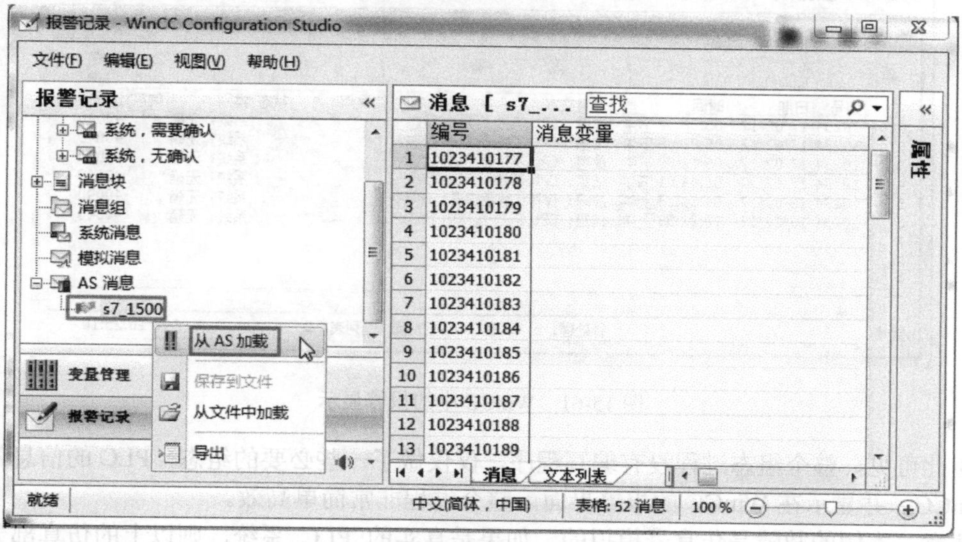

图 15-59 从 AS 中加载消息

在 S7-PLCSIM V13 仿真器中，单击“STOP”按钮，如图 15-60 所示，可以看到，“诊断”选项卡中的报警显示为“STOP”。

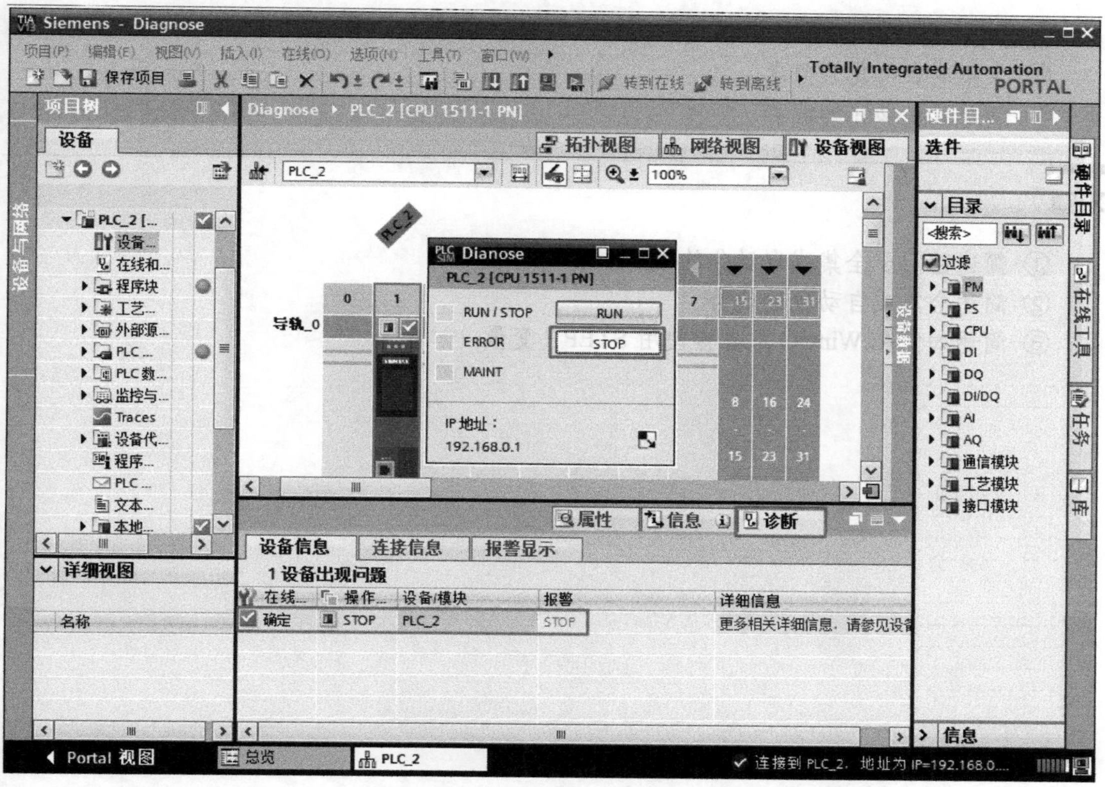

图 15-60 PORTAL 中的报警显示

如图 15-61 所示，WinCC 运行系统中的报警显示为“CPU 不处于 RUN 状态”。

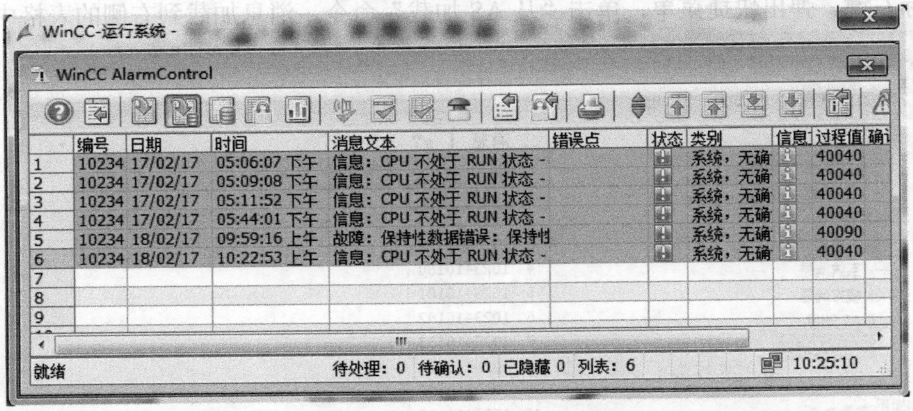

图 15-61　WinCC 中的报警显示

由此可见，整个组态过程没有编写程序，仅仅做了一些必要的组态，PLC 的信息就传递到 WinCC，并显示在 WinCC 的报警界面，整个过程非常简单高效。

注意：本例的故障是仿真器模拟的，如果是真实的 PLC 系统，则以上的仿真部分可以省略。

小结

重点难点总结

① 全集成自动化的概念。

② 全集成自动化的优势。

习题

① 简述西门子全集成自动化的概念。

② 简述全集成自动化的优势。

③ 简述如何在 WinCC 中直接使用 STEP 7 变量。

第16章

WinCC 选件

WinCC V7.3 的安装光盘中有 WebNavigator、DataMonitor、WebUX、ProAgent、ConnectivityPack 和用户归档等选件供选择安装。用户归档已经讲解，本章只介绍 WebNavigator、DataMonitor 和 WebUX 三个选件。

16.1 WebNavigator 选件应用

WebNavigator 选件将 WinCC 服务器或者 WinCC 客户机作为 Web 服务器，Web 客户机使用 IE 来访问 Web 服务器，浏览操作现场过程画面。

对于 Web 解决方案来说，WebNavigator Server 可以安装在 WinCC 单用户、服务器和客户机上，在其他 Windows 计算机上也可以安装 WebNavigator 客户机。

专用的 Web 服务器，即在 WinCC Client 上建立 Web Server，可以很大程度地保证系统的安全性和稳定性。

16.1.1 WebNavigator Server 系统结构

（1）WinCC 服务器上的 WebNavigator 服务器

WinCC 服务器和 WebNavigator 的服务器组件安装在同一台计算机上。在独立的解决方案中，WebNavigator 客户端通过 Intranet/LAN 操作和（或）监视当前服务器项目。

这种解决方案节约成本，允许出于监视或维护等目的来建立计算机站。无须在这些计算机上安装完整的 WinCC 系统。其典型的系统结构如图 16-1 所示。

（2）分离 WinCC 服务器和 WebNavigator 服务器

分离 WinCC 服务器和 WebNavigator 服务器的通信分两种模式，一种是通过通道进行通信；另一种是通过过程总线进行通信。以下仅介绍第一种。

一组自动化系统被分配给 WinCC 服务器。项目包括诸如程序、组态数据和其他设置等所有数据。在包含 WinCC 和 WinCC WebNavigator 服务器的计算机上，WinCC 项目按 1∶1 的比例建立镜像，不与自动化系统联网。

数据通过 OPC 通道进行同步。为此，WinCC WebNavigator 服务器需要一个与 OPC 变量数对应的许可证。

部署两道防火墙以保护系统免受未经授权的访问。第一道防火墙保护 WebNavigator 服务器免遭来自 Internet 的攻击。第二道防火墙为 Intranet 提供了额外的安全性。其典型的系统结构如图 16-2 所示。

（3）专用的 Web 服务器

在大型系统中向 WebNavigator 客户端集中提供数据时，安装专用的 Web 服务器会发挥明显作用。专用 Web 服务器处理和优化对客户端的访问，并可用作客户端的 WinCC 服务器代理。

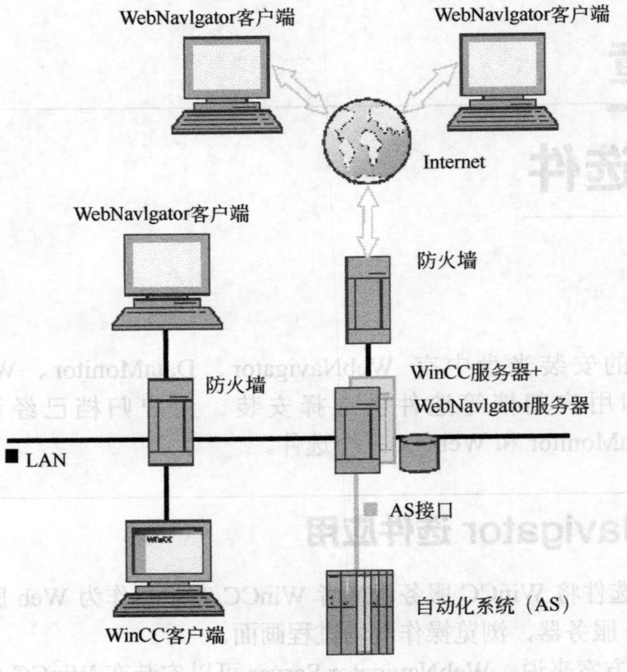

图 16-1　WinCC 服务器上的 WebNavigator 服务器

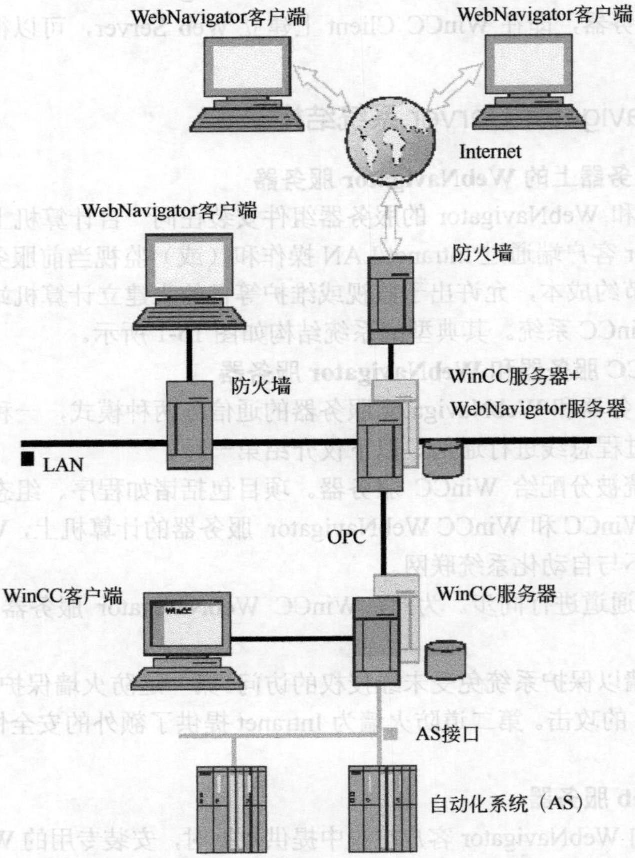

图 16-2　分离 WinCC 服务器和 WebNavigator 服务器

通过在 WinCC 客户端上安装 WebNavigator 服务器，可发挥专用 Web 服务器的功能。其典型的系统结构如图 16-3 所示。

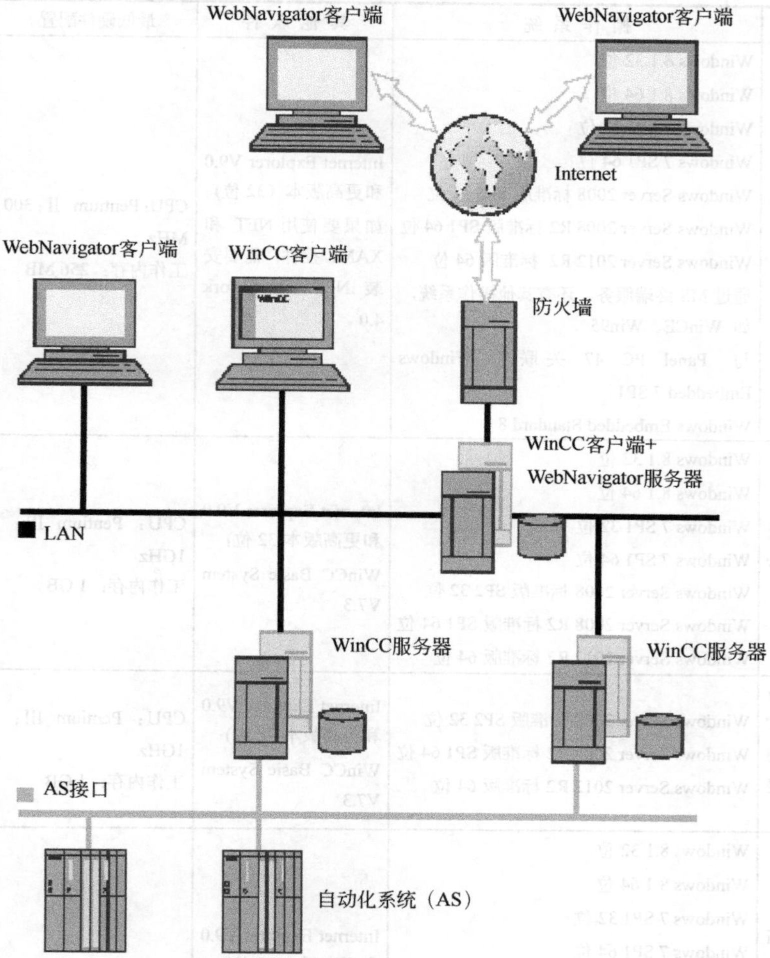

图 16-3　专用的 Web 服务器

使用专用 Web 服务器的优势如下：

① 可以将负载分散到多个专用 Web 服务器中，以提高整个系统的性能。

② 将专用 Web 服务器和 WinCC 服务器物理分隔在不同计算机上增加了安全性。

③ 在不同站点上操作服务器也便于运营职能的分离，例如工厂支持和 IT 部门。

④ 专用 Web 服务器能够实现同时访问多个下位 WinCC 服务器。登录到专用 Web 服务器的用户无需分别登录到每个项目，即可访问多个 WinCC 项目。

⑤ 专用 Web 服务器支持在两台使用 WinCC 冗余的下位 WinCC 服务器之间进行冗余切换。

16.1.2　WebNavigator 的安装

在安装 WebNavigator 时，必须满足必要的硬件和软件组态条件。

（1）WebNavigator 对计算机的软件和硬件安装条件要求

WebNavigator V7.3 只能安装在 WinCC V7.3 中，其对计算机的软件和硬件安装条件要求见表16-1。

表16-1 WebNavigator对计算机的软件和硬件安装条件要求

安装类别	操作系统	其他软件	最低硬件配置	其他
WinCC WebNavigator Client	Windows 8.1 32位 Windows 8.1 64位 Windows 7 SP1 32位 Windows 7 SP1 64位 Windows Server 2008 标准版 SP2 32位 Windows Server 2008 R2 标准版 SP1 64位 Windows Server 2012 R2 标准版 64位 通过MS终端服务，还有其他操作系统，如 WinCE、Win95 与 Panel PC 47 关联的 Windows Embedded 7 SP1 Windows Embedded Standard 8	Internet Explorer V9.0和更高版本（32位） 如果要使用.NET 和 XAML控件，需要安装.NET Framework 4.0	CPU: Pentium Ⅱ; 300 MHz 工作内存：256 MB	能够访问Intranet/Internet或通过TCP/IP连接访问Web-Navigator服务器
WinCC单用户系统上的WebNavigator服务器	Windows 8.1 32位 Windows 8.1 64位 Windows 7 SP1 32位 Windows 7 SP1 64位 Windows Server 2008 标准版 SP2 32位 Windows Server 2008 R2 标准版 SP1 64位 Windows Server 2012 R2 标准版 64位	Internet Explorer V9.0和更高版本(32位) WinCC Basic System V7.3	CPU：Pentium Ⅲ；1GHz 工作内存：1 GB	能够访问Intranet/Internet或通过TCP/IP连接访问WebNavigator服务器
WinCC服务器或自带项目的WinCC客户端上的WebNavigator服务器	Windows Server 2008 标准版 SP2 32位 Windows Server 2008 R2 标准版 SP1 64位 Windows Server 2012 R2 标准版 64位	Internet Explorer V9.0和更高版本(32位) WinCC Basic System V7.3	CPU：Pentium Ⅲ；1GHz 工作内存：1 GB	访问Intranet/Internet
WebNavigator诊断客户端	Windows 8.1 32位 Windows 8.1 64位 Windows 7 SP1 32位 Windows 7 SP1 64位 Windows Server 2008 标准版 SP2 32位 Windows Server 2008 R2 标准版 SP1 64位 Windows Server 2012 R2 标准版 64位	Internet Explorer V9.0和更高版本(32位)		访问Intranet/Internet

注意：安装WinCC WebNavigator Client不需要授权，而安装WinCC WebNavigator Server只需要WinCC RT的基本运行系统授权即可。

（2）WebNavigator V7.3的安装

WebNavigator V7.3的安装步骤如下。

① Internet 信息服务（IIS）的安装 单击“开始”→“控制面板”→“程序和功能”→“打开或关闭Windows功能”，弹出如图16-4所示的界面，勾选“Internet 信息服务”选项，单击“确定”按钮。安装完成后，重启计算机。

② 安装WebNavigator V7.3选件

把WinCC的安装光盘插入光驱，单击Setup.exe，单击“下一步”按钮，选择“自定义安装”，单击“下一步”按钮，当弹出如图16-5所示的选择要安装程序的界面，勾选“WebNavigator Server”“WebNavigator 客户机”和“Diagnostics Client”选项，单击“下一步”

按钮，按照向导信息完成下面的步骤。

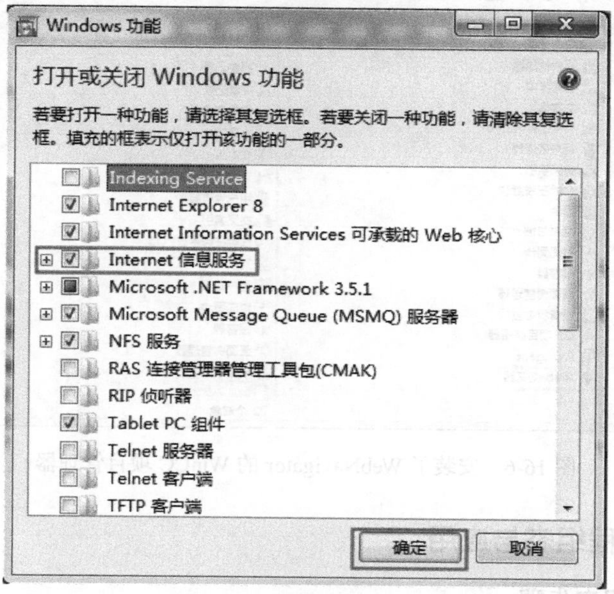

图 16-4 Internet 信息服务（IIS）的安装

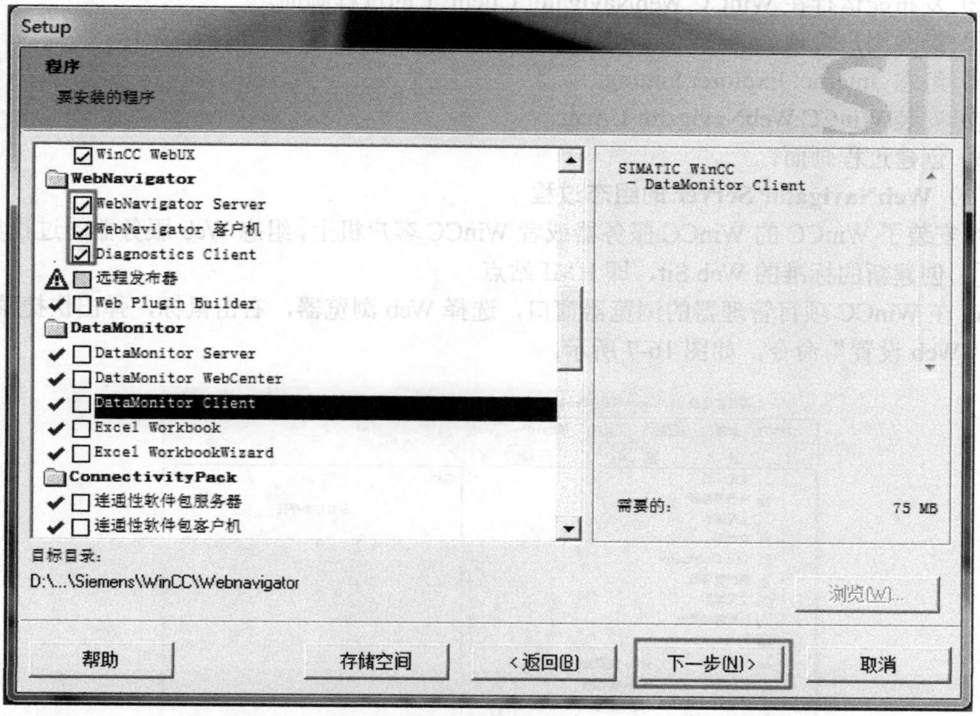

图 16-5 安装 WebNavigator

安装 WebNavigator V7.3 选件后，打开 WinCC 项目管理器，如图 16-6 所示，可以看到 Web 浏览器选项。这表示程序已经被安装了。

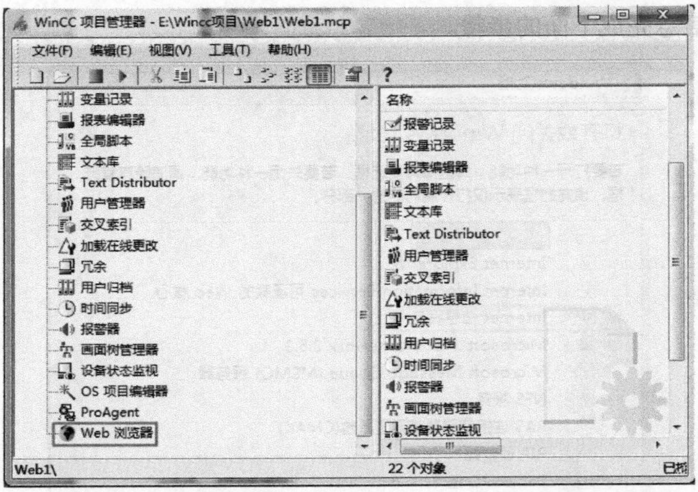

图 16-6 安装了 WebNavigator 的 WinCC 项目管理器

16.1.3 Web 工程组态与应用

（1）Web 工程组态步骤

① 组态 WebNavigator Server。

② 发布能运行在 WinCC WebNavigator Client 上的过程画面。

③ 组态用户管理。

④ 组态 Internet Explorer Setting。

⑤ 安装 WinCC WebNavigator Client。

⑥ 创建过程画面。

（2）WebNavigator Server 的组态过程

在安装了 WinCC 的 WinCC 服务器或者 WinCC 客户机上，组态 Web 服务器的过程如下：

① 创建新的标准的 Web Sit，即 HMI 站点

a. 在 WinCC 项目管理器的浏览器窗口，选择 Web 浏览器，右击鼠标，弹出快捷菜单，单击“Web 设置”命令，如图 16-7 所示。

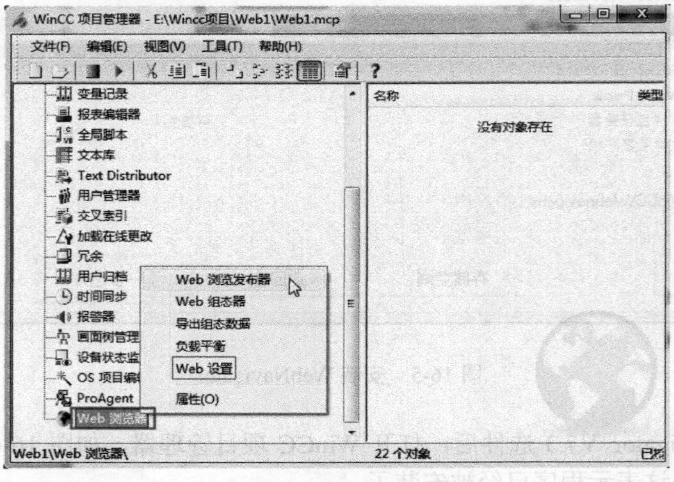

图 16-7 Web 设置

b. 在网络信息服务器即 IIS 下，快速创建一个 HMI 应用站点，如图 16-8 所示，给出站点名为 WebNavigator，从可选区域选择 IP 地址，使用缺省网页，单击“下一步”按钮，弹出如图 16-9 所示的界面，单击“完成”按钮。

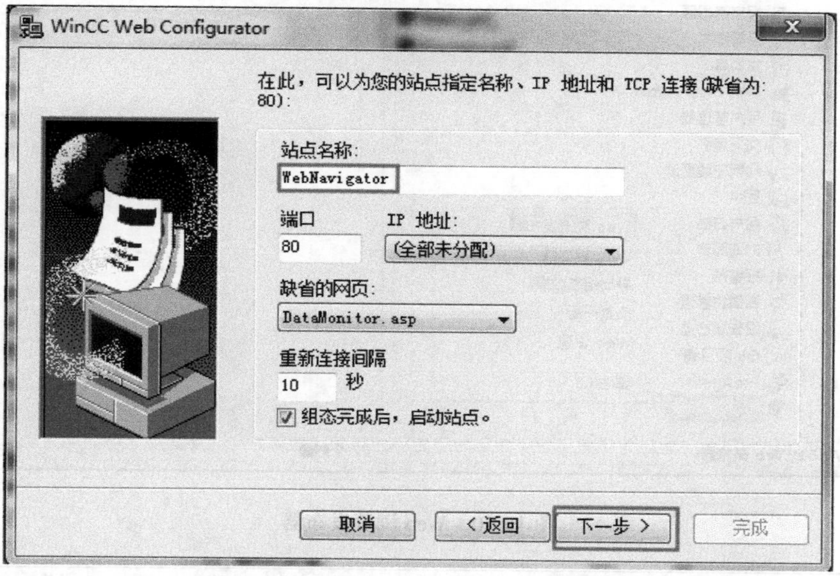

图 16-8 创建新的 HMI 站点

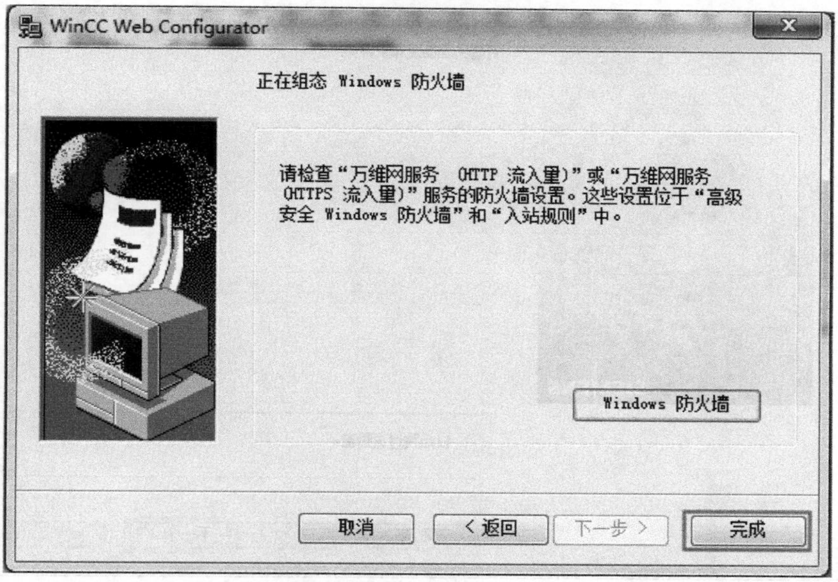

图 16-9 完成创建新的 HMI 站点

② 发布过程画面

a. 在 WinCC 项目管理器的浏览器窗口，选择 Web 浏览器，右击鼠标，弹出快捷菜单，单击“Web 浏览发布器”，如图 16-10 所示，弹出“WinCC Web 发布向导-引言”界面，如图 16-11 所示，单击“下一步”按钮。

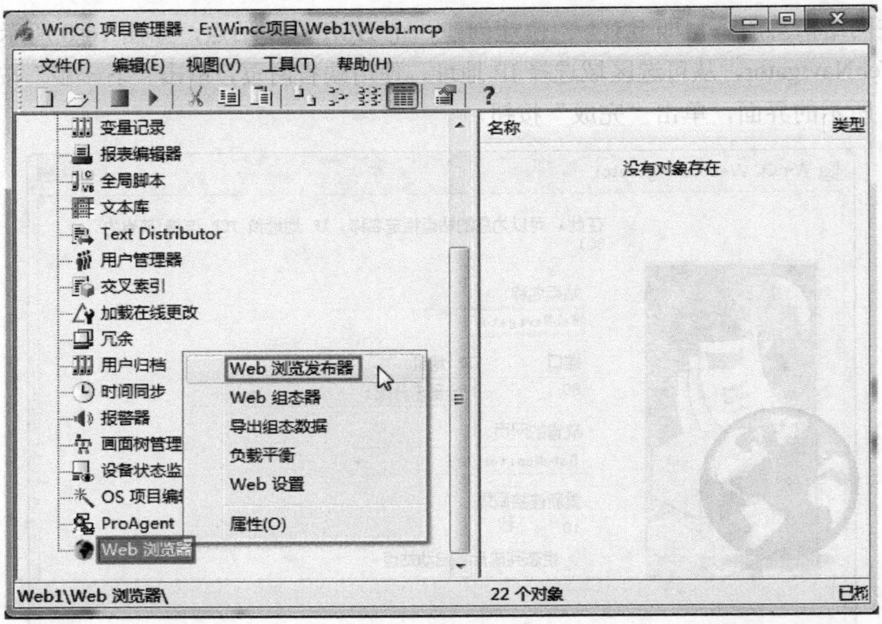

图 16-10　Web 浏览发布器

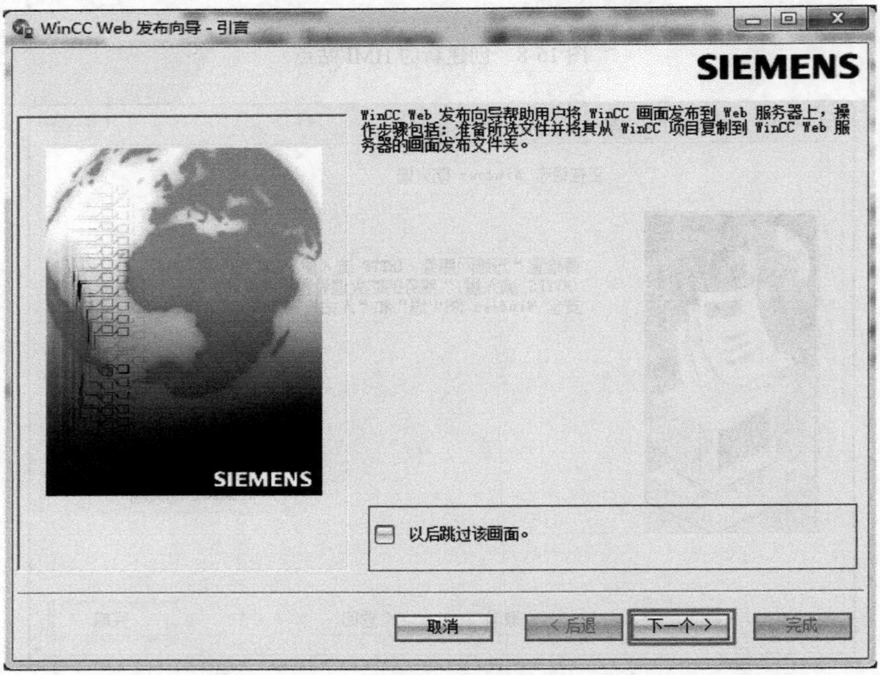

图 16-11　WinCC Web 发布向导-引言

b. 选择发布画面的路径，如图 16-12 所示，单击“下一步”按钮。

c. 单击 >> 按钮，选择要发布的画面的名称，本例为全部选择，如图 16-13 所示，可以看到画面从左侧全部移到右侧。

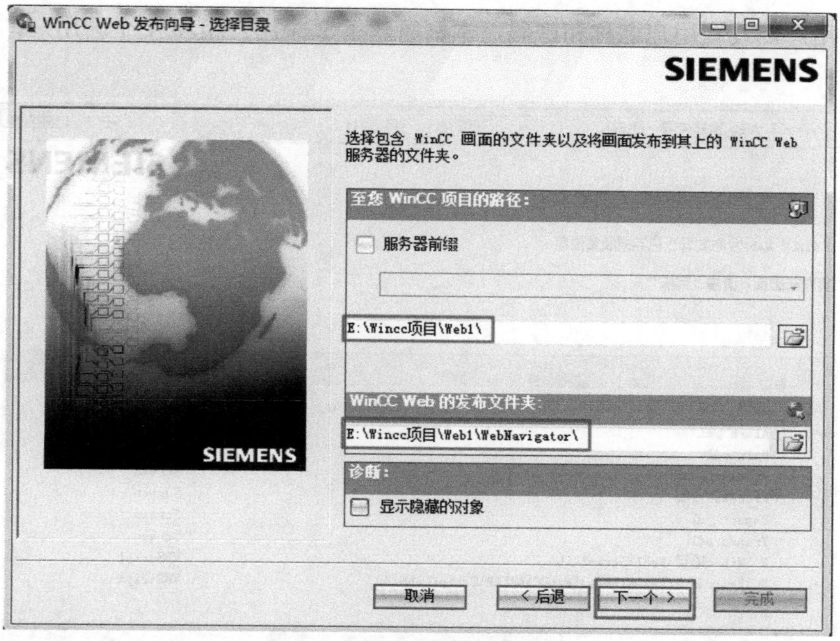

图 16-12 WinCC Web 发布向导-发布路径选择

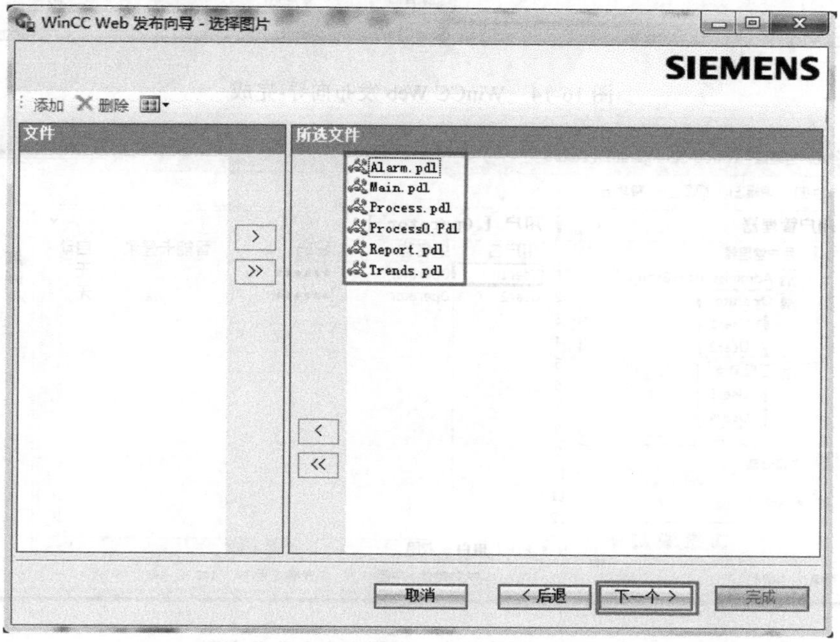

图 16-13 WinCC Web 发布向导-选择要发布的画面（图片）

d. 单击“完成”按钮，完成 Web 发布器的组态，列表中有详细的显示信息，如图 16-14 所示，单击“关闭”按钮。

③ 组态用户管理

a. 在 WinCC 项目管理器的导航区域中，选择并双击打开“用户管理器”，在用户管理器中，新建用户，设置用户名称和密码，本例新建了 2 个用户组和 4 个新用户，如图 16-15 所示。

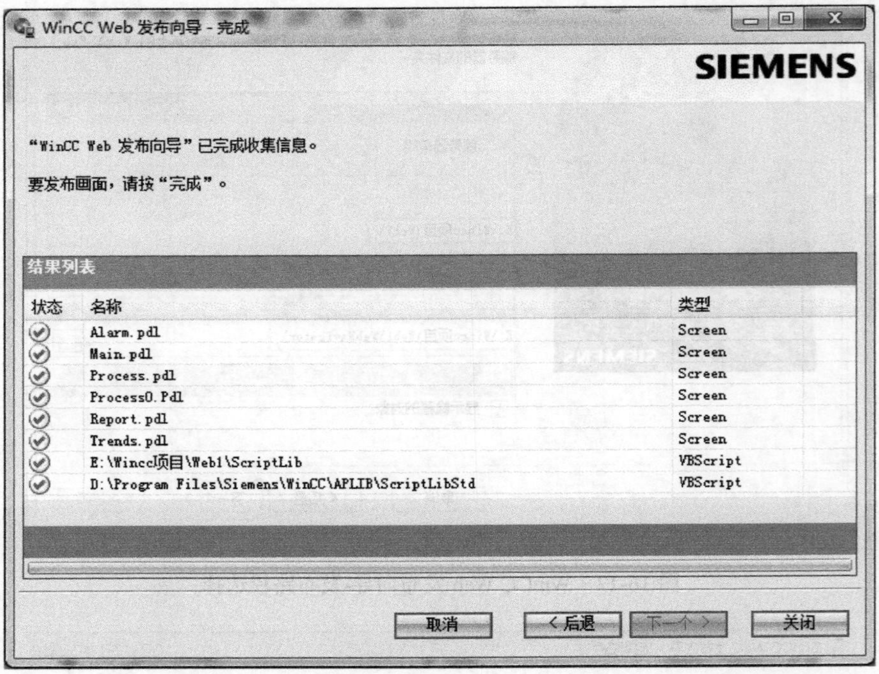

图 16-14 WinCC Web 发布向导-完成

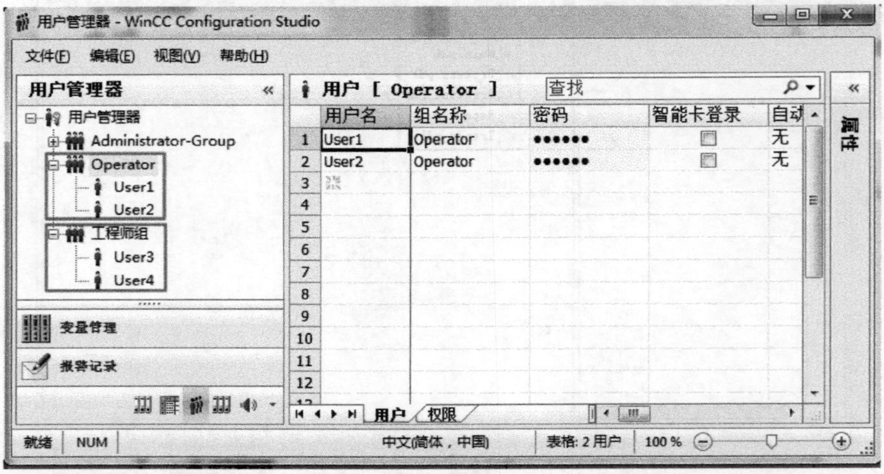

图 16-15 新建用户，设置用户名称和密码

b. 设置新建用户的 Web 浏览器的起始画面和运行系统语言。

如图 16-16 所示，选定新建用户组“Operator”，再选择“用户”选项卡，在数据表格区域的“WebNavigator”栏目下，选中方框，出现对钩符号“√”；单击“WebNavigator 起始画面”栏目下的▼按钮，选择起始画面为“Main.pd_”；选择“网络语言”栏目下的语言类型为“中文（简体，中国）”。

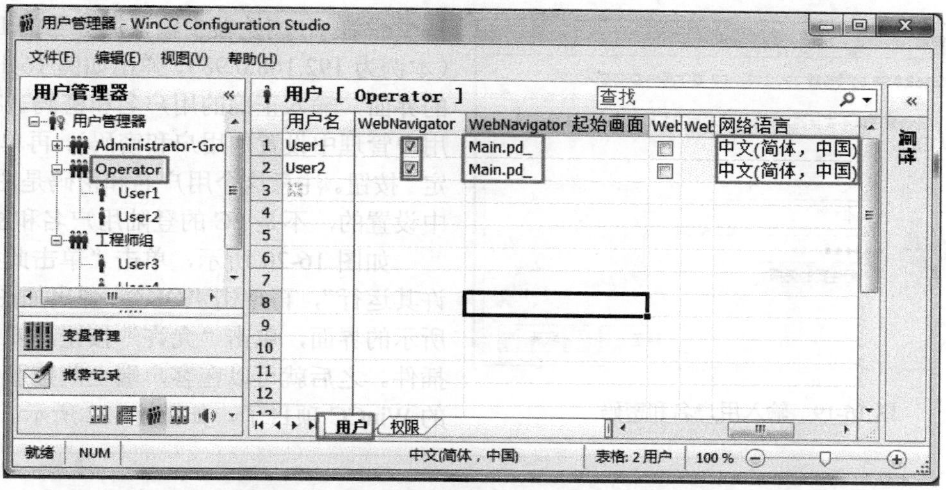

图 16-16 设置新建用户的 Web 浏览器的起始画面和运行系统语言

（3）WebNavigator Client 的组态步骤

① IE 浏览器的设置

a. 打开 IE 浏览器，单击“工具”→“Internet 选项”，如图 16-17 所示，在“安全”选项卡中，选择“本地 Intranet”。

b. 单击“自定义级别…”按钮，打开如图 16-18 所示的界面，将“ActiveX 控件和插件”选项设置为“启用”，将“对标记为可安全执行脚本的 ActiveX 控件执行脚本*”选项设置为“启用”，单击“确定”按钮。完成 Internet Explorer 的设置。在图 16-17 的“可信站点”中，将 Web 客户端的网址（本例 192.168.0.98）添加为可信任站点。

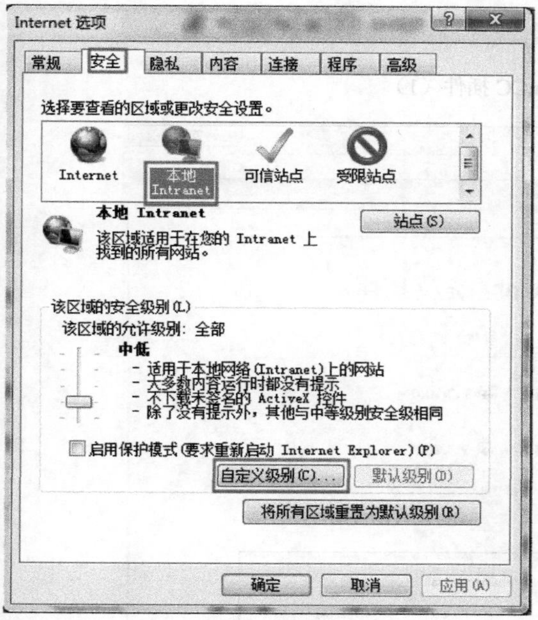

图 16-17 Internet 选项

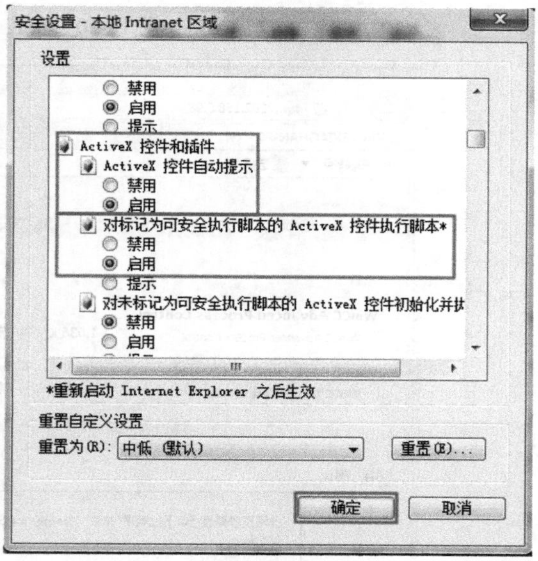

图 16-18 安全设置

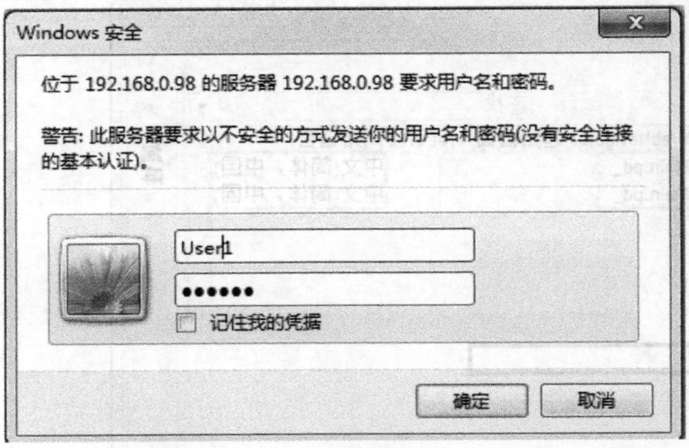

图 16-19　输入用户名和密码

c. 在 IE 浏览器中输入服务器的 IP 地址（本例为 192.168.0.98），弹出如图 16-19 所示的界面，输入正确的用户名和密码（在前面用户管理中设置的用户和密码），再单击“确定”按钮。注意这个用户名和密码是图 16-15 中设置的，不是 PC 的登陆用户名和密码。

如图 16-20 所示，单击“单击此处以允许其运行”，再单击“OK”，弹出如图 16-21 所示的界面，单击“允许”按钮，安装两个插件。之后就可以在客户端上监控服务器上的 WinCC 项目了，如图 16-22 所示。

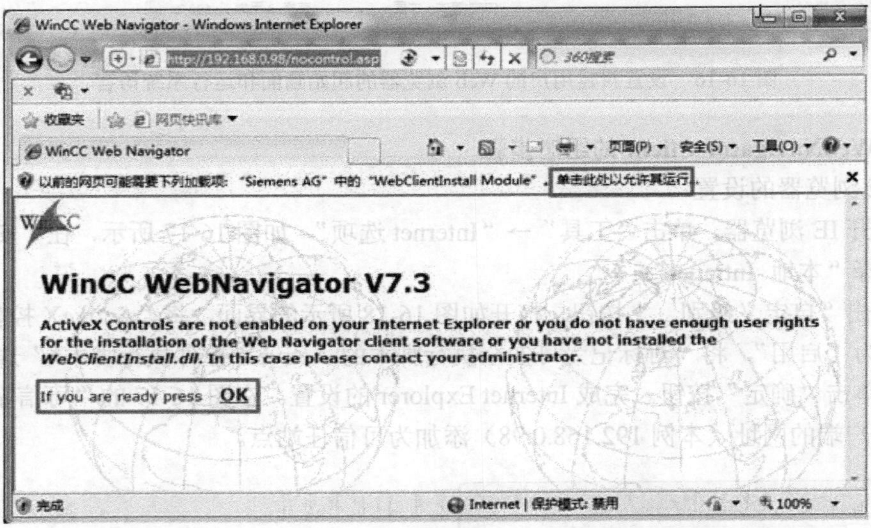

图 16-20　安装 WinCC 插件（1）

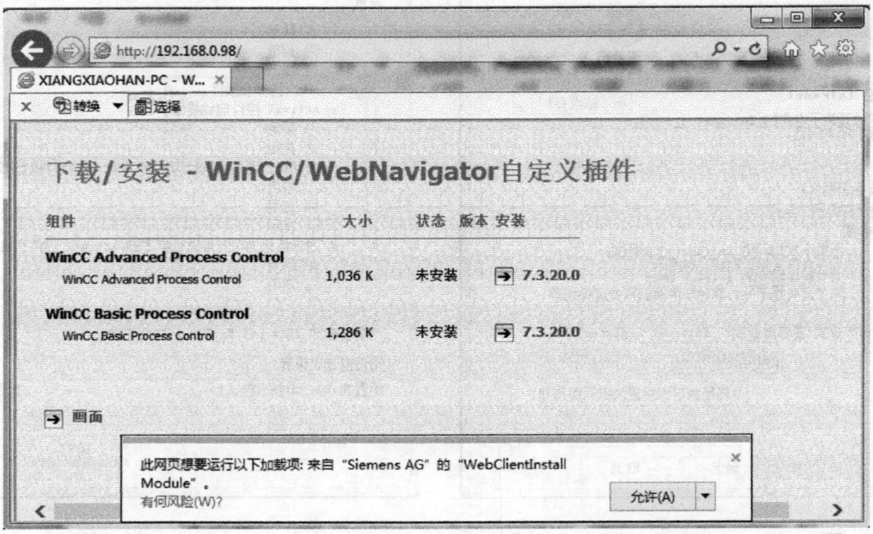

图 16-21　安装 WinCC 插件（2）

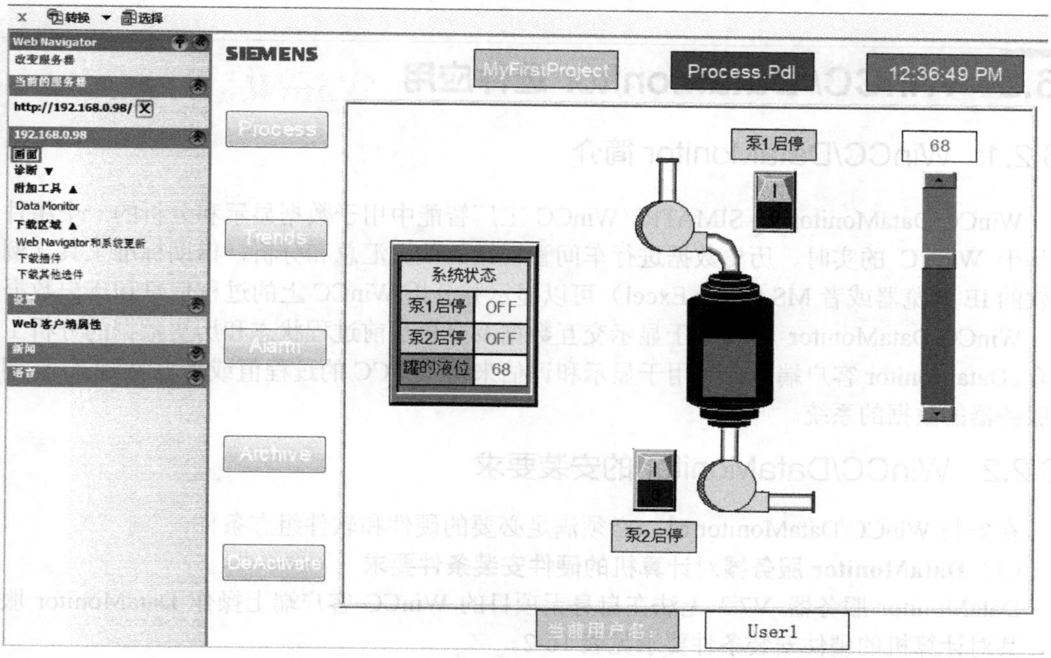

图 16-22　运行 WebNavigator 的画面

d. WinCCViewerRT 的组态。WinCCViewerRT.exe 是 Web 客户端软件，无需安装和运行 IE。在 Web 客户机（无需安装 WinCC 软件）上安装了 WebNagvigator Client 后，在如下路径“C:\Program Files\Siemens\WinCC\WebNagvigator\Client\bin”，双击 WinCCViewerRT.exe，将自动加载 WinCCViewerRT.xml 的配置运行，如图 16-23 所示。

可以看到 WinCCViewerRT 中运行的 WinCC 项目更加接近服务器中的界面。

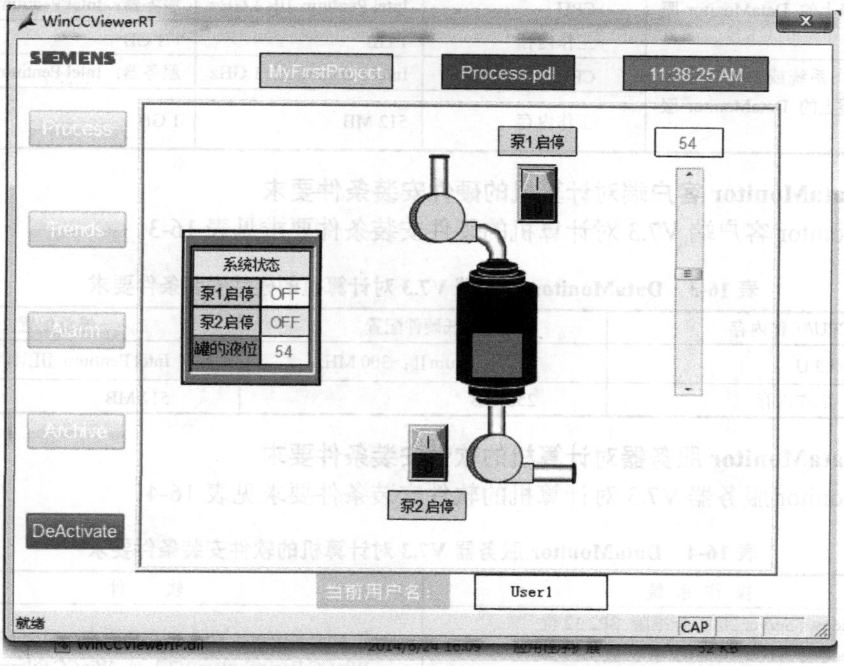

图 16-23　WinCCViewerRT 的运行状态

16.2 WinCC/ DataMonitor 选件应用

16.2.1 WinCC/DataMonitor 简介

WinCC/DataMonitor 是 SIMATIC WinCC 工厂智能中用于数据显示和分析的一个组件，它基于 WinCC 的实时、历史数据进行车间管理级的数据汇总和分析，借助标准工具（例如微软的 IE 浏览器或者 MS Office Excel）可以显示并分析 WinCC 上的过程信息和历史数据。

WinCC/DataMonitor 提供用于显示交互数据及分析当前过程状态和历史数据的分析工具集合。DataMonitor 客户端是纯粹用于显示和评估来自 WinCC 的过程值或来自 WinCC 长期归档服务器的数据的系统。

16.2.2 WinCC/DataMonitor 的安装要求

在安装 WinCC/DataMonitor 时，必须满足必要的硬件和软件组态条件。

（1）DataMonitor 服务器对计算机的硬件安装条件要求

DataMonitor 服务器 V7.3 无法在自身无项目的 WinCC 客户端上操作 DataMonitor 服务器，其对计算机的硬件安装条件要求见表 16-2。

表 16-2 DataMonitor 服务器对计算机的硬件安装条件要求

安装类别	CPU/工作内存	最低硬件配置	推荐配置
针对 10 个以上客户端的 WinCC 服务器上的 DataMonitor 服务器	CPU	Intel Pentium 4; 2.2 GHz	双核；> 2.2 GHz
	工作内存	2 GB	> 2 GB
运行系统中具有 WinCC 项目的 WinCC 服务器上的 DataMonitor 服务器	CPU	Intel Pentium Ⅲ; 1 GHz	服务器：Intel Pentium 4，2 GHz
	工作内存	2 GB	> 2 GB
WinCC 服务器上的 DataMonitor 服务器	CPU	Intel Pentium Ⅲ; 1 GHz	服务器：Intel Pentium 4，2 GHz
	工作内存	1 GB	> 1 GB
WinCC 单用户系统或自带项目的 WinCC 客户端上的 DataMonitor 服务器	CPU	Intel Pentium Ⅲ; 1 GHz	服务器：Intel Pentium 4，2 GHz
	工作内存	512 MB	1 GB

（2）DataMonitor 客户端对计算机的硬件安装条件要求

DataMonitor 客户端 V7.3 对计算机的硬件安装条件要求见表 16-3。

表 16-3 DataMonitor 客户端 V7.3 对计算机的硬件安装条件要求

CPU/工作内存	最低硬件配置	推荐配置
CPU	Intel Pentium Ⅱ；300 MHz	Intel Pentium Ⅲ；1 GHz
工作内存	256 MB	512 MB

（3）DataMonitor 服务器对计算机的软件安装条件要求

DataMonitor 服务器 V7.3 对计算机的软件安装条件要求见表 16-4。

表 16-4 DataMonitor 服务器 V7.3 对计算机的软件安装条件要求

操作系统	软件
Windows Server 2008 标准版 SP2 32 位 Windows Server 2008 R2 标准版 SP1 64 位 Windows Server 2012 R2 标准版 64 位	Internet Explorer V9.0 和更高版本 （32 位） WinCC Basic System V7.3 或 WinCC Fileserver V7.3

如果想要发布 Intranet 信息，需要下列设备：

① 具有网络功能且有 LAN 连接的计算机。

② 一个可将计算机名称转成 IP 地址（IP =Internet 协议）的系统。此步骤允许用户在连接到服务器时可使用“别名”代替 IP 地址。

如果想要在 Internet 中发布信息，需要下列设备：

① 来自 Internet 服务供应商（ISP）的 Internet 连接与 IP 地址。用户只有拥有与 Internet 的连接（由 ISP 提供）时，才能在 Internet 中发布信息。

② 适用于连接到 Internet 的网络适配器。

③ 用于 IP 地址的 DNS 服务器。允许用户在连接到服务器时可使用“别名”代替 IP 地址。

（4）WinCC 单用户系统或自带项目的 WinCC 客户端上的 DataMonitor 服务器

WinCC 单用户系统或自带项目的 WinCC 客户端上的 DataMonitor 服务器对计算机的软件安装条件要求见表 16-5。

表 16-5 WinCC 单用户系统或自带项目的 WinCC 客户端上的 DataMonitor 服务器对计算机的软件安装条件要求

操作系统	软件
Windows 8.1 32 位（最多 3 个客户端） Windows 8.1 64 位（最多 3 个客户端） Windows 7 Ultimate SP1 32 位（最多 3 个客户端） Windows 7 Ultimate SP1 64 位（最多 3 个客户端） Windows Server 2008 SP2 标准版 32 位 Windows Server 2008 R2 标准版 SP1 64 位 Windows Server 2012 R2 标准版 64 位	Internet Explorer V9.0 和更高版本 （32 位） WinCC Basic System V7.3 或 WinCC Fileserver V7.3 对于组件“Excel Workbook Wizard”和“Excel Workbook”：32 位版本的 Microsoft Office 2007 SP2、Microsoft Office 2010 和 Office 2013

（5）DataMonitor 客户端对计算机的软件安装条件要求

DataMonitor 客户端 V7.3 对计算机的软件安装条件要求见表 16-6。

表 16-6 DataMonitor 客户端 V7.3 对计算机的软件安装条件要求

操作系统	软件
Windows 8.1 32 位 Windows 8.1 64 位 Windows 7 SP1 32 位 Windows 7 SP1 64 位 Windows Server 2008 SP2 标准版 32 位 Windows Server 2008 R2 标准版 SP1 64 位 Windows Server 2012 R2 标准版 64 位 通过 MS 终端服务，还有其他操作系统，如 WinCE、Win95	Internet Explorer V9.0 和更高版本 （32 位） WinCC Basic System V7.3 或 WinCC Fileserver V7.3 对于组件“Excel Workbook Wizard”和“Excel Workbook”：32 位版本的 Microsoft Office 2007 SP2、Microsoft Office 2010 和 Office 2013

16.2.3 WinCC/DataMonitor 的安装

要使用 WinCC/DataMonitor，需要安装 WinCC/DataMonitor 服务器，并将其设置为 Web 服务器。

（1）WinCC/DataMonitor 的安装

在安装 WinCC/DataMonitor 时，根据需要勾选选件，一般选择“DataMonitor Server”（DataMonitor 服务器）、“DataMonitor Client”（DataMonitor 客户端）和“DataMonitor WebCenter”选件进行安装。

① 安装 WinCC/DataMonitor 的条件

a. 在安装 WinCC/DataMonitor 服务器之前，需要安装 Internet 信息服务（IIS）。信息服务（IIS）的安装在本章前述章节“WebNavigator 的安装”部分已经讲解，在此不做赘述。

b. 安装 WinCC/DataMonitor 服务器需要 WinCC 组态数据。

c. 安装 WinCC/DataMonitor 服务器需要 Windows“管理员”的权限。

② 安装 WinCC/DataMonitor 服务器的步骤

a. 将 WinCC V7.3 的 DVD 光盘插入计算机光驱中。

b. 打开 DVD 光盘的安装目录，双击“Setup.exe”文件，开始安装文件。

c. 在如图 16-24 所示的界面中，勾选“DataMonitor Server”（DataMonitor 服务器）、“DataMonitor Client”（DataMonitor 客户端）和“DataMonitor WebCenter”，当选择了“DataMonitor Sever”时，“Excel Workbook”选件会自动选择。

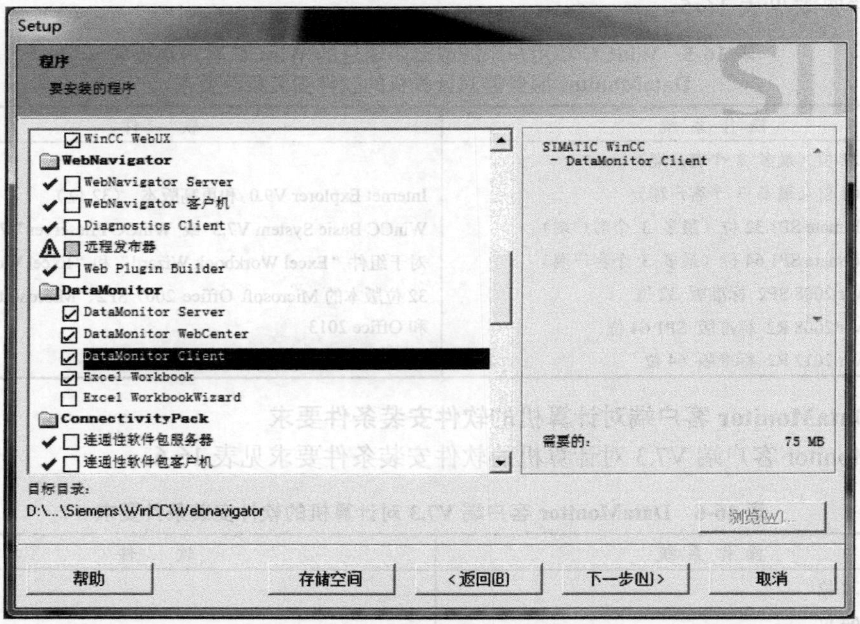

图 16-24 WinCC/DataMonitor 的安装

d. 按照安装程序的提示进行操作，完成余下的安装步骤。

e. 安装完成后进行授权，并重新启动电脑。

16.2.4 组态 WinCC/DataMonitor 服务器

组态 WinCC/DataMonitor 服务器需要执行如下步骤：

① 发布数据。

② 执行各种设置。

③ 组态 WinCC/DataMonitor 服务器。

（1）发布数据

发布数据的操作过程如下：

① 在 WinCC 的项目管理器的浏览窗口中，选择“Web 浏览器”，右击鼠标，弹出快捷菜单，单击“Web 浏览发布器”命令，如图 16-25 所示，打开 Web 浏览发布器。

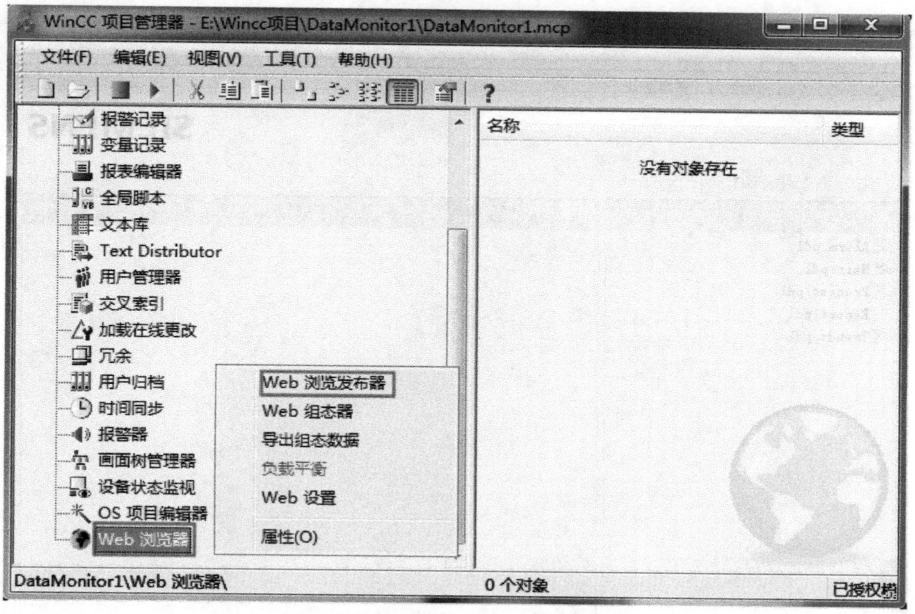

图 16-25 打开“Web 浏览发布器”

② 在“WinCC Web 发布向导-引言”界面中，单击“下一步”按钮，弹出“WinCC Web 发布向导-选择目录”界面。

③ 如图 16-26 所示，如不修改“WinCC Web 的发布文件夹”路径，则全部使用默认路径，如需要修改路径，则单击路径右侧文件夹图标，指定想要保存的文件夹，建议初学者使用默认文件夹，单击“下一步”按钮。

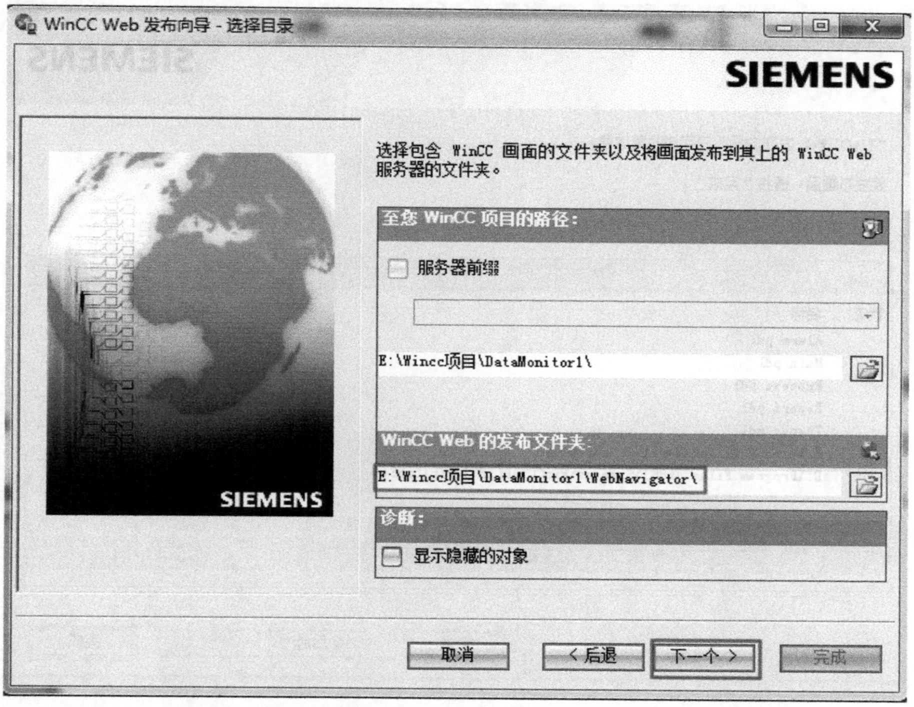

图 16-26 WinCC Web 发布向导-选择目录

④ 如图 16-27 所示，单击“>>”按钮，全部选择要发布的画面，单击“下一步”按钮。

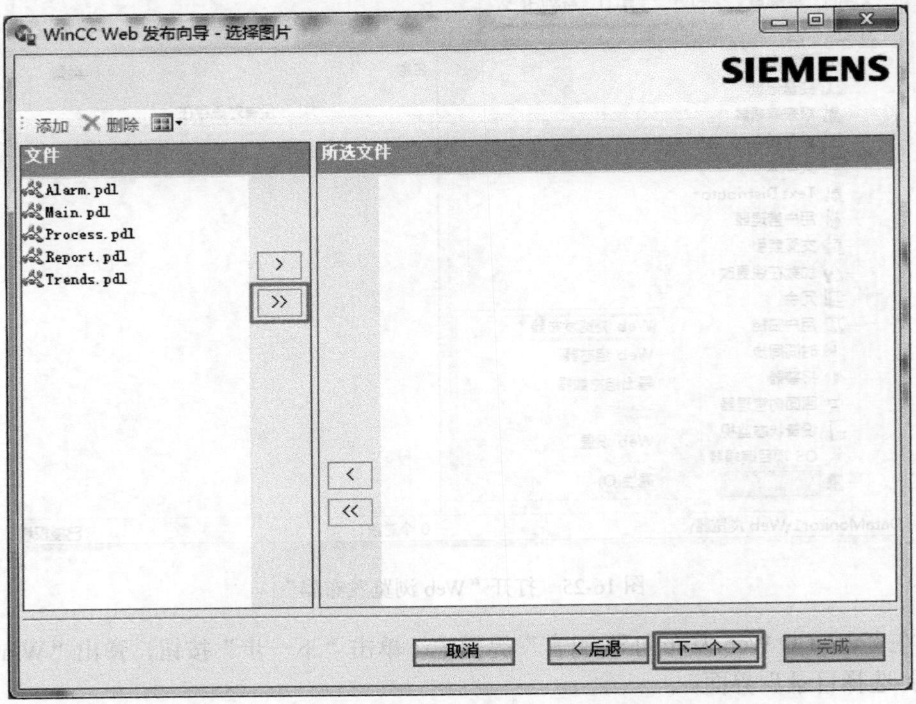

图 16-27 WinCC Web 发布向导-选择图片

⑤ 当 WinCC Web 发布向导完成操作后，显示如图 16-28 所示的界面，单击“完成”按钮。

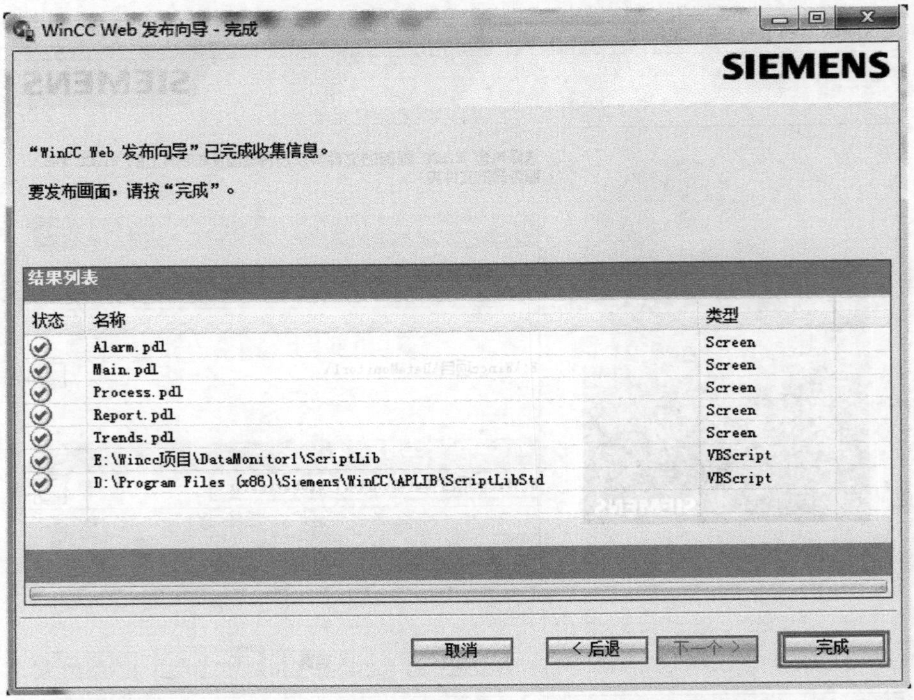

图 16-28 WinCC Web 发布向导-完成

⑥ 要退出“WinCC Web 发布向导”，单击“完成”按钮。

（2）完成运行系统的设置

运行系统的设置步骤如下：

① 在 WinCC 的项目管理器的浏览窗口中，选择“Web 浏览器”，右击鼠标，弹出快捷菜单，选择“Web 设置”，如图 16-29 所示，打开 Web 设置。

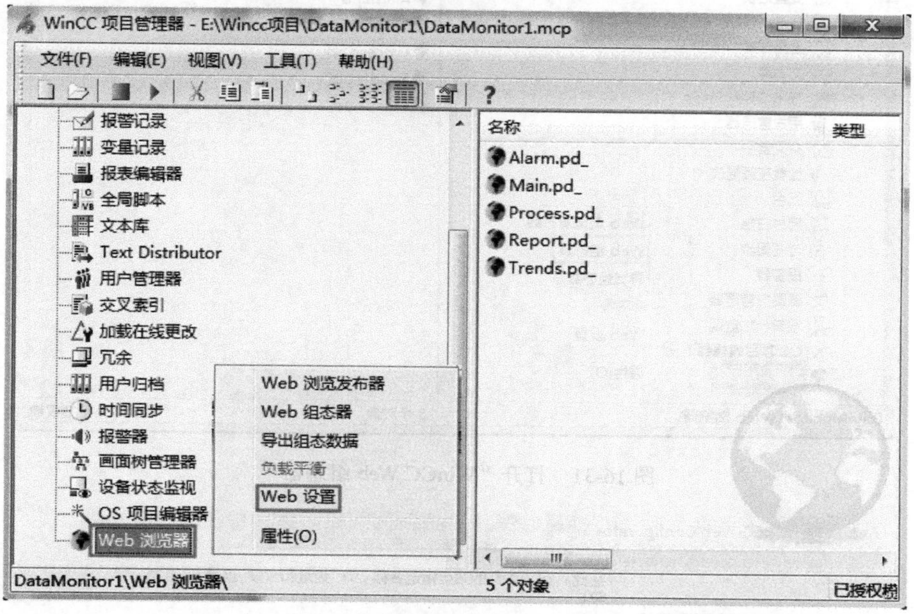

图 16-29 打开“WinCC Web 设置”

② 如图 16-30 所示，选择“运行系统”选项卡，勾选“使用 WinCC‘经典’设计”选项；其他选项，如“并行连接的最大数”和“每个浏览器的最大选项卡数目”，可根据实际情况设定。最后单击“确定”按钮。

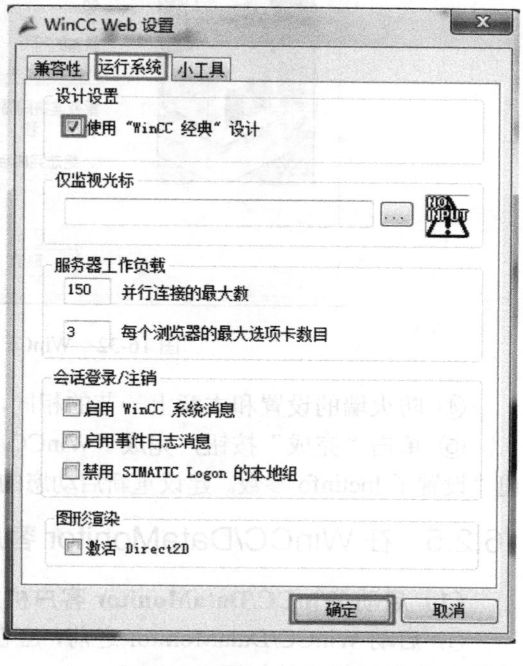

图 16-30 WinCC Web 设置

（3）组态 WinCC/DataMonitor 服务器

组态 WinCC/DataMonitor 服务器的步骤如下：

① 在 WinCC 的项目管理器的浏览窗口中，选择“Web 浏览器”，右击鼠标，弹出快捷菜单，选择“Web 组态器”，如图 16-31 所示，打开 Web 组态器。

② 在“欢迎进入因特网信息服务器”界面中，单击“下一步”按钮。

③ 打开的 WinCC Web 组态器选择对话框如图 16-32 所示，站点名称设置为“WebNavigator”；IP 地址设置为 DataMonitor 服务器的 IP 地址，本例为“192.168.0.98”；缺省网页为“DataMonitor.asp”，作为 Web 标准站点；

单击“下一步”按钮。

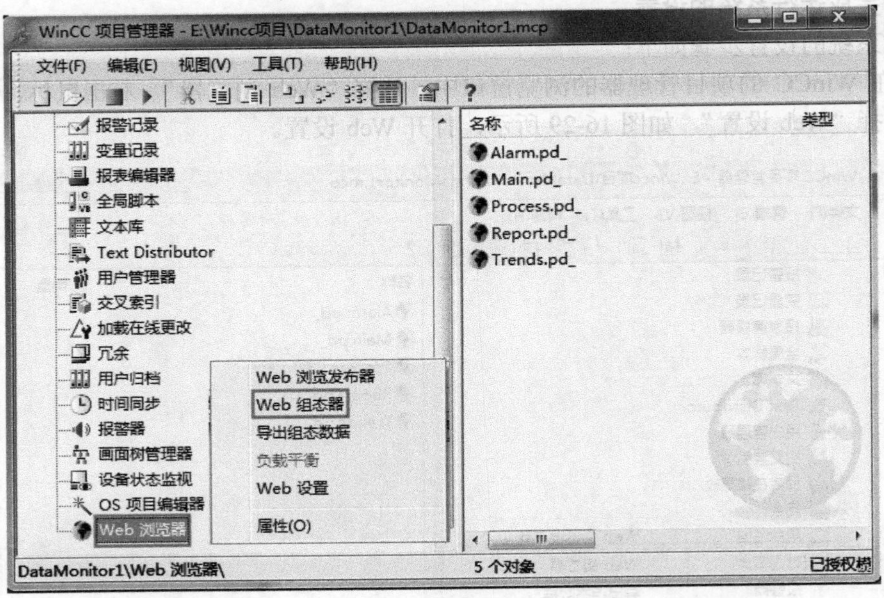

图 16-31 打开“WinCC Web 组态器”

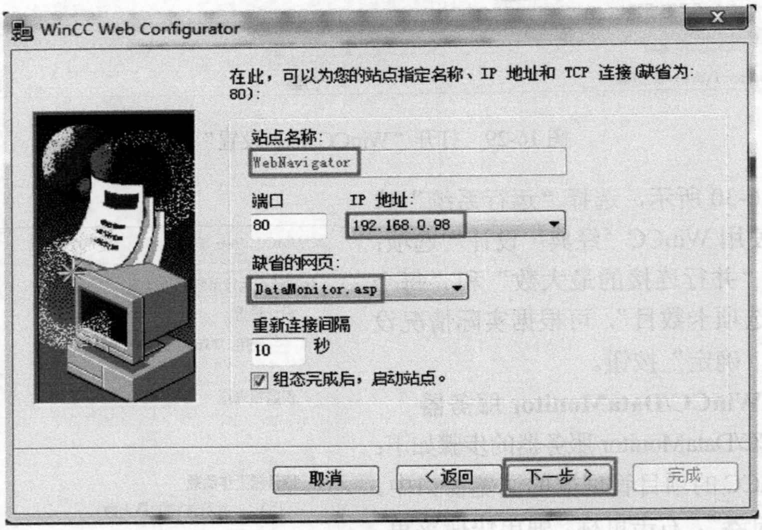

图 16-32 WinCC Web 组态器选择对话框

④ 防火墙的设置和本章上一节的相同，在此不做赘述。

⑤ 单击“完成”按钮，完成“WinCC Web 组态器”的设置，如图 16-33 所示。最后弹出“设置了 Inetinfo 参数。建议重新启动您的系统。”界面，如图 16-34 所示，重新启动计算机。

16.2.5 在 WinCC/DataMonitor 客户机上启动 WinCC/DataMonitor 主页

（1）启动 WinCC/DataMonitor 客户机主页的条件

① 启动 WinCC/DataMonitor 之前，应在 Windows 和 WinCC 项目中设置了相应用户，并为他们分配了相应的权限。

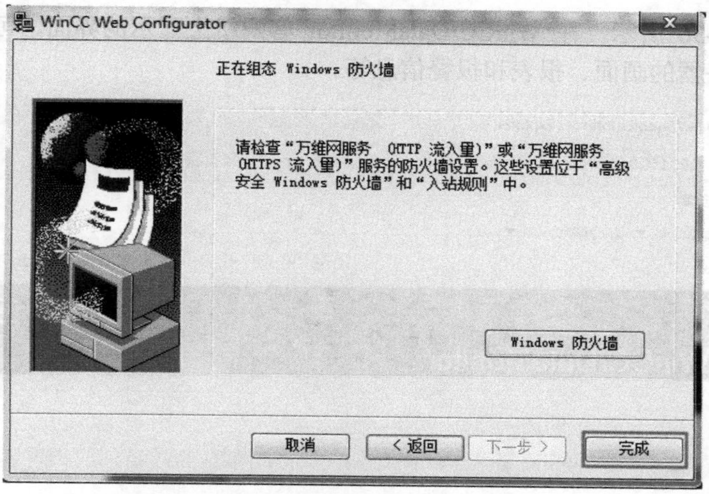

图 16-33 完成“WinCC Web 组态器”的设置

② 确定已经在 WinCC/DataMonitor 服务器上组态、发布和激活了 WinCC，以供 WinCC/DataMonitor 访问。

（2）WinCC/DataMonitor 客户机主页显示功能

WinCC/DataMonitor 的起始页汇总了 WinCC/DataMonitor 的各项功能，具体如下：

①“过程画面”用于显示过程画面。

②“WebCenter”用于组态连接及创建 Web 中心页面，以显示归档数据。

③“趋势和报警”用于显示和分析归档数据。

④“报表”用于创建成 Excel 或者 PDF 格式的报表。

⑤“Excel 工作簿”用于在 Excel 工作薄中显示来自归档的消息或者过程值。

（3）在 WinCC/DataMonitor 客户机上启动 WinCC/DataMonitor 的步骤

在 WinCC/DataMonitor 客户机上启动 WinCC/DataMonitor 的步骤如下：

① 在 WinCC/DataMonitor 客户机上，启动 Microsoft Internet Explorer（IE 浏览器）。

② 在 URL 中输入 WinCC/DataMonitor 服务器的 IP 地址，单击计算机键盘的“Enter”键，弹出如图 16-35 所示的界面，在用户名中输入“User1”(在 WinCC 用户管理器中设置的)，在密码中输入“123456”（在 WinCC 用户管理器中设置的），以上的用户名和密码可根据实际情况填写，单击“确定”按钮，WinCC/DataMonitor 客户机开始访问 WinCC/DataMonitor 服务器。

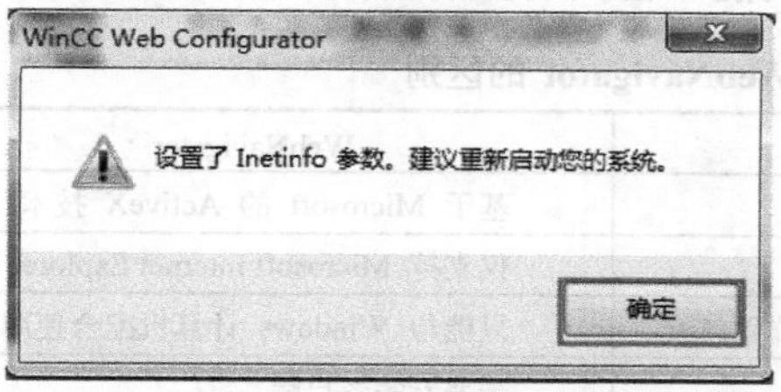

图 16-34 设置了 Inetinfo 参数后，提示重新启动系统

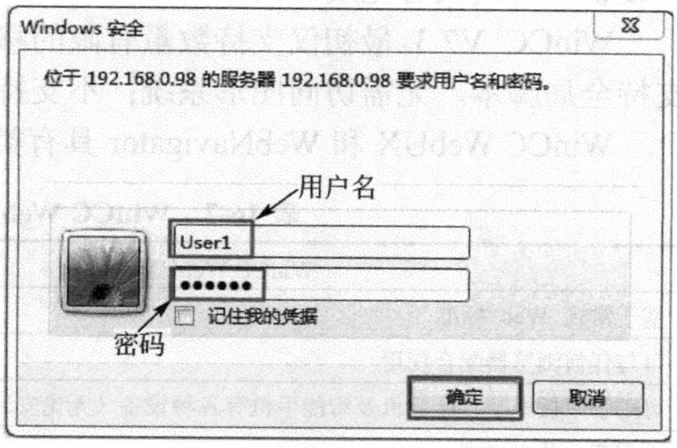

图 16-35 登录账户和密码

③ 如图 16-36 所示，在 WinCC/DataMonitor 客户机上显示的界面，可以显示 WinCC/DataMonitor 服务器的画面、报表和报警信息等。

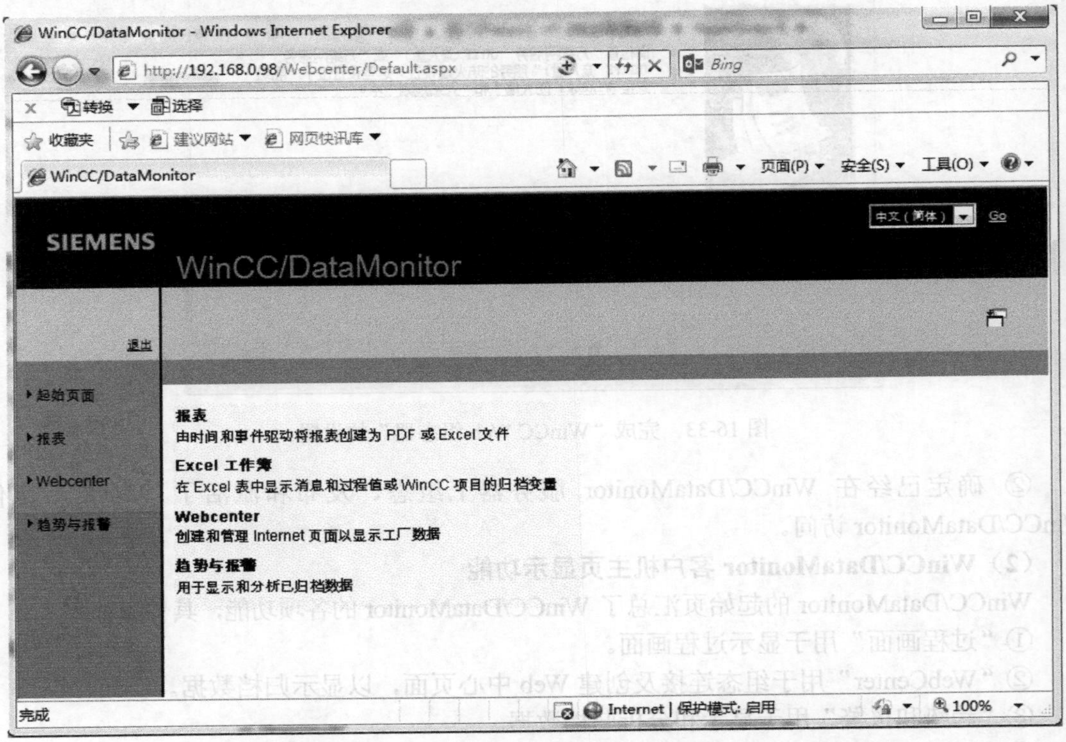

图 16-36 WinCC/DataMonitor 主页

16.3 WebUX

16.3.1 WebUX 简介

WinCC WebUX 提供了一套独立于设备和浏览器的自动化系统操作员控制及监视解决方案。只能通过具有 SSL 证书的安全的 HTTPS 连接进行通信。使用 WinCC WebUX 选件，对于支持 HTML5 的 Web 浏览器设备，如可以通过个人计算机、手机和 PAD（平板电脑）等远程设备，有线或者无线访问 WinCC。

WinCC V7.3 最初仅支持数量有限的移动终端设备功能。不支持某些图形编辑器对象。支持全局脚本，无需访问图形系统；不支持局部画面脚本。

WinCC WebUX 和 WebNavigator 具有类似的功能，但两者又有区别，其区别见表 16-7。

表 16-7 WinCC WebUX 和 WebNavigator 的区别

WinCC WebUX	WebNavigator
基于常规 Web 标准	基于 Microsoft 的 ActiveX 技术
可与任何浏览器配合使用	仅支持 Microsoft Internet Explorer
可用于平板电脑、计算机及智能手机等各种设备（无论安装哪种操作系统）	只能与 Windows 计算机配合使用
不需要安装客户端	需要安装客户端
标准用户权限已足够	安装需要管理员权限

16.3.2 WebUX 选件的安装

（1）使用 WebUX 选件的要求

① 已安装 Microsoft Internet 信息服务 (IIS)。

② 已安装 WinCC 基本系统。

③ 已安装“WinCC WebUX”程序软件包。

④ 已安装“WinCC WebUX”许可证。

（2）安装 WebUX 选件的步骤

① 将 WinCC V7.3 的 DVD 光盘插入计算机光驱中。

② 打开 DVD 光盘的安装目录，双击“Setup.exe”文件，开始安装文件。

③ 在如图 16-37 所示的界面中，勾选“WinCC WebUX”，然后根据提示完成余下的安装。

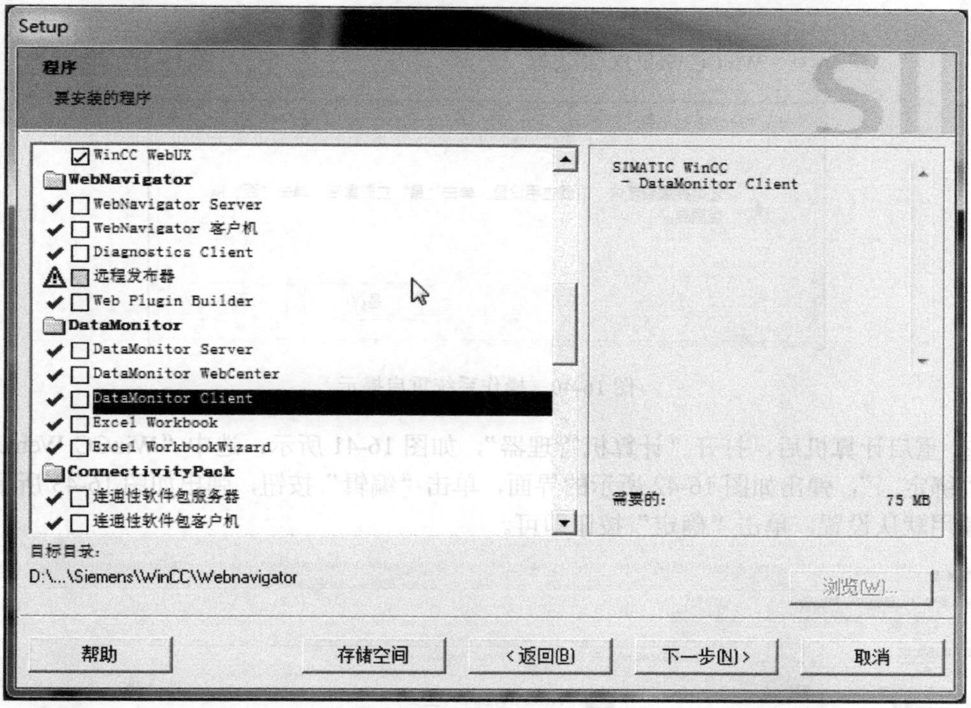

图 16-37 WebUX 的安装

16.3.3 WebUX 的工程组态与应用

WebUX 的工程组态并不复杂，分为三个步骤：组态 WebUX 网页、组态 WinCC 项目以使用 WebUX 和在终端设备上使用 WebUX，以下具体介绍。

（1）组态 WebUX 网页

① 安装 WinCC 和 WinCC WebUX 并重新启动后，单击“开始”→“所有程序”→“Siemens Automation”→“SIMATIC”→“WinCC”→“Tools”→“WinCC WebUX Configuration manager”，打开 WinCC WebUX 组态器，如图 16-38 所示，单击“应用组态”按钮，WinCC WebUX 组态开始进行，这需要一些时间，弹出如图 16-39 所示界面，选择默认设置，单击“确定”按钮，弹出如图 16-40 所示的界面，提示重新启动系统，单击“是（Y）”，计算机重启。

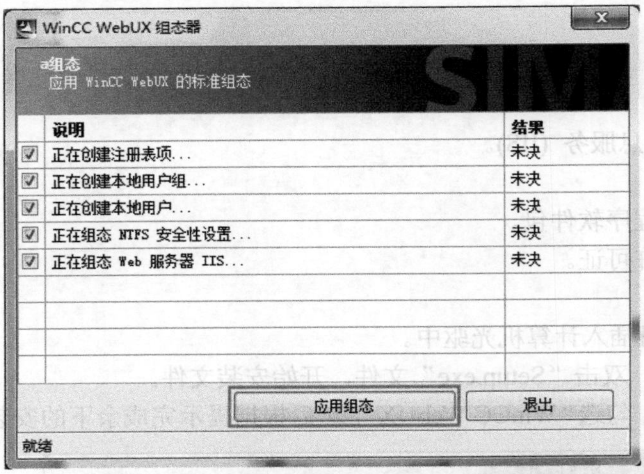

图 16-38 WinCC WebUX 组态器

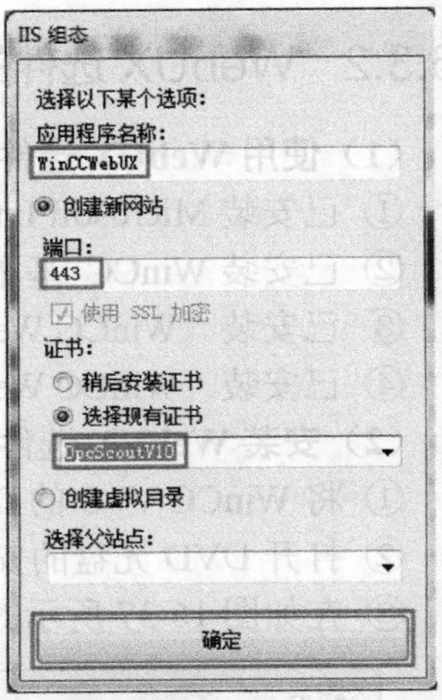

图 16-39 IIS 组态

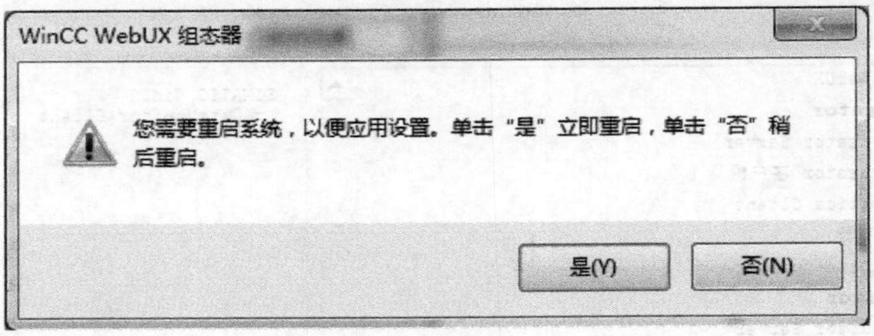

图 16-40 操作系统重启提示

② 重启计算机后，打开“计算机管理器”，如图 16-41 所示，选中“WinCC WebUX”，单击“绑定...”，弹出如图 16-42 所示的界面，单击“编辑”按钮，弹出如图 16-43 所示的界面，使用默认设置，单击“确定”按钮即可。

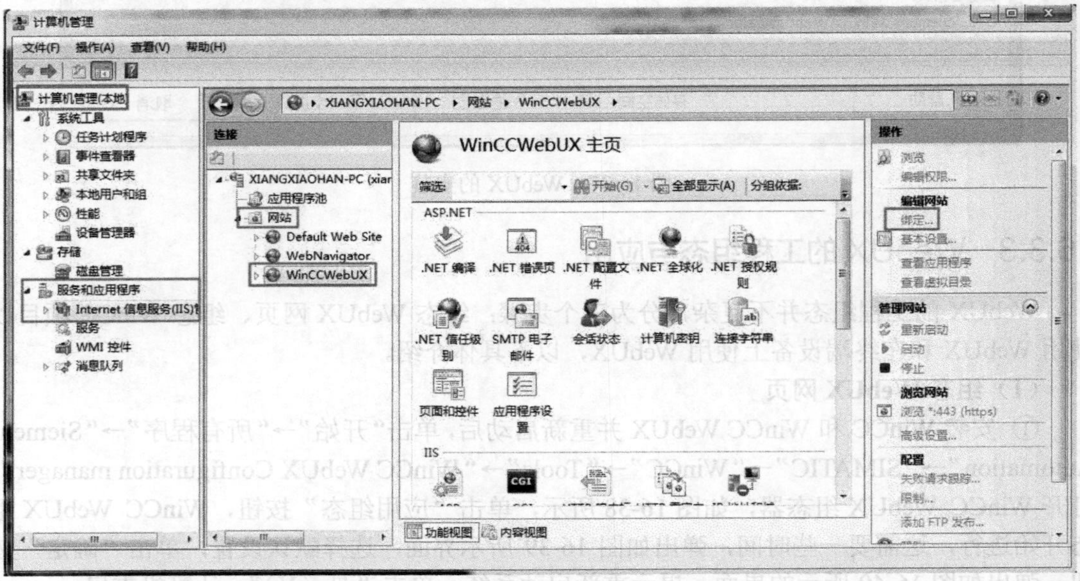

图 16-41 计算机管理器

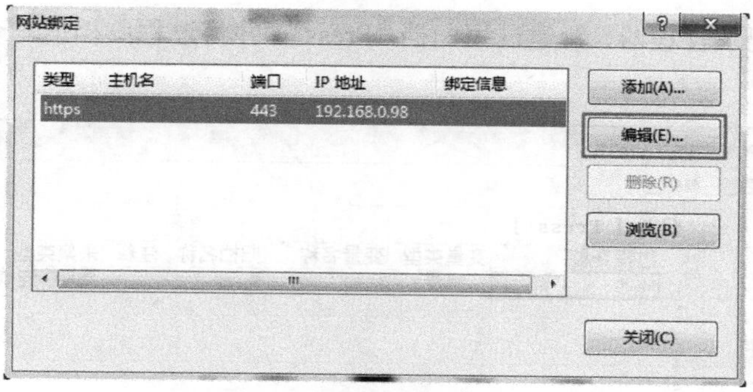

图 16-42 网站绑定（1）

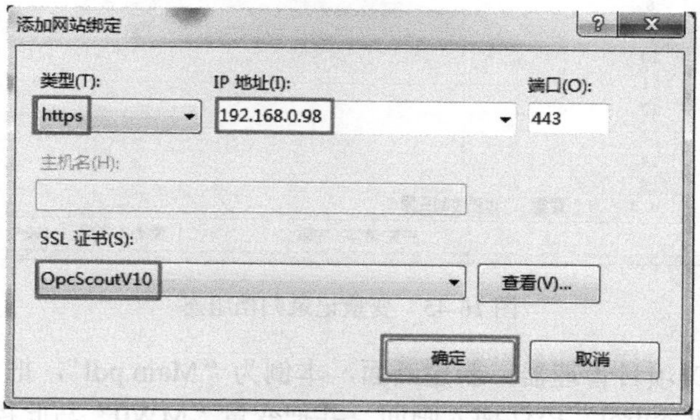

图 16-43 网站绑定（2）

注意：对于 HTTPS 连接，需要为服务器使用数字证书。选择一个现有证书或稍后安装一个新证书。有关详细信息，请参见 Microsoft 支持网站中的“如何在 IIS 中设置 HTTPS 服务”(http://support.microsoft.com/kb/324069/EN-US)。

（2）组态 WinCC 项目

① 在 WinCC 中新建项目，本例为“WebUX”，打开变量管理器，添加驱动“SIMATIC S7 Protocol Suite”，在“MPI”接口下新建连接，本例为“S7300”，再新建变量，本例为“MW0”，其地址为“MW0”，如图 16-44 所示。

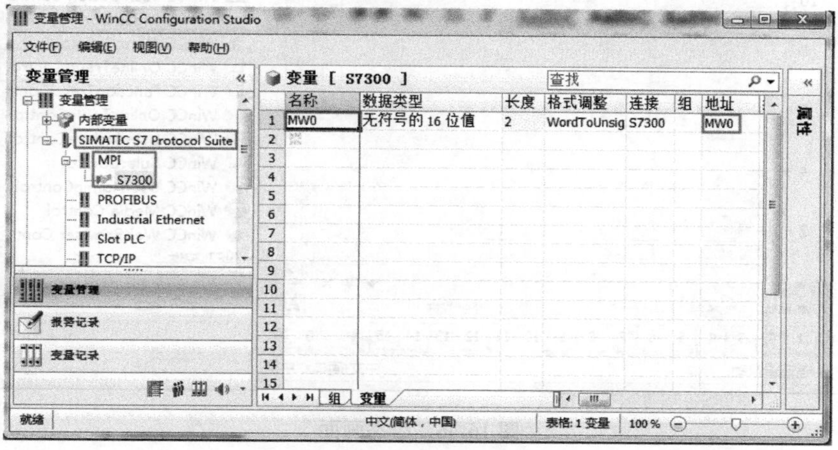

图 16-44 新建项目和变量

② 打开变量记录管理器，新建过程归档“Press”，并将过程归档值与变量“MW0”关联，如图 16-45 所示。

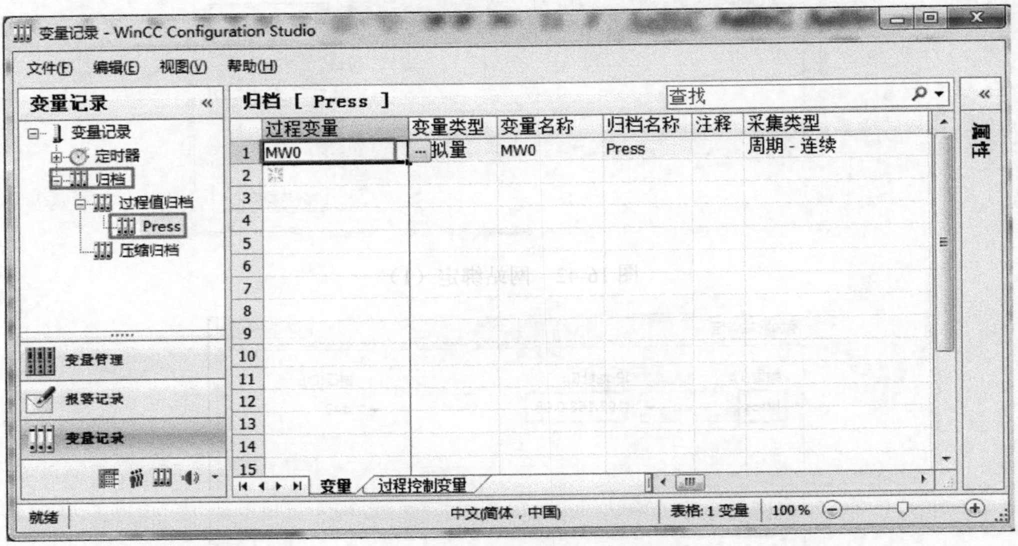

图 16-45 变量记录归档组态

③ 打开 WinCC 项目管理器，新建画面，本例为“Main.pdl”，把“控件”选项卡中的“WinCC OnlineTrendControl”控件拖入画面，并把变量“MW0”与此控件关联，如图 16-46 所示。

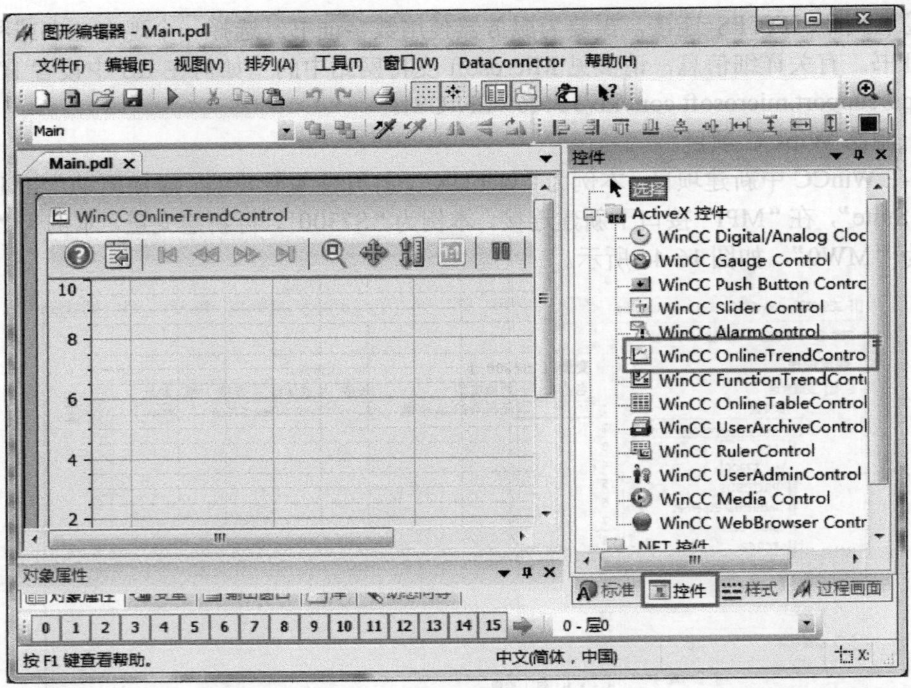

图 16-46 组态画面

这个操作步骤在前面章节有详述，读者可参考第 7 章内容。

④ 打开用户管理器，新建用户组，本例为“WebUX”，在此用户组下新建用户，本例为“User2”，设置密码，本例为“123456”，如图 16-47 所示。

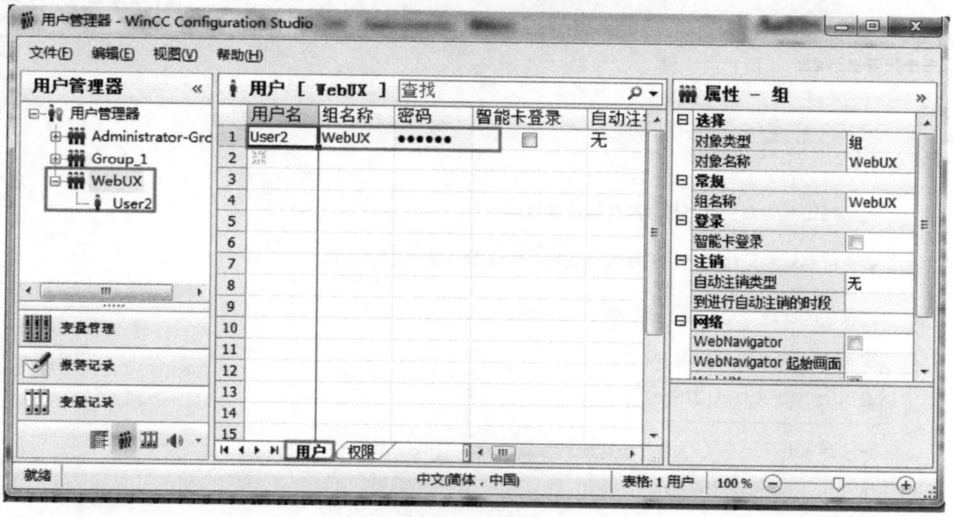

图 16-47 新建用户组和用户

如图 16-48 所示，选中“权限”选项卡，设置用户“User2”的权限，再把画面左侧的“WebUX”勾选上，同时，选定“WebUX 的起始画面”为“Main”，“Main”就是前面创建的画面。这个操作步骤在前面章节有详述，读者可参考第 12 章内容。

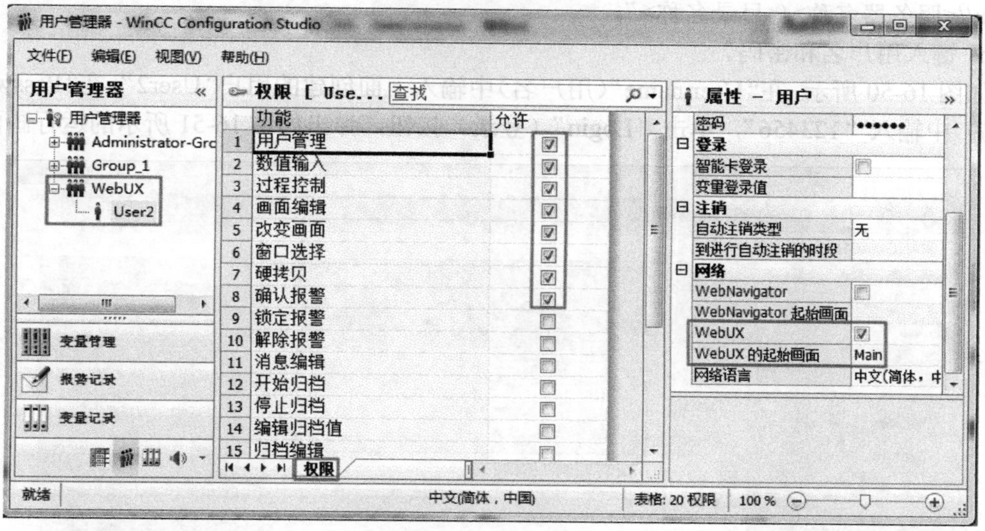

图 16-48 设置用户权限

（3）在终端设备上使用 WebUX

① 在终端设备上使用 WebUX 的要求

a. 在服务器上已安装“WinCC WebUX”许可证。

b. WinCC 项目正在运行。

② 在终端设备上使用 WebUX 的步骤

a. 转到浏览器的地址栏并输入 WebUX 服务器的地址 https://<服务器名称>，本例为

https://192.168.0.98，如图 16-49 所示，单击“继续浏览此网站”选项。

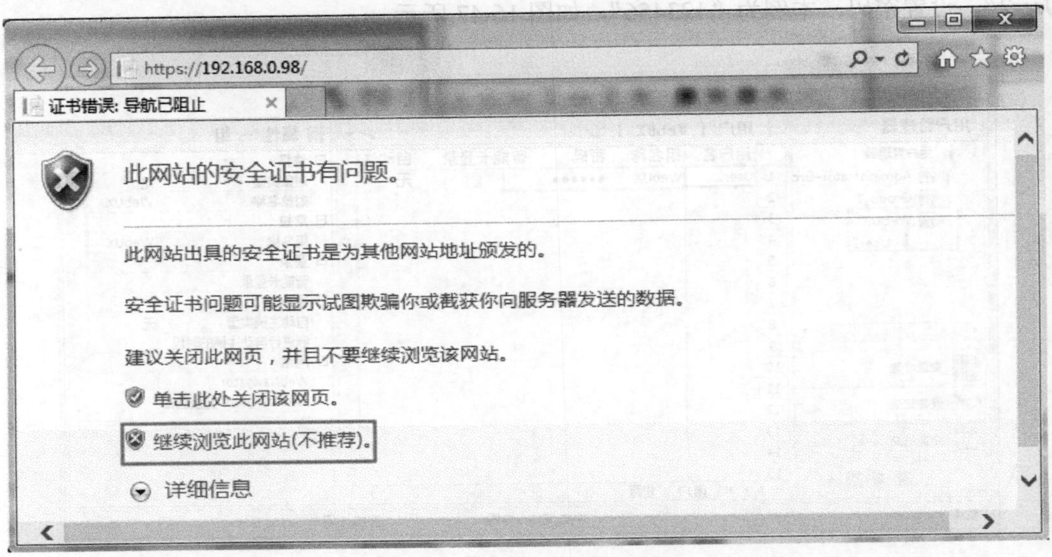

图 16-49 输入服务器网址

如果未使用标准端口，则需要将端口号添加到 URL，例如“https://<服务器名称>:<端口号>”。

如果在使用虚拟目录而非网页，则需要将虚拟 Web 文件夹的名称添加到 URL，例如“https://<服务器名称>/<目录名称>”。

b. 键入用户名和密码。

如图 16-50 所示，在“User name”(用户名)中输入上面创建的用户“User2”，在“Password”(密码）中输入“123456”，单击“Login”（登录）按钮，弹出如图 16-51 所示的运行画面。

图 16-50 键入用户名和密码

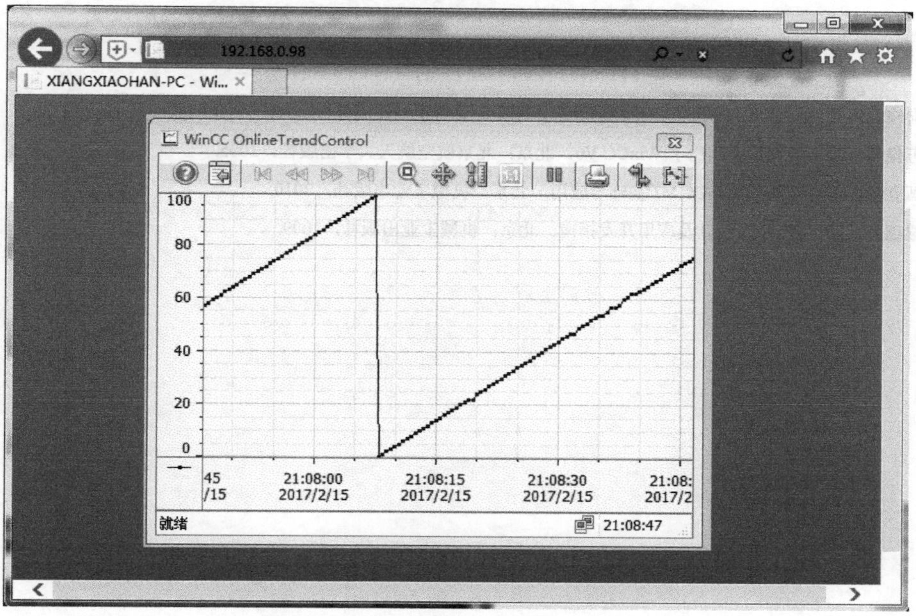

图 16-51　运行界面

小结

重点难点总结

WinCC V7.3 的选件 WebNavigator、DataMonitor 和 WebUX 组态过程。

习题

① 简述 WinCC V7.3 的选件 WebNavigator、DataMonitor 和 WebUX 安装条件和注意事项。

② 简述 WinCC V7.3 的选件 WebNavigator、DataMonitor 和 WebUX 的组态过程。

参 考 文 献

[1] 向晓汉，等. S7-300/400 PLC 完全精通教程. 北京：化学工业出版社，2016.

[2] 苏昆哲，等. 深入浅出西门子 WinCC V6. 北京：北京航空航天大学出版社，2005.

[3] 甄立东，等. 西门子 WinCC V7 基础与应用. 北京：机械工业出版社，2010.

[4] 梁绵鑫，等. WinCC 基础及应用开发指南. 北京：机械工业出版社，2009.